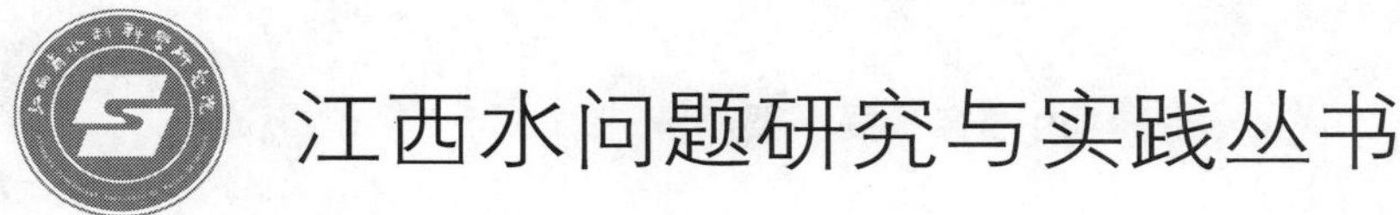

水利试验与研究

SHUILI SHIYAN YU YANJIU

江西省水利科学研究院◎ 编

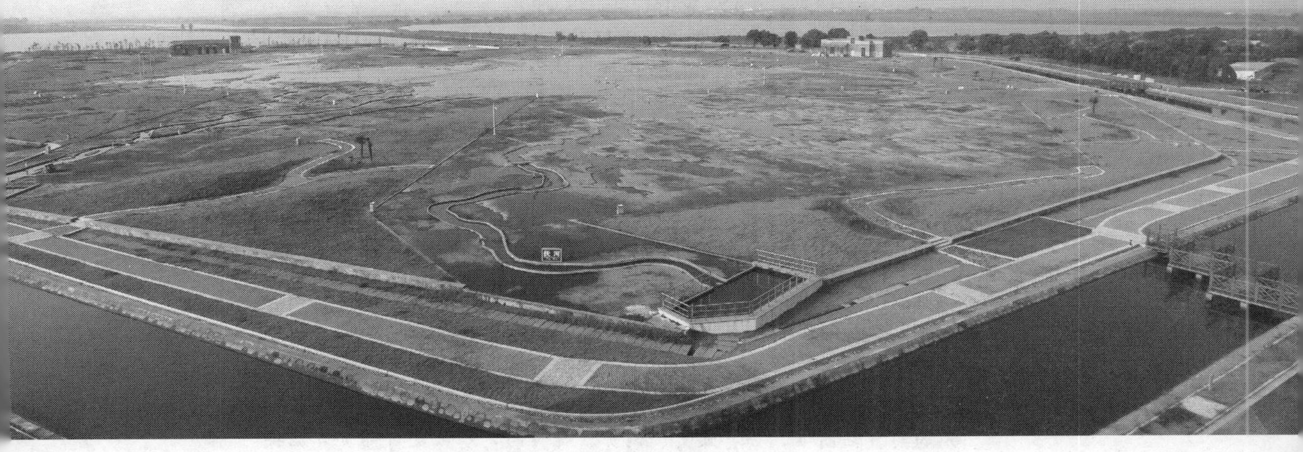

中国水利水电出版社
www.waterpub.com.cn

内 容 提 要

本书是《江西水问题研究与实践丛书》的《水利试验与研究》分册，集中展现和总结了江西省水利科学研究院多年来在水利试验与研究方面开展技术研究、技术咨询、技术服务项目的代表性技术成果。其内容主要包括水工试验研究、岩土试验研究、试验仪器研制与应用等几个方面。

本书可供从事水工建筑物、水力学及河流动力学、岩土工程、水利仪器设备等专业的科研、设计、规划、管理人员及高等院校师生参考。

图书在版编目（CIP）数据

水利试验与研究 / 江西省水利科学研究院编. -- 北京 : 中国水利水电出版社, 2014.8
（江西水问题研究与实践丛书）
ISBN 978-7-5170-2423-1

Ⅰ. ①水… Ⅱ. ①江… Ⅲ. ①水利工程—实验—研究—江西省 Ⅳ. ①TV-33

中国版本图书馆CIP数据核字(2014)第204385号

书　　名	江西水问题研究与实践丛书 **水利试验与研究**
作　　者	江西省水利科学研究院　编
出版发行	中国水利水电出版社 （北京市海淀区玉渊潭南路1号D座　100038） 网址：www.waterpub.com.cn E-mail：sales@waterpub.com.cn 电话：(010) 68367658（发行部）
经　　售	北京科水图书销售中心（零售） 电话：(010) 88383994、63202643、68545874 全国各地新华书店和相关出版物销售网点
排　　版	中国水利水电出版社微机排版中心
印　　刷	北京纪元彩艺印刷有限公司
规　　格	184mm×260mm　16开本　21.25印张　504千字
版　　次	2014年8月第1版　2014年8月第1次印刷
印　　数	0001—1000册
定　　价	**86.00**元

凡购买我社图书，如有缺页、倒页、脱页的，本社发行部负责调换

《水利试验与研究》
编　委　会

序

水是生命之源、生产之要、生态之基，是人类社会发展中最不可或缺的因子。水具有利、害两重性，决定了人类发展须不断进行兴水利、除水害。水利作为公益性、基础性、战略性行业，水安全关系到防洪安全、供水安全、粮食安全、经济安全、生态安全、国家安全，水利的地位和作用在国家事业发展中日益突出。

鄱阳湖位于江西北部，长江中下游南岸，是江西的母亲湖，中国最大的淡水湖，列入国际重要湿地名录。流域总面积16.22万km^2，约占长江流域面积的9%，江西94%的国土面积属鄱阳湖流域，鄱阳湖对江西发展及长江下游水生态安全具有重要的影响。

科学技术是第一生产力，科技创新是提高社会生产力和综合国力的战略支撑。随着经济社会的快速发展，以水资源短缺、水生态退化、水环境恶化及水土流失加剧为标志的水危机，已成为制约我国经济社会发展的瓶颈。应对水危机的严重挑战，水利科技人员必须率先发声。

走着，走着，就60年了！作为个人，该喝满花甲酒，作为一个单位，尤其是科研单位是该回顾回顾、总结总结，因为还要往下走，还要走得更远！

江西省水利科学研究院建院已届60年，该院作为一家省级公益性水利科研单位，经过几代人的共同开拓，取得了丰硕的科研成果。60年来，几代水利科技工作者紧紧围绕江西经济社会发展战略目标及水利中心工作任务，针对江西存在的重大水问题，以保持鄱阳湖一湖清水为至高点，积极开展鄱阳湖流域综合治理技术研究，有力地支撑了江西水利事业的发展。江西省水利科学研究院在多年水利技术研究及管理的基础上，总结水利试验与研究、水工安全与防灾减灾、农业水利技术与应用、水资源综合调控与管理、水生态环境保护与综合治理等方面的技术成果，编辑出版了《江西水问题研究与实践》丛书。该丛书既是该院多年来的科技创新成果，又可作为今后水问题研究与实践的基础与借鉴，对促进江西水利事业发展具有积极作用。

习近平总书记从战略的高度提出“节水优先、空间均衡、系统治理、两手发力”的16字治水新思路。水利一方面迎来难得的改革发展机遇，更迎来了巨大挑战，这就要求江西水利科技工作者，坚持以科学发展观为指导，准确把握水利发展的形势与要求，找准制约江西经济社会发展的水利关键技术问题，充分发挥高端技术人才优势，积极开展水利技术研究，加强水利科技创新，以技术创新引领江西水利事业快速发展。

回首60年的创新发展历程，令人欣慰，眺望水利科技发展前景，激人奋进。我有幸在江西省水利科学研究院工作了6年，借作序之际，祝愿江西省水利科学研究院始终发扬“献身、负责、求实”的水利行业精神和“团结、求实、开拓、创新”的团队精神，保持“大江东去，浪淘尽，千古风流人物”的豪迈勇气，“问苍茫大地，谁主沉浮”的责任担当，“水利万物而不争”的敬业奉献，为实现江西水利改革发展宏伟目标，建设富裕和谐秀美江西做出新的更大贡献。

孙晓山

2014年7月24日

前　言

水资源作为基础性自然资源和战略性经济资源，对经济社会发展具有决定性作用。江西省位于我国南方，地处长江中下游南岸，降雨充沛，水系发达。全省多年平均降水量约1638.4mm，列全国第四位；多年平均水资源总量1565亿m^3，列全国第七位。全省地表水多年平均年径流量为1545.5亿m^3，平均径流深为925.7mm，多年平均地下水资源量为379.0亿m^3，水资源可利用量约为423亿m^3。但由于降雨时空分布不均，加上工业化、城镇化、农业现代化进程的加快，我省局部地区水资源保障程度还不高、水生态退化还未遏制、水环境污染还很严重、水工程调控能力还不足，水管理手段还很落后、水土流失还在加剧等水问题日益突出。因此，充分发挥水利科技作用，以水利科技创新引领水利事业及支撑经济社会发展具有重要战略意义。

总结过去，成绩斐然。江西省水利科学研究院成立于1954年，是全国较早成立的专业门类齐全，主要从事水工安全与防灾减灾、水资源、水生态环境、农村水利、水利信息化、工程质量检测、河湖治理、水利发展战略等领域科学研究、技术支撑和成果推广为一体的公益性省级综合水利水电科研机构。全院现有职工194人，其中享受国务院特殊津贴专家2人、水利部5151工程部级人选1人，江西省赣鄱英才555工程人选1人，江西省新世纪百千万人才工程人选4人。各类专业技术人员159人，其中教授级高级工程师10人，高级工程师35人，工程师47人。本科及以上学历142人，其中博士12人，硕士83人。建有鄱阳湖模型试验研究基地、江西省鄱阳湖水资源与环境重点实验室、江西省水工安全工程技术研究中心、院士工作站、博士后科研工作站等5大科研平台，配备有一批先进的试验仪器设备。拥有大坝安全鉴定、病险水库除险加固蓄水安全鉴定、水闸安全鉴定、水资源论证、岩土工程类检测、混凝土工程类检测、量测类检测、金属结构类检测、机械电气类检测等9项甲级资质；水土保持监测、水文水资源调查与评价、水利水电工程施工总承包等3项乙级资质（2级）；地质灾害治理工程设计、工程咨询、水利工程设计综合等3项丙级资质。多年来，以水利及当地经济发展需求为导向，共承担各级各类科研项目300余项，发表论文600余篇，出版专著10多部，获各级奖励100余项，获专利及软件著作权20余项。在防洪抗旱、水资源调控与管理、水生态环境治理与保护、水工程安全鉴定与监测、农田水利、节水灌溉、水利信息化、工程质量检测、河湖治理、水工模型试验、水政策研究等方面取得了一大批先进实用成果，有力地支撑区域经济社会发展。

展望未来，任重道远。为适应江西水利改革发展需求，更好助推区域经济社会发展，江西省水利科学研究院在“节水优先，空间均衡，系统治理，两手发力”新时期治水思路指导下，按照“立足江西、面向全国、放眼世界”的发展定位；“团队—项目—基地—人才”四位一体的发展模式；“科研立院、技术兴院、人才强院、管理固院、文化铸院”的发展文化；着力打造水资源综合调控与管理、农村水利、水工安全与防灾减灾、鄱阳湖模型试验、水生态环境保护与综合治理等五大科研创新团队，实现全国省级一流水科院的目标。出版《江西水问题研究与实践》丛书，一是对多年来所取得的优秀成果进行梳理与总结，二是可为深入开展相关领域技术研究、技术集成及技术推广提供借鉴，三是可起到与水利界同仁进行技术交流作用。

本丛书的出版得到许多曾在江西省水利科学研究院工作过的领导、专家的帮助和支持，在此表示衷心的感谢。鉴于水平有限，本书难免存在疏漏和不足，恳请读者批评指正。

编者

2014年7月

目　录

一、水工试验研究

二、岩土试验研究

三、试验仪器研制与应用

一、水工试验研究

SHUILISHIYANYUYANJIU

鄱阳湖“五河”尾闾及入湖口演变遥感研究

雷　声，章　重，张秀平

江西省水利科学研究院

摘　要： 本文基于遥感技术，收集了1973—2009年间有代表性的鄱阳湖区域枯水期的遥感影像，通过定量和矢量图叠加方法，对鄱阳湖赣、抚、信、饶、修五大河流的尾闾河道及入湖口平面形态特征进行提取，通过监测河道岸线的变化特征，分析了40年来鄱阳湖五河尾闾及入湖口的演变规律特征。由于河道尾闾与入湖口演变同时受自然和人为因素的综合影响，本文结合监测结果分析了引起形态变化的主要影响因素，研究显示：修建堤防、河道采沙、航道疏浚、水利工程、水土流失等人为活动对河道尾闾及入湖口影响更大。该研究成果可以对未来河势控制、河道整治及岸带开发决策提供一定的依据。

关键词： 鄱阳湖；遥感监测；五河尾闾及入湖口；岸线；河道演变

鄱阳湖位于江西省北部，是中国第一大淡水湖，鄱阳湖汇集赣江、抚河、信江、饶河、修河五大水系（以下简称“五河”）来水，在湖口附近注入长江[1]。由于五河尾闾及入湖口区域河道流速小、水流分散，流域来沙在尾闾主河道及水网区淤积[2]，形成了大规模的河口三角洲滩地[3]，加上筑堤、河道采砂等人工影响，入湖区域岸线变化较大。

遥感是一种非接触的、远距离的探测技术，具有多时相、大范围、光谱信息丰富等特点[4]，可以提取研究区域平面形态特征，监测河道岸线变化特征，分析引起形态变化的主要因素，预测演变趋势和程度，对于研究时间跨度大的河道演变具有明显的优势。

1　研究区域

本文研究区域为五河来水七个控制站以下的尾闾及入湖口区域（赣江外洲站，抚河李家渡站，信江梅港站，饶河昌江渡峰坑站和乐安河虎山站，修水虬津站和潦河万家埠站），见图1，其中图1（b）展示的遥感影像为枯水期。

2　数据源及信息提取

2.1　数据来源

本文选用了5幅具有较高空间分辨率的Landsat TM及MSS鄱阳湖区域遥感影像，时间跨度为1973—2009年，均为无云状态下的清晰数据。为使影像解译结果具有可比性，要求水文条件近似，河道滩槽分明；因此均采用鄱阳湖枯水期影像，对应星子站水位7～

本文发表于2013年。

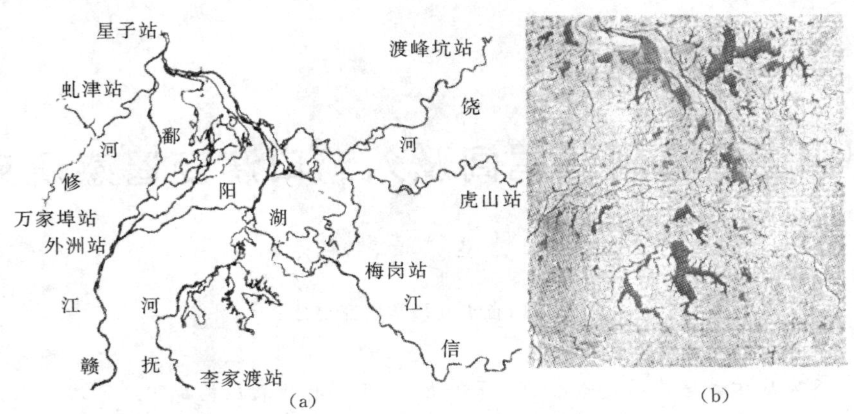

图1 鄱阳湖五河尾闾及入湖口示意图

12m（吴淞高程，下同），详见表1。为提高精度、减小畸变、提高影像的清晰度，所有数据需先进行几何校正及配准、辐射校正、影像增强等预处理。

表1 研究区影像的选取

序号	选取时间/(年-月-日)	影像类型	星子站水位/m	序号	选取时间/(年-月-日)	影像类型	星子站水位/m
1	1973-12-24	MSS	8.75	4	2004-12-15	TM	9.03
2	1984-11-06	MSS	12.27	5	2009-02-12	TM	7.66
3	1993-01-31	TM	8.67				

2.2 河道平面信息提取

为准确提取出河道平面信息，需先期根据影像的光谱特性将影像分割成高同质的、互相连接的不同区域，与研究的地物目标或空间结构特征相对应。影像分割采用异质性最小的区域合并算法：先将相邻相近像元合并为较小的影像对象，再依次合并成较大的多边形对象。为确保影像信息提取的精度，影像分割时通过划定最优尺度，达到对象大小与地物目标轮廓相当，大小接近。分割结果样例见图2。

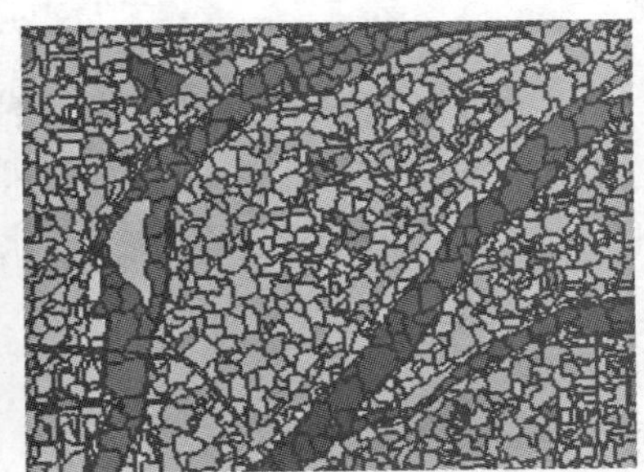

图2 多尺度分割图像样例结果

另外，本文选取1973—2009年遥感影像提取的河道矢量信息进行叠加做对比分析，并对矢量数据进行运算处理得到水域面积增减图，同时利用相应年份的假彩色融合影像（TM中543波段及MSS中754波段分别赋予红绿蓝三种色彩）辅助解译河道的变化。

3 五河尾闾及入湖口河道演变分析

3.1 典型河段

受篇幅影响，本文选取两个河段作典型研究。

3.1.1 赣江南昌段

图 3 为赣江南昌段 1973—2009 年的河岸线演变图，表 2 为赣江南昌段 1973—2009 年岸线平面变形统计表。结合图表可看出，该研究区域局部河汊向左岸移动较为明显；裘家

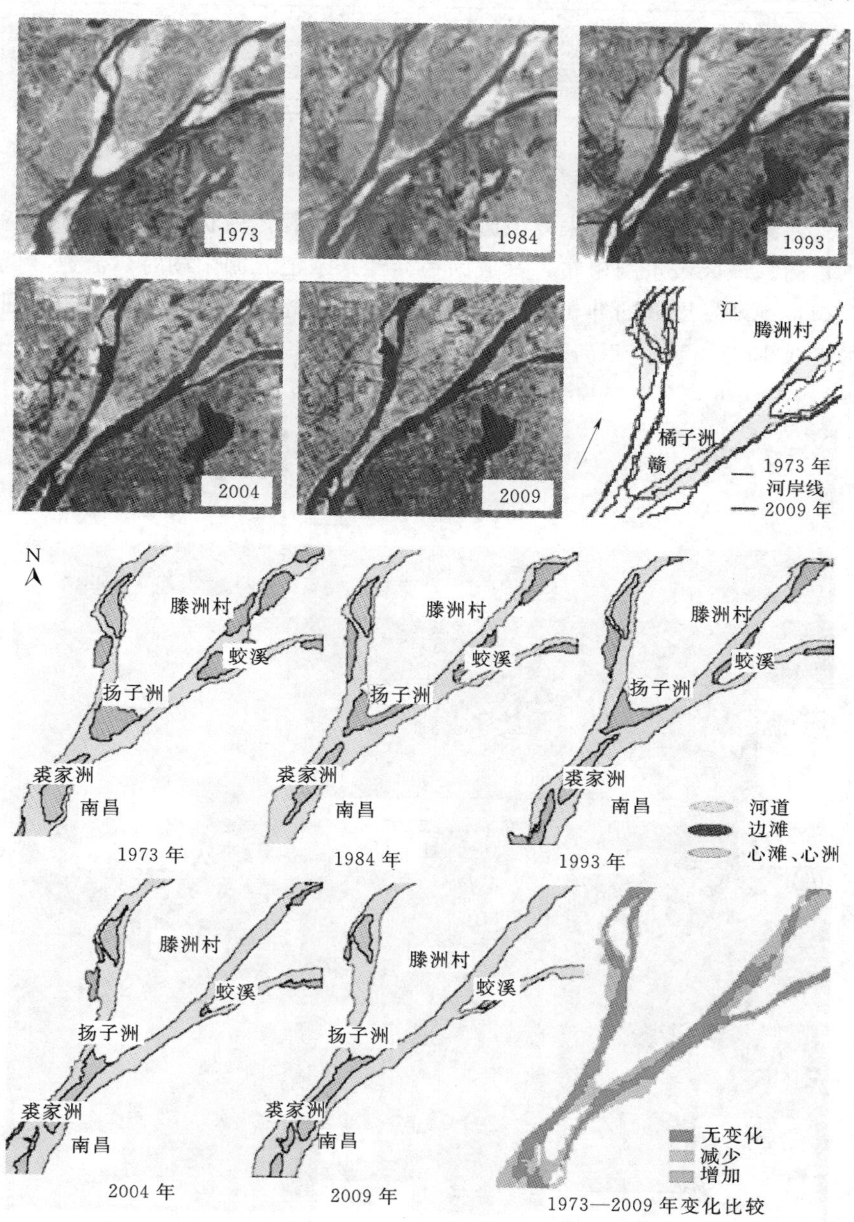

图 3 赣江南昌段 1973—2009 年遥感影像及河道演变图

洲洲头逐渐缩小，1973—2004 年后退约 281.7m，1973—2009 年期间沿着河流方向淤长约 1.1km，年淤长 30m；滕洲村段边滩消亡，河道顺直。

表 2　赣江南昌段 1973—2009 年岸线平面变形统计表　m

河段	1973—1984 年		1984—1993 年		1993—2004 年		2004—2009 年	
	左岸	右岸	左岸	右岸	左岸	右岸	左岸	右岸
南昌	199.1	−169.3	−7.1	−36.7	419.5	63.5	30.4	−94.8
裘家洲	69.7	−22.7	1.3	45.1	−13.1	18.8	−4.6	−22.1
	242.6	−23.3	11.7	−28.6	27.4	15.9	−99.1	−6.1
扬子洲	409.4	−386.3	158.9	−47.2	−325.6	57.10	4.8	−3.3
滕洲	268.7	−368.5	28.4	57.3	3.2	87.1	43.7	99.3

注　表中正数表示岸线侵蚀后退，负数表示岸线淤积前进。

3.1.2　赣江中支入湖口

赣江中支入湖口位于新建县朱港下游，从遥感影像看，扇状冲淤体向湖中逐渐没入水下，形成三角洲。该区域水网密布，其成因为赣江来水汇入鄱阳湖时，流速减低，所携带泥沙大量沉积，逐渐发展成的冲积洲。图 4 为该区域滩地与水域的演变过程，通过计算得知三角洲水岸线 1973—1984 年向湖心推进 782.9m，1984—1993 年推进 573.4m，1993—2004 年推进 546.3m，2004—2009 年推进 357.8m，平均年速率达 61.1m/a。

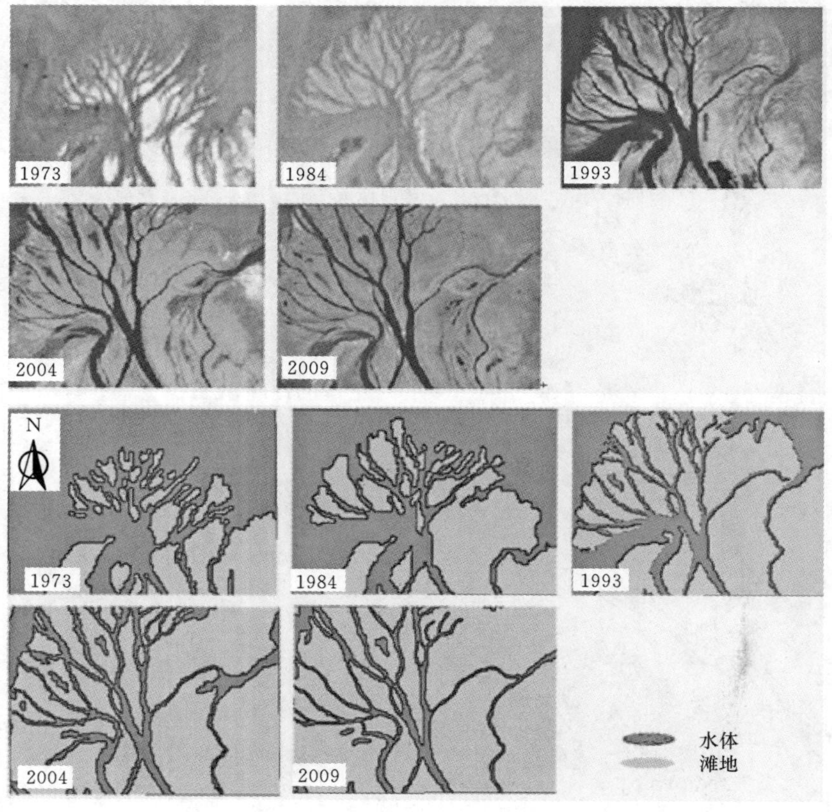

图 4　赣江中支入湖区域变化

3.2 五河尾闾变化

3.2.1 赣江

赣江从南昌开始，相继分为主支、北支、中支以及南支。根据岸线提取结果对比，主支瓜洲段的边滩向下游偏移，联庄段的心滩淤积扩大，昌邑段下游的左汊淤积，心洲逐渐左向靠岸；北支官港河蒋埠段右汊淤积，左汊成为主河道，河道呈左偏趋势；中支滕州村段岸线变顺直，南窑村段的左汊萎缩消失，右汊成为主河道，楼前段下游河段有向北移的趋势。

3.2.2 抚河

抚河下游以李家渡水文站为起点，过柴埠口进入赣抚平原，至箭江口抚河分为东、西两支：东支为主流经青岚湖入鄱阳湖；西支大部经向塘、武阳镇回归主流。根据对比结果，李家渡与下邹村段心滩下移，下邹村段河道萎缩变窄并偏北移，下邹村下游段向左岸移动；温家圳下游段河道向右岸偏移明显；兴隆段上游由1973年的弯曲河型演变为2009年的顺直河型；北坊段右汊萎缩，心滩淤积扩大成为边滩；河道入青岚湖处生成了大片心洲，石山村段心洲扩增，右汊萎缩。

3.2.3 信江

信江在余干县大溪渡附近分为东西两支，西支于下顺塘经韩家湖入鄱阳湖，东支于富裕闸经晚湖入鄱阳湖。根据对比结果，信江岸线整体较为稳定，仅中山镇段与瑞洪段的三塘河断流，其西栎段从1973年的边滩成为2009年的心洲，变化较大，查其原因为：1977年余干县西大河治理时，在米湾和十亩仂堵塞三塘河进出口，在禾山和大都堵塞寨上河，在貊皮岭和大淮堵塞分洪道[5]。此外信江西大河茶垣段向左岸偏移，洲上段河流右岸受到冲刷，江坊段河流变顺直。

3.2.4 饶河

饶河有南北两支，北支称为昌江河，南支称为乐安河，于鄱阳县姚公渡汇合而成，曲折西流，在鄱阳县莲湖附近注入鄱阳湖。根据对比结果，饶河下游近40多年来总体变化不大，仅昌江古县渡河段的江心洲略有缩减，左汊北移，昌江南汊略向东北偏移；石镇街河段右汊有拓宽趋势；饶河段局部略有北弯趋势。

3.2.5 修河

修河自永修县柘林镇以下进入下游区，该县城以下为滨湖圩区，最大干流潦河自山下渡汇入修河，其下游途经三角乡、大湖池、朱市湖最后自吴城注入鄱阳湖。根据对比结果，修河岸线艾城段与三角乡段变化较明显，艾城河段心滩西向偏移，右汊向右岸侵蚀；三角乡及其下游河段均向左岸侵蚀，河道拓宽；朱市湖河段左岸线向北偏移，河道展宽，并伴有心滩出现。表3表示抚、修典型河段1973—2009年岸线平面变形特征。

表3　抚、修典型河段1973—2009年岸线平面变形统计表　　m

河段	1973—1984年		1984—1993年		1993—2004年		2004—2009年	
	左岸	右岸	左岸	右岸	左岸	右岸	左岸	右岸
下邹村	−251.8	−34.1	−494.2	300.4	267.5	−274.4	−297.8	177.7
艾城	159.1	−24.8	−18.1	−72.9	−61.6	105.0	97.0	−35.7
	152.5	−86.1	−88.6	17.7	28.6	30.6	−27.5	−28.0

注　表中正数表示岸线侵蚀后退，负数表示岸线淤积前进。

3.3 五河入湖口变化

五河入湖口包含修河与赣江主支入湖口，赣江中支入湖口，赣江南支、抚河与信江入湖口以及饶河入湖口4个区域，本文分别以吴城下游西河村、新建县朱港农场、余干县康山乡、鄱阳县莲湖乡龙口村作为起点界定。

表4　　五河入湖口各年份水面、滩地演变统计表　　km^2

演变统计		1973年	1984年	1993年	2004年	2009年
入湖口	类别					
修河和赣江主支	水面	47.7	55.1	20.7	29.4	22.4
	滩地	68.4	60.2	94.0	86.9	93.8
赣江中支	水面	31.7	26.3	14.6	9.3	6.3
	滩地	13.9	19.3	31.0	36.3	39.3
赣江南支、抚河和信江	水面	18.6	17.4	12.9	14.3	13.5
	滩地	41.7	42.8	47.3	46.0	46.8
饶河	水面	4.5	6.6	4.7	3.8	3.9
	滩地	12.2	10.9	12.2	13.7	13.4

各入湖口1973—2009年水面、滩地变化见表4。分析如下：

（1）修河和赣江主支入湖口。该入湖口滩地整体呈扩张趋势，滩地面积从1973年的$68.4km^2$扩张为$93.8km^2$，增加37.1%。主要原因为该入湖口径流最大，挟沙量也最大，上游水土流失导致泥沙入湖淤积，使入湖口湖床抬高。

（2）赣江中支入湖口。该入湖口滩地整体呈急剧扩张趋势，滩地面积从1973年的$13.9km^2$扩张为2009年的$39.3km^2$，增加2.8倍，可见该入湖口年挟沙量也比较大，使河口不断向前延伸。

（3）其他入湖口。根据表4，其他入湖口滩地整体变化较小，例如赣江南支、抚河和信江累计增加约12.1%，饶河增加9.3%，其主因一方面与入湖径流较小、上游来沙少有关，另一方面与人工影响因素有关。例如，抚河通过焦石闸将大部分流量引入赣抚平原灌区，各流域开展水土流失保护措施，以及修建控制性工程拦截大部分来沙等。

4 演变结果影响因素分析

4.1 自然因素

4.1.1 来水来沙条件

河流的下游水流流速没有上游急，使上游挟沙在下游或入湖口处沉淀淤积，尤其发生水浸时，泥沙在河的两岸或湖区沉积，促使入湖口滩地不断向前延伸，河口的淤积会形成三角形堆积体，或由径流形成扇形的冲积扇。

4.1.2 地转偏向力

地转偏向力来自地球上物体运动所具有的惯性，受地球自转体系影响，北半球对河流运动产生的偏向力指向其运动方向的右手边。1995年甘本根曾提出抚河河道变迁的特性之一是东移性，在下游分流河的右支多为主流，左支多为支流，地势产生高低之差，表现为西升东降[6]。本次研究在信江新渡村河段见图 5（a）、修河艾城上游的西门窑河道，见图 5（b）、饶河昌江南汊等均发现类似现象。

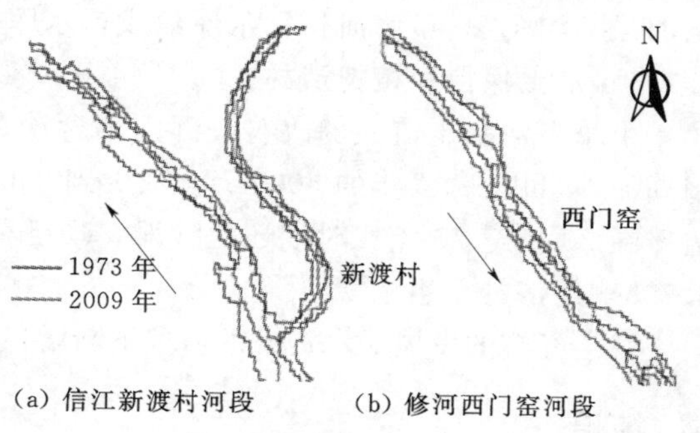

（a）信江新渡村河段　（b）修河西门窑河段

图 5　信江新渡村河段、修河西门窑河段

4.1.3　河床地貌和河流动力

五河尾闾属于冲积平原地貌，在弯道段河流保持惯性前行。受离心力影响，凹岸流速快，冲积地貌质地松散，易受淘刷；凸岸流速慢易产生淤积，造成边滩发育，使河流弯曲度更大。如抚河李家渡段左岸为堆积河岸，右岸多为侵蚀河岸；下邹村段呈左岸为凹岸、右岸为凸岸的河道形态，河流弯曲度变大趋势明显，见图 6（a）。

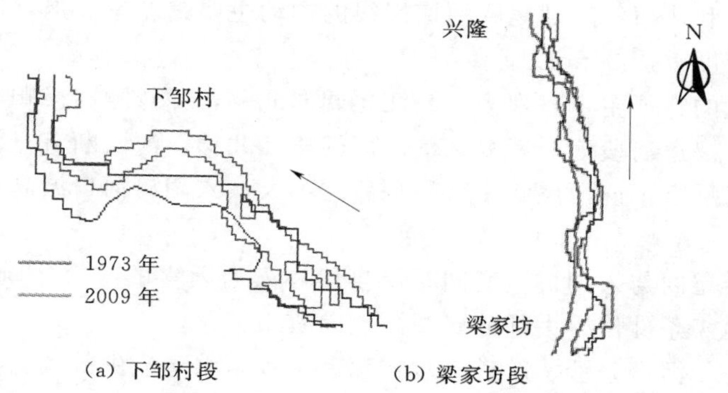

（a）下邹村段　（b）梁家坊段

图 6　1973—2009 年抚河下邹村段、梁家坊段岸线比对

4.2　人为因素

4.2.1　修建堤防

20 世纪以来，江西省在五河尾闾、环鄱阳湖区修筑了大量圩堤，束窄了河道变化，例如 1976 年赣江南支堵塞吉里河，将黄湖联圩、三集圩、义成圩、五丰圩并成蒋巷联圩，使赣江南支河道基本稳定。

4.2.2　河道采砂

河流采砂是影响河道变化的一个重要影响因素。如修河三角乡段 1993 年后经采砂后河道展宽；赣江南昌段从 20 世纪 70 年代开始大量采砂，使采砂段流水旁向侵蚀，河道展宽。

4.2.3　航道疏浚

根据影像分析和现场调查，赣江中支扬子洲段经航道疏浚，由 1973 年的弯曲河道变为顺直型。抚河梁家坊与兴隆段间航道疏通后，河型变化明显［见图 6（b）］。

4.2.4　水利水电工程

五河干流电站水库的蓄水对下游河道变化影响较大，由于大坝上游推移质泥沙被拦蓄，流域悬移质来沙大部分落淤在库中，使下游泥沙含量减少，使河床清水下切，两侧冲刷加强。如1975年修河柘林水库建成，水库拦住了从上游下来的泥沙[7]。

4.2.5 水土保持和植树造林

由于五河水土流失的改善，鄱阳湖含沙量及五河淤积均有所减少，2000年时进入鄱阳湖泥沙量由1994年的5000万t减少到2400万t[8]。例如影像显示，抚河渡头乡的河道边滩在20世纪70年代时期还是沙滩，现已种有大面积的植被。

4.2.6 经济社会用水

社会经济的发展对水资源的需求不断增长，用水的增加会对河道径流产生一定的影响。

5 结语

本文研究并收集了40年来五河尾闾枯水期的遥感影像，通过定量和矢量图叠加，分析了近枯水期鄱阳湖五河入湖口演变规律特征。研究分析结果如下：

（1）通过计算1973—1984年、1984—1993年、1993—2004年和2004—2009年4个时间段的岸线摆幅和速率，发现尾闾河道岸线的摆动主要是左岸后退，段内赣江多处典型岸线年平均变形强度曾达30m以上。

（2）河道变化的特征主要表现为：赣江尾闾向北移，并伴随河段顺直；抚河尾闾河道东移、洲滩淤增，汊道河段演变反复；信江尾闾略朝北移，河段断流；修河尾闾局部河段向北移，洲滩变化反复；饶河尾闾相对河型变化不大；入湖口河口淤高、湖岸线向湖中心推进。

（3）由于河道尾闾与入湖口演变同时受自然和人为因素的综合影响，来水来沙条件、地转偏向力以及地貌条件使得大部分尾闾河道向右岸偏移。

（4）修建堤防、河道采沙、航道疏浚、水利工程、水土流失等人为活动，会对五河河道造成河道淤塞、河道顺直、河流面减少等多种影响。根据本研究分析，人为因素占比更大。

参考文献：

[1] 雷声，张秀平．基于遥感技术的鄱阳湖水体面积及容积动态监测［J］．水利水电技术，2010（10）．83－86.

[2] 朱立俊，韩玉芳．鄱阳湖赣江尾闾淤积特性及对防洪的影响［J］．河海大学学报，2000（28）．79－83.

[3] 陈龙泉，况润元，汤崇军．鄱阳湖滩地冲淤变化的遥感调查研究［J］．中国水土保持，2010（4）．65－67.

[4] 雷声，张秀平．鄱阳湖湿地植被秋冬季变化多源遥感监测分析［J］．人民长江，2011（11）．60－63.

[5] 甄广峰．信江河道岸线资源利用现状分析与规划研究［J］．中国水运，2012（1）．40－42.

[6] 甘本根．抚河河道的变迁［J］．抚州师专学报，1995（1，2）．71－77.

[7] 李友辉，熊焕淮．修河干流大中型水利工程对环境的影响［J］．江西水利科技，2005（4）．225－230.

[8] 胡振鹏．鄱阳湖流域综合管理的探索［J］．气象与减灾研究，2000.29（2）．1－7

鄱阳湖泥沙模型设计

黄志文，邬年华，许新发

江西省水利科学研究院

摘　要：针对鄱阳湖模型变率大且入湖泥沙复杂、细的特点，模型沙应采用轻质模型沙，采用泥沙运动相似条件的最新研究成果，进行模型沙粒径比尺的初步设计，最后通过水槽起动流速试验，选取了适合模型鄱阳湖各口门模型沙的级配，为下一步动床试验研究提供了技术依据。

关键词：泥沙模型；模型设计；鄱阳湖

1　鄱阳湖湖区概况

鄱阳湖位于江西省的北部、长江中游南岸，承纳赣江、抚河、信江、饶河、修河五河及博阳河等支流来水，经调蓄后由湖口注入长江，是一个过水型、吞吐型、季节性湖泊。

鄱阳湖模型试验研究基地湖区模型主要模拟范围包括鄱阳湖湖区［指湖口水位站防洪控制水位22.50m（冻结吴淞高程）所影响的环鄱阳湖区］、五河尾闾、湖口及部分长江段（武穴至彭泽河段，长约100km），鄱阳湖湖区实体模型示意图见图1。模型平面比尺1∶500，垂向比尺1∶50，变率为10。模型采用露天模型，最大长度346m，最大宽度140m，最小宽度6m，模型占地面积60000m^2，其中模型水面面积约为18000m^2，模型平均水深约17cm。

2　泥沙模型相似条件

2.1　水流运动相似

（1）弗劳德相似（重力相似）：

$$\lambda_U=\lambda_h^{1/2}$$

（2）阻力相似（阻力重力比相似）：

$$\lambda_U=\lambda_h^{2/3}/\lambda_n e^{1/2}$$

2.2　泥沙运动相似

（1）起动相似：

$$\lambda_{U_0}=\lambda_U$$

（2）泥沙悬移相似：

本文发表于2013年。

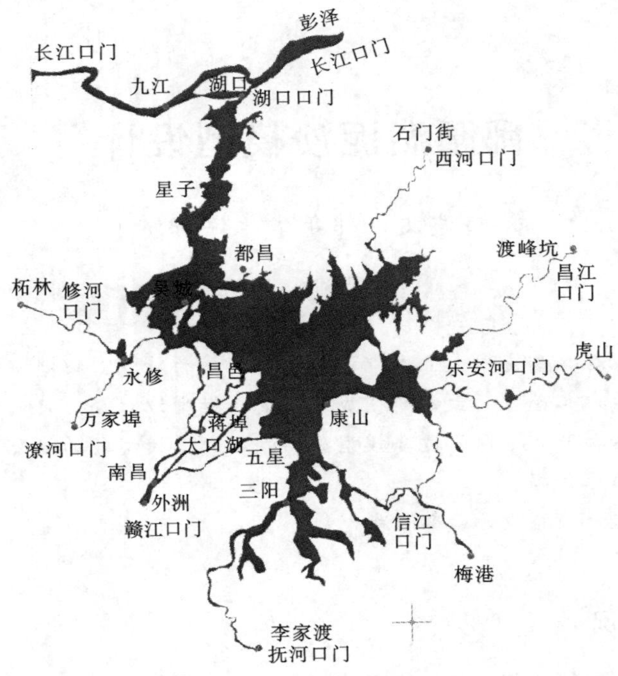

图 1　鄱阳湖湖区实体模型示意图

$$\lambda_\omega = \lambda_U / e^m$$

悬移质泥沙运动相似条件有两个：沉降相似和悬浮相似。

若按泥沙沉降相似，则：

$$\lambda_\omega = \lambda_U \frac{\lambda_h}{\lambda_l}$$

若按泥沙悬浮相似，则：

$$\lambda_\omega = \lambda_U \left(\frac{\lambda_h}{\lambda_l}\right)^{1/2}$$

变态模型从这两个相似条件得到的结果是不能同时满足要求的，需做适当取舍。而鄱阳湖流域五河来沙多数是以淤积为主，因此重点考虑泥沙的悬浮相似。指数 m 是原型泥沙悬浮指标的函数，变化区间（0.5，0.75），平均可取 0.63。

（3）悬移质河床变形相似：

$$\alpha_{t_{2(悬)}} = \frac{\alpha_L \alpha_{\gamma_0}}{\alpha_v \alpha_s}$$

（4）推移质河床变形相似：

$$\alpha_{t_{1(沙)}} = \frac{\alpha_L \alpha_{\gamma_o} \alpha_h}{\alpha_{gb}}$$

2.3　起动流速 U_0 的确定

（1）原型沙起动流速 U_{0P}。目前大多数细沙起动流速公式缺少天然河流实测资料检验，原则上不能用于估算原型天然河流。如果有实测推移质输沙率与流速关系曲线，可将其顺势延长至输沙率接近为0的点，近似认为此点的流速就是起动流速；如果没有实测资料，李昌华和窦国仁根据经验都曾建议采用沙玉清公式估算，即

$$U_0=0.512\sqrt{\frac{\gamma_s-\gamma}{\gamma}}[D^{3/4}+2.5(0.7-\varepsilon)^4/D]^{1/2}h^{1/5}$$

式中：γ_s 及 γ 为泥沙及水的容重；D 为泥沙粒径，mm；ε 为淤沙孔隙率，一般取0.4；U_0 为起动流速，m/s。

天然河流的来水、来沙及床沙粒径都是变化的，因此无论用什么方法确定 U_0 也都是近似的。

（2）模型沙起动流速 U_{0m}。模型沙无黏性，可用沙漠夫公式估算，即

$$U_0=1.14\sqrt{\frac{\gamma_s-\gamma}{\gamma}gD}\left|\frac{h}{D}\right|^{1/6}$$

模型沙有黏性可仍用沙玉清公式。模型沙起动流速不仅与 γ_s 及 D 有关，而且还与材料的物理、化学性质有关；公式仅能用于估算，最后还需要通过水槽试验进行确认。

3 悬移质粒径比尺设计

根据张瑞谨沉速公式反求出粒径比尺为：

$$\lambda_d=0.0179\frac{d_p\omega_p}{v\lambda_\omega}\left\{\left[1+121.6\frac{\gamma_{sm}-\gamma}{\gamma}gv\left(\frac{\gamma_\omega}{\omega_p}\right)^3\right]^{1/2}-1\right\}$$

原型沉速用沙玉清公式计算。

当粒径不大于0.062mm时，采用斯托克公式计算：

$$\omega=\frac{g}{1800}\frac{\gamma_s-\gamma}{\gamma}\frac{d^2}{v}$$

当粒径为0.062～2.0mm时，采用沙玉清天然沙沉速公式计算：

过渡期：

$$(\lg s_a+3.790)^2+(\lg\varphi-5.777)^2=39.0$$

沉速判数：

$$s_a=\frac{\omega}{g^{1/3}\left(\frac{\rho_s}{\rho_w}-1\right)^{1/3}v^{1/2}}$$

粒径判数：

$$\varphi=\frac{g^{1/3}\left[\frac{\rho_s}{\rho_\omega}-1\right]^{1/3}d}{v^{2/3}}$$

$$v=\frac{0.01775}{1+0.0337t+0.000221t^2}$$

当粒径大于2.0mm时，采用沙玉清紊流区沉速公式计算：

$$\omega=4.58\sqrt{10d}$$

沙玉清滞流区（$d<0.1$mm）的沉速公式为：

$$\omega=\frac{1}{24}\frac{\gamma_s-\gamma}{\gamma}g\frac{d^2}{v}$$

紊流区（$d>2\text{mm}$）的沉速公式为：

$$\omega=1.14\sqrt{\frac{\gamma_s-\gamma}{\gamma}gd}$$

求出的原型和模型沙起动流速比尺接近流速比尺，故模型选沙基本合理。最后，模型沙起动流速还需要通过水槽试验进行确定。

4 模型沙选择和几何比尺

4.1 模拟范围

泥沙粒径模拟范围直接涉及模型试验成果。在河道演变过程中，悬移质中参与河床交换的泥沙粒径下限值在同一河段不同区域是不同的，对于主槽和流速较大的区域，粒径下限要粗些，对于洲滩、缓流区和回流区，粒径下限要细些。在模型选沙过程中，模型沙粒径越细越难选沙，因为极细的沙存在絮凝现象，且不易满足起动相似，控制也不方便。为方便选沙，在满足试验研究成果的基础上，尽量不模拟极细的泥沙。根据相关研究成果，鄱阳湖湖区床沙模拟下限为0.01mm，悬移质粒径下限模拟范围亦为0.01mm。

4.2 模型沙选择

选取轻质塑料沙为模型沙，模型沙比重为1.15t/m^3，干容重为0.6t/m^3，在水槽中做起动流速试验，最后根据试验成果拟合起动流速公式，并和国内几家轻质沙起动流速公式进行比较，建议在选取轻质塑料沙进行起动流速计算时，采用轻质沙起动流速公式。最后根据泥沙粒径比尺反复计算和配制，所得的模型沙基本可满足起动和沉降相似，并使模型沙和原形沙级配曲线基本平行。以赣江入湖泥沙为例，按上面粒径比尺计算，粒径比尺$\lambda_d=0.49$；表1为入湖赣江泥沙起动流速计算和试验值。

表1　　原形沙和模型沙起动流速计算

原型沙 $\gamma_s=2.65\text{t/m}^3$ $d_{50}=0.061\text{mm}$		模型沙 $\gamma_s=1.15\text{t/m}^3$ $d_{50}=0.124\text{mm}$		比尺 $d_{50}=0.124\text{mm}$ $\lambda_d=0.49$		
H/m	V_f/(cm·s^{-1})	H/cm	V_f（cm·s^{-1}）（计算）	V_f/(cm·s^{-1})（试验）	λ_{vf}（计算）	λ_{vf}（试验）
2.75	54.29	5.5	8.66	8.18	6.27	6.55
5.25	61.79	10.5	9.64	9.11	6.41	6.69
7.75	66.79	15.5	10.29	9.72	6.49	6.77
10.25	70.64	20.5	10.78	10.18	6.55	6.84
12.75	73.79	25.5	11.18	10.56	6.60	6.89
15.25	76.48	30.5	11.52	10.88	6.64	6.93

从表中可以看出，选用的模型沙在各个水深下，起动流速比尺接近流速比尺，基本满足起动流速相似条件，模型沙选取基本合理。

4.3 含沙量比尺及时间比尺

由于原型实际上长期缺乏推移质泥沙观测资料，在试验中对推移质输沙进行定量模拟是相当困难的。不过，根据对原型情况分析后认为，由悬移质泥沙运动所引起的冲淤变化构成了该河段河床变形的主要部分，且推移质泥沙时常与悬移质泥沙交换，进入悬移质运动的行列中，因此本模型仅考虑悬移质输沙量变化的影响。事实上，通过河床验证试验确定模型进口加沙量时，自然反映了推移质运动对河床冲淤变形影响的相似性。另外，一般试验只模拟悬移质中的床沙质，但对于原型情况，悬移质中的冲泄质在河滩造床过程中起到了很大的作用。在试验中若扣除相应来沙量中的冲泄质，不仅使滩地淤积难以相似，而且还会使主槽变形产生偏离。因此本试验不再对悬移质中的床沙质和冲泄质加以区划。按模型比尺计算推移质和悬移质河床变形比尺比较接近。

5　结语

（1）在其他学者研究成果的基础上专门进行了塑料模型沙特性试验。选取经过加工处理后的轻质塑料沙作模型沙，具有比重较轻、适合变率大的动床模型。不仅为本模型的设计提供了可靠的依据，且为模型验证及以后的生产试验提供了有利条件。

（2）根据塑料沙的容重和模型比尺，综合各种研究成果提出了鄱阳湖实体模型选沙、模型沙粒径比尺的初步设计，再按照原型沙的特性及级配曲线，初步确定了鄱阳湖模型沙的级配曲线。

（3）结合水槽试验，对塑料沙进行了起动流速试验，拟合了起动流速公式，为以后采用轻质塑料沙动床试验提供了参考。

参考文献：

[1]　何文社，方铎，刘有录．黄河包头河段泥沙模型设计［J］．泥沙研究，2000（4）：69－73.

[2]　长江水利委员会长江科学院．长江防洪模型项目实体模型选沙试验报告［R］．武汉，2005，12.

[3]　乐培九，刘万利．动床模型粒径比尺的确定方法［J］．水道港口，2008，5（29）：333－337.

[4]　李昌华，吴道文，夏云峰．平原细沙河流动床泥沙模型试验的模型相似律及设计方法［J］．水利水运工程学报，2003，1：1－8.

[5]　王延贵，胡春宏，朱毕生．模型沙起动流速公式的研究［J］．水利学报，2007，38（5）：518－523.

斜鼻坎、曲面贴角鼻坎、双曲挑坎等几种异型鼻坎挑流消能工的应用研究

邹　俊，邬年华

江西省水利科学研究院

摘　要：作为重要的消能工形式，斜鼻坎、曲面贴角鼻坎、双曲挑坎等异型鼻坎挑流消能工在工程实践中得取了广泛应用。当前在研究与设计此类消能工时，有物理模型试验与数值模拟两种方法，前者直观、可靠性较好；后者快速、灵活。两者结合的方式进行选型工作将会是事半功倍的。此类异型鼻坎消能工还有许多值得注意与研究的地方，期待能进一步发展完善。

关键词：异型鼻坎；工程应用；物理模型试验；数值模拟

挑流消能是当前我国应用广泛的消能措施。有资料统计[1]，世界大、中型河岸溢洪道的消能形式大多为挑流消能，我国约85%采用挑流，国外的比例约为75%。一般而言，挑流消能成本较低，消能效果好。挑流消能的工作方式是将水流引入泄流通道，再经过鼻坎离开水工建筑，利用水流自身的动能及鼻坎的导向作用抛射入空中，进而落入下游。其消能原理主要是通过水流在抛射空中的掺气扩散，以及与下游的碰撞来消散能量，挑流鼻坎是挑流消能工的关键。

1　斜鼻坎、曲面贴角鼻坎、双曲挑坎介绍

挑流消能在其自身的概念范畴下出现多种形式，有连续型鼻坎、差动型鼻坎、扩散鼻坎、窄缝鼻坎，以及斜鼻坎、曲面贴角鼻坎、双曲挑坎（也有称扭曲鼻坎）等异型鼻坎。连续型鼻坎是最基本的鼻坎形式，应用最早，但是在研究与应用中，连续型鼻坎往往显得不足。比如，出坎水流的扩散度不够，入水单宽流量较大，对水流的方向控制欠佳等。针对以上问题，在连续型鼻坎的基础上，通过对鼻坎几何形式的变化发展出了斜鼻坎、曲面贴角鼻坎、双曲挑坎等异型鼻坎。这些异型鼻坎增大了出坎水流的横向或纵向扩散，减小了入水单宽流量，进而减轻下游河道冲刷，同时，有的还具有更好的导向作用，控制水流的入水区，以保护河道两岸或重要建筑物。斜鼻坎消能工[2]是把泄水建筑物出口端垂直于出口轴线的形式改为斜交于出口轴线形式，形成一侧导墙短，一侧导墙长的现象。这使原本单一挑角，挑距大体相当的情况变为一系列不同挑角的多挑角挑坎和挑距差异较大的情况。曲面贴角鼻坎则是在挑坎末端的左右一侧或两侧加

本文发表于2012年。

上了“贴角”，该贴角具有特殊的设计形式，一般而言其迎水曲面是由一系列等半径圆的部分圆弧组成，随着高度方向的增加，圆弧的弧长变短，曲面上升直至最高点时圆弧长度收缩为点。曲面贴角鼻坎有曲面贴角斜鼻坎、对称曲面贴角窄缝鼻坎等形式[3]。曲面贴角具有导向及增加水流扩散的作用。双曲挑坎，顾名思义，挑坎在纵向及横向上都存在弯曲。

以上所提到的斜鼻坎、曲面贴角鼻坎、双曲挑坎都属于异型鼻坎。字面上而言，斜鼻坎侧重鼻坎出口端与出口轴线的斜交；曲面贴角鼻坎在于特殊的“曲面贴角体”的存在；双曲挑坎强调挑坎底板在纵向与横向上的弯曲。尽管如此，以上三种形式的鼻坎在一定程度上是存在交集的。例如，曲面贴角加设在斜鼻坎上形成了曲面贴角斜鼻坎；双曲挑坎是可视为斜鼻坎的进一步发展；如果把曲面贴角视为底板的一部分，则其也是一种双曲挑坎。因此，以上所列举的挑流鼻坎在本文中作为一个群体进行讨论。

2 工程应用

这些形式的鼻坎在实际工程中一般都表现出良好消能导向效果，往往成为消能工设计的对象，尤其在峡谷河道中。

例如，在贵州东风水电站溢洪道的研究设计过程中，花立峰[4]等人通过物理模型试验对比了曲面贴角窄缝鼻坎和一般的平底直墙窄缝鼻坎的效果，认为前者在降低边墙高度，各级流量的适应性，边墙受力情况，水流扩散度，防下游冲刷等方面均有一定优势。该体形的鼻坎被成功运用于东风水电站溢洪道的施工建设中。同样的情况，也可见于张河湾抽水蓄能电站下水库泄流中孔的研究设计中[5]。

在国外，美国的威士纪镇坝、格伦峡坝泄洪洞和苏联的康达巴斯克电站溢洪道采用了双曲挑坎[6]。

在工程应用中，鼻坎体形往往不是简单的某一种鼻坎形式，可能包含了两个或多个概念。比如曲面贴角窄缝鼻坎（东风水电站）、曲面贴角斜鼻坎（漫湾水电站）、扭曲斜鼻坎（二滩水电站）等。

表1列举了本文统计的一批国内外应用了以上形式鼻坎的水利工程。可见，斜鼻坎、曲面贴角鼻坎和双曲挑坎的应用广泛，得到了水利研究者及设计人员的重视。

表1 国内外应用实例

编号	工程名称	地点	状态	具体应用
1	旁多水利枢纽	中国西藏	在建中	泄洪洞采用双曲扩散式鼻坎
2	二滩水电站	中国四川	已建成	1号泄洪洞采用扭曲斜切挑流鼻坎
3	西北口水库	中国湖北	已建成	泄洪洞出口为扭曲鼻坎
4	东江水电站	中国湖南	已建成	左岸溢洪道尾部采用扭曲鼻坎
5	漫湾水电站	中国云南	已建成	泄洪隧洞采用曲面贴角斜鼻坎
6	碧口水电站	中国甘肃	已建成	右岸泄洪洞采用扭曲斜鼻坎
7	公伯峡水电枢纽工程	中国青海	已建成	左岸泄水建筑物采用扩散型扭曲挑流鼻坎、优化施工洪水等多项新技术

续表

编号	工程名称	地点	状态	具 体 应 用
8	刘家峡水电站	中国甘肃	已建成	右岸泄洪洞采用扭曲鼻坎
9	天荒坪蓄能水电站	中国浙江	已建成	溢洪道采用曲面贴角斜鼻坎
10	安康水电站	中国陕西	已建成	排沙底孔采用窄缝式、曲经形贴角斜鼻坎
11	光照水电站	中国贵州	已建成	底孔采用斜鼻坎
12	马马崖一级水电站	中国贵州	筹建中	底孔采用斜鼻坎
13	乌江构皮滩水电站	中国贵州	已建成	泄洪洞采用不对称扩散式贴角斜鼻坎
14	中梁一级电站	中国重庆	已建成	溢洪道出口采用斜鼻坎挑流消能
15	铜场水库枢纽	中国新疆	已建成	表孔泄洪洞采用异型斜鼻坎
16	引子渡水电站	中国贵州	已建成	溢洪道左孔、中孔采用曲面贴角鼻坎，右孔采用斜鼻坎
17	洮水电站工程	中国湖南	已建成	溢洪道采用斜鼻坎
18	龙羊峡水电站	中国青海	已建成	左岸中孔泄水道采用扩散斜扭鼻坎；深孔采用扩散加小挑坎斜扭鼻坎
19	三板溪水电站	中国贵州	已建成	溢洪道采用等挑角的斜鼻坎
20	宝珠寺水电站	中国四川	已建成	右底孔出口采用扭曲鼻坎
21	瀑布沟电站	中国四川	已建成	泄洪洞采用扭曲斜切挑流鼻坎
22	铅厂水电站	中国云南	已建成	泄洪冲沙底孔采用扭曲式挑坎
23	张河湾抽水蓄能电站	中国河北	已建成	中孔采用曲面贴角窄缝鼻坎
24	洪家渡水电站	中国贵州	已建成	泄洪建筑物出口采用曲面贴角鼻坎
25	里畈水库	中国浙江	已建成	泄洪隧洞采用扭曲斜鼻坎
26	东风水电站	中国贵州	已建成	泄洪隧洞采用斜鼻坎；溢洪道采用曲面贴角鼻坎
27	故县水库	中国河南	已建成	泄流中孔采用斜鼻坎
28	威士纪镇坝	美国	已建成	泄洪洞采用双曲挑坎
29	格伦峡坝	美国	已建成	泄洪洞采用双曲挑坎
30	康达巴斯克	苏联	已建成	溢洪道采用双曲挑坎

3 当前的研究

目前，对以上异型鼻坎的设计尚无统一、成熟的原则与计算方法。除曲面贴角的贴角体有具体的阐述外[7]，其余的设计要素、参数等多取决于经验，需通过不断试验（试算）进行修正。

3.1 物理模型试验

与其他消能工一样，此类消能工的设计最初依赖于物理模型试验，物理模型试验的优点在于直观，尤其是水工物理模型试验。通过模型试验可以观察挑流消能工的水舌形态、入水位置，测量挑距、水面壅高、下游流速、冲坑深度等，其对消能效果的评判相对可靠。但是，试验或设计时，最初的鼻坎体形方案往往无法做到一步成功，满足要求。对于所需要的效果（如：挑距足够，保护两岸，防止下游过度冲刷等）一般都需要反复调整修正才能达到。鼻坎体形的修改不可避免地要进行多次，期间所用的人力、物力以及时间都是可观的。

3.2 数值模拟

20世纪计算机科学的发展以及计算流体力学的出现使得这个问题的解决有了新的途径。通过计算机数值模拟的手段对斜鼻坎、曲面贴角鼻坎、双曲挑坎等异型鼻坎进行设计或研究应运而生。在我国，对双曲挑坎进行数值模拟，早期可见于周新民的研究[8]，他介绍了一种用计算机计算双曲挑坎体形的方法：先给定一个急变流变形范围，即表面流线平面图，工程上就是边墙的平面轮廓，计算出自由表面高程，减去水深就得到相应的挑坎表面高程。还有陈肇和、李国庆[6]等人对龙羊峡水电站所做的工作。他们阐述了计算机求解双曲挑坎体形的方法，给出了计算程序。双曲挑坎体形计算的基本原理是从流体力学的基本方法出发，建立三维挑坎水流的数学模型，根据来流的水力参数，挑流水流预期的变形和流态要求，求得能实现对水流控制的挑坎体形，这类问题的实质是求解流体力学的逆命题，即由水利要素反求固体边界。陈肇和等人用这种方法为龙羊峡水电站设计了中孔和深孔溢水道的挑坎体型，在西北水利所龙羊峡整体模型上做放水试验，取得了较为满意的成果。近些年来，此类与实际工程相结合的研究可见于孙颖、李国庆[9]等人的溪洛渡水电站泄洪洞课题，其研究方法的原理与龙羊峡的相同。设计时，结合地形、地质条件及设计规定参数，选用若干组体形设计参数，得出设计体形、设计流量下的挑坎水利要素（水深、流速、压强等）的设计值，从中选出满足设计要求（泄流量、入水点、入水对冲）的优化挑坎。还有李玲、陈勇灿[10]等人对瀑布沟水电站溢洪道的研究，研究过程中，设瀑布沟水电站的溢洪道采用的是曲面贴角扭曲斜鼻坎，他们初选了三种体形，通过计算机数值模拟，计算了在同种运行工况下三种体形曲面贴角扭曲斜鼻坎的挑流情况，通过分析挑坎出口水面线分布，挑坎出口流速分布，出坎水流抛射形态等，比选出了较为理想的方案，通过与物理模型试验数据对比，表明两者吻合。还有陈日东、刘顺东[11]等人结合铅山水电站冲沙底孔所做的工作，冲沙底孔为扭曲鼻坎。他们进行了物理模型试验及数值模拟计算，两者的结果吻合较好，证明了其选择的数值模拟方法的合理性。

通过数值模拟选型可以减少物理模型试验的工作量，具有快速、灵活的优点。

当然，物理模型试验作为当前的主要的研究手段，相对于数值模拟有较好的可靠性，而数值模拟对复杂边界的适用性也还有待提高。因此，在设计斜鼻坎、曲面贴角鼻坎、双曲挑坎时，数值模拟可作为前期的筛选手段，提供推荐方案或是比选方案，再通过物理模型试验进行验证或进一步筛选。两者结合可以一定程度上避免繁琐的模型修改，提高研究的效率与可靠性。

3.3 其他方面的问题

斜鼻坎、曲面贴角鼻坎、双曲挑坎等异型鼻坎在研究与设计中还涉及其他问题，如：在李玲、陈勇灿[10]等人对瀑布沟水电站溢洪道的研究中，有的双曲挑坎的出口水流存在水面线分布不够平顺，流速分布不够均匀的现象。这是影响消能防冲效果的重要原因，该现象在研究设计中值得注意。空蚀破坏问题，高盈孟、李文炘[12]等人在对漫湾电站泄水建筑物的水力学原型观测研究中指出，采用曲面贴角形式的左岸溢洪道鼻坎的右边墙空化噪声强度较高，有发生空蚀的可能。更有甚者，在1990年对龙羊峡水电站的调查中发现其底、中孔曲面贴角鼻坎均产生了不同程度的空蚀麻点，杨顺玉在其文中[13]指出曲面贴角鼻坎抗空蚀性能不佳，在结构上需要进一步完善。正是由于此类鼻坎很可能涉及到高速水流，在研究设计中需要重视。另外，曲面贴角鼻坎的贴角体和双曲挑坎的底板由于是空间曲面，在施工上相对一般的连续型鼻坎要复杂，工程上一般是采用放样出曲面的若干控制点或是线，通过控制点间或是线间的连接抹平完成。在保证其他功能（消能效率、空蚀特性等）的前提下，如果能改进或是提出更为便于施工的体型，这在实际工程中是有意义的。

此类的异型鼻坎期待更为深入的研究，进一步验证研究与设计手段（尤其是数值模拟方法），建立完善的设计原则及方法。

4 结语

斜鼻坎、曲面贴角鼻坎、双曲挑坎等异型鼻坎挑流消能工相对连续型鼻坎可增大出坎水流的扩散，减小入水单宽流量，有的还具有更好的导向作用，作为重要的消能工形式，得到了广泛应用。当前，在研究与设计此类消能工时，有物理模型试验与数值模拟两种方法，前者直观、可靠性较好，但是工作量大，人力、物力和时间花费可观，后者快速、灵活，但可靠性、适用性有待提高。两者结合的方式进行选型工作将会是事半功倍的。斜鼻坎、曲面贴角鼻坎、双曲挑坎等异型鼻坎挑流消能工还有许多值得注意与研究的地方，期待能进一步发展完善。

参考文献：

[1] SL 253—2000 溢洪道设计规范 [S].

[2] 张守磊，陈和春．斜切挑流鼻坎水舌挑距水力计算研究 [J]. 中国水运，2008，(12).

[3] 寿伟冈．曲面贴角鼻坎水舌下游冲刷深度计算方法 [J]. 西北水资源与工程，1991，(1)．

[4] 花立峰，陈素文．曲面贴角窄缝鼻坎的水力特性及其在东风水电站溢洪道上的应用 [J]. 水利水电技术，1994，(7)．

[5] 徐自立，聂源宏．曲面贴角窄缝鼻坎在大坝中孔的应用研究 [J]. 人民长江，2008，(4)．

[6] 陈肇和，李国庆．高水头双曲挑坎体形设计计算及其在龙羊峡模型试验中的验证 [J]. 华北水利水电学院学报，1984，(2)．

[7] 张明尚．曲面贴角鼻坎的体型和施工放线计算 [J]. 西北水资源与工程，1990，(1)．

[8] 周新民．介绍双曲挑坎的计算方法 [J]. 人民黄河，1980，(2)．

[9] 孙颖，李国庆．溪洛渡水电站泄洪洞双曲挑坎体形设计 [J]. 水利学报，2003，(8)．

[10] 李玲，陈勇灿．溢洪道出口扭曲型挑坎水流的数值模拟 [J]. 水力发电学报，2007 (2)．

[11] 陈日东，刘顺东．扭曲型挑坎挑流的数值模拟 [J]. 水利水电科技进展，2008 (2)．

[12] 高盈孟，李文炘．漫湾水电站泄水建筑物水力学原型监测及其成果分析 [J]. 云南水利发电，1995，(2)．

[13] 杨顺玉．曲面贴角鼻坎的空化特性研究 [J]. 水电工程研究，1994，(2)．

鄱阳湖实体模型定床相似关键技术研究

邬年华[1]，黄志文[1]，刘同宦[2]

1. 江西省水利科学研究院；2. 长江水利委员会长江科学院

摘　要：如何实现鄱阳湖实体模型的阻力相似，是本模型定床试验的技术难点之一。结合水槽加糙试验研究成果，采用卵石梅花形加糙与塑料草垫加糙相结合的方法对本模型进行了分区域加糙、分段进行试验水面线、流速分布及分流比验证。模型水流的相似程度较好，模型满足水流运动相似条件，为保证模型试验精度奠定了基础。

关键词：加糙；塑料草垫；流速分布；水面线，分流比

1　模型概况

鄱阳湖定床实体模型模拟范围包括鄱阳湖主湖区、五河尾间、入江水道段及长江江西段（瑞昌至彭泽）。模型平面比尺1：500，垂直比尺1：50，变率为10，糙率比尺0.607。模型面积约$60000m^2$，其中模型水面面积约$20000m^2$。鄱阳湖实体模型范围及断面布置见图1。

2　加糙的方法选择

模型与原型的水面线相似反映为两者综合阻力相似。河（湖）段阻力，主要由河（湖）床阻力及河（湖）岸阻力组成，其中形态阻力占较大比重。为此，一方面在河（湖）床地形变化较大（如洲滩与位置较低河床连接处）的地段适当加密制模断面，另一方面对两岸护岸段尤其凸出岸段进行局部地形修改，以达到较精确模拟原河道地形。

结合水槽加糙试验成果、河工模型加糙实践经验和鄱阳湖湖区及长江武穴—彭泽河段的糙率，整个定床模型表面为刮糙的水泥砂浆粉面，其中长江段模型阻力的调整采用在模型表面粘呈梅花形排列的卵石加糙的方法，如图2所示，使模型与原型的水面线相似；入江水道段高程小于9.0m滩地也采用此法，使模型与原型的水面线相似。而入江水道段深槽高程介于9.0～12.0m的滩地浅滩部分则采用密铺塑料草垫的方法加糙以达到湖床阻力相似的要求，如图3所示。

3　模型验证

鄱阳湖模型为大面积的物理模型，有长江段、湖区及入湖尾间，实现整个模型的阻力

本文发表于2012年。

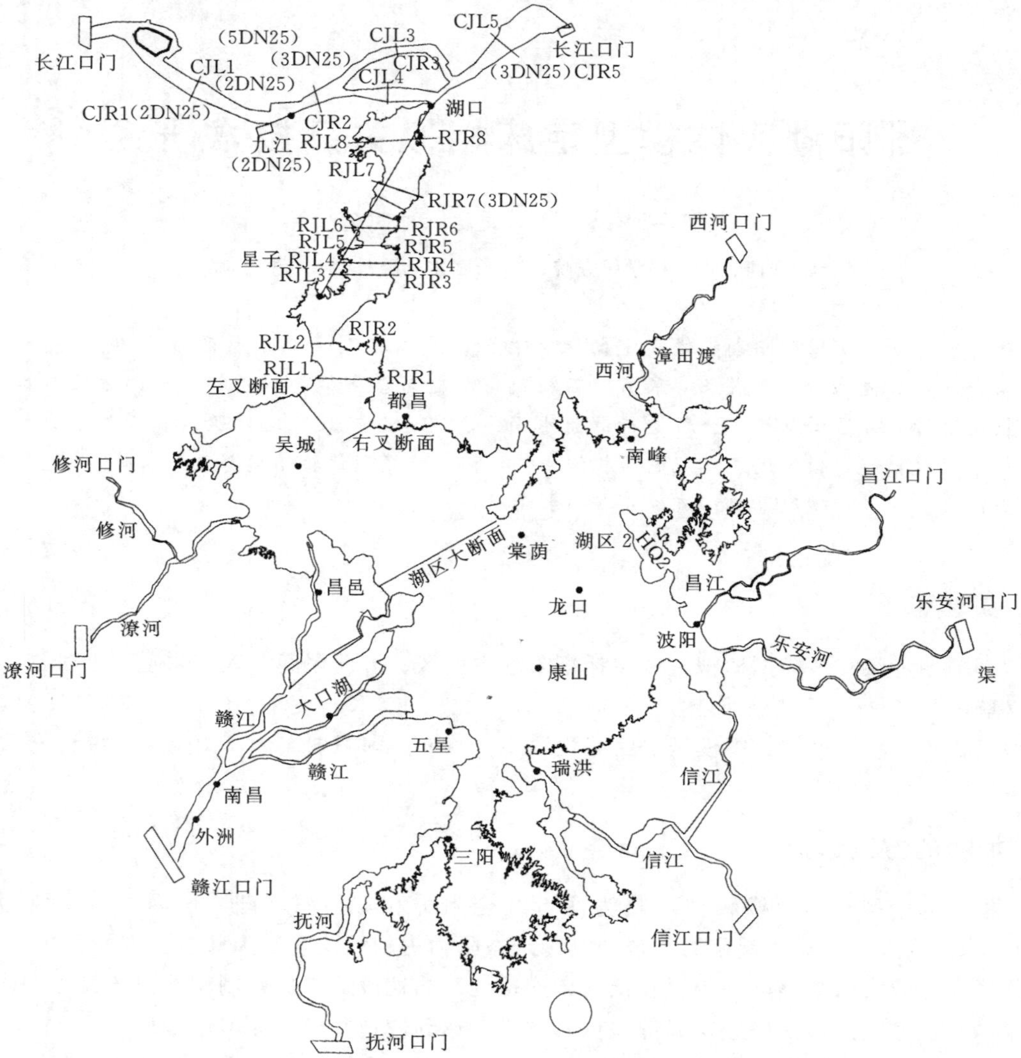

图1 鄱阳湖试验模型模拟范围

图2 长江段加糙图

图3 鄱阳湖入江水道加糙图

相似，是本项目的技术难点之一，也是模型模拟结果准确与否，提供试验成果是否真实可信的基础。为此，在正式试验前，对鄱阳湖模型糙率值必须通过验证试验来检验和调整，以保证试验成果的可靠性。

定床模型验证的重要环节是检验模型水面线及水流运动与天然相似程度，其内容主要包括三个方面：一是水面线验证；二是断面流速分布验证；三是分流比验证。

3.1 试验工况

模型工况试验见表1、表2。

表1　1998—1999年入江水道洪、中、枯水面线验证水文参数表　　高程：黄海 m

序号	时间/(年.月.日)	万家埠/($m^3 \cdot s^{-1}$)	外洲/($m^3 \cdot s^{-1}$)	李家渡/($m^3 \cdot s^{-1}$)	梅港/($m^3 \cdot s^{-1}$)	虎山/($m^3 \cdot s^{-1}$)	渡峰坑/($m^3 \cdot s^{-1}$)	五河流量/($m^3 \cdot s^{-1}$)	长江流量/($m^3 \cdot s^{-1}$)	湖口水位/m
1	1998.12.10	56	980	237	345	71	21	1710	10600	6.90
2	1999.5.9	264	4112	1149	2420	525	321	8790	22700	12.49
3	1999.9.10	264	5497	3880	2587	1106	267	13600	45600	18.06

表2　1998—1999年湖区洪、中、枯水面线验证水文参数表　　高程：黄海 m

序号	时间/(年.月.日)	万家埠/($m^3 \cdot s^{-1}$)	外洲/($m^3 \cdot s^{-1}$)	李家渡/($m^3 \cdot s^{-1}$)	梅港/($m^3 \cdot s^{-1}$)	虎山/($m^3 \cdot s^{-1}$)	渡峰坑/($m^3 \cdot s^{-1}$)	五河流量/($m^3 \cdot s^{-1}$)	都昌水位/m
1	1998.12.30	45	755	174	144	45	17	1180	8.14
2	1999.4.7	121	3946	654	1311	630	229	6890	11.48
3	1999.8.23	269	7102	1471	2265	852	341	12300	16.95

流速分布验证采用2011年11月13—18日水文测验成果，其中入江水道RJ2，RJ5计2个、长江CJ1－CJ5计5个。

分流比验证采用2011年11月13—18日。在2011年11月13—19日（枯水）当时水情变化条件下，左水道CJ3分流比为40％，右水道CJ4分流比为60％。

3.2 试验成果

定床模型验证的重要环节是检验模型水面线及水流运动与天然相似程度，其内容主要包括三个方面，一是水面线验证；二是断面流速分布验证；三是分流比验证。

（1）水面线验证。

表3　2006年长江段洪、中、枯水面线验证情况表　　高程：黄海 m

时间/(年.月.日)	进口流量/($m^3 \cdot s^{-1}$)		长江段尾门水位/m		水位					
					九江站			湖口站		
	长江	湖口	原型值	模型值	原型值	模型值	误差	原型值	模型值	误差
2006.1.11	8710	1660	4.87	4.87	6.61	6.64	0.03	5.69	5.71	0.02
2006.5.11	19900	8510	10.28	10.28	11.75	11.73	−0.02	11.21	11.2	−0.01
2006.6.21	29900	13200	13.60	13.60	15.01	14.96	−0.05	14.56	14.52	−0.04

表 4　1998—1999 年鄱阳湖入江水道段洪、中、枯水面线验证情况表　高程：黄海 m

时间/(年.月.日)	进口流量/($m^3 \cdot s^{-1}$)		湖口站控制水位/m		水位					
					星子站			都昌站		
	长江	湖口	原型值	模型值	原型值	模型值	误差	原型值	模型值	误差
1998.12.10	10600	1710	6.90	6.89	7.54	7.56	0.02	9.14	9.18	0.04
1999.5.9	22700	8790	12.49	12.49	12.76	12.75	−0.01	13.01	13.06	0.05
1999.9.10	45600	13600	18.06	18.06	18.13	18.15	0.02	18.14	18.19	0.05

（2）流速验证。

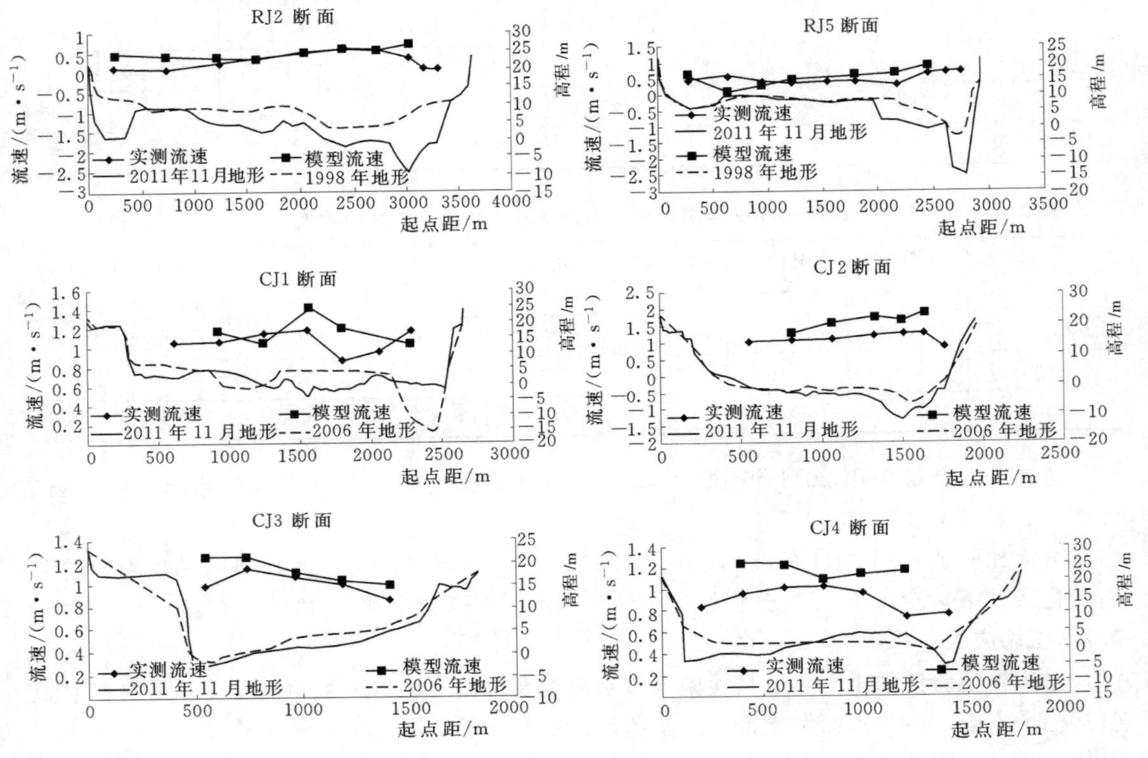

图 4　不同年份地形和流速分布图

表 5　RJ2 断面流速对照表

实测流速（2012 年地形）		模型流速（1998 年地形）	
起点距/m	流速/($m \cdot s^{-1}$)	起点距/m	流速/($m \cdot s^{-1}$)
249	0.14	249	0.44
747	0.09	747	0.40
1244	0.23	1244	0.36
1600	0.38	1600	0.32
2041	0.52	2440	0.63

续表

实测流速（2012 年地形）		模型流速（1998 年地形）	
起点距/m	流速/(m·s^{-1})	起点距/m	流速/(m·s^{-1})
2440	0.60	2735	0.63
2735	0.58	3025	0.72
3025	0.37		
3167	0.12		
3308	0.10		

表 6

RJ5 断面流速对照表

实测流速（2012 年地形）		模型流速（1998 年地形）	
起点距/m	流速/(m·s^{-1})	起点距/m	流速/(m·s^{-1})
278	0.46	278	0.58
636	0.58	636	0.15
958	0.42	958	0.28
1230	0.39	1230	0.44
1539	0.42	1800	0.60
1800	0.41	2168	0.68
2168	0.30	2450	0.86
2450	0.69		
2615	0.72		
2746	0.74		

表 7

CJ1 断面流速对照表

实测流速（2012 年地形）		模型流速（2006 年地形）	
起点距/m	流速/(m·s^{-1})	起点距/m	流速/(m·s^{-1})
619	1.06	932	1.16
932	1.07	1245	1.07
1245	1.14	1558	1.41
1558	1.18	1803	1.20
1803	0.88	2290	1.06
2048	0.96		
2290	1.19		

表 8

CJ2 断面流速对照表

实测流速（2012 年地形）		模型流速（2006 年地形）	
起点距/m	流速/(m·s^{-1})	起点距/m	流速/(m·s^{-1})
548	1.07	825	1.25
825	1.10	1072	1.57
1072	1.12	1325	1.79
1325	1.23	1503	1.68
1503	1.30	1634	1.86
1634	1.29		
1763	0.90		

表 9　　CJ3 断面流速对照表

实测流速（2012 年地形）		模型流速（2006 年地形）	
起点距/m	流速/(m·s^{-1})	起点距/m	流速/(m·s^{-1})
550	0.99	550	1.25
739	1.14	739	1.24
971	1.07	971	1.12
1190	1.01	1190	1.04
1408	0.87	1408	1.01

表 10　　CJ4 断面流速对照表

实测流速（2012 年地形）		模型流速（2006 年地形）	
起点距/m	流速/(m·s^{-1})	起点距/m	流速/(m·s^{-1})
195	0.83	402	1.23
402	0.96	608	1.22
608	1.02	799	1.08
799	1.03	990	1.14
990	0.97	1201	1.18
1201	0.74		
1410	0.77		

从各断面流速分布图中可以看出，由于鄱阳湖和长江断面选用的制模地形资料不同期，导致模型的流速分布与原型有所偏差。从图 4 可以看出，各断面横向分布与原型实测资料基本一致，垂线平均流速的偏差在±0.45m/s 范围之内。

表 11　　长江干流段主流线变化情况表

断面位置	断面编号	起点距/km	主流线纵向位置/m		变化值
			原型	模型	
左水道	CJ1	0	1558	1558	0
	CJ2	40.14	1503	1634	131
	CJ3	70.98	739	550	−189
	CJ5	106.38	2477	2477	0
右水道	CJ1	0	1558	1558	0
	CJ2	40.14	1503	1634	131
	CJ4	63.47	799	402	−397
	CJ5	97.45	2477	2477	0

注　“−”为偏右，“+”为偏左。

表 12　　鄱阳湖入江水道主流线变化情况表

断面编号	起点距/km	主流线纵向位置/m		变化值
		原型	模型	
RJ2	29.98	2440	3025	585
RJ5	64.84	2746	2450	−296

注　“−”为偏右，“+”为偏左。

表 11、表 12 为模型主流线位置变化表，从表中可以看出模型主流线与原型过流时相应河段实测主流线位置较为接近，最大偏差在 585m 左右，一般偏差均在 100～300m 之间，部分断面主流位置基本一致。

3.3 分流比验证

经模型实测断面流速计算（见表 7），左水道 CJ3 分流比为 38.7%，右水道 CJ4 分流比为 61.3%，与原型实测的 40%和 60%相比，在模型测量误差范围以内，说明模型左、右水道的分流与原型基本相似。

表 13　　模型汊道分流比验证成果表　　%

项目	左水道 CJ3	右水道 CJ4
原型实测值	40	60
模型试验值	38.7	61.3

可以看出，整体上模型分流比与原型比较接近，最大误差为±1.3%，符合相关标准规范的误差要求。

4 结语

（1）通过不同的 1998—1999 年水文资料分别验证了鄱阳湖湖区和入江水道的水面线相似情况，以及用 2006 年水文资料验证了长江段水面线相似情况。验证试验结果表明，各站水位模型与原型误差一般在±0.01～0.05m 之间，在模型允许误差范围内（模型允许的误差为±1mm，相当于原型值 0.05m），满足《河工模型试验规程》（SL 99—1995）要求，说明模型水面线与原型水面线基本一致，满足模型与原型河床阻力相似的要求。

（2）利用 2011 年 11 月 13—19 日实测的 7 个水文断面的流速进行了流速分布验证。从各断面流速分布图中可以看出，由于鄱阳湖和长江断面选用的制模地形资料不同期，导致模型的流速分布与原型有所偏差。从图中可以看出，各断面横向分布与原型实测资料基本一致，垂线平均流速的偏差在±0.59m/s 范围之内。

（3）采用 2011 年 11 月 13—19 日实测资料对长江张家洲汊道分流比验证结果表明，整体上模型分流比与原型比较接近，最大误差为±1.3%，符合相关标准规范的误差要求。

参考文献：

[1] 谢鉴衡．河流模拟［M］．北京：水利电力出版社，1990.
[2] SL 99—1995 河工模型试验规程［S］．北京：中国水利水电出版社，1995.
[3] 江西省水利规划设计院，江西省水利科学研究院．鄱阳湖模型试验研究基地可行性研究报告［R］．2010.
[4] 长江科学院．长江防洪模型利用世界银行贷款项目模型设计与关键技术研究成果报告［R］．2008.

塑料模型沙起动流速试验研究

黄志文，鲁博文，邬年华

江西省水利科学研究院

摘　要：通过水槽试验进行了塑料沙的起动流速试验，以 5 组泥沙为例，推导出沙粒在不同运动状态下塑料沙的起动流速公式，并与 3 种常用模型沙起动流速公式计算值比较，建议对轻质模型沙起动流速估算时，采用塑料沙起动流速计算公式。

关键词：水槽试验；模型；起动流速；塑料沙

模型沙起动流速是模型设计的重要依据之一，而起动流速试验是开展动床模型试验的前期预备试验之一。为了鄱阳湖实体模型选沙前期研究，江西省水利科学研究院对浙江省富阳加工的黄色塑料沙（其 $\gamma_s=1.15\mathrm{t/m^3}$，$\gamma_0'=0.6\mathrm{t/m^3}$）进行了起动流速试验。采用的沙样总共有 5 组非均匀沙，即 d_{50} 分别为 0.063mm、0.12mm、0.21mm、0.28mm、0.41mm。

1　试验设备

本试验是在江西省水利科学研究院水工模型大厅固定玻璃水槽内进行的。水槽长 25m、宽 50cm、高 50cm。试验所用水槽如图 1 所示[1]。

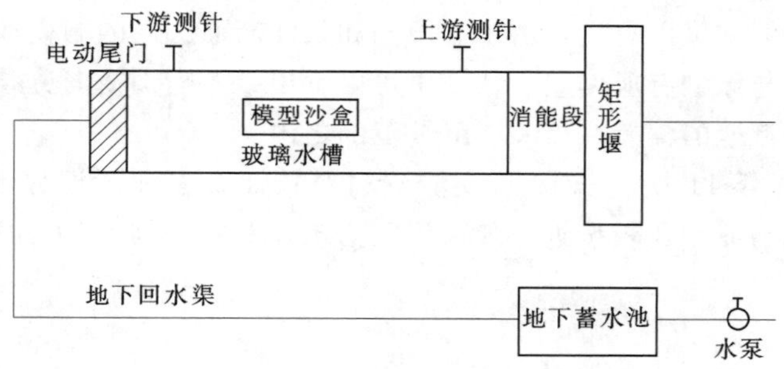

图 1　试验水槽平面布置图

水槽有效观测段长度 2m，观测泥沙起动情况；试验段上下安装有 2 个测针，测读水位。由直流电机驱动水泵通过循环系统为水槽供应试验用水，采用矩形堰控制流量。为了稳定进入水槽水流的流态，在水槽进口设有 1m 长的消能段。在玻璃水槽的尾部采用转向尾门调整水位。

流速测量采用江西省水利科学研究院自制的悬桨流速仪测定，其可以测量的流速范

本文发表于 2012 年。

围：3～120cm/s，模型沙运动情形用摄像机进行录像。

2 试验步骤

试验前将模型沙浸泡过5～7d后充分搅拌，然后平铺于模型沙盒，再在水槽尾端注入清水，当水面高于床面0.5～1.0cm时，将沙盒慢慢放入水槽试验，如果沙面出现凹凸变形，则轻轻将模型沙拍实、刮平，试验用水为自来水。

试验时，将尾门或流量调整到接近颗粒起动条件时，再微调尾门或流量，调节水位的同时观察模型沙的起动情况。待水面稳定后，再判断泥沙运动情况。

当泥沙在某一水深达到相应的起动状态时，读出相应的水位，施测流速。测速断面设在试验段中间，布设3条垂线，每一垂线采用3点（0.2h、0.6h、0.8h，h为某一水深值）法测速，断面平均流速按一般水文方法计算。

每组同一粒径的泥沙各种起动状态，均做6个水深（5.5cm、10.5cm、15.5cm、20.5cm、25.5cm、30.5cm）。

3 起动流速判别标准

泥沙的起动流速视沙粒的运动状态分为个别动、少量动、大量动、扬动等4个阶段观测。

（1）个别动状态：槽中纵向床面上有可数的颗粒开始做断断续续的移动，经过仔细寻找才能发现。

（2）少量动状态：纵向床面上约有20%的泥沙在起动，其运动状态可以联系观测到，床面上单位面积内移动的颗粒是可数的。

（3）大量动状态：床面颗粒几乎全部起动，其运动速度和连续性均比少量动增强，约占表层的80%，床面上单位面积内移动的颗粒不可数。

（4）扬动状态：床面上的大量颗粒呈带状形式运动，带状不停的向左右两边摆动，且有部分模型沙被扬起，升至水流中，随水流长距离运动，呈烟雾或浑浊状。

4 起动流速试验成果

试验中主要观测水槽进口16m处沙盒内泥沙颗粒的起动情况。本次试验选用了5组颗粒级配，其d_{50}分别为0.063mm、0.12mm、0.21mm、0.28mm和0.41mm。

通过试验实测，获得的起动流速试验数据（以d_{50}为0.063mm、0.12mm、0.28mm为例）见表1～表3。

表1　　d_{50}=0.063mm泥沙的起动流速

水深h/cm	流速V_0/(cm·s^{-1})			
	个别动	少量动	大量动	扬动
5.5	5.78	7.44	8.82	10.81
10.5	6.83	8.38	9.91	11.74
15.5	7.62	9.14	10.77	12.88
20.5	8.15	9.83	11.54	13.74
25.5	8.61	10.24	12.09	14.37
30.5	9.12	10.65	12.53	15.18

表 2　　$d_{50}=0.12$mm 泥沙的起动流速

水深 h/cm	流速 V_0/(cm·s^{-1})			
	个别动	少量动	大量动	扬动
5.5	6.57	8.24	9.87	11.45
10.5	7.46	8.90	10.80	12.36
15.5	8.12	9.67	11.44	13.28
20.5	8.53	10.36	12.08	13.96
25.5	8.79	10.99	12.82	14.78
30.5	9.12	11.36	13.47	15.42

表 3　　$d_{50}=0.28$mm 泥沙的起动流速

水深 h/cm	流速 V_0/(cm·s^{-1})			
	个别动	少量动	大量动	扬动
5.5	7.51	9.47	11.54	13.42
10.5	8.15	10.60	12.78	14.58
15.5	8.77	11.15	13.55	15.46
20.5	9.45	11.96	14.12	16.16
25.5	9.87	12.56	14.73	16.87
30.5	10.54	13.33	15.44	17.76

将数据计算分析整理后点绘出轻质塑料沙的起动流速 V_0（个别动、少量动、大量动、扬动）与水深 h 的关系曲线，见图 2～图 4。

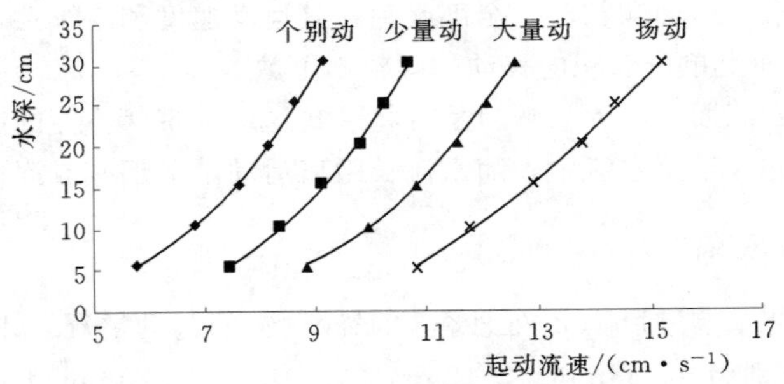

图 2　$d_{50}=0.063$mm 的塑料模型沙 V_0—h 的关系

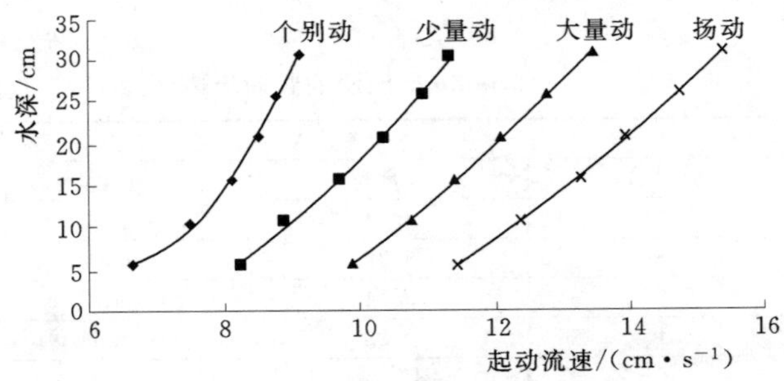

图 3　$d_{50}=0.12$mm 的塑料模型沙 V_0—h 的关系

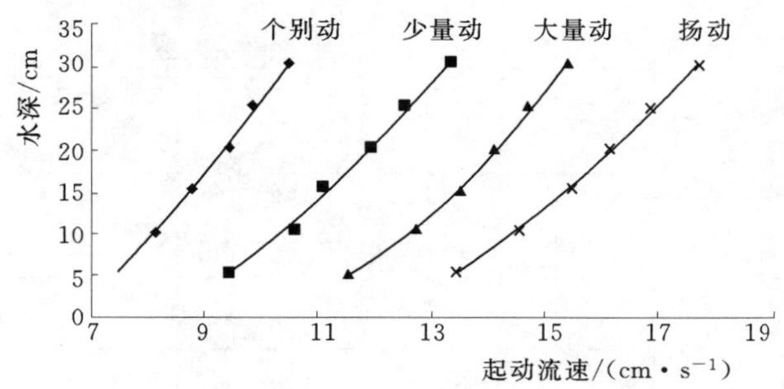

图 4 $d_{50}=0.28$mm 的塑料模型沙 $V_0—h$ 的关系

5 起动流速公式的推导

5.1 起动流速公式的推导

图 2～图 4 为塑料合成沙各粒径组起动流速与水深关系。我们可以看出，各状态的起动流速均随水深增大而增大。起动流速与水深之间的变化规律仍然符合经验公式 $U_0=K_m\sqrt{\frac{\gamma_s-\gamma}{\gamma}gd}\left(\frac{h}{d}\right)^{i}$ 所示的指数关系（式中 K_m 值与模型沙的粒径有关）。

由试验数据可知，塑料沙起动流速变化规律比较明显，粒径越大起动流速越大。由于 K_m 值为一变化值，用上式难以准确反映塑料沙的起动流速。

目前各家起动流速公式主要以天然沙的起动流速资料为基础，在水深 0.15m 下对天然沙的起动流速拟合较好，但是随着水深增大，各家公式计算值差异较大。利用这些公式估算模型沙的起动流速时，估算值与试验值也有一定的差异，特别是细颗粒模型沙。

由于采用窦国仁公式和沙玉清公式计算模型沙起动流速时需确定模型沙的粘滞系数 ε 比较困难。因此，我们在张瑞瑾起动流速公式基础上，利用现有的水槽试验实测的起动流速资料进行塑料合成沙起动流速公式的拟合。

张瑞瑾起动流速公式的形式为：

$$U_c=\left(\frac{H}{d}\right)^{\alpha_1}\left(\alpha_2\ \frac{\gamma_s-\gamma}{\gamma}d+\alpha_3\ \frac{10+H}{d^{\alpha_4}}\right)^{1/2} \tag{1}$$

式中：α_1、α_2、α_3 和 α_4 为待定系数。

根据天然沙、模型沙的起动试验资料可知，起动流速与 $\frac{h}{d}$ 呈指数关系，指数 α_1 的变化范围为 1/7～1/5，取 1/7；对于以重力作用下为主的粗颗粒模型沙，试验值与张瑞瑾公式是吻合的，因此，α_2 取 17.6，而 α_3 和 α_4 两个系数则要根据实测资料进行拟合。

通过对塑料合成沙起动流速试验资料的拟合求得起动流速公式（1）中 α_3 和 α_4 值分别为 0.000000029、0.888。塑料合成沙起动流速公式为：

$$U_{少量动}=\left(\frac{H}{d}\right)^{0.141}\left(17.6\ \frac{\gamma_s-\gamma}{\gamma}d+0.00000029\ \frac{10+H}{d^{0.888}}\right)^{1/2} \tag{2}$$

图 5 为塑料合成沙起动流速计算值与试验值的对比。从图 5 中看出，塑料合成沙起动流速计算值与试验值在对数坐标 45°线上，两者是基本吻合的。

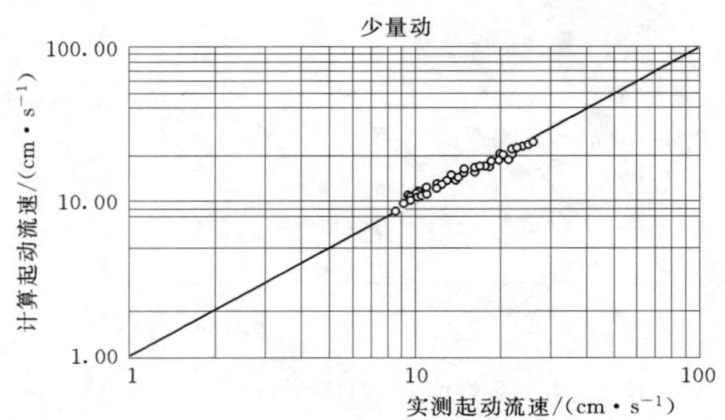

图 5 塑料合成沙起动流速实测值（少量动）与计算值的对比

5.2 不同起动状态下的起动流速

试验资料表明，模型沙处于个别动、少量动、普遍动和扬动等状态时的起动流速变化规律是一致的，起动流速与水深的对数关系线为一组平行线，起动流速同样可采用公式（1）的形式进行描述。模型沙起动状态分别为个别动、少量动、大量动和扬动对应的起动流速具有一定的线性关系，一般表示为：

$$U_{个别动}=K_1U_{少量动}+B_1$$
$$U_{大量动}=K_2U_{少量动}+B_2$$
$$U_{扬动}=K_3\cdot U_{少量动}+B_3$$

式中：K_1、K_2、K_3 为比例系数，通过试验资料率定回归分析可得比例系数 K_1、K_2、K_3 分别为 0.9947、1.0306、0.9274；B_1、B_2、B_3 为截距，截距分别为 −2.188、1.3095、4.5891，即

$$U_{个别动}=0.9947U_{少量动}-2.188$$
$$U_{大量动}=1.0306U_{少量动}+1.3095$$
$$U_{扬动}=0.9274U_{少量动}+4.5891$$

6 起动流速试验值与各家公式计算对比

根据塑料沙起动流速计算公式［式（3）］[3]、王延贵提出的模型沙计算公式［式（4）］[4]和张瑞谨公式［式（5）］，分别计算出模型沙起动流速，与实测值比较。

$$v_0=K\left(\frac{h}{d}\right)^{1/6}\sqrt{3.6\frac{\gamma_s-\gamma}{\gamma}gd} \tag{3}$$

$$v_0=K\left(\frac{h}{d}\right)^{1/7}\left(17.6\frac{\gamma_s-\gamma}{\gamma}d+0.000000275\gamma_s^{0.8}\frac{\gamma_s-\gamma}{d^{0.331\gamma_s^{0.8}}}\right)^{1/7} \tag{4}$$

$$v_0=\left(\frac{h}{d}\right)^{0.4}\left(29d+0.000000605\frac{10+h}{d^{0.72}}\right)^{0.5} \tag{5}$$

式中：v_0 为起动流速；d 为沙样中值粒径；γ_s 为沙样密度；γ 为水比密度。

计算结果表明，采用塑料沙起动流速公式计算轻质塑料沙时，计算结果和起动流速试验值比较接近，建议初步确定轻质塑料沙起动流速时采用式（3）计算。

7 结语

（1）起动试验观测发现，塑料沙一旦起动后，主要运动形式是在床面上滑动，而且是一个不连续的过程，间歇运动的周期取决于水流条件的强弱。塑料沙的起动流速随水深的增大而增大；粒径存在界限值，以此为界粒径越大起动流速越大，粒径越细起动流速有所增大。

（2）由试验数据，提出了塑料沙起动流速经验公式，并用 3 种常用公式进行了比较，证明该公式具有良好的适用性。建议对塑料沙初步估算起动流速时采用公式（3）。

（3）模型沙起动流速试验是模型动床选沙的关键，本论文主要是针对鄱阳湖实体模型动床试验选沙而进行的，模型经初步确定考虑选用轻质塑料沙。本试验成果为后续鄱阳湖实体模型选沙提供了依据。

参考文献：

[1] 任艳粉，郭慧敏，刘恺，等. 拟焦沙起动流速试验研究 [J]. 人民黄河，2011，33（3）：29-33.

[2] 长江科学院. 长江防洪模型利用世界银行贷款项目实体模型选沙研究报告 [R]. 武汉：长江科学院，2004.

[3] 陈俊杰，任艳粉，郭慧敏，等. 常用模型沙基本特性研究 [M]. 郑州：黄河水利出版社，2009.

[4] 王延贵，胡春宏，朱毕生. 模型沙起动流速公式的研究 [J]. 水利学报，2007，38（5）：518-523.

[5] 汪明娜，孙贵州，郑文燕. 新型塑料合成沙物理和运动特性试验研究 [J]. 科技导报，2007（1）.

[6] 窦国仁. 再论泥沙起动流速 [J]. 泥沙研究，1999（6）.

峡江水利枢纽电站取水防沙试验研究

黄志文[1]，邬年华[1,3]，苏立群[1,2]，明宗富[2]

1. 江西省水利科学研究院；2. 武汉大学水资源与水电工程科学国家重点实验室；3. 河海大学水利水电学院

摘　要：为解决峡江水利枢纽泥沙淤塞库区，避免泥沙进入电站，对取水防沙原设计方案试验中存在的问题进行了分析。改进了拦沙坎的布置方案，提出拦沙坎头部上延与上游自然河湾平顺衔接，以使形成的人工弯道环流导流排沙方案为最优取水防沙方案。探讨了优化方案的取水防沙效果，提出了运行时应注意的事项。

关键词：试验；取水防沙；导沙坎；峡江水电站

峡江水利枢纽工程位于江西省吉安市峡江县境内，坝址地处赣江中游，距省会南昌市约170km，是一座以防洪为主兼有发电、航运、灌溉、水库养殖等综合效益的大（1）型水利枢纽工程。枢纽总体布置从左到右为船闸、门库段、泄水闸、电站厂房，左右坝头采用混凝土重力坝连接，坝轴线总长864m。枢纽泄水建筑物由18孔开敞式泄水闸组成，单孔净宽16.0m，泄流前沿总宽度352.5m，泄水闸为无坎宽顶堰，堰顶高程30.00m，采用底流消能，消力池长60.0m、底高程26.50m。拦沙坎布置于电站进水口前，坎顶高程33.5m[1]。由于地处平原河流，上游建成有万安水库，水库下泄的泥沙大多为悬移质，峡江水利枢纽兴建后，改变了枢纽所在河段的来水来沙条件及河床边界条件。库区河床必将做出一系列调整，以适应变化后的水沙条件。所以必须研究水电站的取水防沙问题，以便使泥沙顺利通过泄水闸而不淤塞库区，且要避免推移质泥沙进入水电站[2]。

1　取水防沙原设计试验方案

试验的水流条件和边界条件：坝前水位45m（汛限水位）。模拟河段库床地形则根据计算的淤积平衡比降塑造而成，坝前淤积高程控制在30m。在此基础上，经水流（9700m^3/s流量相当于造床流量）自行塑造后，近似作为库区淤积极限平衡形态。为研究导沙坎排沙效果，提出了进一步的改进方案，并进行极限平衡状态下的冲淤试验研究。本模型设计入库泥沙总量为117万t/a，换算成模型沙约为406kg/a。考虑到峡江河段泥沙年内分配极不均匀，汛期4—6月输沙量可达全年的80%左右；因而在上游5.5h内将一个水文年的沙量加入模型之中，以观测库区河床泥沙输移状态及导沙坎导沙排沙效果。试验研究表明，上游引航道及口门区远离推移质主输沙带，在水流扩散作用下虽然有少量极细泥沙淤积，但不影响正常航行。库区泥沙以沙波运动形式向下游推移，大部分泥沙可经

本文发表于2011年。

中间12孔（7～18号孔）泄水闸输送到下游，出库含沙量明显增大，但仍有一部分泥沙翻越导沙坎进入电站进水口。导沙坎中下部坎边淤沙高程已接近33.50m，在1～5号机组进水口前泥沙淤积比较严重。另外，在进水口上游混凝土护坦斜坡的上半部也有不少泥沙滞留，时有较粗泥沙滑落到进水口，形势比较严峻。可见，该设计方案不能达到电站取水“门前清”的目的，必须改进拦沙坎的布置。

2 取水防沙方案优化

峡江水利枢纽的泥沙问题是其所在河段的河势决定的，要完全阻止泥沙进入电站取水口难度相当大。试验对导沙坎形式及布置进行了修改优化，修改后的导沙坎布置见图1。导沙坎根部延长至坝轴线上游350m处右侧河岸处，与其上游自然河湾平顺衔接，以期形成人工弯道环流导流排沙。两导沙坎之间三角形拦沙容量约为5.0万m^3，可视泥沙淤积情况实施人工或机械清淤。

3 改进方案的取水防沙效果分析

3.1 不同工况下取水防沙情况

为讨论修改方案对不同洪水频率的适应性，选择9700m^3/s、12700m^3/s、14800m^3/s（最大通航流量）3级流量按从小到大顺序施放，观测坝前库区流态和推移质运动情况、电站取水口内流态和进沙情况及坝前冲刷漏斗形态。其他试验条件为电站满发、泄水闸开左6孔或右12孔和泄水闸全开（$Q=14800m^3/s$），电站关闭，各级流量下的坝前水位均控制在汛限水位45.00m。

3.2 效果分析

试验表明，第2个水文年（施放12700m^3/s流量）开始，坝前库段新淤沙坡已有雏形，特别是在主输沙带内，泥沙淤积不断向坝前推进。坝前淤沙在向泄水闸方向推进的同时，部分泥沙已开始在修改的导沙坎左侧边缘堆积抬高，有的泥沙会翻越主导沙坎进入三角形沉沙区。沉沙区内泥沙淤积边界清晰、稳定，大致在主输沙带右侧边缘附近。越过副导沙坎的泥沙较粗颗粒会滞留在混凝土护坦斜坡的上部，更细的泥沙则以悬移质运动的形式经电站尾水渠排往下游，对电站安全运行无碍；再者，主导沙坎根部高程达40.10m，且为圆弧形，其导流作用明显，在主导沙坎左侧形成一条稳定的输沙主槽；但该主槽在坝轴线上游被不断淤积的泥沙所阻断，减小了泄水闸的排沙比。修改后的导沙坎有了更好的导流排沙功能。沉积在两导沙坎之间沉沙区内的泥沙，淤积到一定程度时则应采取工程调度或管理措施予以清除，以确保电站安全运行。当开启1～6号孔泄水闸，出库排沙比大大增大，坝前淤积已接近平衡状态，滞留在副导沙坎以下坎边的泥沙漂移至泄水闸区，使1～4号机组前的淤沙基本被冲光，越过副导沙坎的泥沙大都是粒径较细的悬移质，对机组安全运行没有影响。所以在下泄中小流量时，开启1～6号孔泄水闸较开启7～18号孔泄水闸更有利于排沙。随后施放流量12700m^3/s，开启中间12孔（7～18号孔）泄水闸，沙波有规律地向坝前推进，泥沙经过泄水闸被水流冲往坝下游，主输沙带淤积形态稳定。两导沙坎之间的泥沙淤积形态范围不变，淤积数量也没有明显增加。在15～18号孔泄水闸前形成冲刷漏斗，排沙效果明显，出库含沙量很大，排沙漏斗与主导沙坎左侧的输沙主槽已基本贯通。

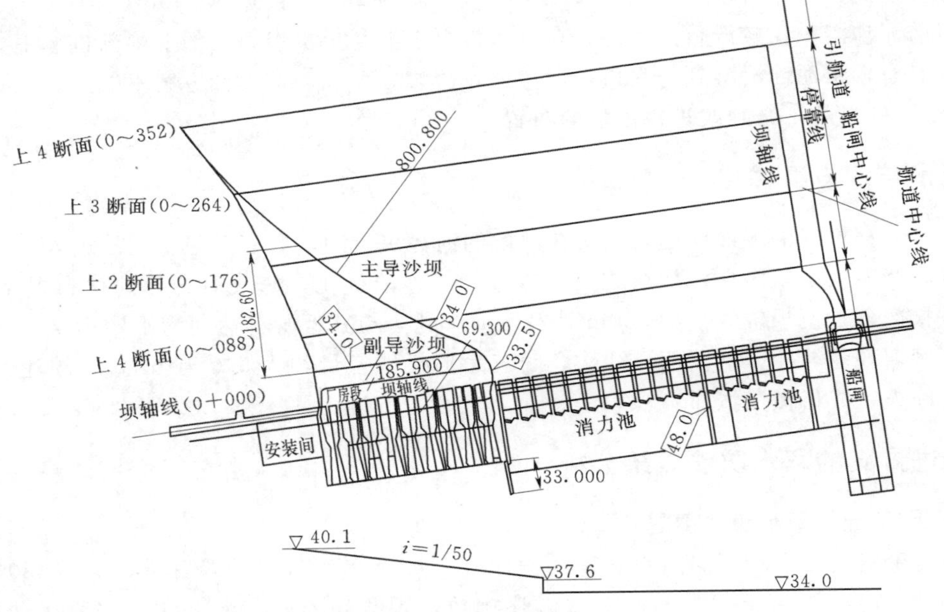

图 1　拦沙坎修改方案（单位：高程，m；尺寸，m）

图 2　Q=14800m^3/s 冲沙效果

施放 14800m^3/s 流量，电站关闭，泄水闸 1～18 号孔泄流。该工况坝前淤积发生，开始溯源冲刷，泄水闸前泥沙已基本冲光，主导沙坎左侧的输沙主槽已经完全贯通（图 2），输沙主槽位于原河床深泓线右侧，只要调度运用合理，这一槽库容可长期得以保留。利用超过最大发电流量这一流量级排沙，以减少坝前泥沙淤积并恢复部分槽库容。两导沙坎之间及副导沙坎以下所淤泥沙也被水流悬起，经 15～18 号孔泄水闸排往下游，残余泥沙极少，泥沙的回淤不会影响电站尾水位和流态。

3.3　运行时取水防沙的注意事项

由于枢纽所处河段的河势特点，欲完全做到电站门前清是不现实的。电站取水防沙问题，可通过工程措施、调度运用及管理手段统筹解决。导沙坎结构型式修改后，导沙效果较前有大的改善。必须说明：试验中进入电站进水口的泥沙是新淤积的，还未板结，较易被冲起。在实际运行中，若洪水期电站长时间关闭，淤积在进水口段的泥沙将随时间的增加而逐渐密实，且水生生物的滋生也将使泥沙进一步板结。因此，应尽量避免过坎泥沙堆积在进水口时间过长；为使进水口淤积的泥沙能被冲走，靠近电站厂房的泄水闸应定期开启，电站关闭时进行必要的冲沙。尤其是汛前电站关闭时，开启左 6 孔泄水闸以冲走汛期淤积在拦沙坎内的泥沙。其他时段应定期监测并视淤沙情况进行疏浚。

4 建筑物运行中应注意的问题

（1）为方便泄水闸运行调度和进水口前的疏浚管理，应在电站进水口河心侧壁边缘布置监测断面。拦沙坎内淤积的泥沙高度不应超过坎的高程33.50m。淤积高程达33.50m后，需密切关注电站进水口门前的泥沙淤积进程。在清理电站进水口前的淤积泥沙时，同时应对电站与坝体间的死角和泄水闸进行清理。

（2）当上游来流量大于水电站取水流量时，应优先开启靠近厂房的12孔泄水闸；当上游来流量小于电站取水流量时，应对拦沙坎内的淤积情况进行监测，视监测情况定期开启泄水闸冲沙，尽量避免推移质泥沙进入电站。汛前、汛末必须开启泄水闸，或采用疏浚等运行管理措施，以确保电站进水口门前清。

5 结语

（1）原设计方案未达到电站取水“门前清”，主要是峡江坝址处河势所致，枢纽上游深泓线偏靠右侧，在坝轴线处，深泓线经厂区中部跨越枢纽，电站靠近泄水闸的1～4号机组本处于主输沙带范围内，导沙坎中、下段的泥沙淤积将不可避免。为提高导沙坎的导沙能力，有必要对导沙坎的型式进行改进。

（2）推荐取水防沙措施采用改进的拦沙坎布置方案，使得拦沙坎头部上延与上游自然河湾平顺衔接，以便形成的人工弯道环绕导流排沙方案为最优取水防沙方案。

（3）合理调度是确保取水防沙工程功能得到充分发挥的关键。中小流量（5000～9700m^3/s）泄洪时，开启1～6号孔泄水闸优于开启7～18号，不仅对泄流排沙有利，而且下游引航道口门区水流条件也比较好。当下泄流量大于最大发电允许流量时（如14800m^3/s），电站停止运行，泄水闸具有较为理想的排沙效果。

参考文献：

[1] 江西省水利规划设计院．峡江水利枢纽可行性研究报告［R］．南昌：江西省水利规划设计院，2009.

[2] 武汉水利电力学院河流泥沙工程学教研室．河流泥沙工程［M］．北京：水利出版社，1982.

[3] 江西省水利科学研究院．峡江水力枢纽枢纽水工、泥沙及导流整体模型试验研究报告［R］．南昌：江西省水利规划设计院，2010.

[4] 江凌，邹军贤．缅甸DAPEIN（Ⅰ）水电站取水防沙问题研究［J］．水电能源科学，2009（8）：91-94.

峡江水利枢纽动床模型中模型沙的选择

王　姣，黄志文

江西省水利科学研究院

摘　要：根据峡江水利枢纽的水文泥沙特性和峡江河段地质地貌及河床组成，确定峡江水利枢纽动床泥沙模型试验中的模型沙。

关键词：模型沙；动床；峡江水利枢纽

1　项目背景

峡江水利枢纽工程位于吉安市峡江县境内，坝址地处赣江中游，距省会南昌市约170km，距吉安市约60km，是一座以防洪为主兼有发电、航运、灌溉、水库养殖等综合效益的大（1）型水利枢纽工程。根据设计单位的要求，进行了峡江水利枢纽工程整体模型试验，主要包括枢纽水力学及泥沙试验、通航水流条件及船模试验、船闸输水系统试验、施工导流试验和船闸试验。

现对峡江水利枢纽工程整体模型试验中的动床泥沙模型试验的模型沙的选取进行分析研究。

2　峡江水利枢纽水文泥沙特性

峡江水利枢纽工程坝址位于峡江县老县城上游约6km的峡谷河段内，在峡谷出口处、距坝址下游4.5km设有峡江水文站，集水面积62724km^2，于1958年开始实测悬移质泥沙至今。水库末端约60km处设有吉安水文站，集水面积56223km^2，于1956年开始实测悬移质泥沙至今。本次试验拟将吉安水文站和峡江水文站作为峡江枢纽的入、出库水文站。

吉安站、峡江站不同设计阶段水文泥沙特征值见表1。

由表1可见，万安水库1993年建成蓄水后，拦截了相当一部分泥沙。吉安站和峡江站所测悬移质泥沙减少约六成，而多年平均流量则较万安建库前增大10%左右。万安水库的兴建改变了峡江河段来水来沙数量及过程，对试验河段的河床演变及峡江建库后泥沙冲淤形态将产生重要影响。鉴于这一实际情况，应以1993年之后的水文系列特征值作为动床模型设计的依据，即峡江水文断面多年平均含沙量为0.065kg/m^3，多年平均年悬移质输沙量为376×10^4t。并应考虑随着水文系列的延伸，万安水库排沙比将逐年增多这一事实。

本文发表于2010年。

表 1　吉安站、峡江站不同时段水文泥沙特征值比较表

站名	集水面积/km²	系列年份	年平均流量/($m^3 \cdot s^{-1}$)	年平均输沙率/($kg \cdot s^{-1}$)	最大日输沙率/($kg \cdot s^{-1}$)	相应出现时间	年平均输沙量/10^4t	输沙模数/$t \cdot (km^2 \cdot a)^{-1}$	年平均含沙量/($kg \cdot m^{-3}$)	最大断面含沙量/($kg \cdot m^{-3}$)	相应出现时间/(年-月-日)
吉安	56223	1956—2007	1460	235	14800	1969-08-10	736	131	0.157	3.35	1969-08-10
		1956—1992	1405	291	14800	1969-08-10	908	162	0.200	3.35	1969-08-10
		1993—2007	1585	98.2	5330	2002-06-17	310	55.1	0.060	1.45	1996-09-12
		1993 年后与 1992 年前特征值之比值	1.128	0.338	0.360		0.341	0.341	0.301	0.433	
		1993 年后与全系列特征值之比值	1.085	0.418	0.360		0.421	0.421	0.383	0.433	
峡江	62724	1958—2007	1647	252	9920	1969-08-10	788	126	0.151	1.86	1985-08-27
		1958—1992	1587	309	9920	1969-08-10	964	154	0.189	1.86	1985-08-27
		1993—2007	1787	119	6260	1994-06-18	376	59.9	0.065	0.711	2002-09-16
		1993 年后与 1992 年前特征值之比值	1.126	0.386	0.631		0.390	0.390	0.344	0.382	
		1993 年后与全系列特征值之比值	1.085	0.473	0.631		0.477	0.477	0.428	0.382	

表 2　吉安水文站多年平均悬移质泥沙颗粒级配表

年份	平均小于某粒径的沙重百分数									中数粒径/mm	平均粒径/mm	最大粒径/mm
	粒径级/mm											
	0.007	0.010	0.025	0.050	0.100	0.250	0.500	1.000	2.000			
1970—2007	31.69	41.49	60.87	75.61	89.48	95.99	99.46	99.98	100.00	0.016	0.046	1.55
1970—1992	31.29	39.05	56.90	71.50	88.12	96.06	99.43	99.97	100.00	0.019	0.050	1.55
1993—2007	32.32	45.23	66.95	81.93	91.55	95.89	99.49	100.00		0.012	0.040	0.894

峡江坝址没有推移质泥沙测验资料，推移质与悬移质数量之比与控制流域面积、河道纵比降及坝址所在河段的特性有关。中国水电工程顾问集团公司的专家在对《江西省峡江水利枢纽工程项目建议书》中建议“推移质入库沙量按推、悬比 0.15 计算是基本合适的”。另据吉安站多年平均悬移质泥沙颗粒级配资料，粒径大于 0.10mm 的悬移质泥沙约占悬移质来沙总量的 11%（见表 2），这部分泥沙在峡江枢纽建成后仍可能有一定的造床作用，在模型试验中应一并予以考虑。峡江河段来沙量年内分配很不均匀，主要集中在汛期 4—6 月，来沙量约占全年来沙总量的 70%～80%。

3 峡江河段地质地貌及河床组成

峡江水利枢纽地貌单元以构造剥蚀低山丘陵及河流侵蚀堆积地貌为主[1]。坝址河段处于全新统冲积层（Q_4^{al}），分布于两岸阶地及河床之上。河床组成主要为中粗沙及砂砾石，覆盖层厚 0.5～3.6m。两岸阶地上部为粉质黏土，下部为砂砾石，属典型的二元结构。据钻探勘察资料，左岸冲积层厚度为 8.9～9.3m，其中上部黏土层厚度 4.5～9.0m，下部砂砾石厚度 1.0～4.3m；右岸冲积层厚度为 9.6～10.3m，上部黏性土层厚度 9.5～10.0m，下部砂砾层厚度 0.3～0.8m。

据地质勘查部门提供的钻孔取样资料，取样深度为 0.3～3.0m 的 9 个样品中，均未取到卵石，主要是中、细砾以下的砂砾，粉粒及黏粒极少，其不均匀系数为 2～5.2。选择取样深度较浅的第 1、第 6、第 8 三组接近河床表层的砂样进行分析（见表 3）。其中数粒径 d_{50} 分别为 0.26mm，0.6mm 和 0.7mm。2009 年 3 月 1 号，在坝址处实地提取一综合砂样进行颗粒分析，其中数粒径为 0.6mm，不均匀系数 η=2.56 与地勘资料第 6、第 8 组砂样比较接近。可据此确定峡江水利枢纽泥沙颗粒级配曲线（见图 1）。

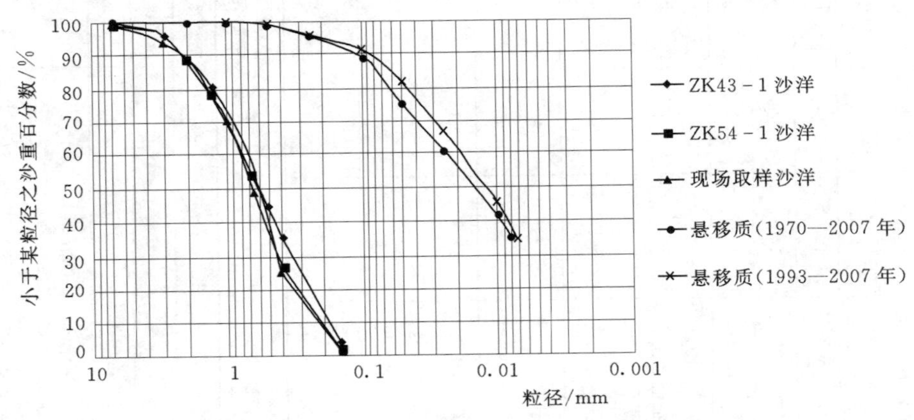

图 1 峡江水利枢纽泥沙颗粒级配曲线

峡江水利枢纽坝址位于赣江中游的峡谷河段，平均河宽 600～900m，平均比降为 0.15‰～0.28‰，本试验河段河床纵比降为 0.18‰，平均糙率 $\overline{n}$=0.03. 峡谷两侧一、二级阶地库段总长 36km，一级阶地阶面高程 39～41m，宽度一般为 300～3500m；二级阶地阶面高程 46～54m。阶地发育完整，对水流有一定的制约作用。

峡江水文断面位于坝址以下 4.5km 处，岸线稳定，主槽最大冲淤幅度为 0.28m

(1970—1980年)。吉安水文断面为复式断面，滩地冲淤比较明显，据1997—2002年观测资料，其冲淤幅度约为0.5～1.7m。在自然情况下，峡江河段已基本处于冲淤平衡状态；但峡江枢纽兴建后，由于来水来沙条件及边界条件发生了根本变化，枢纽上、下游河床将会发生一系列地冲淤变形，以适应变化了的水沙条件。

4 动床模拟范围

动床模拟是在原定床模型基础上制作的。坝下游局部冲刷试验范围为护坦至坝下游440m断面范围，模拟长度约300m，宽度500余m，覆盖层厚度10m左右。库区泥沙淤积试验模拟范围：自坝轴线至船－1－588断面，长1600m左右，推移质输移带宽度约300～500m。下引航道口门区局部动床模拟范围为坝下游440m至坝下游1144m，长度约600m，平均宽度200m。

5 比尺设计

几何相似采用与定床正态模型相同的比尺，即

$$\lambda_l=\lambda_h=110,\quad 模型变率\ \eta=1.0$$

水流运动相似，即

$$\lambda_u=\lambda_l^{1/2}=10.49,\lambda_Q=\lambda_l^{2.5}=126906,\lambda_t=\frac{\lambda_l}{\lambda_u}=10.49,\lambda_n=\lambda_l^{1/6}=2.19$$

泥沙起动相似，即

$$\lambda_{uc}=\lambda_u=10.49$$

根据实验河段床沙资料，原型推移质泥沙中数粒径 $d_{50}=0.60\text{mm}$。选用容重 $\gamma_s=1.15\text{t/m}^3$ 左右的轻质塑料沙作模型沙。其粒径比尺的计算式为[2]：

$$\lambda_d=\frac{\lambda_h}{\lambda_\eta^{14/5}(\lambda_{\frac{r_s-r}{r}})^{7/5}} \tag{1}$$

将 $\lambda_h=110$，$\lambda_\eta=1.0$，$\lambda_{\frac{r_s-r}{r}}=11$ 代入上式得：$\lambda_d=3.83$。

据冈恰洛夫推移质输沙率公式，可导出挟沙相似比尺关系式，即

$$\frac{\lambda_{g_b}\lambda_h^{0.1}}{\lambda_{\rho_s}\lambda_d^{1.1}\lambda_u}=1 \tag{2}$$

由此可得单宽推移质输沙率比尺为

$$\lambda_{g_b}=\frac{\lambda_{\rho_s}\lambda_d^{1.1}\lambda_u}{\lambda_h^{0.1}} \tag{3}$$

式中：λ_{g_b} 为单宽推移质输沙率比尺；λ_{ρ_s} 为泥沙容重比尺。

本模型 $\lambda_\rho=\frac{2.65}{1.15}=2.30$，将相应数据带入式（3），可得 $\lambda_{g_b}=66.05$。

据河床变形相似条件，可得河床变形时间比尺 λ_{t_b} 为

$$\lambda_{t_b}=\frac{\lambda_l\lambda_h\lambda_{\rho'}}{\lambda_{g_b}} \tag{4}$$

式中：$\lambda_{\rho'}$ 为干容重比尺，$\lambda_{\rho'}=\frac{1.30}{0.60}=2.17$，将相应数据带入式（4），可得 $\lambda_{t_b}=397.5$。则

输沙总量比尺

$$\lambda_{G_b}=\lambda_{g_b}\lambda_B\lambda_{t_b}=288.83\times10^4$$

动床模型设计各项比尺见表3。

表3　　模型设计比尺总表

相似条件	比尺名称	比尺符号	计算公式	比尺数值	备注
几何相似	平面比尺	λ_l		110	$\eta=1.0$
	垂直比尺	λ_h		110	
水流运动相似	流速比尺	λ_u	$\lambda_l^{1/2}$	10.49	
	流量比尺	λ_Q	$\lambda_l^{2.5}$	126906	
	糙率比尺	λ_n	$\lambda_l^{1/6}$	2.19	
	时间比尺	λ_t	$\dfrac{\lambda_l}{\lambda_u}$	10.49	
泥沙运动相似	粒径比尺	λ_d	$\dfrac{\lambda_h}{\lambda_\eta^{14/5}\left(\lambda\dfrac{r_s-r}{r}\right)^{7/5}}$	3.83	
	单宽输沙率比尺	λ_{g_b}	$\dfrac{\lambda_{\rho_s}\lambda_d^{1.1}\lambda_u}{\lambda_h^{0.1}}$	66.05	
	输沙总量比尺	λ_{G_b}	$\lambda_{g_b}\lambda_B\lambda_{t_b}$	288.83×10⁴	
	河床变形时间比尺①	λ_{t_b}	$\dfrac{\lambda_l\lambda_h\lambda_{\rho'}}{\lambda_{g_b}}$	397.5	
	起动流速比尺①	λ_{u_c}	$\lambda_{u_c}=\lambda_u$	10.49	

① 所示比尺需进行验算或检验。河床变形时间比尺 λ_{t_b} 因资料所限，无法检验，取 $\lambda_{t_b}=395$。起动流速比尺 λ_{u_c}，可采用张瑞瑾起动流速公式进行验算：

$$u_c=\left(\frac{h}{d}\right)^{0.14}\left(17.6\frac{\rho_s-\rho}{\rho}d+0.000000605\frac{10+h}{d^{0.72}}\right)^{1/2} \tag{5}$$

式中：d 为泥沙中数粒径，m。

当原型水深为5～20m，原型砂中数粒径 $d_{50}=0.6$mm，可算得起动流速 $u_c=0.49$～0.55m/s。

又据水槽选沙试验成果，当模型沙粒径 $d_{50}=0.18$mm，水深为5～20cm时，模型沙起动流速 u_c 约为0.045～0.06m/s，由此可算得起动流速比尺 $\lambda_u=10.9$～9.1，可基本满足泥沙起动相似要求。

6　模型沙的选择

峡江河段原型沙粒径较细，若采用天然沙作为模型沙，则据粒径比尺关系式（1），$\lambda\dfrac{r_s-r}{r}=1.0$，$\lambda_\eta=1.0$，则 $\lambda_d=\lambda_h=110$。由此可得模型沙中径 $d_{50}=0.0055$mm，如此细的模型沙将具有一定的黏滞性，其起动相似将很难得到满足。因此，可考虑用容重较小的轻质塑料沙作为模型沙。本模型选用塑料沙作模型沙，其密度 $\rho_s=1.15\text{t/m}^3$，干密度 $\rho'=0.60\text{t/m}^3$，模型沙中数粒径 $d_{50}=0.18$mm。其级配曲线与设计模型沙级配的对比情况如图2所示。模型采用的沙样级配与设计沙样级配基本相当，能够满足相似要求。

试验表明，这类模型沙比较适用于推移质运动为主的河工模型试验研究，在河道及库

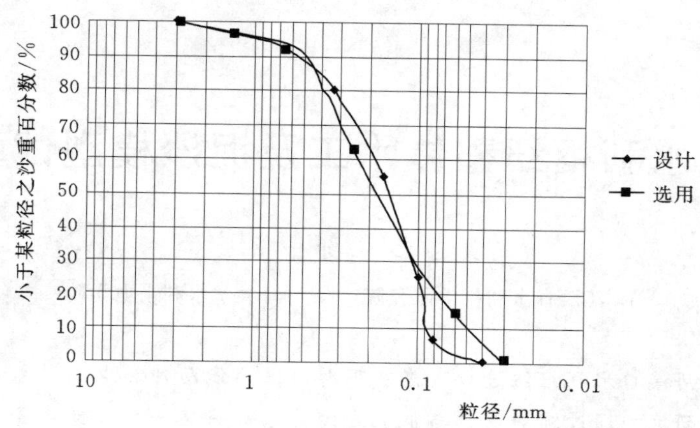

图 2　模型沙级配曲线图

区内均以沙波运动的形式输移，能较好地反映枢纽上、下游河道冲淤变化特性。模型沙颜色淡黄，便于观察泥沙在水流中的运动及冲淤形态；而且对水质无污染、无异味，是一种较为理想的河工模型沙。

参考文献：

[1]　尹健梅，程伍群．滦河迁西县城段河工模型试验的模型沙设计［J］．南水北调与水利科技，2008，6（2）：42-44.

[2]　何少苓，彭静．对黄河大型实体模型模型沙选择的初步认识［J］．人民黄河科技纵横，2006，28（4）：28-29.

[3]　吴其保，章启兵，张波．浅谈动床模型试验中的模型沙选择［J］．科技论坛，2006（2）：25-27.

浯溪口水利枢纽整体水工及泥沙模型试验研究

黄志文[1]，邬年华[1,2]

1. 江西省水利科学研究院；2. 河海大学水利水电学院

摘　要：针对浯溪口水利枢纽进口流态、下游河道消能防冲、电站进口泥沙淤积等问题进行了试验研究，通过缩短电站与低孔上游导墙，将其头部改为半圆形，以及表孔段与左坝段之间的连接挡墙采用扭曲面平顺衔接、表孔消力池内设置消力墩等措施，取得了较好的效果。

关键词：流态；消力墩；消能防冲；泥沙淤积；试验研究

1　工程概况

浯溪口水利枢纽工程位于江西省景德镇市蛟潭镇境内，为昌江干流中游一座以防洪为主，兼顾供水、发电等综合利用的水利工程。坝址位于蛟潭镇洛溪村上游。枢纽主要建筑物总体布置沿坝轴线从左至右依次为：左岸黏土心墙挡水坝段（包括土坝与重力坝接头部分）、重力坝连接坝段、表孔溢流坝段、低孔溢流坝段、厂房坝段、右岸重力坝连接段、右岸黏土心墙挡水坝段（包括土坝与重力坝接头部分）（见图 1）。总装机容量 32MW，工程规模为大（2）型工程。浯溪口水库按库容属Ⅱ等工程，发电站厂房非挡水部分按次要工程属Ⅲ等工程，按装机容量属Ⅳ等工程。主要建筑物级别为 2 级，次要建筑物为 3 级，临时建筑物为 4 级。水库正常蓄水位 56.00m（黄海高程），水库总库容 $4.27\times10^8 m^3$，具有日调节性能。工程的建成可使景德镇市的防洪标准从 20 年一遇提高到 50 年一遇。

2　模型设计

2.1　模型比尺

模型按重力相似准则设计[1]，根据原型水流特性、几何尺寸并结合试验场地及供水条件，确定模型几何比尺：$\lambda_L=100$，则相应的其他水力要素比尺见表 1。

表 1　　　　**模型试验各物理量比尺表**

物理量名称	几何比尺	流速比尺	流量比尺	压力比尺	时间比尺	糙率比尺
比尺关系	λ_L	$\lambda_V=\lambda_L^{0.5}$	$\lambda_Q=\lambda_L^{2.5}$	$\lambda_{\frac{P}{r}}=\lambda_L$	$\lambda_t=\lambda_L^{0.5}$	$\lambda_n=\lambda_L^{1/6}$
比尺数值	100	10	100000	100	10	2.1544

本文发表于 2010 年。

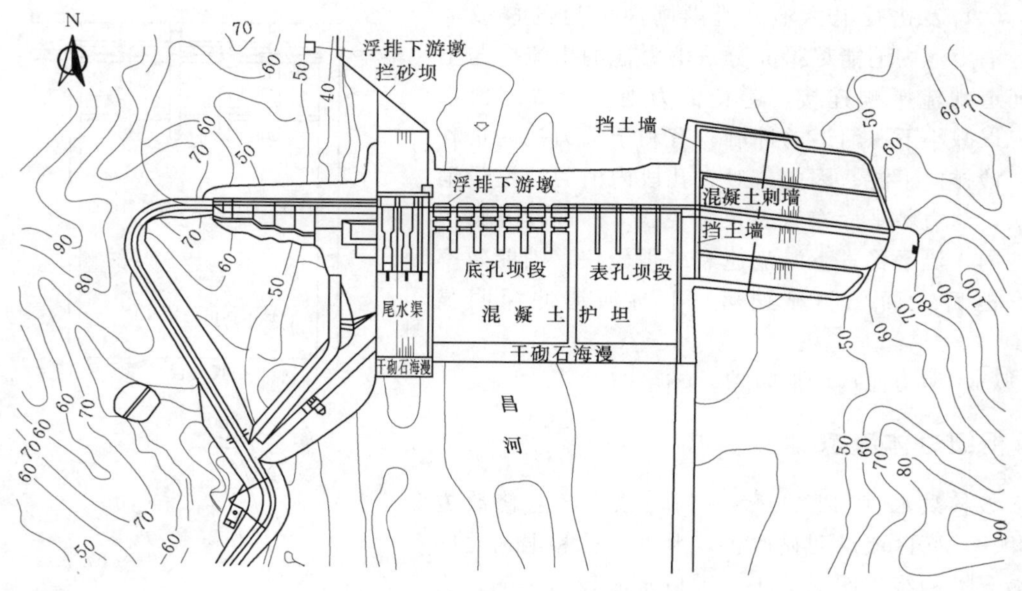

图 1　浯溪口水利枢纽平面布置图

2.2　上游动床模拟及坝下游冲刷模型沙的选用

浯溪口模型卵石推移质粒配曲线，系根据现场取样及浯溪口料场砂样经综合分析后得出原型砂特征粒径为：$D_{max}=100$mm，$D_{50}=22$mm，$D_{min}=1$mm。模型沙采用天然沙，按模型比尺计算相应的模型沙粒径；下游河道基岩裸露，基岩抗冲流速为 4～5m/s，故下游河道动床部分模型沙按基岩抗冲流速模拟，坝下游局部冲刷试验模型沙粒径系按基岩抗冲流速根据伊兹巴什公式反求得出：

$$V=(5\sim7)\sqrt{D} \tag{1}$$

据式（1）和粒径比尺 λ_D 可求出满足抗冲流速要求的模型沙最大、平均和最小粒径分别为 10mm、5.63mm 和 3.26mm。模型沙实际按以上 3 种粒径级配选取，可满足试验要求。

3　原方案存在的主要问题

（1）低孔段与电站之间的上游导墙处有一未贯穿漩涡，对低孔的进流有一定的影响。

（2）表孔消力池水流弗劳德数在 2.5～3.5 之间，属低弗劳德数范畴，下游消能不充分，大流量时，下游冲深较大。

4　体型修改与优化

针对原方案存在的问题，试验中进行了如下修改：

（1）低孔右导墙。低孔段与电站之间的上游导墙处有一未贯穿漩涡，对低孔的进流有一定的影响，将导墙缩短并将头部形状改为圆弧形，修改后低孔进口漩涡减弱，水流流态较好。

(2) 表孔段消力池。泄洪闸消力池的修改原则：消力池内消能尽量充分；消力池的出流应与下游河道水流平顺连接，避免消力池后形成二次水跃，以减小下游河道的冲刷；有利于消力池内推移质泥沙排向下游。因此，对表孔段内消力池增设消力墩，消力墩平面布置及尺寸见图 2。推荐方案消力池内水流平稳，下游流速衰减得较快，消能效率高，池后水面无明显跌落，下游河道冲深明显减少。

(3) 消力池坎后加防护 60m。

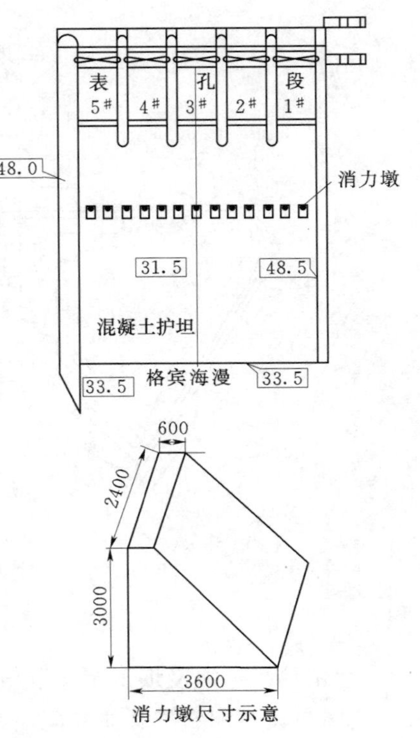

图 2 消力墩平面布置图

5 枢纽总体流态

校核洪水 ($14270m^3/s$) 时，原方案与修改方案相比，库区流态明显改善，泄洪低孔和电站之间上游导墙的绕流明显减小，进口水流较为平顺；表孔段加设消力墩，消力池内水面波动明显减小，出消力池坎后流速明显较小，消能效率提高。

6 下游河床局部冲刷试验

下游河床局部冲刷的强度取决于流量大小和上下游水头差以及水库的调度方式。试验表明，当 $Q<5400m^3/s$，坝下游河床冲刷很弱，除中间隔墙头部冲刷长度 40～50m，冲宽 20m，最大冲深 1.5～2m，对建筑物不构成威胁，其余河床区基本无冲刷。造成隔墙头部局部冲刷的原因不是纵向流速的大小，而是隔墙头部水流紊乱所致。当 $Q>10060m^3/s$，下游河床有明显的冲刷变形，随表孔泄流量的加大，冲坑范围扩大，冲刷加深。电厂下游河床无论电厂运行与否，均未发生冲刷，泄水闸下游的冲坑下游堆积的卵石也不会影响电厂尾水位。

从下游冲刷试验可见，泄水闸消力池后河床存在一定范围内的冲刷。由于各工况的冲坑位置均出现在紧接消力池坎后，为了建筑物的安全需要在坎后进行保护，建议采用消力池下游 60m 左右河床予以防护的工程措施，并将隔墙上下游的头部形状进行优化改为流线型。

7 坝区卵石推移质示踪试验

浯溪口水利枢纽坝区卵石推移质示踪试验初始条件为空库运行。即建库后第一年水库处于零淤积的状况。卵石推移质上游加砂位置在坝轴线上游 540m 断面附近。试验观测表明，坝区推移质运动速度极为缓慢，特别是在流量小、上下游水头差较大时。试验发现，从坝轴线上游 300m 断面开始，推移质泥沙运动轨迹开始明显向河道左侧偏移，直指低孔坝段，并经低孔泄水闸排向下游。坝区推移质输沙带宽度约 150m，导砂坝前未发现推移质泥沙滞留，不仅导砂坝前无泥沙堆积，而且靠近电厂的一孔 (6#) 泄水闸前也是干净的，可达到电厂门前清的目的，坝区推移质运动轨迹见图 3。

图 3　坝区推移质运动轨迹

初步分析认为，上述试验现象是由天然河道的河势特点及枢纽布置方案决定的。在自然情况下，坝区河道的深泓线是经过低孔泄流坝段中部而后向下游河道左侧过渡，加之低孔底槛高程较低，与河床高程接近，为排泄推移质泥沙提供了极好的条件。进一步的试验观测还发现，坝轴线上游 300m 断面至坝前段，水流呈现出弯道水流特性，在环流作用下，表层水流指向电厂一侧，底层水流则指向低孔泄水闸一侧，形成正面取水侧向排砂之势。从而有利于推移质泥沙从低孔泄水闸排向下游。当流量超过 10600m^3/s 后，电厂停止运行，推移质运动形势比小流量时还要好。如果将导砂坎的平面形式改为圆弧形，与推移质输移带右边界相一致，效果可能会更好。

8　结语

（1）涪溪口水利枢纽建筑物布置与自然情况下的河势特点相适应，主泄流坝段安排在自然情况下河道的深泓区内，对泄洪和排沙均较有利。坝区推移质示踪试验研究表明，坝区推移质主输沙带自坝轴线上游 0＋300 断面开始向低孔泄流坝偏移。在弯道环流作用下，电厂进水口前形成正面取水、侧面排沙之势，可做到电厂门前清。

（2）电站与低孔段之间的上游隔墙处有一未贯穿立轴漩涡。通过试验研究，将电站与低孔上游导墙缩短，并将其头部改为半圆形，漩涡明显减弱。大泄量下，左表孔泄水流态稍差，建议流态表孔段与左坝段之间的连接挡墙采用扭曲面平顺衔接。

（3）低孔段消力池水跃弗劳德数都在 4.5 以上，在稳定水跃范围，消能率比较高，消能效果较好。表孔段大泄量，消力池跃首弗劳德数在 2.5～3.5 之间，属低弗劳德数范围，为不稳定水跃，消能效率低。在高水位大流量泄洪时，表孔泄流量较大，下游消能不充分。大流量表孔下游河床流速偏大，试验在表孔消力池内加设消力墩。试验表明，加消力墩后消力池坎后底流速衰减加快，下游各断面底流速系数有所减少，断面流速分布较为均匀。

（4）为了避免隔墙头部紊流所致的局部冲刷，建议将头部形状改为流线形，考虑消力池坎后应有一定长度的保护，避免冲坑危及其安全，建议坎后再防护 60m。

参考文献：

[1]　中华人民共和国水利部．SL 155—1995，水工（常规）模型试验规程［S］．北京：中国水利水电出版社，1995.

[2]　李建中．水力学［M］．西安：陕西科技出版社，2002，9：102－201.

[3]　谢鉴衡．河流模拟［M］．北京：水利电力出版社，1990：204－211.

“模型鄱阳湖”工程技术可行性浅析

孙军红，胡松涛

江西省水利科学研究院

摘　要：通过对“模型鄱阳湖”实体模型工程模拟技术中的几何比尺变率、模型阻力相似、模型时间比尺、模型控制及量测技术等方面研究分析，探求“模型鄱阳湖”工程技术上的可行性。

关键词：模型鄱阳湖；模型阻力；模型；控制；量测

“模型鄱阳湖”就是把鄱阳湖搬进实验室，对鄱阳湖进行物理试验研究，对鄱阳湖的自然现象进行反演、模拟、试验和验证，将一些物理现象直观地展示在人们面前，从而揭示鄱阳湖的内在自然规律，为流域防洪安全、水资源保障、生态环境保护、管理运行调度等提供理论依据和技术支撑。模拟技术是“模型鄱阳湖”实体模型建设的理论研究核心，也是“模型鄱阳湖”工程建设成败与否的关键。

1　“模型鄱阳湖”工程几何比尺变率

对于湖泊、河流、河口、海湾等水域，其平面尺度要比垂直尺度大得多，若保持平面尺度与垂直尺度变率一致，则或模型平面尺寸太大，造价过高；或模型中水流难以满足自动模型区的要求，水流流态受到扭曲，因此常采用几何变态相似。在变态模型中，由于垂直比尺与平面比尺不一致，导致平面水域缩小得多，水深缩小得少，边壁阻力与河底阻力之比值较原型大，随着几何变率的增加，这个比值也增加。为了保证变态模型中的水流运动与原型相似，必须选择最适当的变率。

从严格的相似要求来讲，河工模型必须做成正态。但是，由于鄱阳湖的平面尺度很大，模型中的水深又不能小，不得不考虑几何变态的模型。为了保证变态模型中的水流运动与原型相似，必须将变率控制在一定范围内，以免因模型中的宽深比过小而导致边壁影响过大。但是，关于最大模型变率的提法却因各研究者根据各自不同的试验经验得出不同的看法。有的认为变率不能大于5，有的认为变率不能大于10，有的认为变率可以更大一些。窦国仁院士认为：变态模型的最大变率不是一个固定不变的值，而是取决于原型的宽深比数值，并其估算式为：

$$\frac{\alpha_B}{\alpha_H}\leqslant\left(1+\frac{1}{20}\frac{B_p}{H_p}\right)\tag{1}$$

本文发表于2009年。

式中：α_B 为平面几何比尺；α_H 为垂向几何比尺；B_p 为原型河宽；H_p 为原型水深。

由式（1）估算，鄱阳湖平均湖宽 18.6km，平均水深 8.4m，将容许较大的模型变率。初步拟定模型水平比尺为 1000，垂直比尺为 100，变率等于 10。河道模型水平比尺初拟 1∶500，垂直比尺 1∶50，模型变率为 10。河口模型水平比尺初拟 1∶400，垂直比尺 1∶80，模型变率为 5。

几何变态模型主要涉及河道水流的二度性总是按照张瑞谨方法，表达河道水流二度性的模型变态指针 D_R 为：

$$D_R=R_x/R_1 \tag{2}$$

式中：R_1 为正态模型中的水力半径；R_x 为垂直比尺与正态模型平面比尺相等，变率为 $\eta=a_L/a_h$ 的模型中的水力半径。

当 $D_R=1.0\sim0.95$ 时为理想区段；当 $D_R=0.95\sim0.90$ 时为良好区段；当 $D_R=0.90\sim0.85$ 时为勉可区段；当 $D_R<0.75$ 时为不适合区段。

根据长江委及湖北省水利科学研究所研究结果，对于长江中下游河段，按照本模型初步拟定的几何比尺，并按张瑞谨判别方法及标准计算，可得到 $D_R=0.91\sim0.94$，说明本模型取用的几何比尺及变态率属于良好区段。

从国内外实体模型应用实例来看，20 世纪四五十年代美国兴建了密西西比河流域模型，用于研究流域防洪调度，采用平面比尺为 1∶2000，垂直比尺为 1∶100，变率达 20；加拿大圣·劳伦斯河口模型采用平面比尺为 1∶2000，垂直比尺为 1∶200，变率达 10；国内在 20 世纪 50 年代兴建的荆江分洪工程平面比尺为 1∶3000，垂直比尺为 1∶60，变率达 50；长江口大模型其平面比尺为 1∶1000，垂直比尺为 1∶125，变率达 8；黄河小浪底以下至花园口的防洪大模型平面比尺为 1∶800，垂直比尺为 1∶60，变率达 13.3；这些模型在工程规划、防洪调度及工程应用中，均发挥了应用的作用。因此本模型初选的比尺及变率是比较合适且可行的。

2 “模型鄱阳湖”工程时间比尺

对于非恒定流问题，动床变态模型选用轻质沙作试验时，一般泥沙运动相似时间比尺和水流运动相似时间比尺很难统一，时间的变态将造成模型中的水力因素相似性有所偏离，因此必须解决上述的时间比尺变态问题。

动床变态模型采用轻质沙作试验时，一般泥沙运动相似时间比尺与水流运动相似时间比尺很难统一，两者相差 $\alpha_{\rho'}\alpha_{\rho_0}/\alpha_{\rho_s'}$ 倍$\left(其中：\rho_0=\dfrac{\rho_s-\rho}{\rho}\right)$。这种时间变态对于一般较短河段的模型或恒定流来说并不存在什么问题，但对于鄱阳湖模型来说，湖区较大、河段较长，按河床变形相似时间比尺控制模型施放流量过程，比按水流连续相似时间比尺控制放水历时要短，洪峰变得尖瘦，而水流在模型中的运行发展过程以及槽蓄作用的发挥，仍需较长的历时，这便造成模型中一些断面的水位流量过程线难以相似。

当洪水波向下游传播时，模型的槽蓄相对历时要长于原型，即模型水流运动滞后；当回水向上游传播时，模型回水向上游传播的相对历时也要长于原型，亦即模型水流运动滞后。这种水流运动相对滞后现象，不仅影响到模型水位流量过程相似，而且还直接影响到河床变形的相似。

解决上述时间比尺的变态问题，一方面是选择重率适应的模型沙，尽量减小 $\alpha_{t'}$ 与 α_t 的差值；另一方面，通过调整及控制模型水流的槽蓄过程，减小水力因素相似性的偏离。例如，在研究洪水波问题时，可用水流连续相似时间比尺，在研究河床变形问题时，可用河床变形相似时间比尺，但如果洪水波对河床变形影响较大，这种办法将会受到事实上的限制；当然，也可将河段分成两段进行试验研究，使时间变态问题所造成的影响限制在允许范围之内。

前人试验成果表明，在长约 50～100m 的模型中，在时间变态率达到 10～20 倍和模型宽深比大于 5 的条件下，河床变形的相似基本可达到。鄱阳湖模型长度基本在 50～100m。根据动床模型的初步设计结果，模型的 $\alpha_{t'}/\alpha_t$ 可以控制在 5 左右，试验过程中再通过先进的模型自动控制技术的应用，使河床冲淤变形的相似基本得到满足。

3 “模型鄱阳湖”工程阻力相似

解决好鄱阳湖实体模型的阻力相似问题是模型试验成功的基础。本模型可以通过糙率模拟方法解决阻力相似的问题。长江中下游及鄱阳湖区一般糙率约 0.020，模型糙率约 0.018。根据长江防洪模型及前人研究成果，这样的糙率可以在模型制作中，通过精细模型制作，细化局部地形，辅以适当的加糙措施，可以达到模型阻力相似。

4 “模型鄱阳湖”工程控制及量测技术

模型鄱阳湖具有模型较大、河道较长，进出口分布多，控制与测量要求复杂等特点，采用先进的模型自动控制和数据采集自动化系统，是保证模型试验精度，达到预期目的的必要条件。在这方面，武汉大学水沙科学教育部重点实验室已研制了成套设备，仪器采集数据均以数字化传输，测量精度较高，性能稳定，已在国内外推广使用。通过进一步引进和开发具国际先进水平的控制与采集系统，上述目标完全可以达到。

5 结语

“模型鄱阳湖”工程的建设，可为江西实现鄱阳湖生态经济区战略构想提供科学研究平台，为大湖地区的经济开发模式提供科学依据。深入进行鄱阳湖物理变化及其规律与保护治理措施的研究，已显得极为必要和相当紧迫。

综上所述，“模型鄱阳湖”建设技术上完全可行，且国内外有成功经验可供借鉴。当前，应将收集原型资料列入日程，为“模型鄱阳湖”工程建设作好基础准备工作。

参考文献：

[1] 张瑞瑾，谢鉴衡，王明甫，等．河流泥沙动力力学［M］．北京：水利电力出版社，1989.

[2] 张红武．河流力学研究［M］．郑州：黄河水利出版社，1999.

[3] 陈济生，等．三峡工程泥沙研究（长江三峡工程技术丛书）［M］．武汉：湖北科学技术出版社，1997.

[4] 窦国仁．再论泥沙启动流速［J］．泥沙研究．1999（6）：1－9.

[5] 窦国仁．论泥沙启动流速［J］．水利学报，1960（4）：44－60.

压力隧洞钢衬水力物理试验模拟问题的研究

王南海，胡松涛，邵仁建，邬年华

江西省水利科学研究院

摘　要： 以马头水库压力隧洞钢衬外压失稳事故为例，以水力物理模型为手段，复演钢衬失稳的全过程，为研究中低水头钢衬失稳原因和防止措施奠定基础；主要讨论水力物理模型试验的相似模拟问题，并介绍了试验结论。

关键词： 江西；马头水库；压力隧洞；钢衬失稳；水力物理模型

1　问题的提出

隧洞（钢衬）是主要的水工建筑物之一，是水电工程的重要组成部分，在保证工程正常运行中发挥着不可替代的作用。随着我国国民经济的持续、稳定、快速的发展，特别是国家对病险水库加固力度的增加和西部大开发工程的建设，为隧洞钢衬技术的应用发展创造了条件，钢衬压力管道技术水平也得到了较大提升。但是，钢衬失稳事故的不断发生却给我们敲响了警钟。在江西省，仅 2003—2005 年，就接连发生了九江马头水库 1# 泄洪洞和乐平共产主义水库发电隧洞钢衬失稳破坏事故，严重威胁大坝安全，造成了重大的经济损失。这在客观上要求对地下埋管的抗外压稳定分析方法提出改进措施。

1.1　马头水库 1# 泄洪隧洞钢衬失稳破坏事故过程

马头水库位于江西省九江县马头村，坝址以上控制流域面积 32.9km^2，总库容1665×10^{4}m^3，水库正常蓄水位为 94.40m，设计洪水位为 96.56m，校核洪水位为 98.40m，是一座以灌溉和防洪为主的有综合效益的中型水库。该水库始建于 1958 年，大坝为黏土心墙坝，泄洪设施为两座泄洪隧洞，1969 年建成 1# 泄洪洞，2# 泄洪洞于 1993 年完建后一直未启用，是列入第一批中央补助的病险水库加固工程。原 1# 泄洪洞采用钢筋混凝土衬砌，混凝土厚度 50cm，经大坝安全鉴定复核，在设计水位下，原衬砌混凝土配筋小于规范构造配筋，按限裂计算裂缝开度、宽度不满足规范要求，原衬砌混凝土部分部位为无筋混凝土砌护。自 1975—1986 年共发现 98 条裂缝，其中全环裂缝 41 条。在 2002 年 10 月除险加固设计中对 1# 泄洪洞采取 6mm 厚钢板衬砌，钢板与原混凝土之间采用 C20 素混凝土充填灌浆，充填厚度为 10cm，衬砌后管径为 3.3m，每隔 15m 设伸缩缝一条。至 2005 年，1# 隧洞钢衬和 2# 隧洞混凝土衬砌完成，但尚未验收。

2005 年 9 月 1—3 日，受第 13 号台风“泰利”和弱冷空气共同影响，江西省普降大

本文发表于 2009 年。

到暴雨，九江市平均降雨量超过200mm，庐山站累计降雨量高达900余mm，创有记录以来最高。9月2日受特大暴雨影响，马头水库水位迅速上涨，当晚21时15分，库水位达92.20m时，开启1#泄洪洞闸门（启门高约1.1m）泄洪，21时45分，水库值班人员突然听到1#泄洪隧洞内一声闷响，泄洪流量立即减小，无法正常泄洪。当即开启2#泄洪洞泄洪，因停电，组织40余人用手动螺杆启动闸门，经4个多小时奋战，方全部开启2#隧洞闸门，下泄流量约120m³/s，9月3日2时30分，水库达到最高水位94.00m，后水位逐渐回落，事故后检查，1#泄洪隧洞钢衬被压塌、撕裂、扭曲并有一段全部脱落、冲走，在下游闸墩处堵住了泄洪洞。几乎酿成大祸。1#泄洪洞失事时水头19.55m，充水时水头11.35m。失事情况如图1所示。

图1　马头水库钢衬失事实况

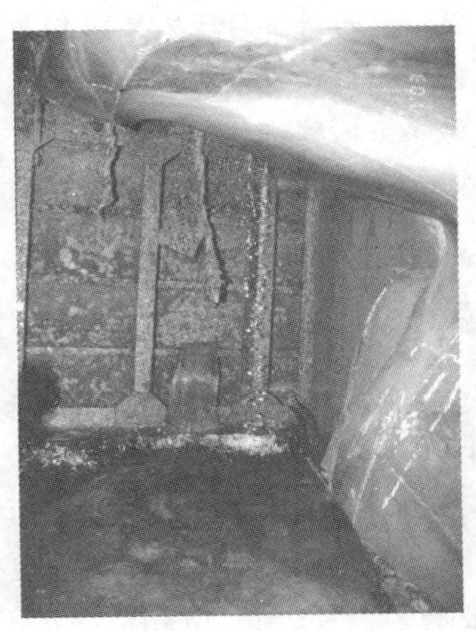

图2　共产主义水库钢衬失事实况

1.2　共产主义水库灌溉发电洞钢衬失稳破坏事故过程

江西省乐平市共产主义水库是以灌溉为主，兼有发电、防洪等综合效益的大（2）型水库。原钢筋混凝土灌溉发电涵管由于裂缝众多、漏水严重，于2003年3月完成钢衬加固项目，钢衬总长117.6m，内衬直径2.6m，钢衬厚度8mm。2003年7月2日下午，电站在发电运行中，由于供水不足而停机，在检查水轮机无故障后，重新开启，短时间运行后，又出现异常响声，随后停机进洞检查，发现进口段约29.0m钢衬塌陷，严重变形而封堵涵管。失事时水头为11.76m，失事情况如图2所示。

据资料，压力管道钢衬外压失稳多为高水头电站。如响水电站设计水头为300.00m，泉水电站设计水头为225.00m，绿水河电站设计水头为160.00～330.00m，均为高水头电站发生钢衬外压失稳事故，而马头水库与共产主义水库压力管道钢衬失稳时水头均不足20m，马头水库钢衬不仅外压失稳而且被撕裂、扭曲。以往的钢衬外压失稳的分析方法是事故发生后下闸排水看到最终破坏后的状况，再通过结构计算复核或辅以结构试验分析其失事原因。钢管外压作用下的失稳是一个空间问题，但都简化为平面问题处理。由于以往的压力钢管失稳的经验无法对马头水库钢衬失稳破坏进行全面合理的分析。因此，必须寻找一种新的研究方法，以探讨类似马头水库的低水头压力管道钢衬外压失稳的机理和防治对策。

2 水力物理模型的构想

从国内外众多地下埋管的钢衬失稳情况来看，有不少是发生在试运行的充水阶段，也有不少发生在正常运行一段时间以后的，也有的在施工阶段即已产生局部屈曲失稳破坏，其原因可能是设计问题，也可能是施工质量的问题，或是钢材材质的问题，或者几个方面兼而有之[1]。但这些毕竟都是分析的结论而已，均缺乏有效的佐证材料。此外，从以往的研究成果来看，人们只能就已有的结构试验或基于结构试验推导的经验公式中（如屈曲失稳波的假定、平面假定等），对地下埋管钢衬的失稳破坏形态有一个粗略的认识，而对于钢衬结构在自充水到完全失稳破坏的整个过程是不清楚的，尤其是对于锚筋式地下埋管，更是缺乏深入的研究。

目前，国内外对压力钢管的模型试验分为两类：一类是抗内压和抗外压的结构模型试验；另一类是充水（水压）试验。这些试验属于结构性试验或破坏试验，但均没有考虑隧洞内水流形态的影响，不能反映钢衬的真实失稳破坏过程。另外，以往单纯的数学模型都是在一定假设基础上进行的[2]，如平面问题假设、失稳的基本形态假设、最大应力达到材料屈服应力为破坏荷载的假设、洞室刚性假设、原始缝隙均匀假设等，而未考虑压曲模式和剪切破坏、不工整的管道几何形状和不规则的间隙尺寸、管道和洞室的弹塑性特性、准确的接触条件、水流的冲击力、管道的三维特性以及压曲时可能发生的纵向影响等。

为了找到一种试验方法可以复演马头水库遭遇“泰利”台风时压力管道钢衬失稳破坏的过程，以便直观地观察到钢衬发生初始破坏及破坏形态的扩展和最终失事的过程。设想在水力学模型中实现复演压力管道钢衬破坏的结构试验研究，称其为水力物理模型。事实上，隧洞钢衬失稳问题不但是一个复杂的三维空间问题，而且在失稳的整个过程中，其破坏机理和失稳形态都各不相同，所以基于水力物理模型试验复演钢衬自失稳到完全破坏的整个过程，对于探索地下埋管钢衬的失稳破坏机理具有重大理论价值，对于完善隧洞钢衬抗外压稳定分析方法也将起到很大的推动作用。据此建立相应的数学模型进行针对性分析研究。这对我们准确地分析低水头压力管道钢衬外压失稳的机理和研究其防治措施是十分必要的。以往的地下埋管稳定性研究均未结合隧洞内不良流态工况和施工缺陷进行研究，更没有基于水力物理模型试验的相关数值模拟研究。

本文以江西省马头水库1#泄洪隧洞为例，进行水力物理模型试验研究，模拟库水位上涨、压力管道充水、闸门开启的动态过程，分析隧洞内水流流态，量测隧洞内压力分布情况及管内产生空化的可能性，并模拟研究各种因素包括施工缺陷和管壁厚度等对隧洞钢衬外压失稳的影响，从而在水力物理模型中实现钢衬失稳破坏整个过程的复演，以弥补以往结构物理模型的不足，充分展示钢衬破坏的四维（时空）过程，并从钢管充水、泄洪等各个阶段和破坏形式的演变过程，剖析埋藏式钢管失稳破坏的机理和特点。

3 水力物理模型的模拟方法

水力模型设计与制作按水利部颁发的《水工（常规）模型试验规程》(SL 155—1995)和《水工（专题）模型试验规程》(SL 156～165—1995) 中的有关规定进行[3-4]。

模型按重力相似准则设计，满足几何相似、运动相似、动力相似的要求。根据流量、场地大小及试验要求，选用模型几何比尺 $\lambda_L=22$。

如何成功地复演马头水库 $1^{\#}$ 隧洞钢衬失稳破坏过程，钢衬模拟材料的选取至关重要，也是本次水力物理模型试验的关键。材料力学特性的相似关系到模型是否能正确反映原型特征。模型材料的选取受到相似指标中各物理量的相互制约，对于定性研究模型，即是根据设想制成的供分析、讨论用的模型，它能明显地、直观地体现设想，能有效地帮助构思，但不一定需要每个物理量做到统一的相似，而只需要做到复演原型的现象相似即可。

本模型试验为了复演马头水库 $1^{\#}$ 隧洞钢衬失稳破坏过程，尽力做到使试验变形量较相似，应采用弹性模量相对较低的材料，但过低弹性模量的材料往往会导致较明显的非线性特征，弹性模量过高，又难以在试验中获得足够的变形量。因此，需要综合考虑模型相似条件要求和试验测量要求之间的平衡。根据相似理论的要求，模拟材料的选择方面，应遵循以下三个原则：

（1）模型实验的问题与实物的问题应属同一物理问题，遵从相同的物理规律。

（2）模型与实物之间应满足相似关系，如几何相似、载荷相似、边界条件相似，对于动力学问题还应满足时间相似、初始条件相似。

（3）模型和实物之间还应满足物理参数相似的条件，如弹性模量、泊松比、密度等[5]。

我们对模型材料的弹性模量、泊松比和各种强度等进行了比较分析。泊松比是一个无量纲物理量，相似理论要求模型材料的泊松比与原形材料一致。如果泊松比不相同，必然会对试验结果带来一定的误差，因为法向应力引起的变形与剪切变形之比在所考虑的结构体系的弹性特征中是一个重要因素，泊松比的不同就会明显地影响应力应变关系的正确性，泊松比相同就可达到结构模型材料的应力—应变曲线全过程相似及屈服阶段及残余应力应变相似。特别是在板、壳结构材料中，剪应力和法向应力的相互影响不能通过模型的几何相似来模拟，而是在其模型材料选择时，应使模型与原型的泊松比相同。对于研究静力弹性模型，只要保证模型材料在试验范围内具有足够的良好的线弹性特性。而对于研究结构破坏形态的模型，要保证材料在弹性范围的特性满足相似条件。

参照常用的结构模型试验材料的选择[6]，当原型结构为金属结构时，在模型试验中常用金属材料来模拟，常用的模型材料是钢和铝及其合金，模拟钢构件或金属结构中尤以用铝或其合金多，铝及其合金有相对较低的弹性模量，泊松比为 0.3，比塑料更接近于钢材，在试验中既能获得较大的变形量，又能较好地消除一些因素对其刚度的影响，从而获得较精确的变形相似。

通过对塑料、铝箔、白铁皮等材料进行试验对比和分析，发现塑料的弹性模量远低于金属的弹性模量，约为 1/10～1/50，泊松比为 0.35～0.5，远高于金属材料，白铁皮的弹性模量过大，难以满足变形相似的要求，而铝箔与钢板有相似的物理力学特性，都属于弹塑性金属材料，都具有弹塑性金属材料的力学特征。

通过委托洪都航空工业集团理化测试中心对原型钢材（Q235）和模型选材（铝箔）进行了抗拉、抗剪等性能试验，结果见附表及两种材料的应力应变曲线和破坏力曲线如图 3～图 6 所示。得出铝箔的抗拉强度、屈服极限、抗撕裂破坏、泊松比等特征值和钢材最为相似。

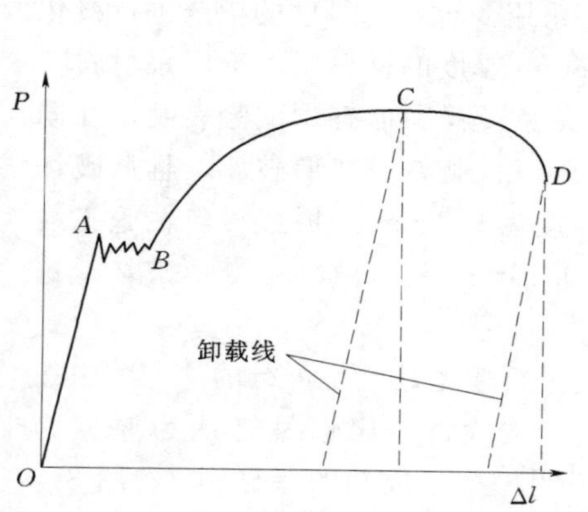

图 3　低碳钢 $P—\Delta l$ 曲线

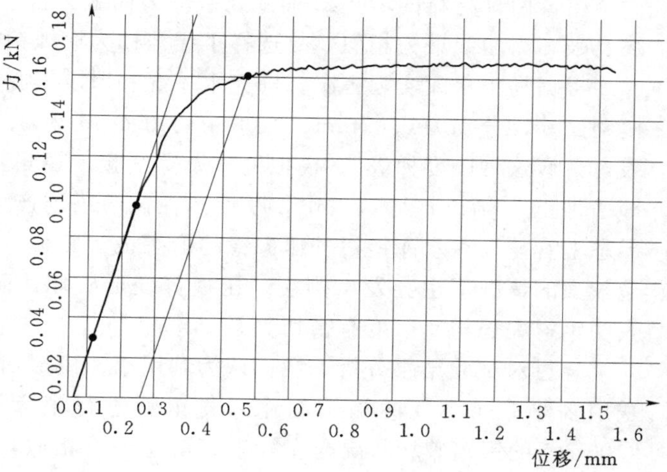

图 4　铝箔 $P—\Delta l$ 曲线

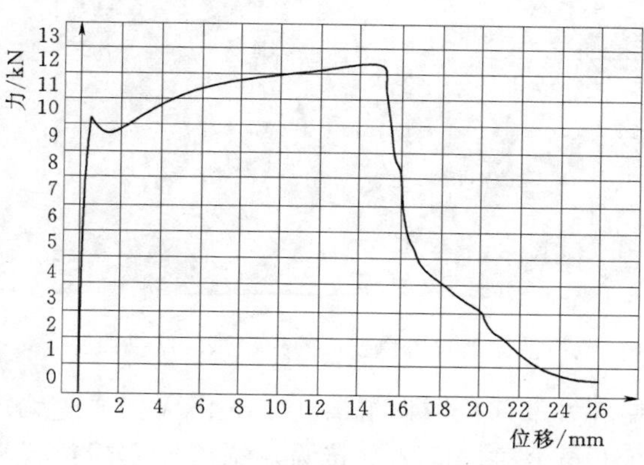

图 5　Q235 钢破坏力曲线

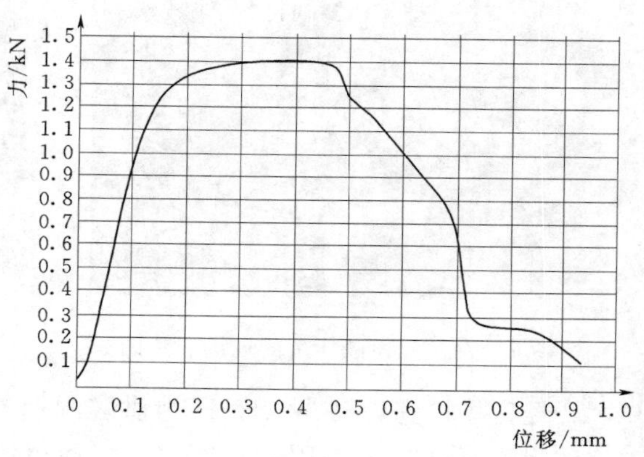

图 6　铝箔破坏力曲线

根据测试得到，0.5mm 厚 Q235 钢板撕裂破坏力为 12.4kN，0.1mm 厚铝箔撕裂破坏力为 1.4kN（相应 0.5mm 厚铝箔撕裂破坏力为 7kN），撕裂破坏力之比 12.4/7＝1.77，原模型材料抗拉强度比 235/105＝2.24，屈服强度比 290/126＝2.37，抗剪强度之比为 110/40＝2.73，弹性模量之比为 200/68＝2.9，钢材泊松比为 2.8，铝材泊松比为 3.0，材料性能见表 1。

表 1　　碳钢和铝箔的部分力学指标比较

试样名称	抗拉强度/MPa	抗剪强度/MPa	弹性模量/MPa	泊松比	撕裂破坏力/kN
碳钢（Q235）	235	110	196～206	0.28	12.4
轧制铝（0.08mm）	≥105	40	68	0.30	7.0

结合两种材料的 $P-\Delta l$ 曲线及破坏力曲线分析，发现铝箔与 Q235 钢板的应力应变曲线及破坏力曲线最为相似，故选择了铝箔作为模拟钢衬的材料进行试验。

根据马头水库实际工况，即充水工况和泄洪工况，采用 4 种不同厚度的铝箔进行概化模型试验，分别为 0.07mm、0.08mm、0.1mm 和 0.16mm 厚度的材料（由于厂家材料有限，只有这种厚度梯级），模拟钢衬失稳试验，观测其失稳过程和形态。试验表明，在同等条件下 0.07mm 与 0.08mm 厚铝箔在试验中均产生压瘪、撕裂等变形破坏，且从破坏形态上看与马头水库钢衬外压失稳的形态极为相似。厚度为 0.1mm 的模拟材料在施工鼓包较大的情况下也会发生撕裂、压瘪等变形破坏，而 0.16mm 基本没发生变形破坏，这表明钢衬失稳与其厚度有密切关系[7]。

经过对试验结果分析，我们认为利用铝箔模拟钢衬进行模型试验是可行的。课题组在采用多种不同厚度的铝箔制作内衬钢管进行了大量的试验，经比选最终认为厚度为 0.08mm 的铝箔破坏状况与实际破坏形态最为相似，说明模拟是成功的（见图 7、图 8）。因此终结试验选用厚 0.08mm 的铝箔作为模型材料。

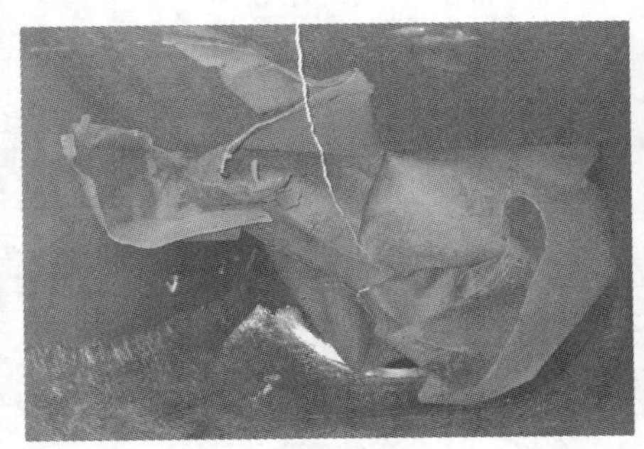

图 7　钢衬失稳破坏后的现场照片图

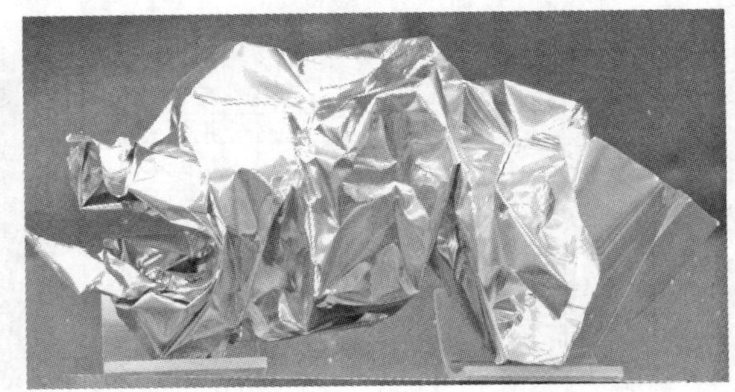

图 8　铝箔模拟钢衬失稳破坏的模型试验结果照片

经现场检查，马头水库 1# 泄洪隧洞钢衬脱落失事部位隧洞混凝土面光滑无损，毫无拉破之痕（见图 9），因此不考虑模拟回填混凝土与钢衬之间的黏接力，锚筋按实际位置布置，用 ϕ0.5cm 小螺栓模拟（见图 10）。

图 9　钢衬与混凝土壁脱落实况

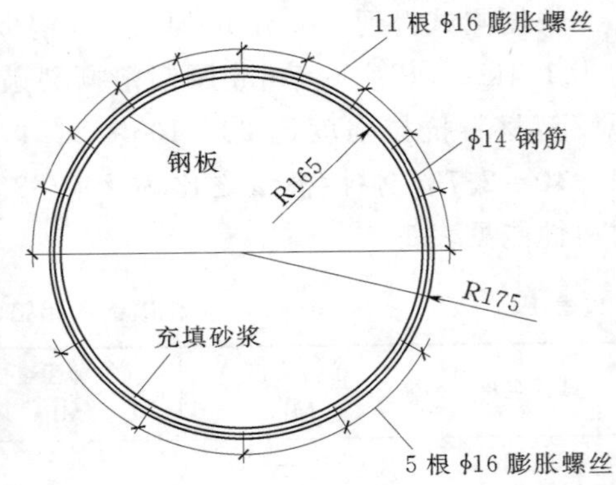

图 10　钢衬锚筋布置图

根据工程监理部提供的施工缺陷的照片，钢衬接触灌浆有 29 处超过 $0.5m^2$ 的脱空区，其中有5处出现钢衬变形、鼓起，最大鼓起有30cm。模型对计算复核中无法模拟，但又出现的种种施工缺陷进行了概化，将施工缺陷归纳为如下几种工况：

（1）施工质量好、无初始缝隙，伸缩缝止水良好。

（2）有初始施工缝隙，施工时隧洞与钢衬之间因回填灌浆不密实而存在的缝隙。

（3）有施工鼓包（回填灌浆压力偏大所引起），并在试验中分别考虑了出现在钢衬上侧、中部和下部（底部）3个不同位置的情况。

4 水力物理模型试验研究成果

（1）依据相似理论，分别对铝箔与Q235钢板的弹性模量、泊松比、抗拉强度、屈服极限、抗撕裂破坏、泊松比等物理力学参数及试验后变形状况进行了比较分析，认为选择铝箔作为模拟钢衬的材料可满足试验要求。

（2）试验结果表明，钢衬的厚度与其抗外压稳定能力的大小关系密切，如钢衬厚度富余较多，可以弥补施工中的局部缺陷。

（3）初始缝隙对钢衬外压失稳影响较大。在没有设置初始缝隙时，钢衬不会产生内水外渗，不受外压影响，因此不会产生钢衬的屈曲失稳，更没有撕裂、压瘪等变形破坏现象出现。但若初始缝隙存在，过水时则首先从缝隙处开始发生内水外渗，致使钢衬产生外压失稳破坏。

（4）钢衬的抗外压能力对由施工导致的初始鼓包的大小及位置十分敏感。同一工况下，在底部设置鼓包比鼓包设置在管中部及顶部的破坏历时短，撕裂、压瘪变形的范围也更大，这与工程中发现多数地下埋管的钢衬结构破坏均出现底部这一现象是吻合的。

（5）马头水库1#泄洪隧洞钢衬外压失稳破坏型式可分为4个阶段：鼓包扩大—压瘪—剪切撕裂扭曲—被水流冲向下游，堵塞隧洞。马头水库1#泄洪洞中，钢衬为分段设置每15.0m左右一节，钢衬失稳破坏后由于洞内水流速度很大，冲击力强，从而导致已压瘪、扭曲的钢衬段被冲向下游，堵塞隧洞泄洪断面。故钢衬分段（节）设计是导致钢衬段被冲向下游及事故范围扩大的重要原因。

（6）从破坏过程阶段可发现，剪切撕裂是钢衬破坏的一个重要阶段和破坏形式，特别是从锚筋部位开始撕裂，而水流的轴向冲击则是进一步加剧钢衬撕裂破坏、扭曲变形的主要外荷载。因钢材的抗剪强度远低于其屈服强度（仅为屈服强度的46.8%），因此，建议在地下埋管的钢衬设计中考虑其抗剪强度的影响，在选择钢衬厚度时不考虑锚筋的作用。

5 结语

（1）基于水力物理模型试验，全面剖析了水工隧洞钢衬失稳破坏的演变过程和机理。以往试验中钢衬发生的压曲失稳，即是理论破坏现象，在工程实际运行中是观察不到的。而水力物理模型试验可以让研究者直观地观察到钢衬自初始失稳直至破坏的全过程，这对于探索地下埋管钢衬的失稳破坏机理具有重大理论价值，对于完善隧洞钢衬抗外压稳定分析方法也将起到很大的推动作用。

（2）提出了隧洞钢衬抗外压稳定分析中应考虑其抗剪强度影响。从试验中观察到的钢衬剪切撕裂变形过程，而钢材的剪切强度大大低于其屈服强度。因此，建议在复核钢衬抗外压稳定时，应考虑钢材抗剪强度的影响。

参考文献：

[1] 刘士合．高速水流［M］．北京：科学出版社，2005.

[2] 蔡晓鸿，贺昔元．断裂力学在水工高压隧洞限裂设计中的应用探讨［J］．江西水利科技，2000，3.

[3] SL 155—1995 水工（常规）模型试验规程［S］．北京：中国水利水电出版社，1995.

[4] SL 156～165—1995 水工（专题）模型试验规程［S］．北京：中国水利水电出版社，1995.

[5] 马杭．工程力学试验［M］．上海：上海大学出版社，2006.

[6] 杨俊杰．相似理论与结构模型试验［M］．武汉：武汉理工大学出版社，2005.

[7] 和勒，赵树山．断裂力学［M］．北京：科学出版社，2006.

螺滩水库溢流堰消能试验研究

胡松涛[1,2]，刘婷婷[3]，周海根[3]

1. 江西省水利科学研究院；2. 南昌大学建筑工程学院；

3. 江西省吉安市螺滩水利水电管理局

摘　要：通过螺滩水库溢流堰模型试验，验证溢流堰体型的合理性，分析了宣泄各特征频率洪水、下游流速及河床冲刷情况，提出了相应建议，为优化设计提供依据。

关键词：水工模型试验；溢流堰；消能；流速

1　工程概况

螺滩水库位于江西省吉安市青原区富滩镇螺滩村，赣江水系赣江支流孤江下游。水库控制流域面积 2160km^2，总库容 4530×10^{4}m^3，设计灌溉面积 4733.3hm^2，实际灌溉面积 3533.3hm^2，年发电量 4300×10^{4}kWh，是一座具有灌溉、防洪、发电等综合效益的中型水利水电工程。

根据《水利水电工程等级划分及洪水标准》(SL 252—2000)，螺滩水库枢纽工程等级为Ⅲ等，永久性主要建筑物等级为 3 级，永久性次要建筑物等级为 4 级。水库正常蓄水位 72.50m，相应库容 1880×10^{4}m^3；设计洪水标准为 50 年一遇，设计洪水位 75.78m，相应库容 3550×10^{4}m^3；校核洪水标准为 500 年一遇，校核洪水位 77.54m，相应库容 4530×10^{4}m^3。枢纽工程主要建筑物有浆砌石溢流式重力坝、溢洪道、左岸灌溉发电引水系统(发电进水闸、引水渠)、电站、右岸灌溉引水渠和灌区渠系工程建筑物等。

2　地质条件及调洪原则

2.1　地质条件

螺滩水库坝区属低山丘陵地貌，山顶与山谷相对高差约 40～70m。经勘察，近坝址区库岸地势较陡，大坝左岸岩体破碎局部有倒坡，常出现小规模塌滑或坍塌现象，边坡稳定性较差，其余部位近坝岸坡基本稳定。

2.2　调洪原则

根据防洪要求及水库实际，螺滩水库汛前限制水位与正常蓄水位相同，水库防洪起调水位 72.50m，不考虑预泄防洪库容，从螺滩实际情况出发，洪水全部由大坝下泄。右岸溢洪道只作为非常情况下紧急泄洪才开启。

本文刊登于 2009 年。

当入库洪水流量在1176m³/s以下时，由平板闸门控制泄流量，来多少泄多少，当入库洪水流量大于1176m³/s，平板闸门全部打开，坝上自由泄流。但当库水位下降至正常水位时又应以闸门控制下泄流量，保持库水位稳定在72.5m不变。

3 溢流堰水力设计

大坝为溢流式浆砌块石重力坝，坝顶总长度145m，最大坝高21.0m，溢流堰现状顶高程69.50m，溢流净宽120m，堰顶设20扇钢筋混凝土水力自动翻板闸门，尺寸6m×3m（宽×高），采用挑流鼻坎消能。

针对本枢纽大流量中低弗劳德数泄流特点，并考虑消能区地质条件、下游尾水位及运行调度等因素。本次大坝加固拆除翻板闸门，设置8扇13.5m×3.5m（宽×高）的平板钢闸门控制泄洪。堰面上新建4个2.0m宽的闸墩，原堰面上3个1.5m宽的闸墩改为2.5m，两侧边墩宽度由1.5m改为2.0m，堰顶高程设计采用两种方案，方案一为69.50m降为69.00m，方案二为69.50m降为69.30m。左右坝肩需增设C15混凝土防洪墙，墙顶高程为78.41m。对溢流堰面进行改造，调整溢流堰面曲线，为增大泄洪挑距，挑流鼻坎顶高程由64.50m降为62.00m，挑射角为30°，挑流鼻坎反弧半径为6m（见图1、图2）。

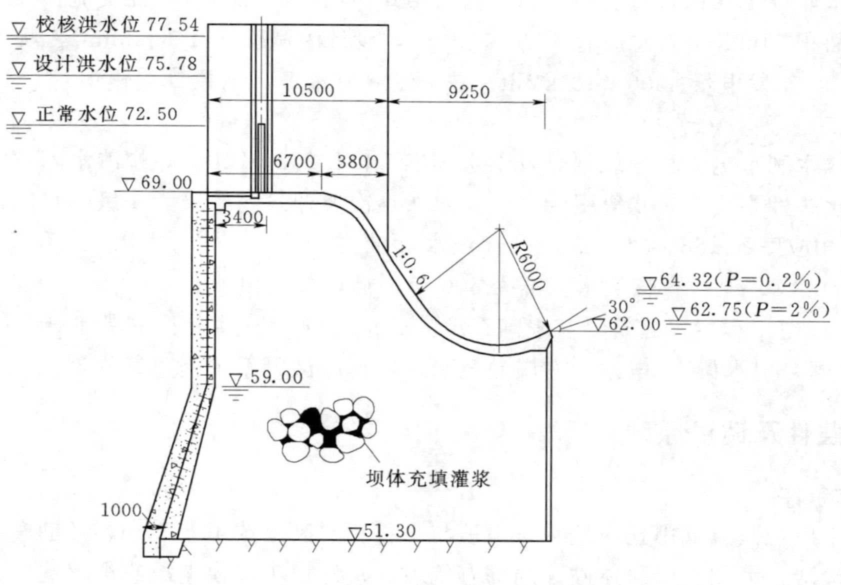

图1 大坝溢流堰加固设计（方案一）

4 溢流堰消能模型试验研究论证

4.1 模型设计及制作

4.1.1 模型设计

根据试验要求，模型按重力相似准则设计，选用长度比尺为1∶65，为上游定床，下游局部动床模型[2]。

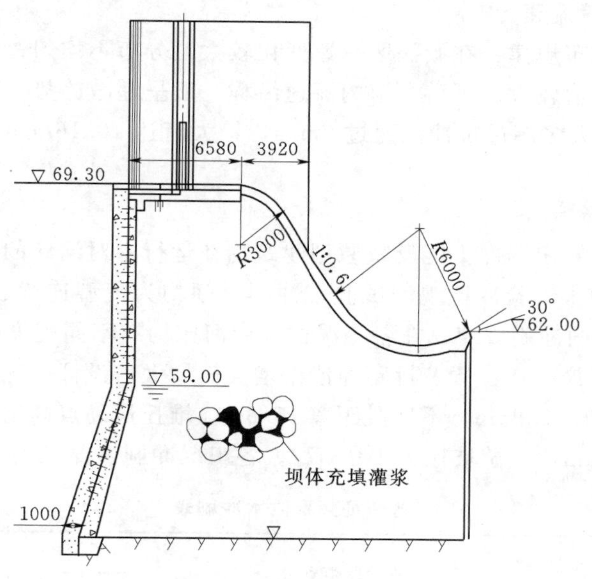

图 2 大坝溢流堰加固设计（方案二）

为了观测冲坑的深度、范围，大坝下游 80m 范围内做成局部动床，动床深度约为 15m。动床冲刷料粒径按通用的经验公式 $V_{抗冲}=(5\sim7)\sqrt{d}$确定。根据设计提供的抗冲流速 4～6m/s，模型配制的岩石冲刷料粒径为 1.0～2.5cm。

4.1.2 模型制作

根据模型试验任务要求和地形资料，本模型模拟坝轴线上游 150m，坝轴线下游 300m 左右的地形。总占地面积约 3.6m×10m。

模型地形定床部分用水泥浆抹面，枢纽建筑物用透明有机玻璃精制而成，其糙率约为 0.007，相当于原型 0.014，与原型糙率 0.013～0.014 接近。

4.2 模型试验成果分析[3]

4.2.1 泄流能力

试验中分别测试了闸门不同工况时溢流堰泄流能力，校核洪水时库水位分别为 77.03m、77.32m。试验证明两种方案在宣泄校核洪水时，库水位均低于原设计校核洪位 77.54m，因此泄流能力满足设计要求。

4.2.2 沿程水流流态

试验中观测各种泄量下溢流堰进口、闸墩边和堰面的水流流态，表明两种设计方案水流流态相似。挑流鼻坎的起挑效果较好，水流过堰流态较为平顺，水体沿堰面下泄得到充分加速，经挑流鼻坎后呈抛物线状抛出，落入下游水面后，在冲坑中形成漩涡，波动较大。两边孔水流受边墙影响产生侧收缩水面凹陷，入水后对下游河床及两岸边坡形成较大冲刷。水流受闸墩在影响水流交汇处产生水冠。受闸墩及边墙影响，同一工况同一断面左、中、右水面线高程不相等，两侧水面线略大于中间水面线高程，由于下游水位较高，挑射水流进入下游河道产生淹没度较大的水跃，跃首水面具有一定波动。建议闸墩尾部半圆形改为尖圆形[4]。

4.2.3 下游河床水流流速

下游河床流速分布规律：在漩涡区流速变化较大，分布不均匀；两岸边流速受溢流堰边墩侧收缩影响流速值较大；下游河道内流速沿程一般呈递减趋势。校核工况下，在下游距坝脚150m内流速大多超过抗冲流速过6m/s，最大流达10.16m/s，应采取有效措施进行保护。

4.2.4 局部动床试验[5]

局部动床试验在一定程度上能反映原型建筑物在运行中对河床的冲刷情况，通过对各方案二工况下局部动床试验冲坑观测试验，冲刷时间均为模型连续放水2h，相当于原型泄洪16h，下游河床的冲刷规律：在各工况试验中河床均有不同程度的冲刷，河床冲刷范围、冲坑深度、堆丘最高点位置及挑距随泄量增大而增大。设计工况时，下游最大冲深高程为44.90m，距坝脚40.95m，不冲段距离15.6m，堆丘最高点高出河床4.23m，距坝脚67.0m，挑距为28.6m，上游坡比为1∶5.77。各工况冲刷情况见表1。

表1　各特征频率洪水冲刷表

频率/%	流量/($m^3 \cdot s^{-1}$)	库水位/m	不冲段距离/m	挑距/m	冲坑		上游坡比
					最深点高程/m	距坝脚/m	
0.2	4318.00	77.32	14.3	33.0	44.22	43.5	1∶5.59
2	3093.00	75.96	15.6	28.6	44.90	40.95	1∶5.77
3.33	2834.00	75.67	17.55	26.65	45.61	37.91	1∶5.93
10	2262.00	74.84	9.75	24.05	46.33	32.89	1∶5.80

5 结语

通过螺滩水库溢流堰模型试验，量测宣泄各特征频率洪水，下游流速及河床冲刷情况，表明两种设计方案水流流态、下游流速及冲刷情况相似，但方案二比方案一节省资金，且施工容易，因此推荐方案二。

参考文献：

[1] 水利水电泄水工程与高速水流信息网，水利部东北勘测设计研究院．泄水工程水力学［M］．长春：吉林科学技术出版社，2002：18-35.

[2] SL 155—1995 水工（常规）模型试验规程［S］．北京：中国水利水电出版社，1995.

[3] 吴持恭．水力学［M］．北京：高等教育出版社，1982.

[4] 溢洪道设计规范（SL 253—2000）［S］．北京：中国水利水电出版社，2000.

[5] 刘沛清．挑射水流对岩石河床的冲刷机理［M］．北京：高等教育出版社，2002.

伦潭水利枢纽挑流消能布置型式的试验研究

邬年华，胡松涛，邵仁建

江西省水利科学研究院

摘　要：通过1∶50整体水工模型对伦潭枢纽挑流消能闸墩进行了平尾墩、宽尾墩及两边孔边墙贴角三种布置方案的试验研究，试验表明两边孔边墙贴角布置方案能有效缩小射流水舌入水宽度，使水流在竖向及纵向拉伸，同时两边孔射流水舌在空中交汇碰撞，能量得到有效消减，冲坑深度和范围最小。试验推荐方案已被设计和施工采用。

关键词：伦潭水利枢纽；溢流堰；消能防冲；宽尾墩；边墙贴角；试验研究

1　工程概况

伦潭水利枢纽工程位于江西省铅山县境内杨村水上，是一座以防洪、灌溉为主，兼顾发电、供水等综合利用的二等水利枢纽工程。坝址以上控制流域面积242km^2，多年平均径流量3.47亿m^3，多年平均流量11.0m^3/s。正常高水位252.00m，防洪高水位254.70m，汛限水位250.00m，水库总库容1.798亿m^3。电站装机容量20MW，年利用小时3037h，多年平均发电量0.6074亿kWh。

坝址处河床狭窄，河谷形态呈V形，河床最小宽度约40m，河床第四系覆盖层不厚，基岩为细粒钠长石化花岗岩，岩性单一，岩质坚硬。挡水建筑物为碾压重力拱坝，最大坝高88.4m，坝顶总长度408.81m，坝顶高程257.40m，坝轴线半径170.0m，最大中心角110.82°。3孔溢流堰对称布置在拱冠梁处，每孔净宽7.0m，工程布置见图1。最大泄流量为1310m^3/s，溢流堰为WES实用堰型，堰顶高程为246.5m，采用挑流消能，挑流反弧半径15m，挑角为20°，挑流尾坎高程为231.56m。溢流堰剖面见图2。

通过整体水工模型试验，选定合理的挑流消能结构型式，以减轻泄洪对下游河床的冲刷。

2　模型设计制作及试验条件

考虑到试验场地条件、供水能力和相似要求，整体模型采用几何比尺为$L_r=50$的正态模型。模型试验范围为自坝轴线上游250m至下游280m地形及建筑物。挑流冲坑附近区域地形制作成动床模型，采用散粒体模拟基岩冲刷，用卵石作为散粒体料。根据设计提供的河床基岩抗冲流速为8m/s，按伊兹巴伸公式$V=(5\sim7)D^{0.5}$来选取模型动床石料粒

本文发表于2006年。

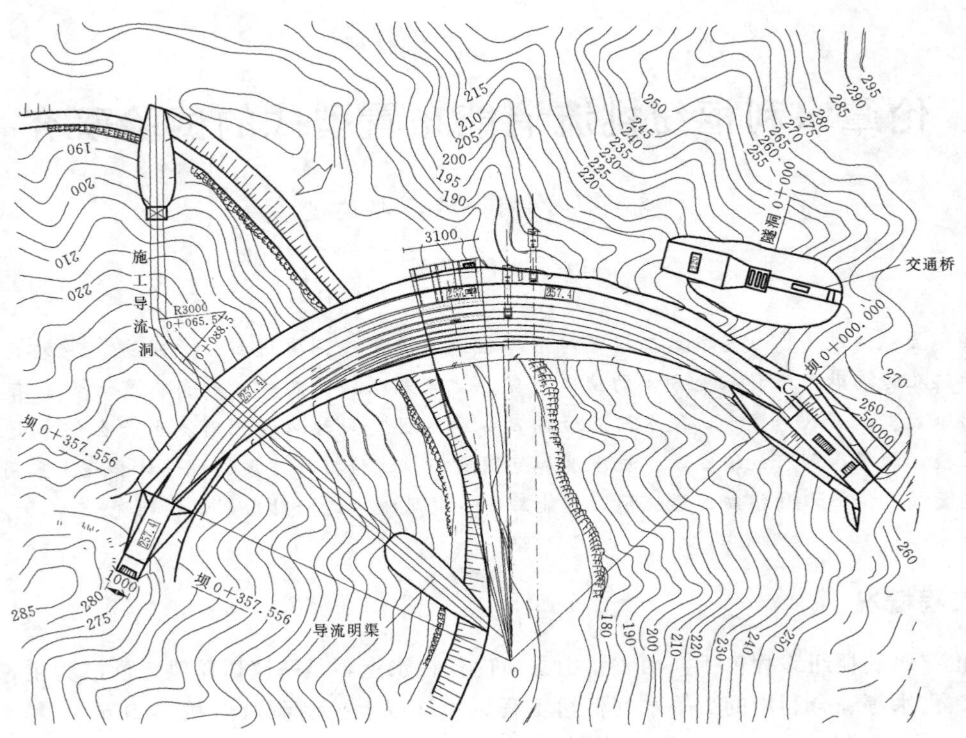

图 1 伦潭水利枢纽工程平面布置图

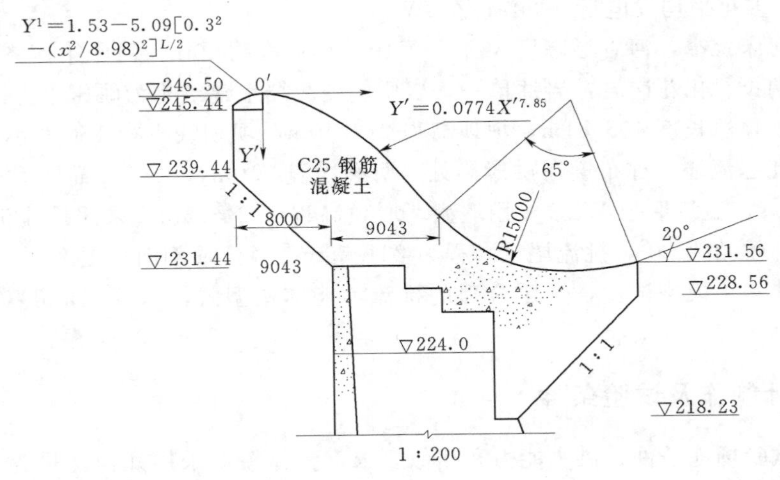

图 2 溢流堰剖面图

径[1]。实验选取的模型冲料粒径为 3cm。根据重力相似准则，整体模型的流量比尺 $Q_r=L_r^{5/2}=17677.67$，流速比尺 $V_r=L_r^{1/2}=7.07$，时间比尺 $T_r=L_r^{1/2}=7.07$。

试验工况列于表 1。

表 1

试 验 条 件 表

洪水标准	洪水频率 /%	下泄流量 /($m^3 \cdot s^{-1}$)	上游水位 /m	下游水位 /m	闸门调度方式
校核	0.1	1310	256.45	177.51	全开
设计	1	975	254.75	176.43	全开
消能防冲	2	925	254.70	176.23	全开
常遇泄量		250	252.00～254.70	173.22	局部开启

每组工况下模型试验 2h，相当于原型试验 14h，进行冲刷观测分析。

3 试验成果

本工程溢洪道最大单宽泄流量为 62.38m^3/s，上下游水位落差在 80m 左右，最大泄洪功率达 100 万 kW。试验对溢洪道挑流出口闸墩的形状先后进行了平尾墩方案、宽尾墩方案和两侧边墙贴角方案试验研究。

3.1 平尾墩方案试验

图 3 消能防冲泄量下平尾墩方案抛射水舌流态

原设计方案溢洪道闸墩为平尾墩，即 3 孔溢洪道自进口至出口孔宽均为 7m。试验表明，在各组泄量下，水流过堰流态较为平顺，水体沿堰面下泄得到充分加速，经挑流鼻坎后呈抛物线状抛出，闸室水流及抛射水舌呈一字形。抛射水舌较宽，50 年一遇洪水泄量下（消能防冲泄量），入水水舌宽度为 24.5m，水舌出闸墩后流态见图 3。水舌入水在河床水垫中扩散，在其上、下游和两侧产生旋滚，水面波动剧烈。

在常遇泄量、50 年一遇、100 年一遇及 1000 年一遇四种泄量工况下，对下游的冲刷情况见表 2。挑流冲坑后坡坡度均大于规范允许值，但大泄量下冲坑对岸坡特别是右岸造成淘刷。

表 2

平尾墩方案下游冲刷情况

工况	泄流量 /($m^3 \cdot s^{-1}$)	冲坑最深点高程 /m	冲坑深度 /m	冲坑最深点距坝脚 /m	冲坑对岸坡淘刷影响
常遇	250.0	167.74	2.26	70.25	无影响
$P=2\%$	925	162.84	7.16	74.25	右岸公路全部淘塌
$P=1\%$	975	162.08	7.92	75.5	淘及右岸公路以上山体
$P=0.1\%$	1310	159.04	10.96	78.25	淘及公路以上山体及左岸

3.2 宽尾墩方案试验

为减轻挑流冲坑对下游河床岸坡的淘涮影响，应从减小冲坑深度及减小水舌入水宽度两方面着手。据有关资料介绍[2,3]，宽尾墩是一种高效的收缩式消能工，它借助侧壁的收缩，迫使水流变形，增强紊动和掺气，形成竖向和纵向扩散的挑流流态，减小单位面积的入水能量，减轻对下游河床的冲刷，适合解决高山狭谷河流的泄洪消能问题。本工程首先将原方案改为宽尾墩方案。

宽尾墩的几何参数选定为：收缩比 $\varepsilon=0.57$，闸墩收缩角 $\theta=10°$，收缩段长 $l=8.5\text{m}$。溢流堰具体布置见图 4。

试验表明，该方案的溢流堰泄流能力与平尾墩相同。

试验流态可见，平顺的水流进入宽尾墩段后，由于宽尾墩的斜向挑射作用，水流横向收缩。在高流速的冲击下，水流向前上方向运行，水面壅高，水流沿尾墩壁向上爬高，形成中间低、两侧高的“凹”面形状，两侧水翅在宽尾墩后部汇合。出宽尾墩后射流水舌上缘出射角及坝面泄流挑角增大，水舌纵向拉开，在竖向呈扇形状抛射入水。入水水舌宽度略小于闸墩出口宽度，50 年一遇洪水泄量下（消能防冲泄量），入水水舌宽度为 19.5m，水舌出闸墩后流态见图 5。

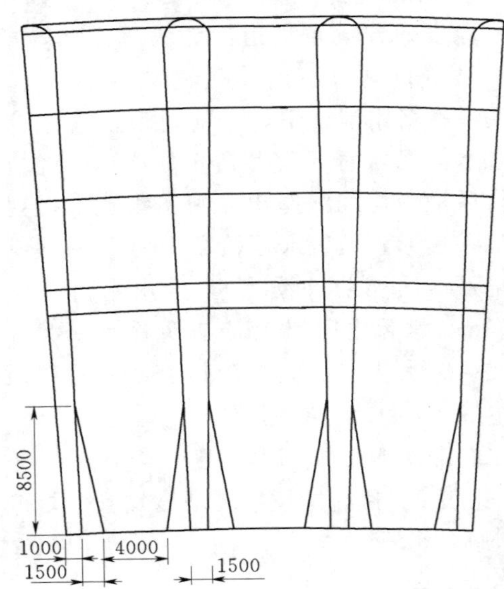

图 4　溢流堰宽尾墩方案布置图（单位：mm）

图 5　消能防冲泄量下宽尾墩方案抛射水舌流态图

在 50 年一遇、100 年一遇及 1000 年一遇三种泄量工况下，对下游的冲刷情况见表 3。对冲坑观测结果表明，该方案挑距大于平尾墩方案，冲坑深度和范围也小于平尾墩方案，消能效果优于平尾墩方案，但由于射流入水宽度还较宽，在大泄量时，右岸仍冲涮比较严重，尚需挑流结构型式作进一步的改进。

3.3 两边墙贴角方案试验

两边墙贴角也即仅在两边孔边墙侧设置单边宽尾墩，目的在缩小抛射水舌宽度，使两边孔水流向中部收缩，缩小抛射水舌入水宽度。贴角形体尺寸与前宽尾墩方案相同。

表 3　宽尾墩方案下游冲刷情况

工况	泄流量 /($m^3 \cdot s^{-1}$)	冲坑最深点高程 /m	冲坑深度 /m	冲坑最深点距坝脚 /m	冲坑对岸坡淘刷影响
$P=2\%$	925	163.06	6.94	76.25	右岸公路大部分被淘塌
$P=1\%$	975	162.48	7.52	76.65	淘及右岸公路以上山体
$P=0.1\%$	1310	160.81	9.19	79.5	淘及公路及以上山体

试验可见，中孔闸室水流平顺，两边孔边墙侧水流在贴角部位受断面收缩影响，水面向上爬升，出闸室后，两侧水流向中部收缩，挤压中孔水舌，并在中孔主流水舌上部交汇碰撞，水舌入水纵向拉伸，横向宽度大大缩短。50 年一遇洪水泄量下，水舌入水宽度为 12.6m，水流流态见图 6。

图 6　消能防冲泄量下边墩贴角方案抛射水舌流态图

在 50 年一遇、100 年一遇及 1000 年一遇三种泄量工况下，对下游的冲刷情况见表 4。冲刷观测结果表明，该方案 50 年一遇洪水泄量下，岸坡淘刷轻微，100 年一遇及 1000 一遇泄量下，也仅对岸坡造成局部淘刷，各工况下的冲刷深度和范围均较前两方案为小，但由于两贴角使水流改向、收缩并对中孔水流挤压影响，挑距略有减小。三种方案下 50 年一遇泄量下游冲坑断面比较见图 7、图 8。

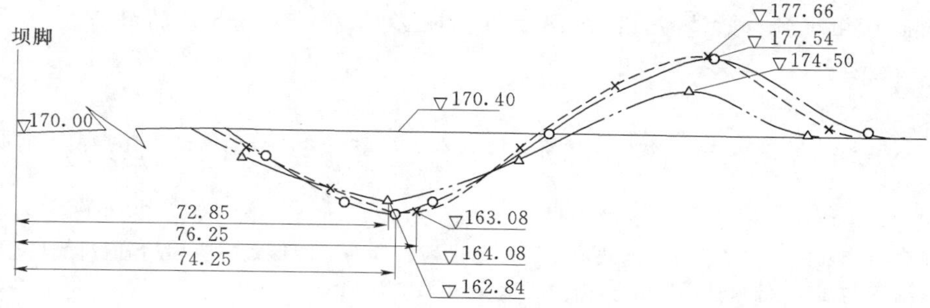

图 7　消能防冲泄量下游冲坑纵剖面比较图（单位：m）
——原地面线；--○--平尾墩方案；--×--宽尾墩方案；--△--两边墩贴角方案

在挑距及冲坑深度方面均对大坝不造成危害的前提下，选择各方案的标准是以冲刷两岸岸坡最轻微者为最优，故最终选定该方案为推荐方案。

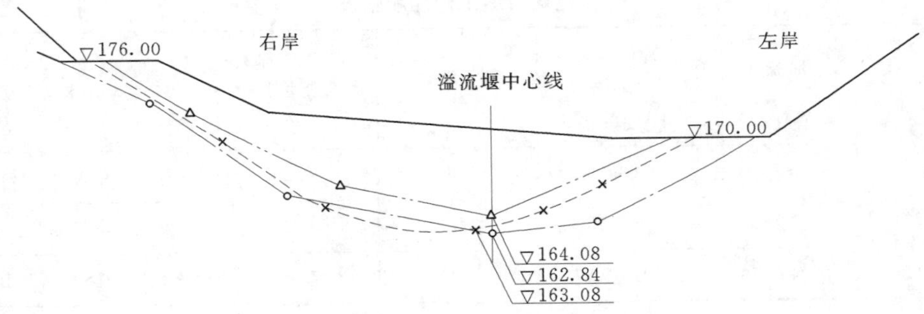

图 8　消能防冲泄量下游冲坑最深点横剖面比较图（单位：m）
—原地面线；--▵--平尾墩方案；--×--宽尾墩方案；--○--两边墩贴角方案

表 4　两边墙贴角方案下游冲刷情况

工况	泄流量 /($m^3 \cdot s^{-1}$)	冲坑最深点高程 /m	冲坑深度 /m	冲坑最深点距坝脚 /m	冲坑对岸坡淘刷影响
$P=2\%$	925	164.08	5.92	72.85	右岸岸坡淘刷轻微
$P=1\%$	975	163.46	6.54	74.25	右岸公路局部淘塌
$P=0.1\%$	1310	161.98	8.02	76.65	右岸公路淘塌

4　结语

（1）本工程原设计溢流堰闸墩采用的平尾墩方案，尽管具有布置简单、流态平顺、施工方便等优点；但由于挑流水舌入水宽度较宽，冲坑深度也较大，对岸坡造成较严重的淘涮，给建筑物运行带来安全隐患。

（2）通过溢流堰的三种闸墩出口布置型式试验比较分析，表明两边孔边墙贴角布置方案能有效缩小射流水舌入水宽度，使水流在竖向及纵向拉伸，同时两边孔射流水舌在空中交汇碰撞，能量得到有效消减，冲坑深度和范围最小，选定该方案为推荐方案。

参考文献：

[1]　水利水电科学研究院，南京水利科学研究院．水工模型试验［M］．2 版，北京：水利电力出版社，1985.

[2]　童显武，李桂芬．高水头泄水建筑物收缩式消能工［M］．北京：中国农业科技出版社，2000.

[3]　刘沛清，李福田，许唯临．收缩式消能工在高拱坝水垫塘消能形式中应用的可行性研究［C］．//泄水工程与高速水流［M］．长春：吉林人民出版社，2004.

居龙滩水利枢纽水工模型试验研究

邬年华，胡松涛，邵仁建

江西省水利科学研究院

摘　要： 本文阐述了居龙滩水利枢纽整体水工模型试验的主要内容和试验方法。通过水工模型试验：复核了溢流堰的泄流能力；分析了堰面产生气蚀危害的可能性；选定了满足下游河床消能防冲要求的消能工的结构形式；提出了改善溢流堰进口流态的工程措施；编制了实用的闸门运行调度方案。研究成果对工程设计和其他模型试验具有一定的借鉴作用。

关键词： 水工模型试验；泄流能力；消能工；水流流态；闸门调度

1　工程概况

居龙滩水利枢纽工程位于江西省赣县大田乡，处赣江水系贡水左岸支流桃江的下游。坝址控制流域面积 7739km^2，多年平均径流量 62.44 亿 m^3，多年平均流量 198m^3/s。水库总库容 7760 万 m^3，正常蓄水位 122.00m，电站装机容量 2×3 万 kW，多年平均发电量 1.91 亿 kWh，是一座以发电为主要开发目标，兼有养殖、改善航运等综合效益的中型水利枢纽工程。

挡水建筑物顺坝轴线按“一”字形布置。溢流坝布置在河床左侧，河床式厂房位于河床右侧，左右两岸接头坝段为非溢流坝。挡水建筑物总长 261.2m，其中溢流坝段 105.0m，厂房坝段 41.2m，非溢流坝段 115.0m，非溢流坝坝顶高程 124.30m，溢流坝堰顶高程 108.00m，共设 8 孔溢流表孔，每孔净宽 10m，消力池底板高程为 102.20m。溢流堰采用 WES 实用堰，曲线方程 $Y=0.0621X^{1.836}$，采用弧形钢板闸门挡水。枢纽为三等工程，大坝及发电厂房为三级建筑物，消力池为四级建筑物。溢流坝按 50 年一遇洪水设计，200 年一遇洪水校核，消力池按 30 年一遇洪水设计。水库各特征洪水泄量及上、下游水位关系见表 1。

2　试验内容与模型制作

2.1　试验内容

测试闸门全开时上游水位与溢流堰泄流量关系曲线，复核溢流堰过流能力；观测溢流堰及其进口水流流态；测定设计及校核泄量工况下溢洪道沿程水面线、压力分布及流速分

本文发表于 2005 年。

表 1　　各特征洪水泄量及上、下游水位关系

洪水情况	频率/%	泄量/($m^3 \cdot s^{-1}$)	上游水位/m	下游水位/m
校核洪水	0.2	8330	123.75	117.87
设计洪水	2	5790	120.60	115.16
消能防冲	3.33	5220	119.93	114.46
	10	3970	118.00	112.72
闸门控制泄洪	主汛期预泄量	2500	118.00～120.50	110.49
	次汛期预泄量	2200	118.00～121.00	110.00
	枯水期预泄量	1600	118.00～122.00	108.92

布；底流消能及下游河床流态研究，选定适宜的消能工结构形式；闸门运行调度研究，编制运行调度方案。

2.2　模型制作

模型按重力相似准则设计，采用定床正态模型。经计算比较选定模型比尺 $\lambda_L=70$，其他相应比尺为[1]：流速比尺 $\lambda_V=\lambda_L^{0.5}=40996.341$，流量比尺 $\lambda_Q=\lambda_L^{2.5}=8.367$，阻力比尺 $\lambda_n=\lambda_n^{1/6}=2.030$。模型试验范围包括坝体上游 280m 的库区，下游 500m 内的河道，整个大坝及消力池。按几何尺寸将试验范围内的地貌及建筑物进行放样并制作，库区、河道地形及非溢流坝体用三夹板定位控制，表面用混凝土抹面制作，考虑到阻力相似的要求，溢流堰及消力池用有机玻璃制作。

2.3　测点布置及流量控制

水位控制点布置在河道中心线上，上游水位控制点设在溢流堰以上 45m 处，下游水位控制点设在溢流堰尾下游 100m 处。用测针量测水位，测针最小读数精度为 0.1mm。在下游河道布置 10 个流速测量断面，共 56 个测点，采用江西省水利科学研究院研制的智能流速仪测量。在溢流堰堰流面上装设 7 个测压点测量时均动水压力，用测压管测量，测压点布置见图 1。模型试验采用矩形薄壁堰控制进水流量。

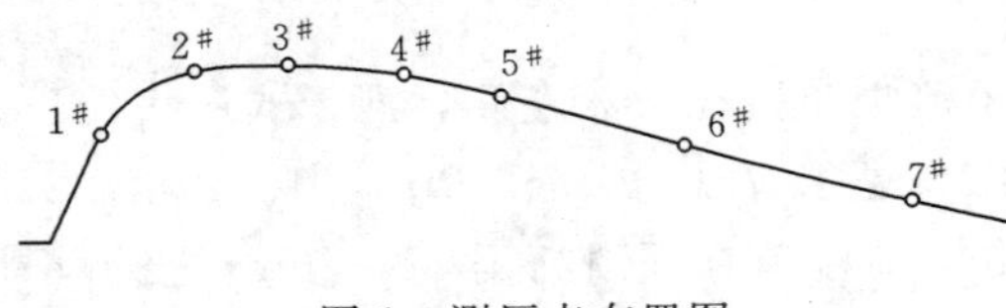

图 1　测压点布置图

3　模型试验成果

3.1　泄流能力

在 8 孔闸门全开的状况下，进行了溢流堰泄流能力试验。在设计洪水泄量 5790m^3/s 下，上游库水位为 119.34m，其流量系数为 0.4071；在校核洪水泄量 8330m^3/s 下，上游库水位为 122.73m，其流量系数为 0.3972。库水位的模型实测值均小于理论计算值，表明其泄流能力能够满足设计要求。

3.2　压力测量

在 4 种泄流工况下，对堰面 7 个点位进行了动水压力测量，测量结果分别见表 2。各

工况下所有测点压力值均为正值，且堰面流速小于 15m/s，不易产生气蚀危害[2]。

3.3 消能工结构形式的确定

本工程的水力特性为：下泄单宽流量大，尾水变幅大，水头低，收缩断面流速在 15～17m/s，入池佛氏数在 1.98～5.12，属典型的低佛氏数，消能问题比较突出。根据有关资料介绍[3]，此类工程消能适宜采用在消力池尾部设置与尾坎相连的 T 型墩作为辅助消能工的结构形式。T 型墩由垂直于水流的前墩及连接前墩与尾坎的支腿组成。

初设方案为采用底流消能，消力池长 20.5m，以 T 型墩配差动式尾坎为辅助消能工。T 型墩各部位尺寸为：前墩厚×前墩高×前墩宽×支腿长＝1.0m×1.5m×2.0m×3.0m，差动式尾坎低坎高 2.5m，高坎高 3.5m，T 型墩布设间距与墩宽相等。试验表明，在闸门控制下泄小流量（小于 2500m^3/s）工况下，入池水流水气掺混，漩滚剧烈，消力池内形成完整水跃，消能效果较好，消力池后河床底部流速均在 3.5m/s 以下。随着泄流量加大，下游水位抬升，水跃强度减弱，长度增加，跃尾延伸至消力池外，同时由于池内经 T 型墩消能的水体相对比例较小，消能率降低。消能设计工况下，跃尾距池尾 5.2m，消力池下游河床底部最大流速为 5.36m/s；校核工况下，跃尾距池尾 8.5m，消力池下游河床底部最大流速为 6.07m/s。

表 2　　堰面动水压力测量结果　　m

测点位置	各工况下动水压力值			
	P=0.2% Q=8330m^3/s	P=3.33% Q=5220m^3/s	P=10% $\nabla_{库}$=118.0m Q=3970m^3/s	预泄工况 $\nabla_{库}$=122.0m Q=1600m^3/s
1# 堰进口首段圆弧起点	6.43	5.34	7.16	14.13
2# 堰进口首段圆弧末点	4.72	3.88	9.34	13.04
3# 堰面顶点（WES 线起点）	3.82	3.2	3.82	10.69
4# 堰面 WES 曲线中点	4.99	3.59	3.02	5.1
5# 堰面 WES 曲线末点	5.59	3.77	2.52	0.12
6# 斜线中点	7.13	4.89	3.28	0.37
7# 斜线末点	10.28	7.37	9.7	1.02

从初设方案试验结果可见，在宣泄大流量时，消力池长度不够，T 型墩尺寸偏小，水体消能不充分，设计消能工况下消力池后河道底部流速超过河床允许抗冲流（4～5m/s）范围，需对消能工的结构尺寸进行修改。将消力池长度增长至 28m，T 型墩各部位尺寸修改为：前墩厚×前墩高×前墩宽×支腿长＝1.5m×2.8m×3.3m×4.5m，差动式尾坎低坎高 2.7m，高坎高 3.4m。消力池布置见图 2。试验结果表明，在下泄各种流量工况下，水流过堰后在消力池内形成水跃，跃首位置在堰面下游斜坡段，入池水流水气掺混，漩滚剧烈，水面呈现反向流速，水跃控制在消力池内完成，池后流速呈现面部流速大于底部流速状况，池前、池后水流平缓衔接，消能效果较好，在下泄设计洪水以下流量时，下游河道底部流速均控制在允许范围之内。消能防冲设计工况下流速分布见图 3。在下泄校核流量时，距消力池后 100m 范围之外，下游底部流速较大，最大值达 5.64m/s，但其对河床

的冲刷影响不至于危及建筑物的安全。

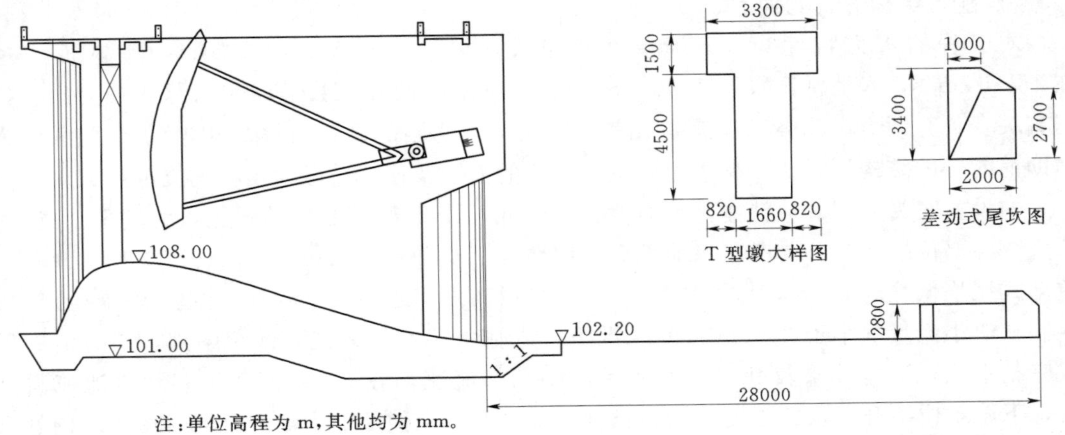

图 2　消力池布置图

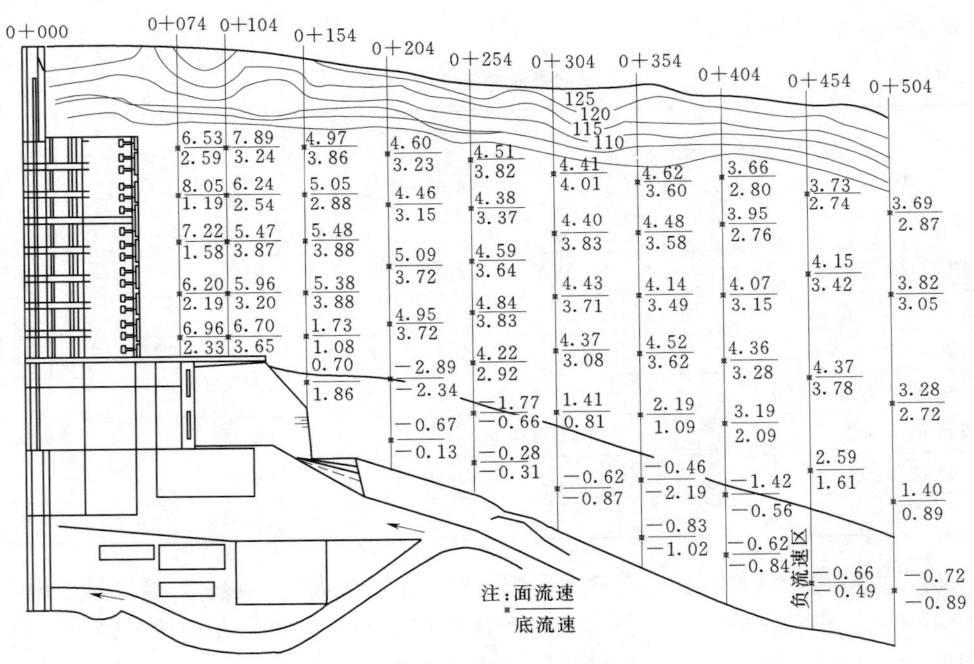

图 3　消能防冲设计流量工况流速分布图

3.4　溢流堰进口水流流态改善措施

度原初设方案进水流态试验表明：下泄校核、设计及消能防冲工况洪水时，闸门全开，左右岸边墩处水面凹陷，水流侧向收缩较严重，不仅影响泄流能力，还在右侧闸槽处造成水流脱空现象而易产生气蚀；在小流量预泄及下泄 $P=10\%$ 频率洪水时，由闸门控制下泄，右岸边孔由于横向水流与纵向来流共同作用，孔前形成立轴旋涡，涡中心水面凹陷，转速较大，既影响泄量，还会引起闸门的振动，是有害的流态。

通过试验比较，采取了以下改善措施：将右岸原设计纵向拦沙坎改为兼作溢流堰的纵向导墙，并由原来长 18m 向上游延伸至 21m，用半径为 5m、圆心角为 70°圆弧再与横向拦沙坎相连，同时将纵向拦沙坎高程由原 110.00m 增高至 122.50m；左岸增设夹角为 10°长为 10m 的单八字墙。具体布置见图 4。

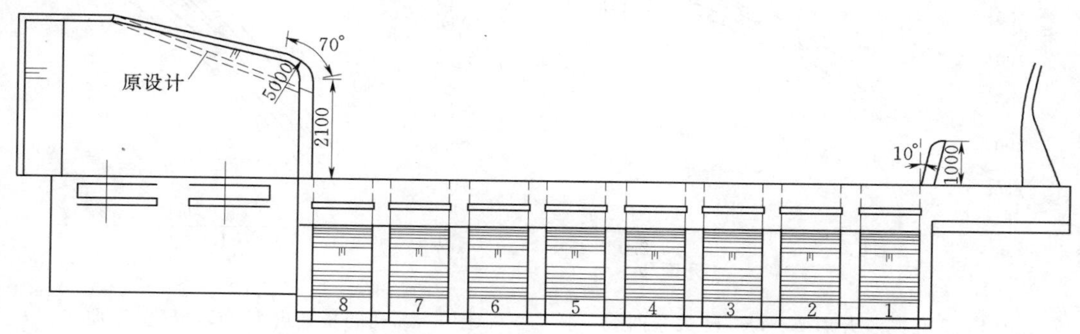

图 4　溢流进流改善措施图（单位：mm）

采取上述措施后，在闸门全开泄流工况下，左右岸两边孔的水流流态平顺，侧向收缩得到明显改善；在闸门控制泄流工况下，在导墙的首部虽仍有漩涡产生，但强度大为减弱，且离闸门距离较远，对闸门的影响甚微。

3.5　闸门运行调度试验

本工程洪水运行调度方式为：起调水位 118.00m，正常蓄水位在主汛期、次汛期和枯水期分别为 120.50m、121.00m 和 122.00m，当遇有相应量级洪水时，库水位按相应洪水量级洪水泄量预泄至 118.00m。

根据设计要求，下游施工纵向围堰保留为永久建筑物，成为下游消力池纵向导墙，在消力池中将 8 个泄流孔分隔为左岸 3 孔和右岸 5 孔的形式。

按闸门运行宜对称开启的原则及本工程地形特性，进行了 3 孔（第 2、第 5、第 7 孔）、4 孔（第 1、第 3、第 5、第 7 孔）、5 孔（第 1、第 3、第 4、第 6、第 8 孔）、6 孔（第 2、第 4、第 5、第 6、第 7、第 8 孔）及 8 孔同步开启不同开度运行试验。

试验表明，采用同步开启 4 孔和 5 孔两种运行方式下，下游流态不佳；泄量大于 1000m^3/s 时，消力池后底流速大于允许抗冲流速要求，在下泄小流量时，因尾水位较低，入池水流受高大的 T 型墩阻挡，池内形成回流，随着流量加大，回流漩滚强度亦加大，漩滚中心水位降落，流速加大，脉动增强，流态恶劣，对消力池底板稳定不利。建议不使用这两种开启方式。

3 孔同步开启方式下，消力池及下游流速分布较均匀，小泄量时，水流能迅速充分扩散，底流速在允许抗冲流速范围之内，消力池内存在局部回流。当开度大于 2.0m，泄量大于 700m^3/s 时，消力池内为远区水跃，消力池长不够，水流冲击尾坎在消力池外形成第二次水跃。适宜的闸门运用调度 E（开度）—Q（流量）—H（水位）关系曲线见图 5。

6 孔同步开启方式下，小泄量时，下游流态较好，但左三孔消力池中有局部回流产生，流量越大，回流流速越大；当闸门开度大于 2m，泄量大于 1300m^3/s 时，消力池下游右侧底流速局部超过允许抗冲流速。适宜的闸门运用调度 E—Q—H 关系曲线见图 6。

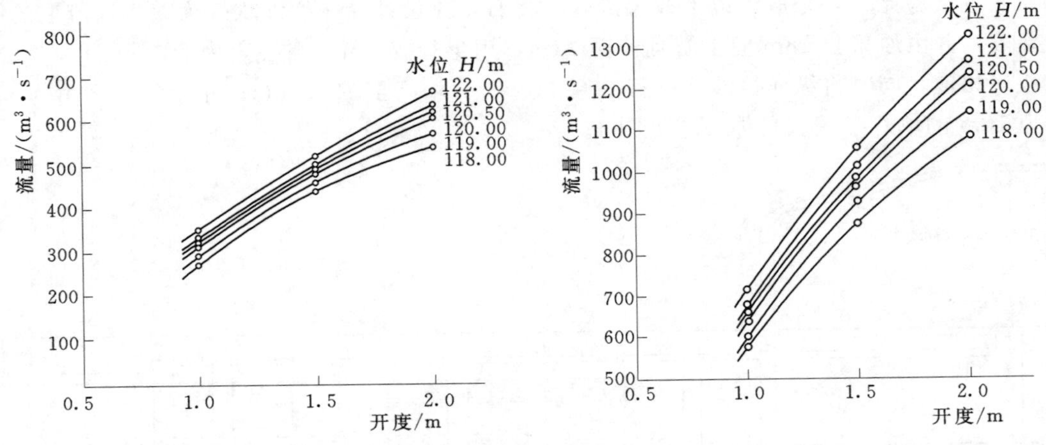

图5 3孔同步开启 $E—Q—H$ 关系曲线

图6 6孔同步开启 $E—Q—H$ 关系曲线

8孔同步均匀开启方式下，在下泄各种工况流量时，消力池及下游流态均良好，下游流速都能控制在河床允许抗冲范围以内，消能达到预期效果。要维持库水位118.00m，当泄流量大于4780m^3/s时，闸门为全开状态，其他各种开度下闸门运用调度 $E—Q—H$ 关系曲线见图7。

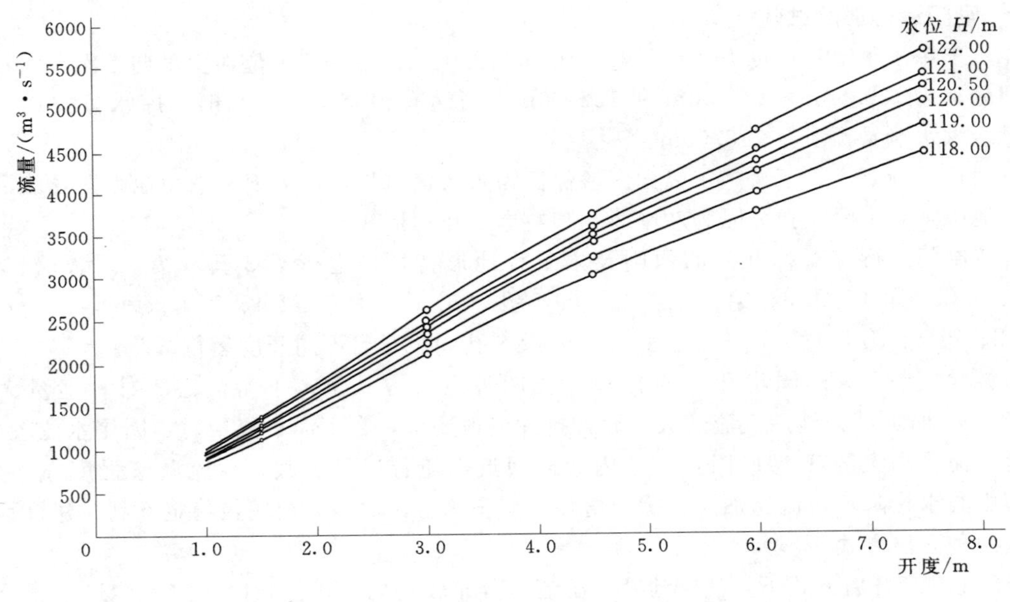

图7 8孔同步开启 $E—Q—H$ 关系曲线

4 结语

(1) 初设方案堰面泄流能力能满足设计要求，堰面动水压力测量值均为正值，且堰面流速小于15m/s，不易产生气蚀危害。

(2) 本工程泄流特点为低水头，大流量，尾水变幅大，采用T型墩消力池消能方式，取得较好消能效果。

(3) 针对溢流堰两边孔进水流态不良的问题，采取增设进水导墙等措施后，进水流态得到较好改善。

(4) 水流出消力池后面流速较大，尤其在宣泄大流量时左岸波浪较大，建议对左岸抗冲能力较弱岸坡进行护坡处理。

(5) 闸门运行高度以8孔同步均匀开启为佳，能满足上游所需水位条件下安全下泄各级流量的要求，下游消能也能达到预期的效果。若要采用闸门组合开启方式，宜采用开6孔或3孔方式，且开6孔泄量应控制在1300m^3/s以下，开3孔泄量应控制在700m^3/s以下。闸门开启时，应分级缓慢提升，严禁一步提升到位，以保证水流能在消力池中形成淹没水跃。

参考文献：

[1] SL 155—1995 水工（常规）模型试验规程 [S]. 北京：中国水利水电出版社，1995：19-20.

[2] SL 253—2000 溢洪道设计规范 [S]. 北京：中国水利水电出版社，2000：135.

[3] 花立峰，吕宏兴. 辅助消能工的水力特性及其在低佛氏数水跃消能中的应用//泄水工程与高速水流论文集. 长春：吉林科学技术出版社，2002：194.

T型墩在廖坊水利工程消能中的应用

游文荪[1]，李效文[2]

1. 江西省水利科学研究所；2. 江西省河道湖泊管理局

摘　要： 通过水工模型试验，廖坊水利枢纽工程采用T型墩为辅助消能工的消能形式，不但大大缩短了消力池的长度，而且得到较好的水流流态，满足了下游防冲要求。

关键词： T型墩；廖坊水利枢纽；消能；应用

1　工程概况

廖坊水利枢纽工程位于江西省东南部抚河中游，临川市鹏田乡廖坊村。工程主要任务是防洪、灌溉、发电、航运。电站装机容量49.5MW；水库正常蓄水位65.00m，死水位61.00m，防洪限制水位61.00m，防洪高水位67.94m，相应的防洪库容$3.1\times10^8 m^3$、调节库容$1.14\times10^8 m^3$。枢纽布置顺坝轴线从左至右建筑物为：左岸挡水坝段过船设施、表孔溢流坝段、底孔溢流坝段、厂房坝段、右岸挡水坝段。大坝全长303m，坝顶高程70.50m，最大坝高39.5m，溢流坝位于河床中部，分表孔和底孔，表孔溢流坝堰顶高程54.5m，孔口宽12m，共7孔，采用WES实用堰，曲线方程$X^{1.85}=16.532Y$；采用弧形闸门挡水，弧形闸门尺寸为12m×12m（宽×高），底孔溢流坝堰顶高程52.00m，共3孔，设弧形闸门与混凝土胸墙联合挡水，孔口尺寸为12m×9m（宽×高），胸墙底部高程为61.00m，枢纽平面布置见图1，工程的主要水位和流量列入表1。

表1　　工程的主要水位和流量

洪水情况	频率/%	泄量/($m^3 \cdot s^{-1}$)	上游水位/m	下游水位/m
校核洪水	0.1	9080	68.44	58.96
设计洪水	1	6500	67.94	57.58
消能防冲	2	4500	67.94	56.25
	10	4000	65.08	55.85
常遇洪水		800	65.00	52.5

2　试验要求

（1）通过整体模型试验优化枢纽的布置。

本文发表于2000年。

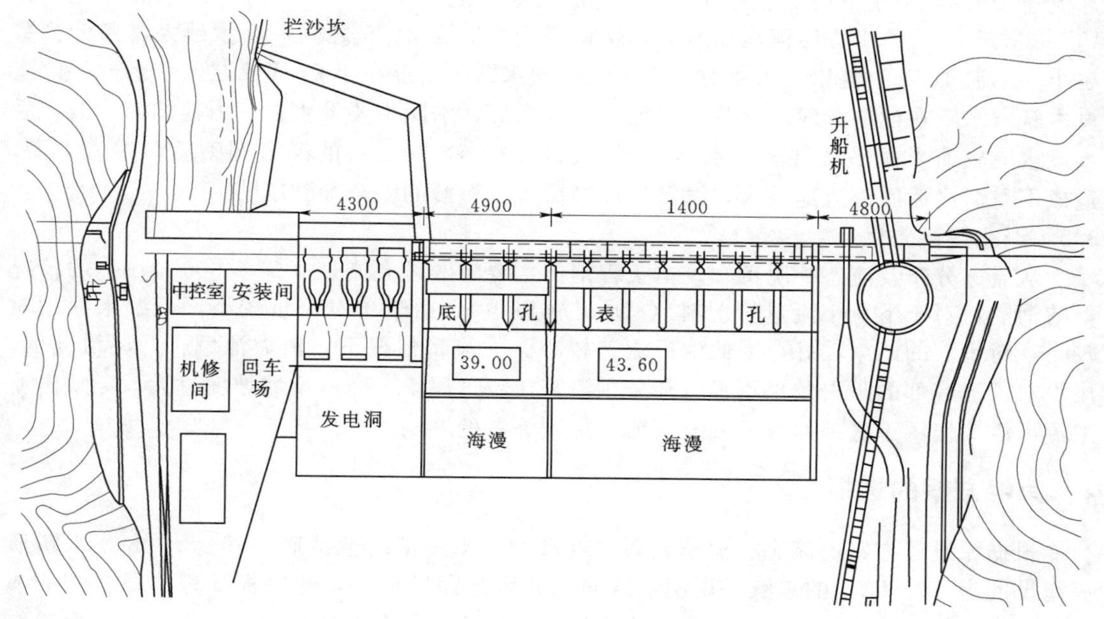

图 1　枢纽建筑物平面布置图

(2) 验证溢流坝的泄流能力。

(3) 通过模型试验选择消能方案，使之有良好的水流流态和下游消能效果。

3　工程原设计消能方案试验

原设计消能方案的消力池长 65m，尾坎高 2.4m，尾坎后海漫是从尾坎顶用 30m 长干砌块石与下游地形反坡相接，原设计方案消力池剖面见图 2。

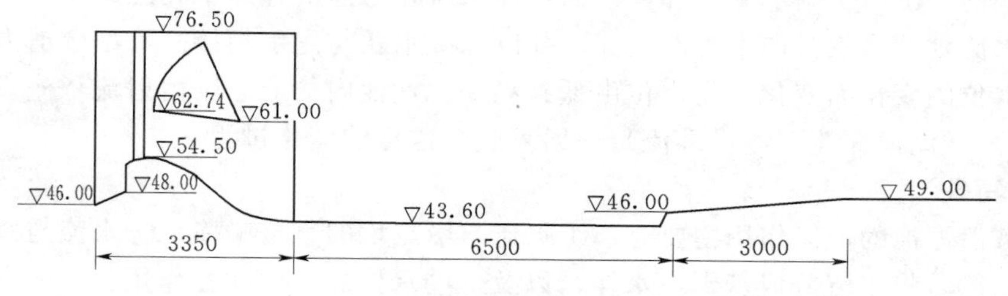

图 2　原方案消力池剖面图

3.1　泄流能力

从试验来看，各种频率的洪水在所控制的上游水位下，皆能下泄要求的洪水流量。

3.2　水流流态

试验共进行了 5 种（P=0.1%，1%，2%，10%以及小流量 Q=800m^3/s）下游流速分布测试。从测试结果来看，下泄 10 年一遇以上洪水时消力池中 V_{min}>9m/s，校核试验情况下池中 V_{max}可达近 13m/s。水流到达海漫以后，底流流速略小于面流流速，在设计和校核情况下，海漫后底部流速分别达到 7m/s 和 5.36m/s，大于设计单位提出的下游允许抗冲流速5m/s。小流量情况下（Q=800m^3/s），池中流速V_{max}<3.5m/s，出池后底流流速V_{max}<2.3m/s。本工程溢流堰属低堰，跃首弗劳德数在2～5之间，流量越大，弗劳德数越小。下泄10年一遇以上洪水时，消力池中的水跃淹没度在1.0～1.1之间，形成轻度淹没水跃，水跃在池中漩滚、翻腾较剧烈，掺气充分。水跃主要发生在消力池的前半段，后半段水流较前半段平缓许多。水体主流冲出尾坎，经30m长的海漫调整后，主流下潜，造成下游海漫后底部流速较大，海漫后冲刷厉害，海漫的安全受到威胁。

3.3 消能效果分析

从流速分布及流态情况可知，本工程消能主要问题是大流量（Q>4000m^3/s）的情况下的消能，对于下泄小流量情况时（800m^3/s以下），由于单宽流量较小，下游水深相对较大，对水流的约束较好，因此池后流速较小。大流量情况下，消力池偏长，尾坎偏低，尾坎对入池底部的阻击效果不强。部分主流直接越过尾坎，海漫反坡坡度过大，导致出池主流下潜，作用于底部而形成回复底流，加剧下游的冲刷。

4 消能方案的选择

根据原设计方案的流态、流速分布特点可知：平底消力池池底高程43.60m，水跃形成淹没度为1.0～1.1的水跃，说明水跃第二共轭水深较适合，池底板高程选择合理。本工程消能应解决的主要问题是：①池后主流下潜问题，尽可能让出池水流形成面、戽流流态。②从工程量方面出发，尽可能缩短池长，用较省的工程量达到较佳的消能效果。由于下泄10年一遇以上洪水时，池中流速皆有10m/s，其Fr=3.4左右，因此选择以T型墩为辅助消能工的消力池是一种比较好的消能形式。

5 T型墩的水流特性和消能特性

5.1 水流特性

T型消力墩是一种底流冲击式消能工，具有面、戽流的水流特点。它是利用水流对消力墩和尾坎的冲击产生附加漩滚和剪切面，使水流在弯曲的通道中相互碰撞，形成强迫水跃，部分水流则被尾坎挑向水流的表面，并以二级水跃与尾水衔接。T型墩消力池的流态随着下游水位的变化而变化。尾水位由低到高变化，池内的流态则由射流→淹没混合流动（稳定戽流）→淹没面流（淹没戽流）→回复底流这样的变化过程。

5.2 消能特性

T型墩消力池的消能作用主要有：①水流与墩或坎的直接碰撞；②水流与固体边界的摩擦作用；③墩将水流分成若干束水体，以及这些水体之间的相互作用。

对于冲击式消力池所产生的紊动流的消能来说，大部分能量的消耗集中在靠近固体边界的窄小范围内。T型墩消力池属池内设坎与墩的冲击式消力池，消力墩的体形成T形，增加了掺入能量消耗的固壁区域，入池急流因受到T型墩的阻隔而被分割成若干股水流，有的水流与T型墩碰撞，另一些水流则与尾坎碰撞，水舌分离则会导致高速的底部流速朝水流的表面偏转变得较为平缓。因此T型墩的水流在水跃尾部与尾水衔接无尖峰。

6 T型墩消力池的布置

由于池内设置T型墩，使池内在尾墩前产生一强迫水跃，故使水跃长度减小，所以消力池的长度也大大缩短，通过反复试验，调整消力池的长度，根据对水流流态的观测，最后选定消力池长为25m，T型墩的体形选用现在广为运用的湖南省水利设计院推荐的体形，即前墩厚：前墩高：前墩宽（与净间距相等）：支腿长＝2：3：4：6。对几种不同大小的T型墩消力池进行试验比较，见图3。

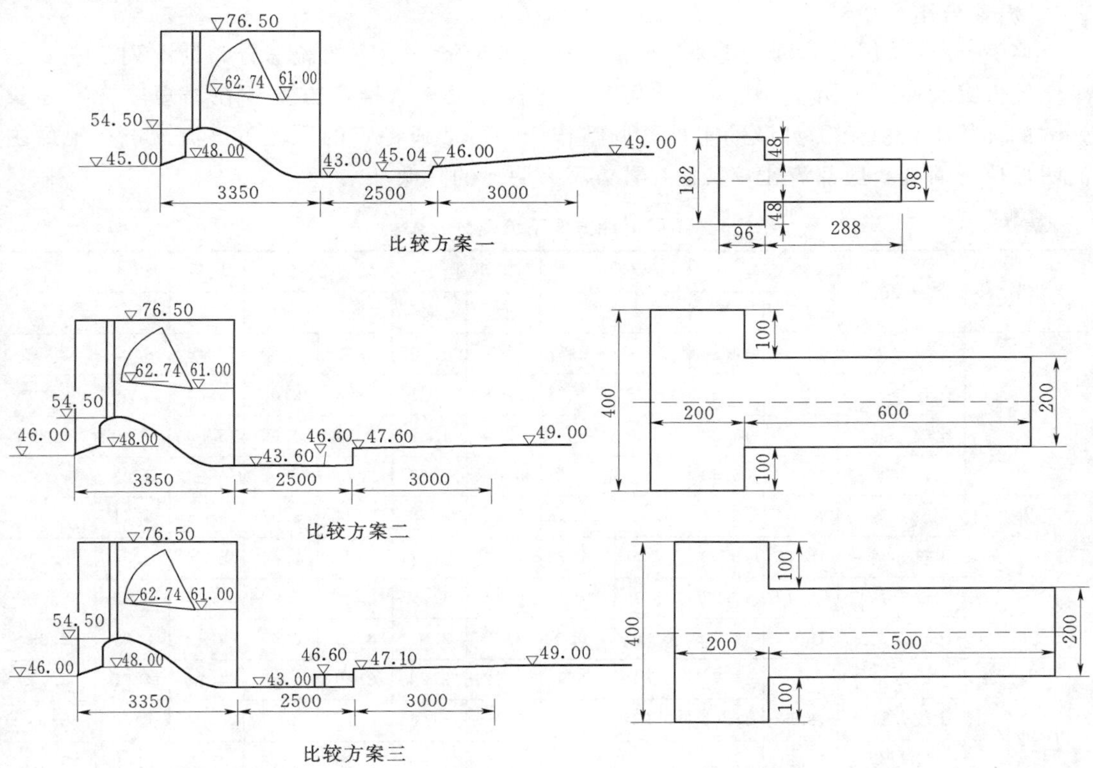

图3　比较方案消力池剖面图（高程以m计，其他为cm）

7　T型墩消能效果

T型墩的消能效果可用试验中所获得的流态、水面线、池后流速分布情况来说明。

7.1　流态

比较方案一，在下泄10年一遇以上流量时，池中水流翻滚、掺气剧烈，底部主流撞击消力墩后抬头向上，一部分主流以45°角冲击尾坎，形成射流，坎上水面形成尖峰，下游波动较大。强迫水跃形成不够充分，T型墩尺寸偏小，对水流的阻击、约束作用不够；比较方案二，将比较方案一的T型墩高加至3m，尾坎相应提高至4m后，水流在池中翻滚剧烈、掺气充分，水流在尾坎处经T型墩阻挡、调整后与坎后水体平缓相接，坎上水面平缓无尖峰；比较方案三，将比较方案二的尾坎高度抬高至4.5m，其流态类同于比较方案二，但效果更优于比较方案二，主要是加强了尾坎的阻击作用，使各股水流掺混得更充分，坎上水流更平缓。

7.2 水面线

原方案和比较方案一由于T型墩和尾坎都偏低，主流直接冲出尾坎，水流在坎后形成回复底流和射流，比较方案二和比较方案三的T型墩阻击效果好，坎上水流平缓，无尖峰发生。形成稳定的戽流流态，但下游波动较大。

7.3 流速分布

将 $P=2\%$、1%、0.1%几种频率情况在几种消能方案下的流速分布情况列于表2三个比较方案水面线见图4。从表2中可看，比较方案三（推荐方案）在缩短原方案池长40m的前提下，由于T型墩的阻挡、调整作用，可形成稳定的面流、戽流流态。池后主流明显位于面部，底部流速较其他几种方案有明显的降低。

表2　　不同消能方案下流速分布表　　m^3/s

频率	方案	跃首		池中		坎上		坎后14.50m		坎后31.90m		Fr
		底	面	底	面	底	面	底	面	底	面	
$P=0.1\%$	原方案	17.02	17.34	12.99	−2.57	6.62	1.80	5.56	4.19	7.0	6.29	2.26
	比较方案一	18.45	16.65	11.98	−1.83	8.38	−1.14	4.98	2.48	6.64	5.59	2.49
	比较方案二	17.85	16.89			6.74	1.82	2.57	5.99	5.99	7.80	2.35
	比较方案三	16.98	16.53			5.86	2.36	2.74	6.4	5.25	8.23	2.36
$P=1\%$	原方案	18.54	16.10	9.63	−2.28	5.61	2.18	4.34	3.92	5.36	5.41	2.76
	比较方案一	18.73	16.99	11.50	−1.73	7.27	−1.27	3.74	2.44	5.76	5.56	2.89
	比较方案二	18.17	17.21			6.41	1.50	2.46	5.99	5.24	6.63	2.72
	比较方案三	16.75	16.70			4.19	2.06	3.43	6.55	4.42	6.24	2.36
$P=2\%$	原方案	18.85	16.77	9.84	−1.91	4.12	2.22	3.26	3.85	4.34	4.77	3.44
	比较方案一	18.53	18.05	9.93	−2.46	6.19	−1.64	2.14	3.11	4.04	5.66	3.73
	比较方案二	18.60	17.21			4.70	1.50	2.25	5.45	4.28	6.09	3.43
	比较方案三	18.05	16.60			4.34	2.74	2.97	5.71	4.11	5.86	3.46

8 分析和结语

（1）T型墩消力池是一种冲击式消力池，要充分发挥T型墩的消能作用，池中水流流速不能太低。从试验中也可看出，在下泄 $Q=800m^3/s$ 的小流量情况下，池中流速仅有6m/s左右，T型墩的作用不明显，而下泄10年一遇以上洪水时，池中流速大于9.5m/s，下泄校核流量时池中流速可达13m/s，T型墩对水流的阻击、掺混效果较好。因此采用T型墩消力池型式应满足池中流速达到一定值，最好有10m/s以上。

（2）T型墩尺寸的选择。从试验中可看出，T型墩尺寸太小体现不出T型墩消能优点。在初步选定T型墩尺寸时可根据阻力系数来确定，阻力系数是T型墩前墩高 e 与收缩水深 h_1 之比，即 $\beta=e/h_1$。与跃前弗劳德数 Fr、实际尾水水深 h_2 以及墩块所处的位置 X 等有关，吉林省水利科学研究所李中枢等在“T型墩消力池的试验概况及消能分析”一文中统计7个T型墩消力池试验成果得出以下经验关系：

$$\beta=e/h_1=0.25Fr-0.1$$

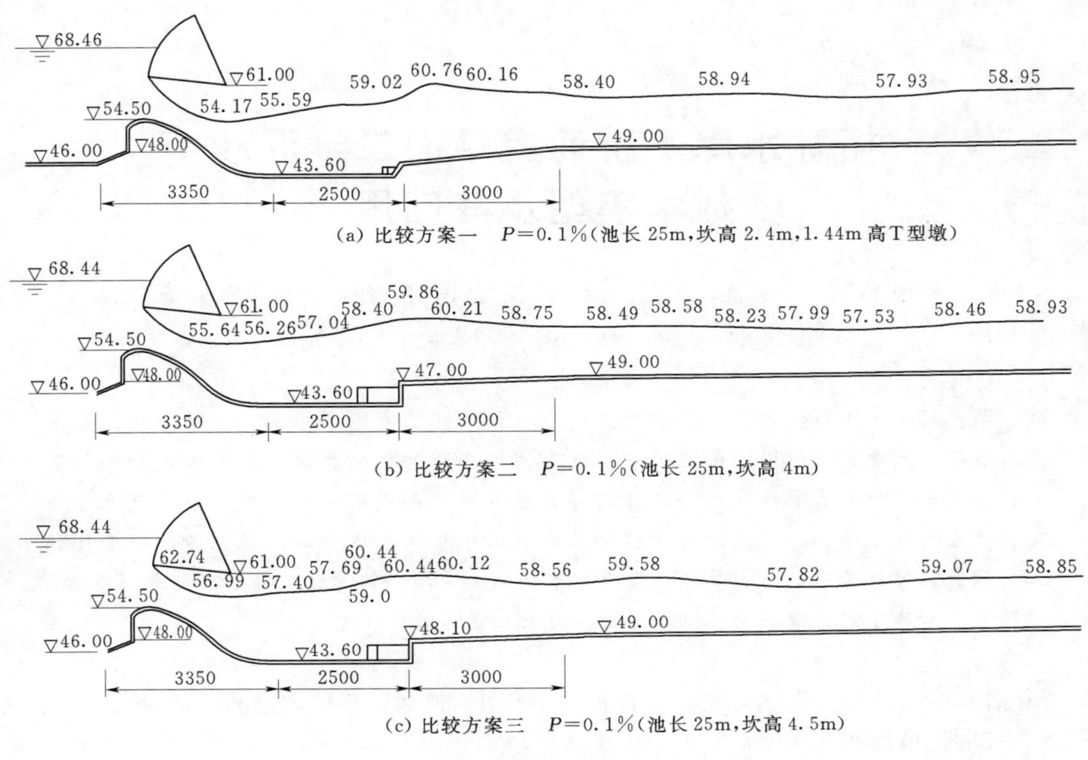

(a) 比较方案一　$P=0.1\%$（池长 25m，坎高 2.4m，1.44m 高T型墩）

(b) 比较方案二　$P=0.1\%$（池长 25m，坎高 4m）

(c) 比较方案三　$P=0.1\%$（池长 25m，坎高 4.5m）

图 4　比较方案水面线

从试验来看，在校核情况下，$h_1=5.8\text{m}$，$Fr=2.4$，用经验公式可得 $\beta=0.5$。T 型墩高 $e=2.9\text{m}$，与试验采用墩高 3m 较为吻合。因此认为上面经验公式可供初选 T 型墩尺寸时参考。

(3) T 型墩消力池长的选择。由于池内设置 T 型消力墩，使池内在尾墩前产生一强迫水跃，故使水跃长度减小，所以消力池长度也大为缩短，一般可较矩形平底消力池缩短 1/3～1/2，廖坊水利枢纽工程通过试验，采用 25m 长的 T 型墩消力池较原设计池长 65m 的消力池缩短 60％，大大减小了工程量，经济效益十分可观，对 T 型墩消力池长度的选择一般通过水工模型试验来确定。

(4) 空蚀问题。T 型墩周围流态十分复杂，前墩间流速较大，而且有立轴漩涡发生，很有可能发生空蚀破坏。虽然在试验中（断面模型试验在前墩顶、侧、后及支腿上共布置测压管 12 处）未发生负压，但还是应该加强对原体的观测，积累运行资料。

柘林水库下游河道平面二维泥沙数学模型及其应用

龙国亮[1]，王南海[1]，雷　声[1]，谢宝楠[2]，陶志亮[2]，康　春[2]

1. 江西省水利科学研究所；2. 江西柘林水力发电厂

摘　要： 对水库下游河床泥沙冲淤变化数值模拟研究已有很多报道，但对水库溢洪道下游具有天然覆盖层河道因未泄过洪水没有实测资料供模型验证、且覆盖层分层较明显和表层覆盖层具有黏性作用等，目前有关这方面研究成果报道较少。本文建立了正交曲线坐标系下平面二维泥沙数学模型，并应用于柘林水库下游河床泥沙冲淤变化计算，同时，对计算中的有关参数选择进行了详细地分析，计算结果可供有关部门参考。

关键词： 水库下游；覆盖层；黏性作用；河床冲淤；数学模型

柘林水库是一座以发电为主，兼有防洪、灌溉、航运、养殖效益的综合利用大型水利工程，控制流域面积 9340km^2，占整个修河流域面积的 63.54%，总库容 79.2 亿 m^3，调洪库容 32.0 亿 m^3，水库为多年调节。柘林水库第二溢洪道位于 1 号副坝左段垭口附近，后接 7.5km 长的山垄段，在木港与原河道（修河）相汇合（见图 1）。第二溢洪道相当于可能最大洪水（校核洪水位 73.01m）最大宣泄流量为 11270m^3/s，占整个枢纽泄量的 71%，但第二溢洪道至今仍未泄过洪水，如果开启第二溢洪道，洪水不仅影响山垄和修河

图 1　修河柘林至虬津流域图

本文发表于 2000 年。

下游两岸居民的生命财产安全，而且将会冲刷山垄覆盖层挟带大量泥沙进入修河，会对修河下游河道冲淤和发电尾水位产生一定的影响。因此，有必要对第二溢洪道泄洪后洪水挟带的大量泥沙在修河的演变规律及其对发电尾水位的影响进行分析研究。

1 计算河段基本情况及建库后水文、泥沙特性的改变

山垄段位于大冲沟内，属冲洪积地貌单元。柘林水库第二溢洪道泄洪时要利用这条山垄经三溪桥至木港入修河，全长约 7.5km，山垄段地面高程上游为 48.50m，往下逐渐降低，至岗上—木港间降为最低点 21.00m 高程，而后在木港入修河汇合处地形抬升至 24.60～26.50m 高程，整个山垄段坡降较陡，落差近 30m，平均坡降约 1/250。由于柘林水库建库后山垄段未曾泄过水，仍保留原自然地貌，表层已开垦种植庄稼，并在三溪桥沿 316 国道一带建有大量房屋，这给泥沙数值计算带来了较大的不便，为使模型计算结果比较反映实际情况，对计算河段内的河床泥沙和覆盖层组成做了大量详细的查勘工作。据钻孔资料分析，山垄段勘探深度内其岩性从上而下可分为耕植土、粉质黏土或重壤土、砾质土、卵石和基岩。粉质黏土黏聚力 c 平均值为 26.45kPa，重粉质壤土黏聚力 c 平均为 18.65kPa，表层黏性土中值粒径为 0.0045～0.013mm；砂土和砾质土中值粒径为 0.016～1.6mm；底层卵石、砾石夹砂中值粒径为 2.2～60mm。修河河段（柘林至虬津）河床底部高程一般为 15.00～18.00m，局部深槽底高程 10.20～13.50m，柘林主坝下至木港段表层以砾卵石滩为主，底层为卵石夹砂；木港以下为多沙滩，沙滩表面高程一般为 17.00～20.60m。由于水库下泄水流的作用，修河河道冲淤较明显，柘林至木港河段大部分为冲刷，原有沙滩退缩或消失，呈现卵石或砾石滩，床面粗化很明显，只有在草港附近深潭为淤积，表层泥沙中值粒径为 0.62～98mm，最大粒径为 200mm（在第一溢洪道下游附近），木港以下河段河滩泥沙中值粒径为 8.8～72mm，主河床泥沙中值粒径为 0.54～57mm。

柘林多年平均年降雨量 1604mm，多集中在 4～6 月，此时为洪水期，径流量占全年一半以上。建库后，修河洪水期缩短，流量减小，中枯水期延长，流量增加；径流在年内分配均匀化；洪峰降低，频率减小，枯水期缩短，洪水期大大削弱。这些变化的程度因水库的性能不同而有差异，如建库前最大流量 12100m^3/s，历年水位变幅 11.3m；建库后，相同标准的洪峰可减至 3600m^3/s。建库近 30 年来，实际出现最大流量 3871m^3/s；有的年份最大流量仅 497m^3/s，水位变幅 2.54m。

修河流域泥沙主要来源于雨洪对表土的侵蚀和推移质作用所形成，但由于流域内土壤植被较好，多年平均含沙量仅为 0.11～0.60kg/m^3 之间，属少沙河流。据流域内杨树坪、高沙、万家埠等几个具有 20～30 年实测泥沙资料的统计，多年平均输沙率 6.58～29.7kg/s，年均输沙量 22.0 万～87.0 万 t。建库前，柘林站多年平均含沙量为 0.178kg/m^3，实测最大年均含沙量 0.33kg/m^3，实测最大含沙量 2.95kg/m^3，多年平均悬移质年输沙量 155 万 t，泥沙输移与降雨、径流具有相关关系，柘林 3—7 月输沙占全年总量的 94.1%；8 月至次年 2 月仅占 5.9%，枯水期悬沙几乎近于零。建库后由于水库具有多年调蓄作用，上游来沙几乎全部被截留于水库中，故出库水流含沙极少，悬沙基本没有。

2 正交曲线坐标系下平面二维泥沙数学模型

2.1 控制方程

为了克服天然河道边界形状复杂、长宽尺度相差悬殊以及汇流河道、圩区复杂边界的困难，采用 Willemse 等人根据流体力学中的流函数与势函数必然正交的原则导出的方程[1]：

$$C_{\eta x \zeta\zeta}^{2}+C_{\zeta x \eta\eta}^{2}+J^{2}(x_{\zeta}P+x_{\eta}Q)=0$$
$$C_{\eta y \zeta\zeta}^{2}+C_{\zeta y \eta\eta}^{2}+J^{2}(y_{\zeta}P+y_{\eta}Q)=0 \tag{1}$$

其中

$$C_{\eta}=\sqrt{x_{\eta}^{2}+y_{\eta}^{2}}$$
$$C_{\zeta}=\sqrt{x_{\zeta}^{2}+y_{\zeta}^{2}}$$
$$J=x_{\zeta}y_{\eta}-x_{\eta}y_{\zeta}$$

式中：P、Q 为调节因子。

根据式（1）可以导出正交曲线坐标方程。

2.1.1 水流连续方程

$$\frac{\partial Z}{\partial t}+\frac{1}{C_{\zeta}C_{\eta}}\frac{\partial}{\partial \zeta}(HuC_{\eta})+\frac{\partial}{\partial \eta(HvC_{\zeta})}=0 \tag{2}$$

式中：u、v 分别为沿 ζ、η 方向的流速；H 为水深；Z 为水位；C_{ζ}、C_{η} 为正交曲线坐标系的拉梅系数。

2.1.2 ζ 方向动量方程

$$\frac{\partial u}{\partial t}+\frac{1}{C_{\zeta}C_{\eta}}\left[\frac{\partial}{\partial \zeta}(u^{2}C_{\eta})+\frac{\partial}{\partial \eta}(uvC_{\eta})+uv\frac{\partial C_{\eta}}{\partial \eta}-v^{2}\frac{\partial C_{\eta}}{\partial \zeta}\right]=-g\frac{1}{C_{\zeta}}\frac{\partial Z}{\partial \zeta}-gu\frac{\sqrt{u^{2}+v^{2}}}{C^{2}H}+$$
$$\frac{1}{C_{\zeta}C_{\eta}}\left[\frac{\partial}{\partial \zeta}(\sigma_{\zeta\zeta}C_{\eta})+\frac{\partial}{\partial \eta}(\sigma_{\eta\zeta}C_{\zeta})+\sigma_{\zeta\eta}\frac{\partial C_{\zeta}}{\partial \eta}-\sigma_{\eta\eta}\frac{\partial C_{\eta}}{\partial \zeta}\right] \tag{3}$$

式中：$\sigma_{\zeta\zeta}$、$\sigma_{\eta\eta}$、$\sigma_{\zeta\eta}$、$\sigma_{\eta\zeta}$ 为紊动应力；其他符号意义同前。

2.1.3 η 方向动量方程

$$\frac{\partial v}{\partial t}+\frac{1}{C_{\zeta}C_{\eta}}\left[\frac{\partial}{\partial \zeta}(vuC_{\eta})+\frac{\partial}{\partial \eta}(v^{2}C_{\zeta})+uv\frac{\partial C_{\eta}}{\partial \zeta}-u^{2}\frac{\partial C_{\zeta}}{\partial \eta}\right]=-g\frac{1}{C_{\eta}}\frac{\partial Z}{\partial \eta}-gv\frac{\sqrt{u^{2}+v^{2}}}{C^{2}H}+$$
$$\frac{1}{C_{\zeta}C_{\eta}}\left[\frac{\partial}{\partial_{\zeta}}(\sigma_{\zeta\eta}C_{\eta})+\frac{\partial}{\partial_{\eta}}(\sigma_{\eta\eta}C_{\zeta})+\sigma_{\eta\zeta}\frac{\partial C_{\eta}}{\partial_{\zeta}}-\sigma_{\zeta\zeta}\frac{\partial C_{\zeta}}{\partial \eta}\right] \tag{4}$$

2.1.4 悬移质不平衡输沙方程

$$\frac{\partial}{\partial t}(HS_{k})+\frac{1}{C_{\zeta}C_{\eta}}\left[\frac{\partial}{\partial \xi}(C_{\eta}HuS_{k})+\frac{\partial}{\partial \eta}(C_{\zeta}HvS_{k})\right]-$$
$$\frac{1}{C_{\zeta}C_{\eta}}\left\{\frac{\partial}{\partial \zeta}\left[\frac{\varepsilon_{\zeta}}{\sigma_{s}}\frac{C_{\eta}}{C_{\zeta}}\frac{\partial}{\partial \zeta}(HS_{k})\right]+\frac{\partial}{\partial \eta}\left[\frac{\varepsilon_{\eta}}{\sigma_{s}}\frac{C_{\zeta}}{C_{\eta}}\frac{\partial}{\partial \eta}(HS_{k})\right]\right\}+\alpha_{k}\omega_{k}(S_{k}-S_{k}^{*})=0 \tag{5}$$

式中：ε_{ζ}、ε_{η} 为 ζ、η 方向泥沙扩散系数，取 $\varepsilon_{\zeta}=\varepsilon_{\eta}=v$；$\sigma_{s}$ 为经验常数，取 $\sigma_{s}=1.0$；v_{t} 为紊动黏性系数，其值由下式近似确定：$vt=\alpha u_{*}H$，其中：$\alpha=0.5\sim1.0$，u_{*} 为摩阻流速；S_{k}^{*} 为挟沙能力，可表示为[3]：

当 $$S_{k}>S_{k}^{*}\text{ 时},S_{k}^{*}=P_{*k}S^{*}(\omega_{1}) \tag{6}$$

当 $S_k \leqslant S_k^*$ 时，$S_k^* = P'_s P_{sk1} S + SP''_s P_{sk2} S \dfrac{S^*(K)}{S^*(\omega_1^*)} + \left[1 - \dfrac{P'_s S}{S^*(\omega_1)} - \dfrac{P''_s S}{S^*(\omega_1^*)}\right] \cdot$

$$P_1 P_{sk1}^* S^*(\omega_{11}^*) \tag{7}$$

式（7）的等号右边第一项表示悬移质泥沙细颗粒部分；第二项表示悬移质中的粗颗粒部分；第三项是床沙提供的部分；P'_s为含沙量级配中不参与床沙交换的细颗粒百分数；P''_s为含沙量级配中参与床沙交换的粗颗粒百分数。

2.1.5 非均匀沙推移质输移方程

窦国仁根据能量平衡观点建立了推移质输沙率公式[3]：

$$g_{bk} = \frac{K_d}{C_0^2} \frac{r_s}{(r_s - r)/r} m \frac{(u^2 + v^2)^{3/2}}{g\omega_k} P_{mk} \tag{8}$$

其中

$$m = \begin{cases} \sqrt{u^2 + v^2} - u_c & \sqrt{u^2 + v^2} \geqslant u_c \\ 0 & \sqrt{u^2 + v^2} < u_c \end{cases}$$

式中：C_0 为无尺度谢才系数，$C_0 = 2.5\ln(11h/k_s)$ 或 $C_0 = h^{1/6}/\sqrt{gn}$；K_d 为综合系数，u_c 为泥沙起动流速。

u_c 的表达式为：

$$u_c = 0.32\ln\left(11\frac{h}{k_s}\right)\left(\frac{r_s - r}{r} gd + 0.19\frac{gh\delta + \varepsilon_k}{D}\right)^{1/2} \tag{9}$$

式中：ε_k 为黏结力参数（对于天然沙）可取 $2.56\text{cm}^3/\text{s}^2$，$\delta = 0.213 \times 10^{-4}\text{cm}$，$k_s$ 为河床糙度，对于平整河床面，$D \leqslant 0.5\text{mm}$ 时取 $k_s = 0.5\text{mm}$，$D > 0.5\text{mm}$ 时取 $k_s = d_{50}$。

2.1.6 床沙级配方程

床沙级配调整方程采用修正后的混合层模型[4]，即

$$\gamma'_s \frac{\partial E_m P_{mk}}{\partial t} + \alpha_k \omega_k (S_k - S_k^*) + \frac{1}{C_\zeta}\frac{\partial}{\partial \eta}(g_{b\zeta k}) + \frac{1}{C_\eta}\frac{\partial}{\partial \eta}(g_{b\eta k})$$

$$+ [\varepsilon_1 P_{mk} + (1 - \varepsilon_1) P_{mk0}] \gamma'_s \left(\frac{\partial Z_k}{\partial t} - \frac{\partial E_m}{\partial t}\right) = 0 \tag{10}$$

式中：E_m 为混合层厚度；$[\varepsilon_1 P_{mk} + (1 - \varepsilon_1) P_{mk0}] \gamma'_s \left(\dfrac{\partial Z_k}{\partial t} - \dfrac{\partial E_m}{\partial t}\right)$为混合层下界面在冲刷过程中将不断下切河床以求得河床对混合层的补给，进而保证混合层内已有足够的颗粒被冲刷而不至于亏损，当混合层在冲刷过程中波及原始河床时 $\varepsilon_1 = 0$，否则 $\varepsilon_1 = 1$；P_{mk0} 为原始床沙级配。

2.1.7 河床变形方程

$$\gamma'_s \frac{\partial Z_k}{\partial t} + \frac{1}{C_\zeta}\frac{\partial}{\partial \zeta}(g_{b\zeta k}) + \frac{1}{C\eta}\frac{\partial}{\partial \eta}(g_{b\eta k}) - \alpha_k \omega_k (S_k - S_k^*) = 0 \tag{11}$$

对于 x 和 y 方向的单宽推移质输沙率可表示为：

$$g_{b\zeta k} = g_{bk} u / \sqrt{u^2 + v^2}, g_{b\eta k} = g_{bk} v / \sqrt{u^2 + v^2}$$

河床总冲淤厚度为：

$$Z_d = \sum_{k=1}^{n} Z_k$$

2.2 计算格式及数值解

式（2）～式（5）具有相似的形式，因而可写成如下通用形式：

$$\frac{\partial \varphi}{\partial t}+\frac{1}{C_{\zeta}C_{\eta}}\frac{\partial J_{\zeta}}{\partial \zeta}+\frac{1}{C_{\zeta}C_{\eta}}\frac{\partial J_{\eta}}{\partial \eta}=S_{\varphi} \tag{12}$$

其中

$$J_{\zeta}=u\varphi C_{\eta}-\Gamma\frac{C_{\eta}\partial \varphi}{C_{\zeta}\partial \zeta},J_{\eta}=\Gamma\frac{C_{\zeta}\partial \varphi}{C_{\eta}\partial \eta}$$

式中：φ 为各类物理量：Γ 为扩散系数；S_{φ} 为源项；J_{ζ}，J_{η} 分别为 ζ 和 η 方向的总通量，即对流通量和扩散通量之和。

在数值计算中，只需对通用控制方程式（12）编制一个通用程序，水流运动方程和悬移质不平衡输沙方程均可按此程序求解，而床沙级配调整方程式（10）和河床变形方程式（11）可通过显式差分离散求解。利用控制体积法[5-6]离散通用控制方程式（12），物理变量采用交错网格方式布置。在方程组离散时对对流——扩散项采用了幂函数格式。从通用控制方程式（12）可以看出，各方程的主要差别在源项上，源项通常是因变量的函数，为满足系数阵对角占优各数值计算收敛加快并得到合理的结果，常常对源项进行线性化处理。数值计算采用 Patankar 提出的 SIMPLEC 方程式，对线性差分方程的求解采用解三对角方程的追赶法（TDMA）。为了避免计算机的截断误差在计算过程中出现溢出值，在计算中引进了亚松弛因子以改善方程中系数的对角占优程度。对边滩和河心洲的范围随水位的升降而发生改变须真实的模拟边界的变动时，采用动边界技术。

3 模型应用

3.1 计算条件

3.1.1 计算范围

平面二维泥沙数学模型计算范围：上边界分别为第一溢洪道和第二溢洪道下断面，下边界为虬津水文站。由于第二溢洪道开启后，圩区也成为行洪区，因此，上、下边界之间的修河两岸圩堤保护区也纳入平面二维计算范围。这样，整个计算域内为修河河道 22.16km，山垄段 7.5km，共布置 220×83 个网格，其中山垄段布置 57×41 个网格点，柘林——木港布置 57×41 个网格点，汇合口以下至虬津布置 163×83 个网格点。经边界滑动正交计算后得到如图 2 所示正交网格，网格节点的交角范围除交汇点附近个别点外平均为 87°～93°，基本上保持正交，正交曲线网格间距沿河长为 80～100m，沿河宽为 20～47m。

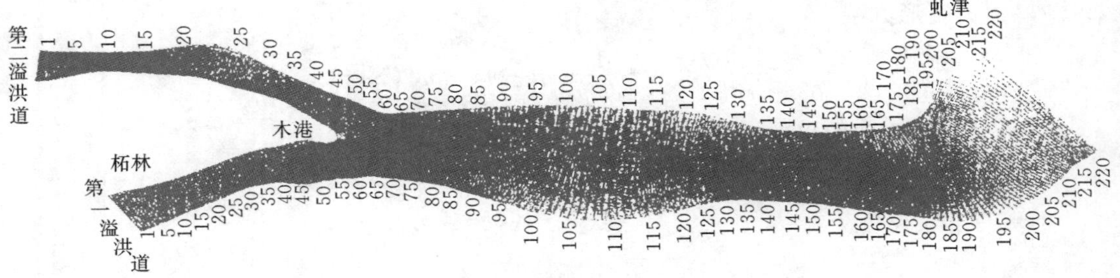

图 2 柘林至虬津河段二维数模计算域网格图

3.1.2 河床泥沙级配选择

山垄段和修河河段河床覆盖层分层比较明显，各河段各层泥沙级配不尽相同，且相差较大，这是多年调节水库常年下泄清水冲刷河道的结果。如果全河段采用一个综合泥沙级配，计算虽然简单，但不符合实际情况。因此，根据钻探资料分析，对山垄段、修河河道分河段分层采用不同的泥沙级配。

3.1.3 泄流洪水过程选择

河道泥沙冲淤变化计算上边界洪水过程采用一维计算的 4 种不同频率洪水泄流过程，一般情况下，将长系列河床冲淤计算过程概化成梯级式的恒定流量过程，对每一计算时段，在全河段内取一恒定不变的流量进行计算，这样按恒定流计算的结果与非恒定流计算结果有一定的差异，但影响并不大。因此，二维计算中不同频率洪水泄流过程计算时段为平均 1h 划分一个流量级。

3.2 推移质输沙率计算公式选择

目前国内外有关推移质输沙率计算公式很多，这里用陆永军、窦国仁、梅叶·彼得、沙莫夫公式分别计算某种频率洪水过程的河段泥沙冲淤变化。梅叶·彼得和沙莫夫公式计算的结果经分析不合理；陆永军公式[7]考虑了泥沙颗粒的荫暴作用，在水库下游河道泥沙冲淤变化中用得较多，并经过了很多实测资料验证，但对河床泥沙中的细颗粒部分特别是具有黏性作用的泥沙不是很适合，计算中发现具有黏性表层壤土覆盖层反而未冲动，显然不符合实际情况；窦国仁公式中考虑了细颗粒泥沙的黏结力作用，计算结果比较合理。针对本工程山垄段大部分表层覆盖层均为黏性土或重壤土，因此，这里采用窦国仁公式来计算河道中的推移质输沙率。

3.3 模型计算参数选择

3.3.1 挟沙能力公式系数 K_0、指数 m 及下泄水流含沙量确定

根据陆永军对汉江丹江口水库下游冲刷验证计算分析得出[8-9]：K_0 与床沙密实程度有关，冲刷初期 $K_0=0.02\sim0.025$，冲刷后期即形成粗化层 $K_0=0.016\sim0.018$。

由于柘林水库建库后完全改变了下泄水沙条件，建库运行至今泥沙基本被拦截在水库中，下泄水流含沙量基本为零，因而下泄水流挟沙能力远大于含沙量，水流要从河床中补充大量泥沙而冲刷河床，并使床沙粗化。但对下泄超标准洪水，下泄水流含沙量为多少？我们对不同含沙量和挟沙能力系数对河道泥沙冲淤量变化进行详细计算和比较分析。最后，结合修河流域泥沙具体情况，取不同频率洪水下泄水流中含沙量 $S=0.4\text{kg/m}^3$，含沙量级配参照三峡工程泥沙计算成果，挟沙能力系数取 $K_0=0.03$。指数 m 采用韩其为推荐的值 $m=0.92$。

3.3.2 泥沙冲淤恢复饱和系数 α 的选取

影响泥沙恢复饱和系数 α 的因素很多[10]，α 既与水流、泥沙条件有关，也与河床地形条件有关，是一个变化复杂的函数。若各种粒径组恢复饱和系数 α_k 随时随地取不同值，计算工作很大，数值计算表明[8-9]：不饱和输沙公式中恢复饱和系数 α_k 可以不随粒径变化，一般情况下在水库下游冲刷河道中，当淤积时取 $\alpha=0.25\sim0.5$，冲刷时取 $\alpha=1.0$。根据本工程的具体情况并参考相关工程计算经验，当淤积时取 $\alpha=0.5$，冲刷时取 $\alpha=1.0$。

3.3.3 混合层厚度 E_m 的确定

E_m 与床沙特性有关，计算表明[8-9]，对于卵石夹沙河床，冲刷初期 E_m＝1.0～2.0m；冲刷后期 E_m＝0.5～1.0m；对于沙质河床，E_m 相当于沙波波高，一般取 E_m＝2.0～3.0m。

3.3.4 糙率的确定

当发生各种频率洪水启用第二溢洪道时，实际洪水标准远远超过下游堤防防洪标准，洪水会产生漫滩和越过堤顶流动。此时，河道、滩地、圩区和山垄段的糙率均因未发生过这么大洪水而无法通过实测得到，只有通过相关工程经验假定。修河河道糙率参考一维的计算糙率并考虑由于二维模型计算计及了河床形态的影响，取 0.022～0.030，滩地糙率取 0.035，山垄段和圩堤保护区糙率取 0.04。

3.4 河道泥沙冲淤变化计算

分别对 300 年一遇，千年一遇，万年一遇和可能最大洪水 4 种频率开启第二溢洪道泄洪和第二溢洪道下泄不同流量后下游河道泥沙冲淤变化进行计算，各圩区均为行洪区，但主流速仍在主河道内。因此，泥沙冲淤变化也主要在主河道内，各河段泥沙冲淤变化计算结果见表 1。

表 1 不同频率洪水下游河道泥沙冲淤变化计算 万 m^3

频率	山垄段	柘林至木港	木港至白槎	白槎至虬津
300 年一遇	－202.93	0.01	28.02	43.31
千年一遇	－287.45	－1.07	51.23	75.36
万年一遇	－333.19	－1.57	89.97	99.70
可能最大洪水	－368.99	－1.87	112.58	107.99

不同频率洪水河道流速分布、河床断面冲淤变化和木港至白槎河段河床冲淤变化等值线图略，为节省篇幅，这里只列出可能最大洪水河道流速分布图（图 3）和木港至白槎河段河床冲淤变化等值线图（图 4）。从表 1 可以看出，山垄段因流速大为冲刷河段，且冲刷量较大，柘林至木港河段受第二溢洪道泄洪顶托的影响冲淤量较少，木港至虬津河段从整个河段来看为淤积，但对木港至白槎河段进行分析可知，从断面 CS.58～CS.89 主河床为冲刷河段，断面最大冲刷深度 2m 左右，这主要是该河段较窄两河道洪水汇合后流速增

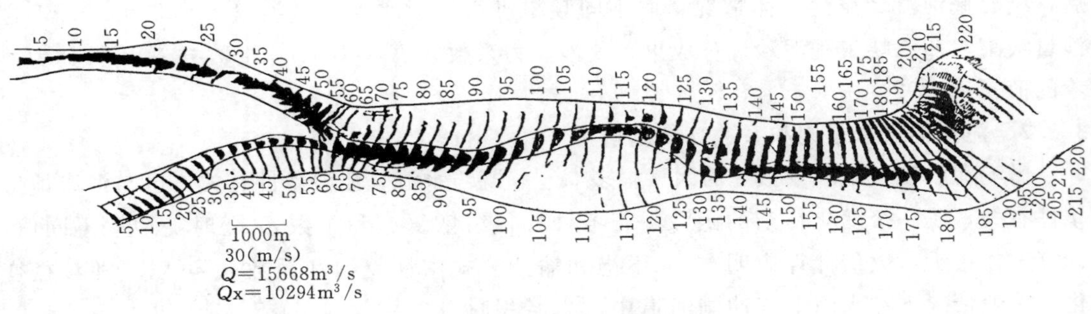

图 3 可能最大洪水下泄最大流量时流速分布图

大。断面 CS.99～CS.113 河床较宽为淤积河段，断面最大淤积厚度为 1.0～2.0m。

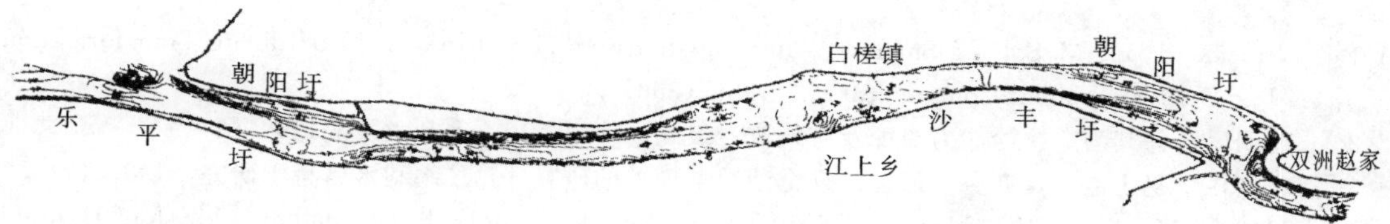

图 4　可能最大洪水木港至白槎河段泥沙冲淤变化等值线图（黄海高程）

3.5　泥沙淤积后对发电尾水位的影响分析

前面已对不同频率洪水和不同流量下开启第二溢洪道下游河道泥沙冲淤情况进行了计算，由计算结果分析可知各种洪水情况下木港至虬津河段泥沙冲淤位置和形态基本相似，只不过是断面冲淤厚度不同而已。因此，这里只分别利用不同频率洪水修河河道（柘林—虬津）泥沙淤积后的地形和 1999 年 1 月实测的地形进行柘林电厂运行时不同流量下第一溢洪道下断面水位的变化计算，从计算可以看出，当发电流量小于 500m^3/s（相当于老电厂 4 台机组发电流量），修河泥沙淤积后对第一溢洪道下断面水位抬高较大，发电流量越小，水位抬高越大，抬高水位最大值为 1.06m；当发电流量大于 500m^3/s 时，第一溢洪道下断面水位抬高较小，各种流量下水位抬高小于 0.1m。根据贵阳院对柘林电站扩机进行尾水至第一溢洪道下断面不同流量下水位原型观测分析可知，在溢洪道不泄洪情况下不同发电流量厂房至溢洪道下断面水位差为 0.5～1.82m，水面比降为 0.45‰～1.667‰，发电流量越大，水位差和水面比降越大，因此，流量越小或发电机组越少，淤后地形对发电尾水位影响也越大。但柘林电站扩机以后，新老电站联合运行时，一般来说流量不会小于 500m^3/s。总之，电站扩机后，不同频率洪水或下泄不同流量修河泥沙淤积后对发电尾水位影响不大。

4　结语

（1）由于修河下游流域满足数学模型计算要求的有关水文、泥沙观测及河床组成勘测资料比较少，且山垄段从未泄过水，河床组成也较复杂，又无工程实例可借鉴，鉴于目前泥沙研究水平，有关泥沙数学模型计算的成果还有待与物理模型试验相互配合、统筹考虑。

（2）目前山垄段山溪桥一带已建大量房屋，人口逐年增长，对一个大型水库来说，在行洪道内大量建造房屋，这在国内没有二例。建议将山垄段开挖成人工渠道，这不仅有利于限制山垄段内人口增长和经济发展，减轻洪灾损失，而且可以减少冲刷泥沙对修河，尤其是修河尾闾河道淤积影响。

（3）第二溢洪道下泄不同频率洪水或不同流量洪水挟带大量泥沙在修河淤积后对发电尾水位影响不大，但木港至虬津部分河段淤积较严重，部分河床断面淤积厚度为 1～2m，因此，对航运和防洪有一定的影响。同时，被挟带的大量细颗粒泥沙将会在修河尾闾河道中淤积，对修河尾闾疏浚工程将会产生一定的影响。

参考文献：

[1] Willemse J B T M. Solving Shallow Water Equations with an Orthogonal Coordinate Transformation [J]. Delft Hydraulics Communication，1986（356）.

[2] 何明民，韩其为．挟沙能力级配及有效床沙级配的确定［J］．水利学报，1990（3）.

[3] 窦国仁，赵士清，黄亦芬．河道二维全沙数学模型的研究［J］．水利水运科学研究，1987（2）.

[4] Holly F M，Rahuel J L. Numerical Physical Framework for Mobil-bed Modelling [J]. J. of Hydraulic Research，1990. 28（4）：401-416.

[5] 金忠青．N-S方程的数值解和紊流模型［M］．南京：河海大学出版社，1989，6.

[6] Patankar S V. Numerical Heat Transf er and Fluid Flow [M]. Hemisphere Publishing Corporat ion And McGraw Hill Book Company，1980.

[7] 陆永军．支流河口水沙运动的二维数学模型研究［J］．水利学报，1998（10）.

[8] 陆永军，张华庆．水库下游冲刷的数值模拟——模型构造［J］．水动力学研究与进展，1993（1）：8.

[9] 陆永军，张华庆．水库下游冲刷的数值模拟——模型构造检验［J］．水动力学研究与进展，1993，增刊.

[10] 陈孝田，张启卫．泥沙运动方程和数学模型中有关问题的讨论［J］．泥沙研究，1998（2）.

四面六边透水框架保护丁坝、矶头模型试验研究

王明进

江西省水利科学研究所

摘　要：介绍了采用四面六边透水框架作为一种新型护岸材料，对丁坝、矶头的坝头进行抛投防护和不抛投防护情况下的冲刷试验研究，并定性比较了其试验成果，得出了利用四面六边透水框架作为保护丁坝、矶头坝头防护材料的有效性能，可供堤防设计、施工人员参考使用。

关键词：四面六边透水框架；模型；试验

1　引言

在各种堤岸防护工程措施中，丁坝、矶头是一种常见的护岸工程型式，它能在一定范围内调整水流流态和减少河槽水流对岸坡的冲刷，达到护岸保堤的目的。长江中下游河道丁坝、矶头工程据资料记载，约有700余座，这些工程在河道的防护和整治方面起到了很大的作用。

由于丁坝、矶头工程所具有的特性，致使河道流速场局部发生剧烈的变化。丁坝、矶头工程建筑导致回流、螺旋流同时产生，回流往往淘刷坝根及近岸，螺旋流则对坝头进行冲刷，形成巨大冲坑，这些现象都是造成窝崩和危及丁坝自体安全的隐患。

长江的江西段江岸线长143km，沿岸布置了许多丁坝、矶头群。受河道形状、护岸工程型式及其他特殊因素的影响，河势始终不得稳定，险工险段频频出现，有的年复一年加固抢修，仍出现窝崩、崩岸，直接危及了堤岸的安全。

在实际工程中，对出现窝崩、崩岸或丁坝、矶头冲刷严重现象，大都用抛石予以加固，但块石往往是抛了又冲，冲了又抛，多次抛投才能形成稳定的护岸，不但耗资巨大，而且仍存在着基础被淘刷的问题。

2　室内模型试验研究

利用四面六边透水框架（见图1）所具有的稳定、透水、减速、促淤等诸多特点，将其运用到保护丁坝、矶头使之不被冲刷，是这次室内模型试验的主要任务。由于时间关系，试验只做了一种水位情况下，对建筑物的未加四面六边透水框架防护和加四面六边透

本文发表于1997年。

水框架防护的冲刷与不冲刷进行定性的相对比较，故对河床地形、模型砂的级配、建筑物的几何尺寸都没有模拟相似的要求。

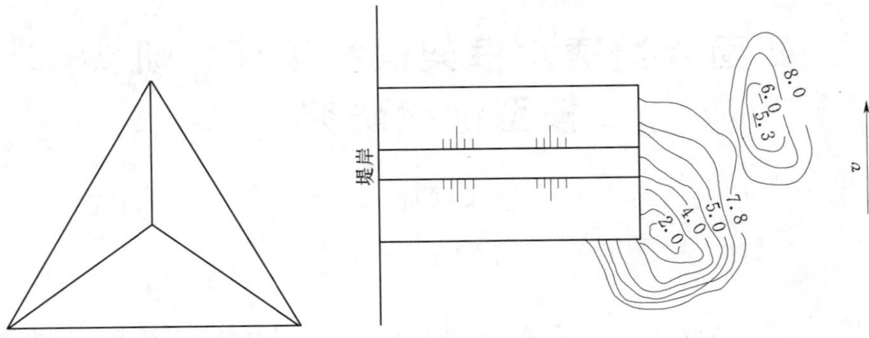

图 1　四面六边透水框架示意图

图 2　丁坝未护冲坑图

试验在室内一长 6m，宽 1.1m 的水槽中进行。动床模型砂用电木屑平铺于槽中，试验前用静水淹没使其自然密实，测得启动平均流速 $\bar{v}m=7.1$cm/s。四面六边透水框架用 6 根长 4cm，直径 2mm 的铅丝焊接而成；丁坝为一上边长 4cm，下边长 21cm，坝顶距模型砂高 13.3cm 的梯形断面，长 35cm，由砖砌成，水泥砂浆抹面；矶头为一上边长 4cm，下边长 21cm，坝顶距模型砂面高 8cm 的梯形断面，长 16cm，由砖砌成，水泥砂浆抹面。

3　试验成果

3.1　丁坝试验成果

3.1.1　丁坝未加防护

从试验中可以看出，水槽在增设丁坝后，由于缩窄了过流断面，使得丁坝上游水位壅高，水槽横断面上的流速分布改变，坝头单宽流量增大，而这些因素的存在，致使丁坝上、下游产生回流。坝头由于下降水流和单宽增大发生集中绕流所产生的影响，造成泡旋流和环流淘刷，形成冲坑。从图 2 可以看出，坝头被淘刷后，形成两个冲坑，紧贴坝头的冲流面积约 30cm^2，最深点约 6.3cm，由此可见，若在有坡度的原河床，这冲坑足可对丁坝产生危害。

3.1.2　丁坝加防护

把槽内模型砂松动一遍，刮平，静水淹没一夜，使其自然密实，恢复未冲前原状，在冲坑形成的部位摆放四面六边透水框架，冲坑最深点加密加厚，模型流量不变，放水冲刷，试验观察到原冲坑部位及摆放四面六边透水框架的周边均未见淘刷，试验停止后，取出四面六边透水框架，可见无冲坑形成，原地形保留完好。

3.2　矶头试验成果

3.2.1　矶头未加防护

水槽设置的矶头由于长度比丁坝短，高度比丁坝矮，水力条件虽与丁坝相似，但强度均有改善。从试验中可以看出，矶头的上坝头被淘后形成一个冲坑，坝头中部略偏河床部位形成另一个冲坑，最大冲深均为 2.4cm，矶头冲坑见图 3。

3.3 混凝土四面体及块石防护试验成果

出现险工险段以抛块石来抢险加固，这是江西省几十年来防洪抢险中常用的一种手段。块石具有来源广，运输方便，抛投容易，且价格便宜等诸多优点。本试验利用现有的混凝土四面体（边长3cm），按照四面六边透水框架的型式，摆放在矶头被冲部位，放水试验前模型砂按前述工序操作。放水试验中观察到，混凝土四面体边缘出现螺旋流和环流对河床进行淘刷，形成冲坑。冲坑形成后，紧靠冲坑边缘的第一个混凝土四面体滑入坑内，螺旋流和环流并未就此消失，继续在冲坑内淘刷。冲坑渐大，渐深，接着第二个混凝土四面体又滑入冲坑内。两个混凝土四面体滑入冲坑后，使其原摆放的位置空出，河床出现一条通道，就在这条通道上，又产生了新的螺旋流淘刷。

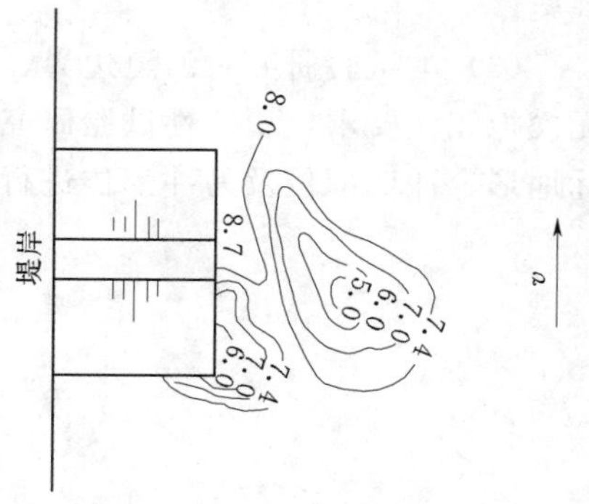

图3　混凝土头未加防护冲坑图

块石防护下的冲刷试验与混凝土四面体防护下的冲刷试验雷同，其冲刷机理相似，故在此不再详述，不同点只是混凝土四面体由于其重心低，在冲坑形成后滑入冲坑，而块石则翻滚进冲坑。混凝土四面体及块石防护下冲刷情况的照片略。

4　成果分析

丁坝、矶头在未设四面六边透水框架时，形成两个大冲坑，危及坝体安全；摆设四面六边透水框架后，河床保留完好，未见冲坑形成。这说明四面六边透水框架对丁坝、矶头的防护是有效的。四面六边透水框架正是利用了它的透水、减速特性，降低了坝头流速，破坏了坝头由于下降水流和单宽增加发生集中绕流所产生的影响，再次改变了坝头流速分布，消除了产生螺旋流、环流的水力因素，达到了保护丁坝、矶头不被冲刷的目的。

利用混凝土四面体及块石对丁坝、矶头进行防护，在其摆设的防护体头部仍有螺旋流、环流产生，淘刷河床，形成冲坑，致使混凝土四面体产生位移，石块翻滚，失去了对丁坝、矶头的保护目的。四面六边透水框架与混凝土四面体及块石在同等条件下产生的防护效果之所以不一样，是因为两种防护材料性质不同。四面六边透水框架属于透水材料，抛入防护部位后，由于水流通过多个框架杆件消能，降低了水流的流速，从而保护河床不被冲刷，且自身受力小，稳定性好，不易产生位移。混凝土四面体及块石属实体抗冲材料，抛入防护部位后，水的动量转化为螺旋流的动量，增大了边界对水流的干扰。

5　结语

（1）四面六边透水框架在模型试验中充分体现了其透水、消能、减速、改善水流条件的良好特性，试验过程中凡加四面六边透水框架作防护的丁坝、矶头均无环流、螺旋流出现，不形成冲坑，地形保留完好，可作为丁坝、矶头的防护材料使用。

（2）混凝土四面体及块石属实体抗冲材料，从模型试验中可以看出，其堆积体头部边缘仍出现环流、螺旋流，对河床进行淘刷，形成冲坑，其防护效果不如四面六边透水框架。

(3) 本试验研究对河道边界、模型砂的级配、建筑物的几何尺寸以及水文水力参数均无模拟相似要求，属定性试验研究，若将试验成果运用到原型中，则应根据当地河床的实际地形、冲坑部位及易冲部位进行论证后，再设计抛投防护方案。

废物堆下含水层中流场数值模拟

龙国亮，陈结文

江西省水利科学研究所

摘　要： 本文用 BEM 法模拟了废物堆下含水层中的流场，与传统的区域法（FEM、FDM）相比，该法不仅精度高，而且不需进行区域划分，输入数据和计算工作量少，求解的结果与实测值较吻合。

关键词： 边界单元法；废物堆下含水层；流场；数值模拟

流场的计算是浓度场计算的基础，在地下水污染数值模拟中准确地确定流速场至关重要，流场计算不合理，就不能真实地描述所研究的区域内地下水运动状况，这将会直接导致模拟污染物输运的结果不合理。前人的研究表明，在相同的边界条件下，用区域法（FEM，FDM）和边界元法（BEM）计算的水头场不会有太大差别，真正的差别在于流速计算，由于区域法是以水头作为基本未知量求解，由此解出的流速场精度大为降低，流速计算的误差从而导致流量计算误差，这一误差甚至达到 50%以上，常出现质量不守恒，而在 BEM 法计算中，水头和水头的法向值是同步得到的，因而流速计算精度较高。据此，本文用 BEM 法求解 Borden 废物堆下含水层中的流场。

1　地下水流动方程及初始边界条件

1.1　地下水流动方程

根据质量守恒和达西定律可导出二维非恒定地下水流的基本方程为：

$$S_s\frac{\partial H}{\partial t}=\frac{\partial}{\partial x}\left(K_{xx}\frac{\partial H}{\partial x}\right)+\frac{\partial}{\partial y}\left(K_{yy}\frac{\partial H}{\partial y}\right)+N(x,y,t) \tag{1}$$

式中：H 为含水层水头，[L]；K_{xx}，K_{yy} 为渗透系数张量的主轴分量，[L/T]；S_s 为比贮水系数，[1/L]；N（x，y，t）为源汇项，[1/T]。

1.2　初始边界条件

对具有自由表面的地下水渗流问题，其边界条件通常有下面几种形式（均为无量纲）：

初始条件：

$$H(x,y,t)|_{t=0}=H_0(x,y) \tag{2}$$

第一类边界条件：

$$H(x,y,t)|_{\Gamma_1}=H_1(x,y,t) \tag{3}$$

本文发表于 1997 年。

第二类边界条件：

$$\left(\sqrt{\frac{K_{xx}}{K_{yy}}}\frac{\partial H}{\partial x}n_x+\frac{\partial H}{\partial y}n_y\right)\bigg|_{\Gamma_2}=-q(x,y,t) \tag{4}$$

自由表面条件：

$$\begin{cases}H(x,t)=\zeta(x,t)|_{\Gamma}\\ \dfrac{\partial\zeta}{\partial t}=-\left[1+\left(\dfrac{\partial\zeta}{\partial x}\right)^2\right]^{\frac{1}{2}}\dfrac{\partial H}{\partial n}\bigg|_{\Gamma}+W\end{cases} \tag{5}$$

其中

$$W=\frac{W_i}{K} \tag{6}$$

式中：H_0（x，y），H_1（x，y，t），q（x，y，t）为已知函数；Γ 为自由面边界；ζ（x，t）为自由面所取基准面以上的高度，[L]；n_x，n_y 为边界 Γ_2 上外法线矢量 n 的方向余弦；W_i 为单位时间单位面积上的入渗补给量，[L/T]；K 为渗透系数，[L/T]。

2 地下水流动方程的边界元离散

2.1 边界积分方程的导出

直接边界单元法是基于第二 Green 公式和相应方程的 Green 函数（基本解），据此给出解的积分表达式，然后利用定解条件建立边界积分方程，由于所得之边界积分方程通常不可能解析求解，为此，必须进行边界离散，将其转化为以边界节点上未知量表示的代数方程组，解该代数方程组求得边界节点上所有的未知值，然后代入解的积分表达式，求出解域内点上的物理量值。

现对式（1）假定含水层为均匀各向异性（取主轴坐标系），渗透介质骨架和流体的压缩性可忽略不计，含水层饱和，无源汇项时，通过变换结合第二 Green 公式，则由式（1）可导出边界积分方程为：

$$\alpha(p)H(p)=\frac{1}{2\pi}\oint_{\Gamma}\left[H\frac{\partial}{\partial n}(\ln r)-\frac{\partial}{\partial n}(\ln r)\right]\mathrm{d}\Gamma \tag{7}$$

其中

$$r=\sqrt{(x-x_0)^2+(y-y_0)^2}$$

式中：H 为水头，L；r 为区域 Ω 中任意一基本点 $P(x_0,\ y_0)$ 至场点 $Q(x,\ y)$ 的距离；$\alpha(p)$ 为边界几何形状函数，根据源点 P 的位置不同取为：

$$\alpha(p)=\begin{cases}\dfrac{1}{2} & P\text{ 点在光滑的边界上}\\ \dfrac{\theta}{2\pi} & P\text{ 点在非光滑的边界上}\\ 1 & P\text{ 点在区域内}\end{cases} \tag{8}$$

其中：θ 为 P 点在非光滑的边界上所张的角度，(°)。

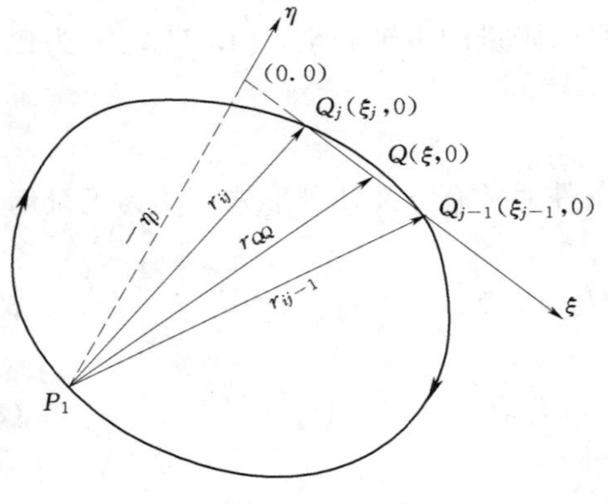

图 1 边界离散

2.2 边界积分方程的离散

BEM 法要求在区域边界上进行单元划分，当利用线性单元时，沿边界的曲线积分将划为

N 个直线段上的积分之和，为便于计算，引进局部坐标系（ζ，η）。ζ 轴为通过边界上 θ_j、θ_{j+1} 两点的直线，过 P_i 点作 ζ 轴的垂直线为 η 轴，见图 1。

在边界 r 上取节点 P_i 作为基本点 P_0，则式（7）可化为：

$$\alpha_i H_i = \frac{1}{2\pi}\sum_{j=1}^{N}\int_{\mathrm{r}_j}\left[H\frac{\partial}{\partial n}(\ln r) - \ln r\frac{\partial H}{\partial n}\right]\mathrm{dr} \tag{9}$$

假定在任意边界单元 Q_jQ_{j+1} 上水位 H 及其法向导数 $\frac{\partial H}{\partial n}$，按线性规律变化，即

$$H=\frac{1}{\zeta_{j+1}-\zeta_j}[(H_{j+1}-H_j)\zeta+(\zeta_{j+1}H_j-\zeta_j H_{j+1})] \tag{10}$$

$$\frac{\partial H}{\partial n} = \frac{1}{\zeta_{j+1}-\zeta_j}\left\{\left[\left(\frac{\partial H}{\partial n}\right)_{j+1} - \left(\frac{\partial H}{\partial n}\right)_j\right]\zeta + \left[\zeta_{j+1}\left(\frac{\partial H}{\partial n}\right)_j - \zeta_j\left(\frac{\partial H}{\partial n}\right)_{j+1}\right]\right\} \tag{11}$$

将式（10）、式（11）代入式（9），整理得：

$$\alpha_i H_i = \frac{1}{2\pi}\left\{\sum_{j=1}^{N}[(-I_{11}^{ij}+\zeta_{j+1}I_{12}^{ij})H_j + (I_{11}^{ij}-\zeta_j I_{12}^{ij})H_{j+1}] - \sum_{j=1}^{N}\left[(-I_{21}^{ij}+\zeta_{j+1}I_{22}^{ij})\left(\frac{\partial H}{\partial n}\right)_j + (I_{21}^{ij}-\zeta_j I_{22}^{ij})\left(\frac{\partial H}{\partial n}\right)_{j+1}\right]\right\} \tag{12}$$

式中：I_{11}^{ij}、I_{12}^{ij}、I_{21}^{ij} 和 I_{22}^{ij} 可以分别用解析积分计算。

如用 R_{ij} 记为 H_j 的系数，L_{ij} 记为 $\left(\frac{\partial H}{\partial n}\right)_j$ 的系数，则式（12）可改写成：

$$\sum_{j=1}^{N}R_{ij}H_j = \sum_{j=1}^{N}L_{ij}\left(\frac{\partial H}{\partial n}\right)_j \quad i=1,2,\cdots,N \tag{13}$$

将式（13）写成矩阵形式

$$[R]\{H\} = [L]\left\{\frac{\partial H}{\partial n}\right\} \tag{14}$$

对于具有自由面地下水流问题，为了求解在边界上对于 H 和 $\frac{\partial H}{\partial n}$ 的代数方程必须对 H 和 $\frac{\partial H}{\partial n}$ 在自由面上的关系式（5）进行离散。

假定入渗速度矢量垂直向下，自由面的斜率为：

$$\frac{\partial \zeta}{\partial x}=\tan\beta \tag{15}$$

式中：β 为自由面的切线与 x 轴之间的夹角。

将式（15）代入自由面条件式（5）可得：

$$\left(\frac{\partial H}{\partial t}\right)_x = -\frac{1}{\cos\beta}\frac{\partial H}{\partial n}+W \tag{16}$$

式中：$\left(\frac{\partial H}{\partial t}\right)_x$ 表示对于固定的距离 x 处自由面上水头随时间的变化值。

对式（16）进行离散并整理得：

$$\begin{cases} H^{m+1}=H^m-\dfrac{\Delta t}{\cos\beta^m}\left[\theta\left(\dfrac{\partial H}{\partial n}\right)^{m+1}+(1-\theta)\left(\dfrac{\partial H}{\partial n}\right)^m\right]+\Delta t[\theta W^{m+1}+(1-\theta)W^m] \\ \zeta^{m+1}+H^{m+1} \end{cases} \tag{17}$$

式中：$\cos\beta^m$ 表示在 $m\cdot\Delta t$ 时刻坐标为 x 处的自由面与 x 轴交角的余弦；θ 为权因子，$0\leqslant\theta\leqslant 1$。

$$\theta=\begin{cases}0 & \text{显式格式}\\ 1 & \text{全隐式格式}\\ \dfrac{1}{2} & \text{Crank-Nicholson 格式}\end{cases}$$

将式（2）、式（3）、式（4）和式（17）代入式（14），并把未知量移到方程的左端，已知量移到方程的右端可得

$$A\vec{X}=\vec{F} \tag{18}$$

式中：A 为 $N\times N$ 阶矩阵；$\vec{X}$ 为 $N\times 1$ 阶未知节点的混合矢量；$\vec{F}$ 为 $N\times 1$ 阶已知矢量。式（18）可用高斯消去法求解。

区域内部的水头，可通过把边界值代入下式：

$$H(P_0)=\frac{1}{2\pi}\sum_{j=1}^{N}\int_{\zeta_j}^{\zeta_{j+1}}\left[H\frac{\partial}{\partial n}(\ln r)-\ln r\frac{\partial H}{\partial n}\right]\mathrm{d}\zeta \tag{19}$$

则求得，P_0 点为区域 Ω 中需要计算水头的点。

区域内流场中任一点 P_0 的 V_x、V_y 分别可由下式求得：

$$\begin{cases}V_x=-\dfrac{1}{2\pi}\dfrac{K_{xx}}{n}\displaystyle\sum_{j=1}^{N}\int_{\zeta_j}^{\zeta_{j+1}}\left[H\frac{\partial}{\partial x}\left(\frac{1}{r}\frac{\partial r}{\partial n}\right)-\frac{\partial}{\partial x}(\ln r)\frac{\partial H}{\partial n}\right]\mathrm{d}\zeta\\ V_y=-\dfrac{1}{2\pi}\dfrac{K_{yy}}{n}\displaystyle\sum_{j=1}^{N}\int_{\zeta_j}^{\zeta_{j+1}}\left[H\frac{\partial}{\partial y}\left(\frac{1}{r}\frac{\partial r}{\partial n}\right)-\frac{\partial}{\partial x}(\ln r)\frac{\partial H}{\partial n}\right]\mathrm{d}\zeta\end{cases} \tag{20}$$

3 Borden 废物堆下含水层中流场模拟

Borden 废物堆位于大片冰川沉积砂层上，沉积层的厚度从废物堆下面算起由 20m 沿下游方向变到 8m，砂层是相当单一的，水平方向渗透系数大约为垂直向渗透系数的 2 倍。废物堆占地面积大约 $4\times10^4\text{m}^2$，平均厚度 8m，沿水流方向长度为 200m，几乎所有的垃圾是位于地下水面以上见图 3。地下水主要是由降雨和森林、草地的融雪补给，含水层的水流大部分是水平地流向北端。1979 年对含水层中的水位进行观测，Mac Far Lane 等人根据实测资料描绘了地下水水位等值线和剖面上的水头等值线见图 2、图 3。

本文利用 Syriopoulou 调整后的水文地质参数（其中入渗函数见图 4），用 BEM 法来模拟 Borden 废物堆下含水层中的流场。边界条件为：

$$\begin{cases}H=H_0 & \text{在下游边界上}\\ q_n=0 & \text{在区域底部边界}\\ q_n=0 & \text{在上游边界上}\\ H(x,t)=\zeta(x,t)|_F & \\ \dfrac{\partial\zeta}{\partial t}=-\left[1+\left(\dfrac{\partial\zeta}{\partial x}\right)^2\right]^{\frac{1}{2}}\dfrac{\partial H}{\partial x}|_F+W & \\ \text{自由面边界条件(无量纲)} & \end{cases}$$

取 $W_1=10$，$W_2=40$，$W_3=10$，$W_4=0$（单位：cm/a），其他参数为：$K_{xx}=5\text{m/d}$，K_{yy}

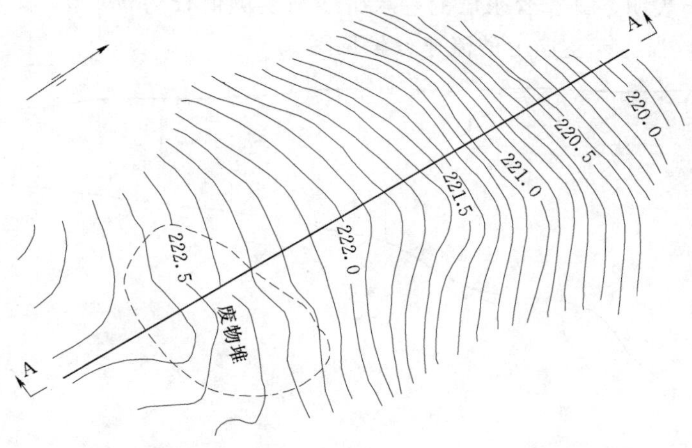

图 2　含水层水位等值线（实测值）

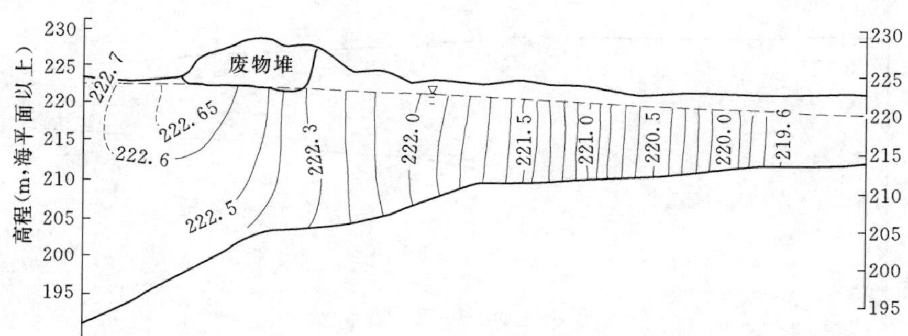

图 3　含水层的等水头线分布（实测值）

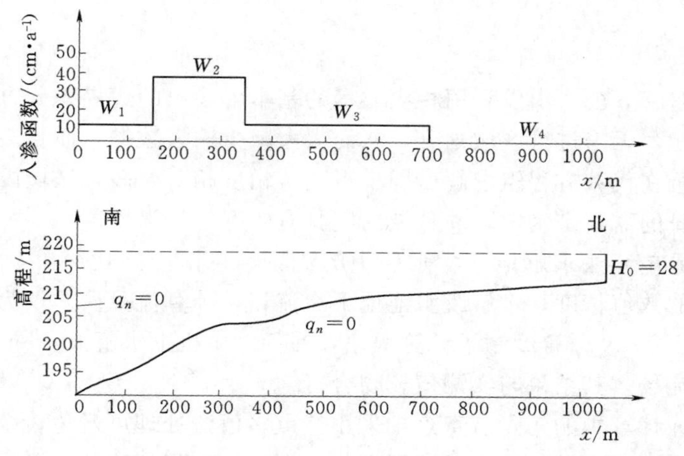

图 4　计算区域边界条件和入渗函数

=2.5m/d，孔隙率 $n=0.38$。

区域离散仅在边界上进行，共划分 78 个节点单元，平均单元长度 $\Delta x=30\text{m}$，$\Delta t=$

268 天，计算结果表明，计算含水层的等水头线与实测值较吻合见图 5，并且在区域的下游几乎是水平流，没有产生向上的流速分量见图 6。

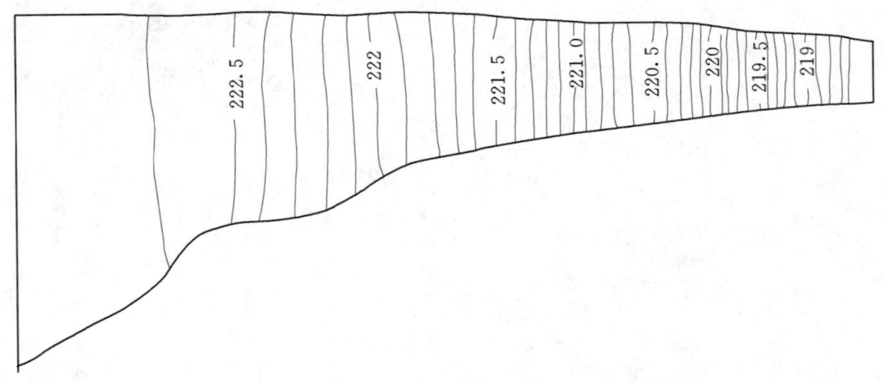

图 5　含水层的等水头线分布（本文计算值）

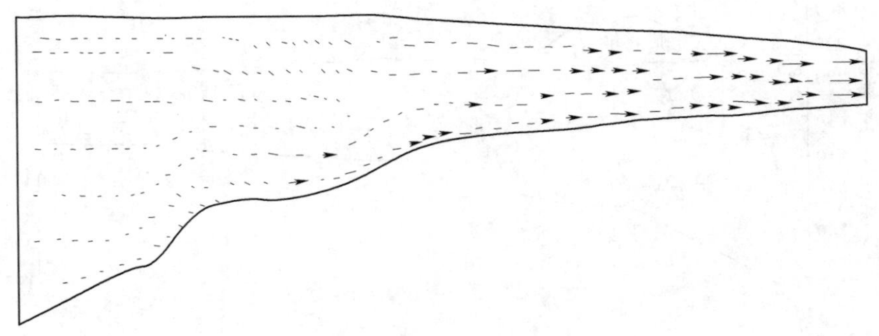

图 6　含水层的流场

4　结语

（1）从第二 Green 公式出发利用相应方程的基本解导出的边界积分方程式可使二维问题转化为一维问题，无需进行区域划分，从而大大减少输入数据，而且边界上未知量和未知量的导数通常可在代数方程组求解后同步得到，精度相对要高，区域内所需要计算的点数可根据问题本身的需要来确定，并且域内解具有较好的光滑性。

（2）利用边界单元法求解地下含水层中的流场，自由面迭代简单，网格不会产生畸形，且具有较高的数值精度，求解废水池地下渗流场，计算流量误差仅为 1.3%。

（3）用 FORTRAN 语言编制了计算程序，在 586 微机上求解 Borden 废物堆下含水层中的等水头线和流场，其结果与实测值较吻合。

（4）对边界元计算中的角点（奇点）采用节点多值法处理可避免传统方法（如重节点法）的不足，并在程序中稍加处理后，既方便又不增加方程的阶数，且保证了角点附近的精度。

参考文献：

[1] Brebbia C A. The Boundary element method for engineers. Pentech Press，Lonedon，1978.

[2] Liggett J A. Locution of free surface in Porous media. J. of the Hydraulics Division，No. 4，1977.

[3] Liggett J A. P L－F. Liu. the Boundary inte-gral equation method for Porous media flow. George Allen &Vnuin，1983.

[4] Mac Far Lane，D S，J A Cherry，R W Gillham，E A Sudicky. Migration of contaminants in groundwater at a landfill：A case study，2，Groundwater flow and plume delineation，J. Hydrd.，63（1/2），1－30，1983.

茶子岗电站的枢纽布置与下游消能

林剑青

江西省水利科学研究所

摘　要：茶子岗电站工程设计通过水工模型试验，解决了工程的枢纽布置和建筑物之间的连接问题。对在坝下游水深较浅的情况下，如何能形成面流消能流态提出了具体措施和办法。

关键词：低堰；面流消能；堰顶淹没度；下游消能

1　概述

茶子岗子电站位于修河支流，山口水下游河段，距修水县城 18km。坝址以上流域面积 1264km²。库区内以中低山为主，为震旦系地层，枢纽建筑物布置在砂质板岩和细砂岩地层上。

枢纽工程由溢流坝、非溢流坝、泄洪冲砂闸、引水闸、厂房等建筑物组成。其调洪成果见表 1。

表 1　　调 洪 成 果 表

频率 P/%	0.5 (保坝)	1.0 (校核)	3.33 (设计)	10 (常遇)
来流量/($m^3 \cdot s^{-1}$)	5080	4410	3280	2230
下泄流量/($m^3 \cdot s^{-1}$)	4960	4290	3220	2230
上游水位/m	115.67	114.47	112.86	111.50
下游水位/m	112.90	112.20	111.0	109.80

2　工程原设计方案及试验

原设计方案，建筑物布置沿坝轴线从左岸到右岸分别为进水闸长 20.9m、溢流坝段 119.6m、非溢流坝段 30.55m。溢流坝段共分为 9 孔，每孔净宽 5.5m，闸底板高程 108.00m，用平板钢闸门控制。

经试验表明，泄流能力虽能满足设计要求，但水流入坝流态较为混乱。由于下游水深较浅，坝后水流以较大的流速冲出鼻坎外，跌坎本身的导向作用未能发挥。下游水流不能

本文发表于 1997 年。

形成设计要求的面流消能流态，在坝下约35m范围内形成了一个高流速区，流速值高达8～11m/s，远大于原河床2m/s的抗冲流速，而且底部和面部流速相差很小。由于过坝水流的能量没有得到较好的消散，水流直接冲刷下游河床，形成对坝脚的淘刷，对溢流坝的稳定构成了严重威胁。为此，建议对主要建筑物的设计进行修改。

3 修改设计方案及试验成果

修改方案是将坝轴线的布置调整为与行近水流方向接近正交，与原轴线呈15°交角。溢流坝由9孔减少为7孔，每孔净宽仍为12m，坝面为二圆弧的WES堰面，堰面曲线$y=0.1123x^{1.85}$，堰顶高程107.00m（降低0.5m），上游堰高3m。挑坎反弧半径9.0m，挑角10°，坎顶高程104.778m。左侧增设2孔冲砂闸，每孔6m×5m（宽×高），冲砂闸为进口修圆的宽顶堰，堰顶高程107.50m，上游堰高0.5m，由平板闸门控制。溢流坝右侧是黏土心墙非溢流坝段。

试验表明，该方案由于将堰顶高程降低了0.5m，抵消了溢流坝孔数减小对泄流能力的影响，总泄量满足设计要求。泄流能力见表2。

表2　　各特征频率相应泄量的库水位

频率 P/%	0.5（保坝）	1.0（校核）	3.33（设计）	10（常遇）
泄量/($m^3\cdot s^{-1}$)	4960	4290	3220	2230
设计库水位/m	115.67	114.47	112.86	111.50
试验库水位/m	115.65	114.40	112.77	111.25

溢流坝属低坝，综合流量系数的最大值为0.460。由于溢流坝坝面形式的修改，使水流过坝后的消能情况有所改善。水流出坎后，主流在下游迅速扩散消能，坎后45m范围内，水流的面流速为7～8m/s，底部则形成流速为1～2.6m/s的反向旋滚，下游水流的流速分布呈面大底小的规律。下游消能情况的改善有利于坝基的稳定和安全，同时，也大大减轻了对河床的冲刷。

为进一步改善下游河床的消能效果，根据下游覆盖层较厚的现状，将坝后100m范围内的河床清基至高程101.00m（原河床高程为103.50m）。试验证明，河床高程降低后，坎后水垫的深度增加，促使水下反向旋滚的范围增长，负流速值为2.26m/s左右，底部流速进一步降低，流速分布更加合理，得到了面流消能的效果。

通过试验说明，修改后的枢纽布置，主要建筑物的轮廓设计尺寸基本上合理，可以用于工程施工。此外，试验对以下3个方面作了修改：

（1）溢流坝下游右导墙与山体的连接。设计采用扭曲墙，使该处成为一凹岸转角，水流在此处形成较大的漩涡，对扭曲墙附近的山体及河床淘刷甚为严重。试验推荐由导墙末端起至下游39m范围内，采用与该导墙夹7°角的直立边墙与山体相连，可以较好地解决水流在连接处的平稳过渡。

（2）原设计泄洪冲砂闸与进水闸的连接是用圆弧墩头，由于该墩头与冲砂闸胸墙的共同影响，导致水流在冲砂闸前的进口左侧处形成一个较大的串通漏斗漩涡。我们将墩头的伸出部分去掉，用平直段连接，使各方向来水不受阻挡，进流较为平顺，漩涡也随之消失。

(3) 设计采取冲砂闸的左边墙末端与圆弧形导墙连接，意欲将经冲砂闸出来的高速水流导向河床中部。但试验表明，该导墙对水流仅起到隔离作用，并无明显的导向作用。因此，建议取消该导墙，而对左岸坡进行衬砌保护。经修改后的枢纽布置见图 1，溢流坝剖面见图 2（图中，M 点为曲线与反弧交接点）。

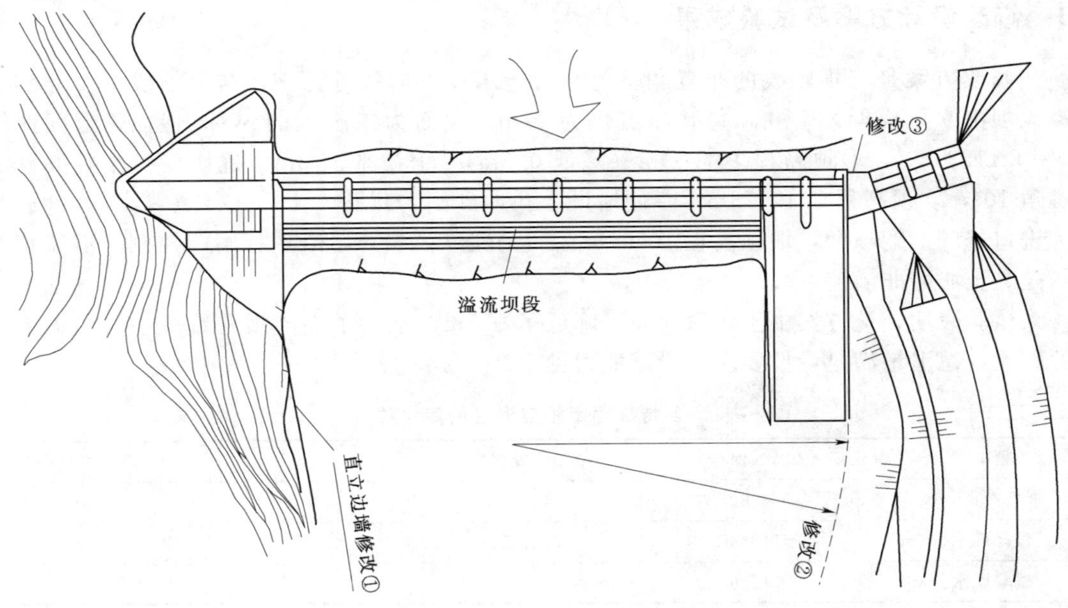

图 1　推荐方案枢纽布置图

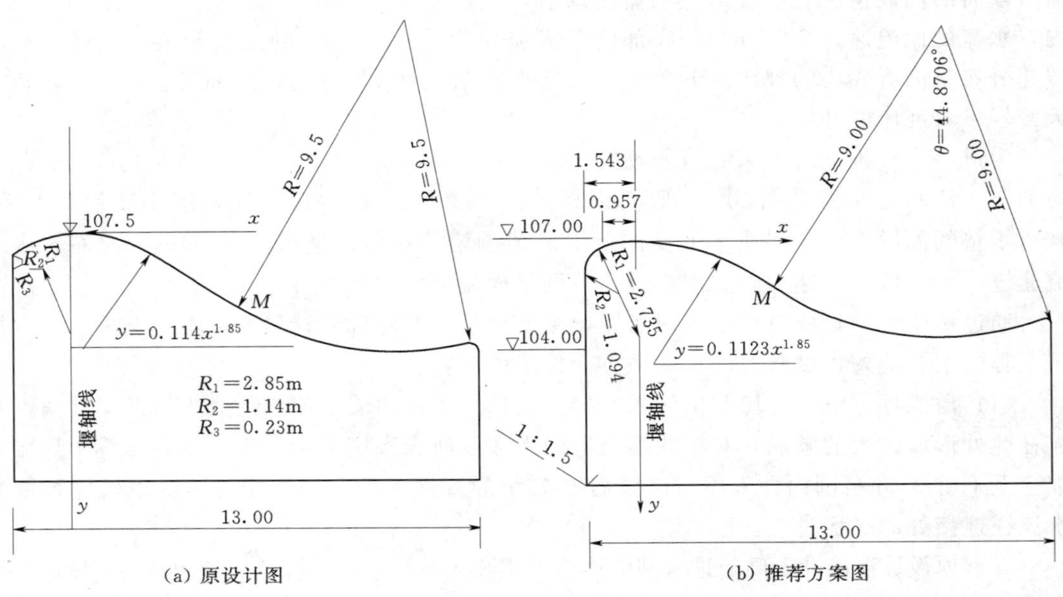

(a) 原设计图　　(b) 推荐方案图

图 2　溢流坝剖面图（单位：m）

4 推荐方案试验成果

经过对设计方案的坝轴线修改、溢流坝顶高程降低（为107.00m）、溢流孔数减少、连接段型式等修改后的推荐布置方案如图1所示。水工模型试验成果简述如下。

4.1 泄流能力

按坝后100m范围清基至高程101.00m实测的库水位—泄流量关系曲线、溢流坝单独运行时库水位—泄流量关系曲线、泄洪冲砂闸单独运行时库水位—泄流量关系曲线见图3，溢流坝流量系数随库水位变化曲线见图4，溢流坝流量系数最大值为0.447。泄洪冲砂闸运行时，由于水流受胸墙的影响，流态经历了从堰流转变为孔流的变化过程。当库水位低于高程109.25m时，水流呈堰流状态，其流量系数分布属宽顶堰；当库水位高于高程109.25m时，流量系数分布属自由孔流的范围，泄洪冲砂闸流量系数随库水位变化曲线见图5。

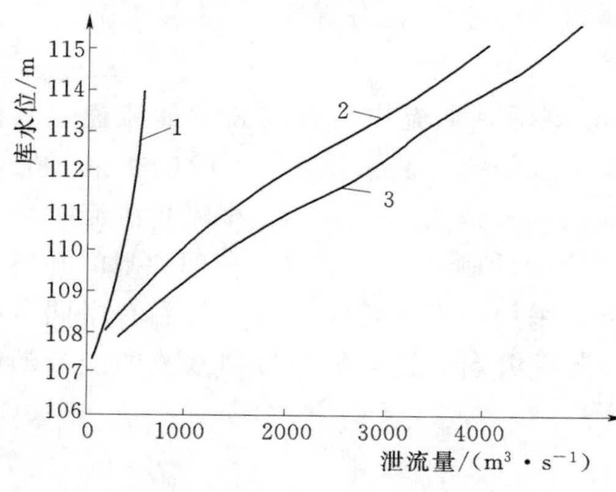

图3 泄流曲线

1—泄洪冲砂闸单独运行的泄流曲线（闸底板高程为103.50m）；2—溢流坝单独运行的泄流曲线；3—库水位—泄流量关系曲线

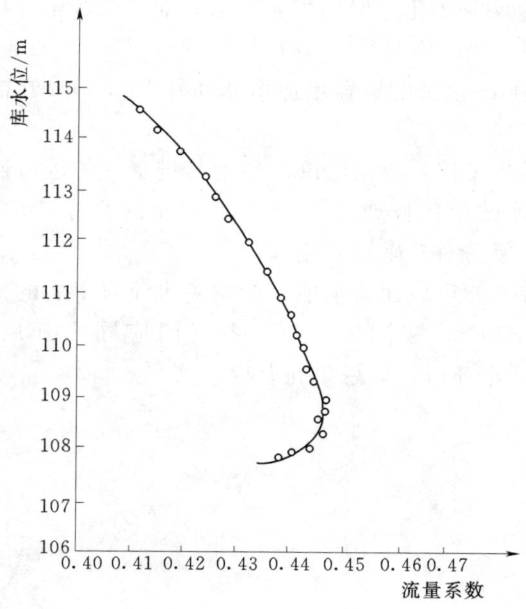

图4 溢流坝单独运行流量系数随库水位变化曲线

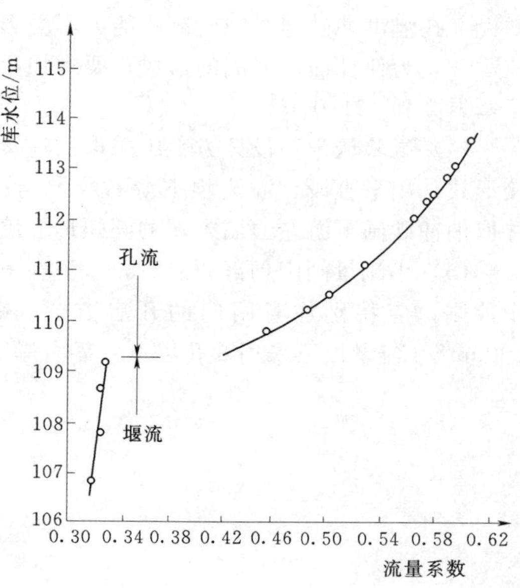

图5 泄洪冲砂闸单独运行时流量系数随库水位变化曲线

4.2 流态

推荐方案的进流及过坝流态都较为平顺。小流量时，水流过坝后在坎后水面形成一个水鼓，水底为反向旋滚。随流量增大，水流在坝后下游形成了主流位于上层的衔接形式，过坝的高速水流被挑坎挑至下游表面，并沿流扩散而与下游水流衔接。表层主流与河床间形成了低流速区，使高速主流与河床隔开，呈典型的面流消能流态，减轻了水流对河床的冲刷，缺点是下游水面波动较大。泄洪冲砂闸从常遇流量开始，在消力池内就能产生淹没水跃，水跃的位置较为稳定，常遇流量及校核流量的淹没度 σ_j 分别为 1.08 和 1.10。

4.3 河床的流速分布

在校核、设计、常遇流量工况下，坝后 46m 范围，水流均具有较高的面流速，其值达 8～9.3m/s，而底流速值在泄最大流量时平均近 2m/s。随着水流向下游的扩散，底部流速值有增大的趋势，最大值为 3.97m/s，相应的面流速为 5.45m/s。小流量泄流时，下游不能形成面流消能形式。为尽量减少水流对河床的冲刷，应严格遵守合理的闸门开启方式。建议尽量做到同步开启，740m^3/s 流量以下，采用不少于两孔开启，且靠右岸同步隔孔开启；740～1000m^3/s 流量，靠右岸 3 孔同步隔孔开启。这样能使过坝水流的能量消散均匀，减少左岸水流流速，保护岸坡的安全。

5 结语

（1）原设计方案的水流不能在坝后形成面流消能。通过试验对溢流坝坝面曲线的修改、降低坝顶高程和对坝后河床进行局部开挖等措施，加大了下游水垫厚度，促使水流过坝后形成较好的面流消能形式。

（2）枢纽布置经过修改，虽然溢流坝孔数减少 2 孔，但因坝顶高程降低了 0.5m，并增设 2 孔泄洪冲砂闸，因此泄流能力不受影响，仍可满足设计要求。

（3）为保证面流消能的形成，要求坝后 100m 范围的覆盖层应由原高程 103.60m 开挖至基岩高程 101.00m。

（4）试验认为，设计方案中采取的连接形式欠佳，建议泄洪冲砂闸与进水闸的进口连接形式采用平直段、溢流坝下游右导墙与山体的衔接修改为与导墙夹 7°角的直立边墙，并取消冲砂闸下游左边墙末端的圆弧形导墙，但需对左岸坡衬砌保护。

（5）小流量闸门局部开启时，水流在下游不能形成面流消能，为避免水流对下游的集中冲刷，应特别注意闸门的开启方式。在 2000m^3/s 流量以下，各闸门应同步开启。1000m^3/s 流量以下采用 3 孔以上（靠右岸）同步开启，切忌单孔开启。

斜交堰的水力特性

王仕筠

江西省水利科学研究所

摘　要：根据系列模型试验资料的分析，提出了不同交角的斜交堰的流量系数公式，叙述了它的主要水力特性。

关键词：定型设计水头；折减系数；自淹现象

1　试验范围

斜交堰的试验是在 50cm 的玻璃水槽内进行的。溢流堰是上游面垂直的实用堰。堰布置为 30°、45°、60°、75°和 90°五个交角（图 1）。对每一个交角又进行了 5 种不同的上游堰高即 $P_1=0.4H_d$、$0.7H_d$、$1.43H_d$、$2.14H_d$ 和 $2.86H_d$。试验中运行水头 H_0 均达到$\frac{H_0}{H_d}\doteq 1.6$（$H_d$ 为堰面定型设计水头）。

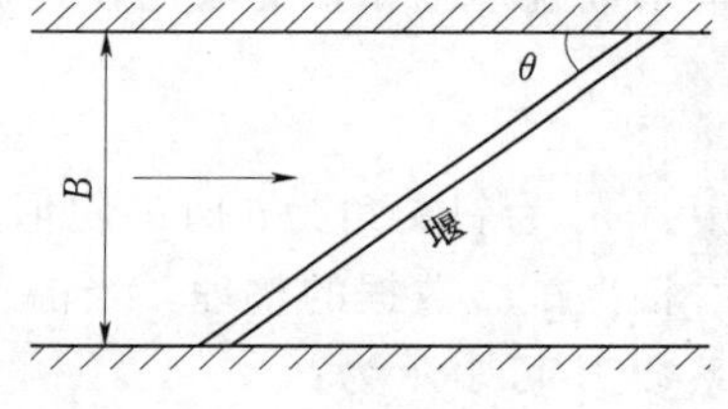

图 1　斜交堰

2　斜交堰的流态

由于堰轴与水流的主流方向呈斜交，使它的水流状况有些不同于正交堰。从试验中观察到，当运行水头较小时，溢流堰前的行近水流的流线与堰轴接近于正交，但是随着流量加大，H_0 逐渐上升，这时上层水流的流线出现偏移主流方向的现象，溢流堰本身的导向功能减弱，交角越小这种现象越为明显。

从溢流堰下泄的水流与岸边相撞，水面壅高形成似鱼背状的水面。由于下泄水流相互流线的干扰，导致堰段靠岸侧局部呈淹没过流。这种并非因下游水位顶托而造成的溢流堰淹没泄流，有人称它为“自淹现象”，这是斜交堰和其他折线形溢流堰共同具有的特殊水力现象。

3　水力特性

3.1　斜交堰的行近流速水头大于正交堰

不同堰高、不同交角的斜交堰，当运行水头 H_0 为堰面的定型水头 H_d 时，它的行近流速水头在总水头 H_0 中所占的比例见表 1。行近流速水头值不仅随上游堰高 P_1 的减小

本文发表于 1997 年。

而增加，在同一堰高时，随交角 θ 的减小也加大。从表 1 所列的百分比数值可知，不仅低堰上要考虑行近流速水头；对斜交堰来说，计算流量系数时，一般都应计入行近流速水头的影响。

表 1 $H_0=H_d$ 的 $\left(\frac{V_0^2}{2g}/H_0\right)$ 比例 %

斜交角 θ	30°	45°	60°	75°	90°
$2.86H_d$	4.1	2.7	2.0	1.7	1.7
$2.14H_d$	5.8	3.8	2.9	2.6	2.4
$1.42H_d$	8.5	5.8	4.6	4.0	3.9
$0.70H_d$	11	8.6	6.9	6.8	6.6
$0.4H_d$		9.7	8.5	8.5	8.5

3.2 斜交角 θ 是影响流量系数 m_0 的主要因素

影响斜交堰泄洪能力的因素除在正堰中所涉及的堰型、水头、堰高外，这里交角是一个主要因素。图 2 为各堰高的 θ—$\frac{H_0}{H_d}$—m_θ 曲线。交角越小水舌流线之间干扰程度越大，流量系数就小。和正交堰比较其折减系数 K 为：

$$K=\frac{m_\theta}{m_{\frac{\pi}{2}}} \tag{1}$$

式中：m_θ 为斜交角为 θ 时的斜堰的流量系数 $m_\theta=Km_{\frac{\pi}{2}}$；$m_{\frac{\pi}{2}}$ 为相同堰型正堰的流量系数。

根据试验数据的整理，当溢流堰的堰上水头等于定型设计水头 H_d 时，斜堰的流量折减系数 K 可表示为：

$$K=A\ln\left(\frac{P_1}{H_d}\right)+B \tag{2}$$

式中：A、B 值由表 2 选择。

表 2 **A、B 值选择表**

交 角 θ	30°	45°	60°	75°
A	0.123	0.097	0.052	0.024
B	0.664	0.796	0.886	0.974

式（2）反映了折减系数 K 随上游相对堰高 $\frac{P_1}{H_d}$ 的变化规律。从图 2 曲线的变化趋势看出，上游堰高不能太低。斜交堰的适用范围大概在 $\theta=30°\sim45°$，其相对堰高 $P_1/H_d>1.5\sim2.5$。堰高 P_1/H_d，交角 θ 和流量系数 m_0 三者的关系见图 3。

3.3 下游堰高 P_2 的影响

在斜交堰上，下游堰高也必须保持一定的高度，才会避免过堰水舌受堰后护坦的顶托而使水舌的曲率变小导致流量系数减小。在正交堰上开始影响流量系数的相对下游堰高 P_2/H_d 的临界值，有些研究成果认为是在 0.6～0.7 之间变化，小于此值对泄洪能力的影响就越来越大。我们在试验中选用了 3 种相对堰高 $P_2=1.43H_d$、$1.0H_d$ 和 $0.7H_d$。从试

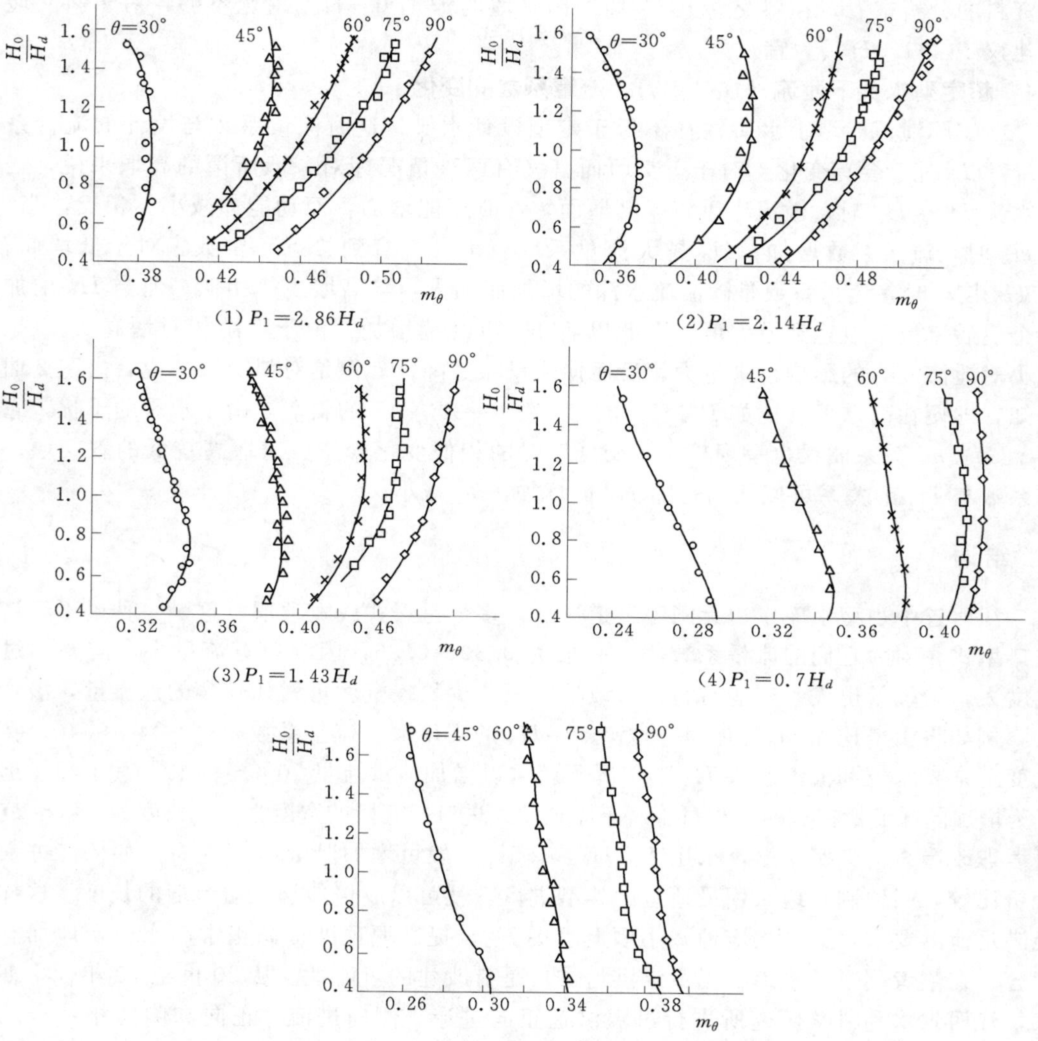

(1) $P_1=2.86H_d$

(2) $P_1=2.14H_d$

(3) $P_1=1.43H_d$

(4) $P_1=0.7H_d$

(5) $P_1=0.4H_d$

图 2 不同相对堰高时 $\theta-\frac{H_0}{H_d}-m_\theta$ 关系曲线

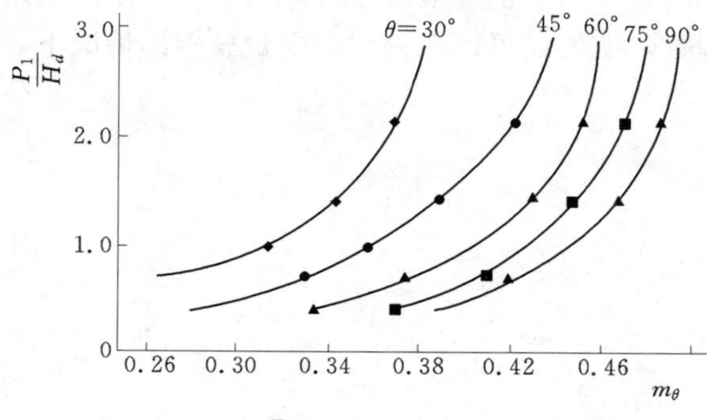

图 3 $\frac{P_1}{H_d}-\theta-m_\theta$ 关系曲线

验资料的分析来看，在斜交堰上 P_2 如果用正堰的 $P_2>0.7H_{max}$ 就嫌不够，对于斜交堰我们建议 $P_2>1.0H_{max}$ 为宜。

3.4 超定型水头下泄流（$H_0>H_d$），流量系数的变化

在实际泄流时堰上水头往往不等于定型设计水头，这时流量系数与设计的流量系数（$H_0=H_d$ 时）会有变化。对于正交堰而言又有两种情况即对一般所谓的高堰来说，当堰上水头 $H_0<H_d$ 时，溢流水舌将紧贴堰面，这时压能增加，而动能却减小。相反，当 $H_0>H_d$ 时，流量系数增加，H_0 越大流量系数就大，一直到接近一常数。对于低堰而言，当 H_0 较小时，流量系数是随溢流水深的增加而加大，与高堰规律相似。但当 H_0 增加到某个值后流量系数达到最大值。在此以后 H_0 再继续增加，由于上游相对堰高 P_1/H_0 的减小对泄流能力的影响越来越大，反而使流量系数降低。但是对斜交堰来说，由图 2 曲线可知，即便在高堰上（比如 $P_1>1.43H_d$）对 $\theta=30°\sim45°$ 的斜堰，由于水舌的干扰，它的 $H_0/H_d—m_\theta$ 关系曲线也呈现出与正交低堰时的相似变化规律。对堰高较低的斜交堰，流量系数与 H_0 的关系可以认为是随 H_0 的增加，m_θ 减小。

4 结语

江西省中小型水库岸边无闸溢洪道进口，多数是渠式或宽顶堰。这是一种最不经济的进口型式，因为它们的流量系数小，一般为 0.30～0.36，因为单宽流量小，需要的过流宽度大，工程量也大。若能对它进行改造，只要少量投资就可增加较多的泄流量，潜力较大。例如将引渠挖深 H_0，加建一堰高 $P=H_0$ 的实用堰，流量系数 $m=0.44\sim0.46$，在不改变正常高水位和溢流水头 H_0 的情况下就可以增加泄洪流量 20%～50%，其工程量远小于为增加同样泄量扩宽的工程量。对于原宽浅式进口平底段的宽度为 B，长度 $L=(1\sim2)B$，可考虑改造为斜交实用堰，采用 $P_1/H_0\geqslant1.5$，一般可增加泄量 30%左右。如果能进一步分析比较，因地制宜地采用最适宜的异型进口，就可以成倍地加大溢流堰的长度，这样既能满足泄洪要求，又能相应地减小堰上水头 H_0，提高堰顶即提高正常高水位，地加有效库容。在笔者到过的水库，不少溢洪道进口是有改建的可能性。从 20 世纪 70 年代中期以来，江西省水利科学研究所进行过溢洪道正向进流、侧向进流、正向和侧向相结合的进流、径向进流和迷宫堰等各种异型进口型式的研究工作。斜交堰也是我们感兴趣的型式，工程实践中得到广泛采用。经过这些年对中小型水库溢洪道进口水力学的试验研究，我们认识到，只要能开阔思路，大胆而慎重地应用科研成果，对溢洪道进口设计的改进大有可为，不但可以减少工程量，有的还可以在只增加少量投资的情况下，提高工程效益。

大坳水利枢纽的消能防冲

王仕筠，陈结文，龙国亮

江西省水利科学研究所

摘　要：大坳水库是我省正在建设的一座大（2）型水库，水工试验中采用等半径变挑角扭曲鼻坎和曲面贴角相结合的消能方式，较好地解决了狭窄河谷，大单宽流量，下游水深较浅的大坳挑流消能问题。

关键词：扭曲鼻坎；曲面贴角；水舌形态；河势

1　工程概况

大坳水利枢纽位于江西省信江一级支流的石溪水，控制流域面积 390km^2。枢纽由大坝、溢洪道、放空隧洞和电站组成（见图 1）。大坝高 91m。溢洪道设置在左坝端，担当全部泄洪任务。溢洪道全长 266m。引渠段长 81m，其中边坡为 1：0.5 的梯形断面长 46m，扭曲过渡段 35m，渠底高程 200m，底宽 18.5m。溢流堰为实用堰，2 孔，孔口尺寸 8m×12m（宽×高），堰项高程为 205m，堰后接 140.6m 长的陡槽段，其宽度 18.5m，底坡 1：3.65，再下接等宽鼻坎段 21.5m，挑坎反弧半径 30m，挑角 25°，鼻坎出口高程 160.77m。

坝址附近河道呈 S 形，河道在坝下游约 105m 处向右转弯并逐渐扩宽，河道深槽靠左岸，下游河床高程 136.50m 左右。左岸山坡陡峻岩石较好，右岸低缓岩石较差。主要岩性为含砂岩、砂岩夹粉岩。

2　进口型式

原设计的进口是两侧山坡为 1：0.5 的梯形断面，接对称扭曲过渡段型式。这种布置适用于布置在哑口地形上的非坝端溢洪道，而大坳是坝端溢洪道，由于靠坝端一侧存在着绕流现象，流线弯曲度大，因此无论从保护土坝的安全和引渠进口的水流导向考虑，靠坝端进口处的导墙都应设置。通过试验比较，最后右侧修改成 1/4 椭圆曲线的喇叭形，开口比加大至 1.85，水流明显改善，消除了进口漩涡，各级水位泄洪水流平顺（见图 2）。

3　潜没式斜坡尾墩的设置

大坳溢洪道泄洪时闸墩尾部激起很高的水冠，它呈不稳定的随机摆动。这个左右摆动

本文发表于 1996 年。

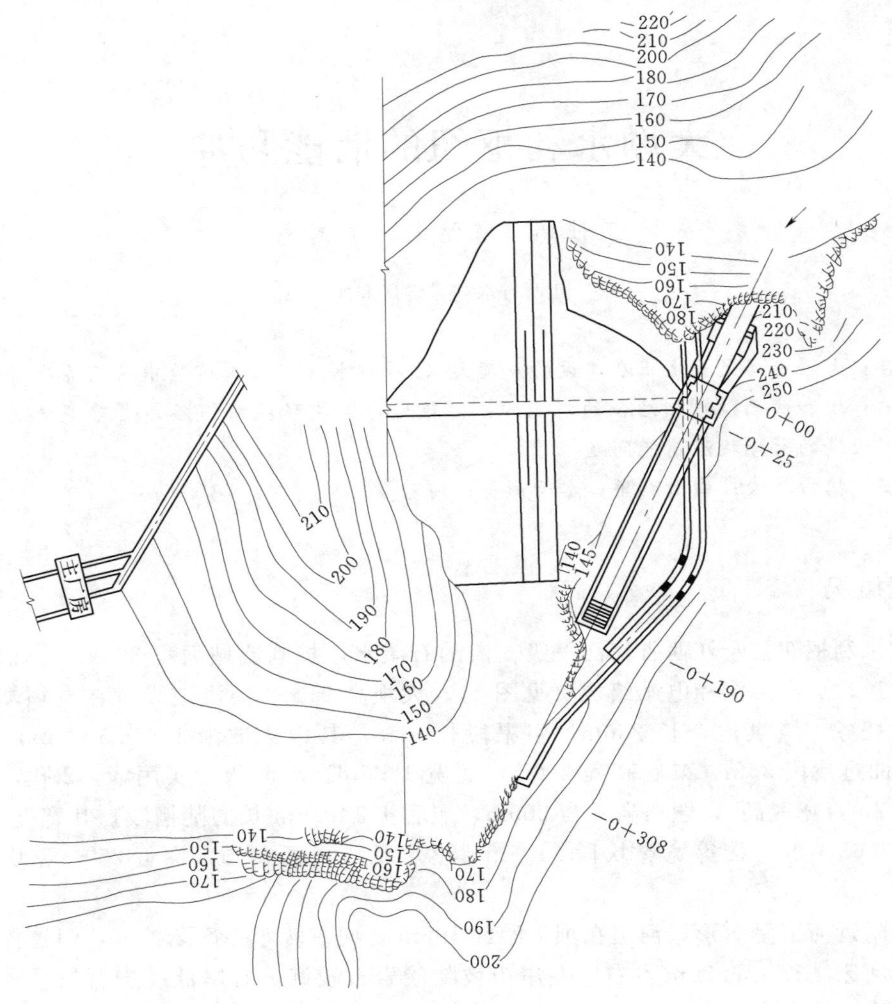

图1　枢纽布置草图

的水冠，引起的菱形的冲击波，使整个陡槽段的水面很不均匀，而且增加边墙的高度，影响消能段的消能效果。在解决这个问题上，王治祥同志的文章[1]启发了我们。根据他建议的在中闸墩尾部设置一个潜没式斜坡尾墩，我们在模型上进行了尝试，经过几次尺寸的修改，终于找到了适合大坳溢洪道水力条件的尾墩尺寸（见图3）。试验证明效果确实不错，明显地改善了陡槽段的流态。各级泄洪流量下，墩尾的水冠被固定在闸墩位置，再不会左右摆动了，因此陡槽段的水流变得均匀平稳。在有尾墩条件下，校核流量陡槽段的最大水深（波峰处）可降低40%左右，这样边墙高度可以降低，经济效益明显。

4　鼻坎段的选择

大坳水利枢纽河谷狭窄，单宽流量大，水流的单宽功率也大（见表1）。加之消能区水垫深度浅，而出坎水流又正处在河流弯道处，设计的挑坎高出下游河床20多m，高速

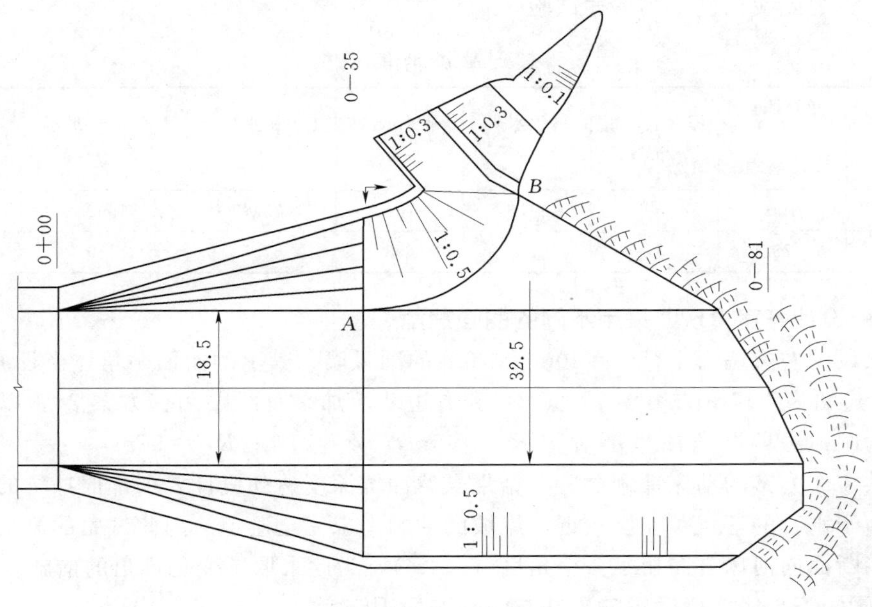

图 2 进口型式

说明：1. AB 曲线：$X^2/18^2+Y^2/24^2=1.0$。

2. 导墙顶高程 221.2，临水面坡度 1∶0.5。

3. 单位为 m。

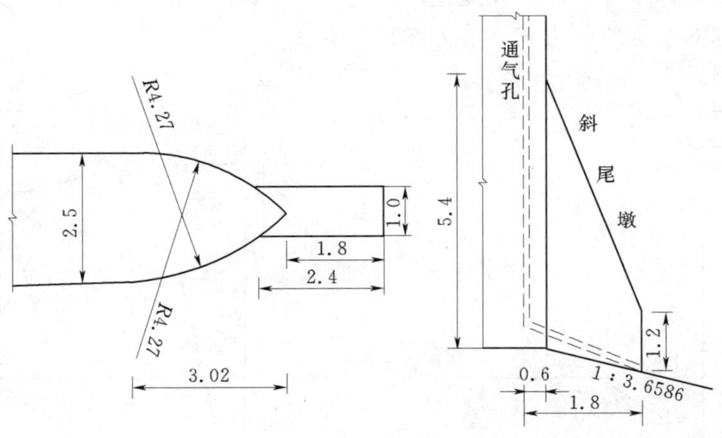

图 3 潜没斜坡尾墩

水流对河床的冲刷十分严重。原设计等宽连续挑流鼻坎，由于挑射入水面积小，能量集中，冲坑最深点高程在 120.00m 以下，而且挑射水舌紧贴左岸边，造成对山体的直接冲刷，坡脚受到严重淘刷。此外，因受消能区边界条件的限制，潜入水舌在纵向没有足够的前冲扩散余地，也造成对岸山坡坡脚淘刷，冲坑位置靠近岸边。为解决这些问题，应选择一种既能导向，能将水舌尽量挑向河中间，又能扩散水流到整个河床上，消弱水舌冲击力的消能工。为此我们进行了下述试验。

表 1　　主要泄洪消能指标

工况	单宽流量/[m^3·$(s·m)^{-1}$]	鼻坎上作用水头/m	堰顶水头/m	下游水深/m	上下游水位差/m	水流单宽功率/($kW·m^{-1}$)	单位过水面积功率/($kW·m^{-2}$)
校核	100	59	14.8	7.4	75.4	73892	9985
消能设计	78	57	12.6	6.3	67.7	51750	8214

4.1　在原设计等宽鼻坎上采用不同的曲面贴角

鼻坎段的左边墙为半径 R=40m 和 70m 的圆弧墙，其上的曲面贴角体半径 r=25m 和 34m，右边墙为直墙（方案 1、方案 2）和右边墙上加一直线贴角（方案 3），以及左、右边墙均为圆弧边墙贴角体呈不对称 $R_{左}=45$m，$r_{左}=21$m；$R_{右}=97$m，$r_{右}=38$m（方案 4）。一共 4 个方案的动床冲刷试验，结果虽然冲坑深度达到设计要求，但冲坑的位置仍嫌偏左。由于水舌的落点距左岸较近，岸坡的冲刷尚未完全避免。因此试验的第二阶段是将鼻坎出口断面向河床方向扭了一个角度（7.45°），为此采取了变化挑角的措施。

4.2　同圆心等半径变挑角扭曲鼻坎与曲面贴角相结合

试验进行了左、右边墙均为圆弧边墙的不对称曲面贴角（方案 5）和右边墙改为直墙（方案 6）两种情况。试验证明方案 6 比较令人满意。冲坑深度为设计接受。各级水位和流量泄洪时都能确保两岸山坡的稳定，校核工况泄洪也不冲对岸。宣泄常遇洪水和设计流量时它们的冲坑位置基本上保持在河床中部。校核洪水和小流量时冲坑的位置也偏离不大。该方案挑距大，坝下不冲段长度达 60m 左右，因此坝脚的安全不会受到影响。综合利弊我们推荐方案 6 为终结方案（各方案尺寸见图 4）。

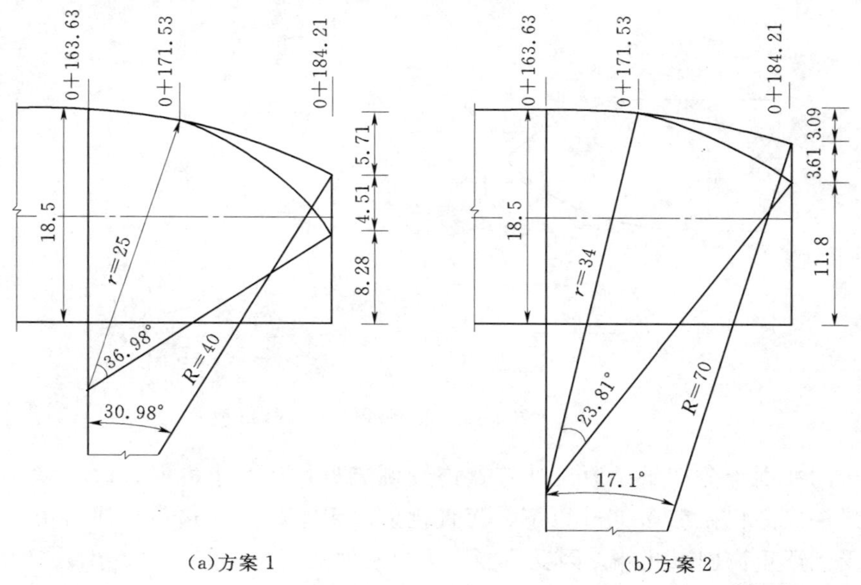

(a)方案 1　　(b)方案 2

图 4（一）　方案比较

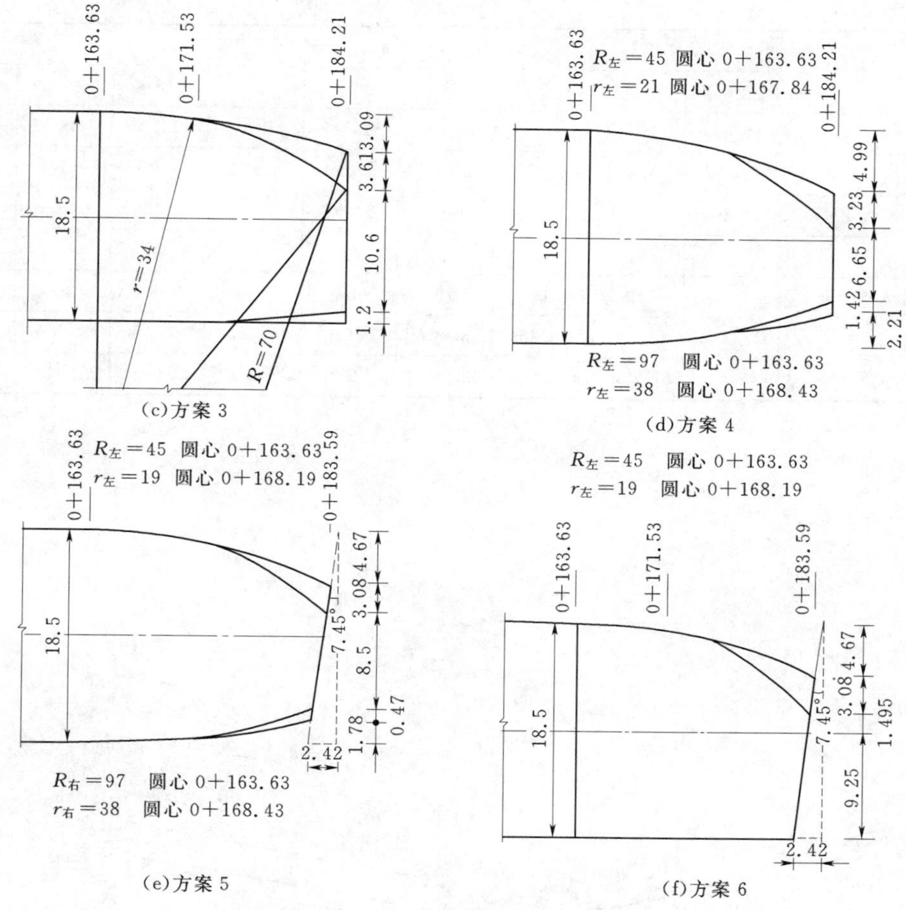

图4（二） 方案比较

5 推荐方案及其试验成果

挑坎段的左边墙圆弧的半径 $R=45$m，其上加设的曲面贴角体 $r=19$m，它的放线特征值列入表2，计算草图见图5。这种贴角体的特点是随着高度的上升，它的弧长和圆心角逐渐减小，直到墙顶处，弧长和圆心角均变为零。圆心的轨迹线是一条空间直线，贴角体与圆弧边墙面的交线是空间螺旋线。鼻坎挑角变化于23.72°～20°。

表2　　曲面贴角鼻坎特征值　　m

要素		高度 0	1	2	3	4	5	6	7	7.4
圆弧始点	X_{01}	0	1.631	3.261	4.892	6.523	8.153	9.784	11.415	12.067
	Y_{01}	0	0.322	0.707	1.158	1.675	2.262	2.922	3.658	3.974
	Z_{01}	0	1.342	2.684	4.026	5.368	6.709	8.051	9.393	9.93
	图示	a_0	a_1	a_2	a_3	a_4	a_5	a_6	a_7	a_8

续表

要素		高度								
		0	1	2	3	4	5	6	7	7.4
圆弧终点	X_{02}	11.665	11.719	11.774	11.828	11.882	11.937	11.991	12.045	12.067
	Y_{02}	7.056	6.64	6.223	5.807	5.390	4.974	4.557	4.141	3.974
	Z_{02}	2.36	3.383	4.406	5.429	6.452	7.475	8.498	9.521	9.93
	图示	b_0	b_1	b_2	b_3	b_4	b_5	b_6	b_7	b_8
圆半径		19	19	19	19	19	19	19	19	19
弦长		13.836	12.077	10.289	8.467	6.610	4.720	2.786	0.808	0
圆心角		42°42′	37°3′36″	31°25′12″	25°45′	20°2′24″	14°16′12″	8°24′36″	2°26′24″	0°

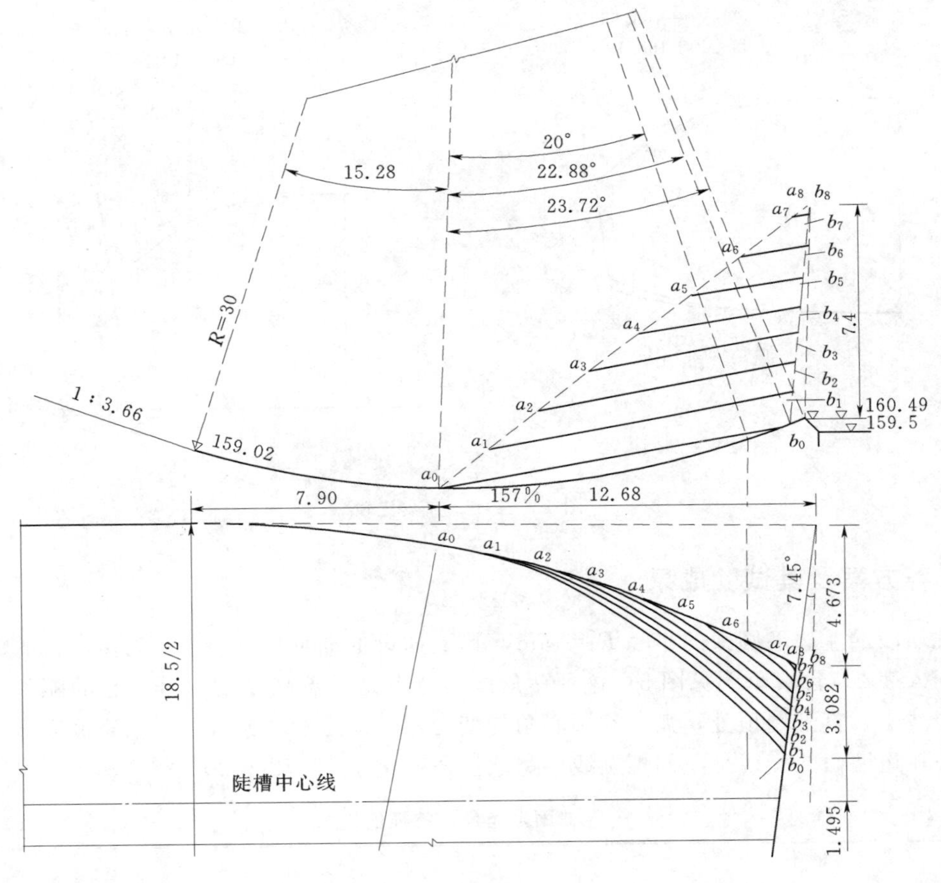

图 5　曲面贴角体

该鼻坎具有收缩式消能工的特点。贴角体产生的收缩作用，水舌一边导向一边沿切线方向以不同的角度挑出，加强了挑射水流沿纵向和竖向的扩散，水股的厚度大，而宽度不大。总的来说我们的试验是利用了鼻坎出口断面的转向和曲面边墙的导向作用，使水舌的落点和形态改变，迫使水舌挑向河床中部，确保了山坡的稳定，减轻了河床的冲刷。各运行工况的河床冲刷试验成果列入表 3、表 4 和图 6。

表 3　　闸孔全开泄洪河床的冲刷

洪水频率	库水位/m	流量/($m^3 \cdot s^{-1}$)	冲坑最深点高程/m	冲坑最深点位置/m	不冲段长度/m	左岸冲刷高程/m	水舌挑距(外缘)/m
校核（0.05%）	219.79	1850	123.65	距左岸 31.2	67.8	126	117
设计（1%）	217.96	1502	125.30	距左岸 27.6	66	134	111
消能设计（3.3%）	217.60	1446	126.22	距左岸 29.7	63	134	111

注　1. 下游水深按要求控制。
　　2. 冲刷时间原型 24h。

表 4　　正常高水位 217.00m，闸孔同步开启河床的冲刷

库水位	流量/($m^3 \cdot s^{-1}$)	冲坑最深点高程/m	不冲段长度/m	冲坑最深点距左岸距离/m	左岸冲刷高程/m
217.01	800	129.7	61.2	22.2	136
217.14	497	130	60	14.4	136
217.16	294	冲坑不明显			未动

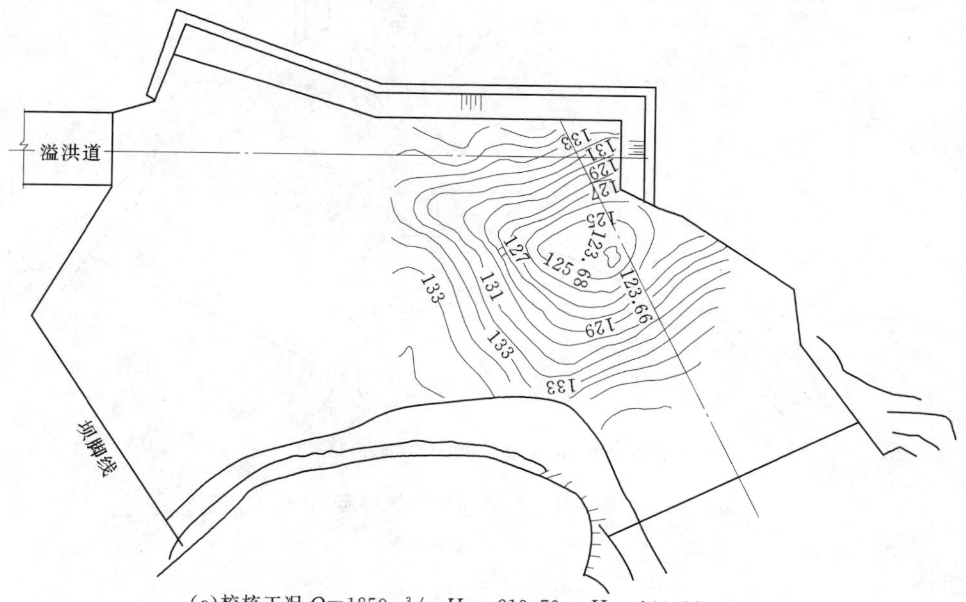

(a)校核工况 $Q=1850m^3/s$，$H_m=219.79m$，$H_d=144.36m$

图 6（一）　河床冲坑形态

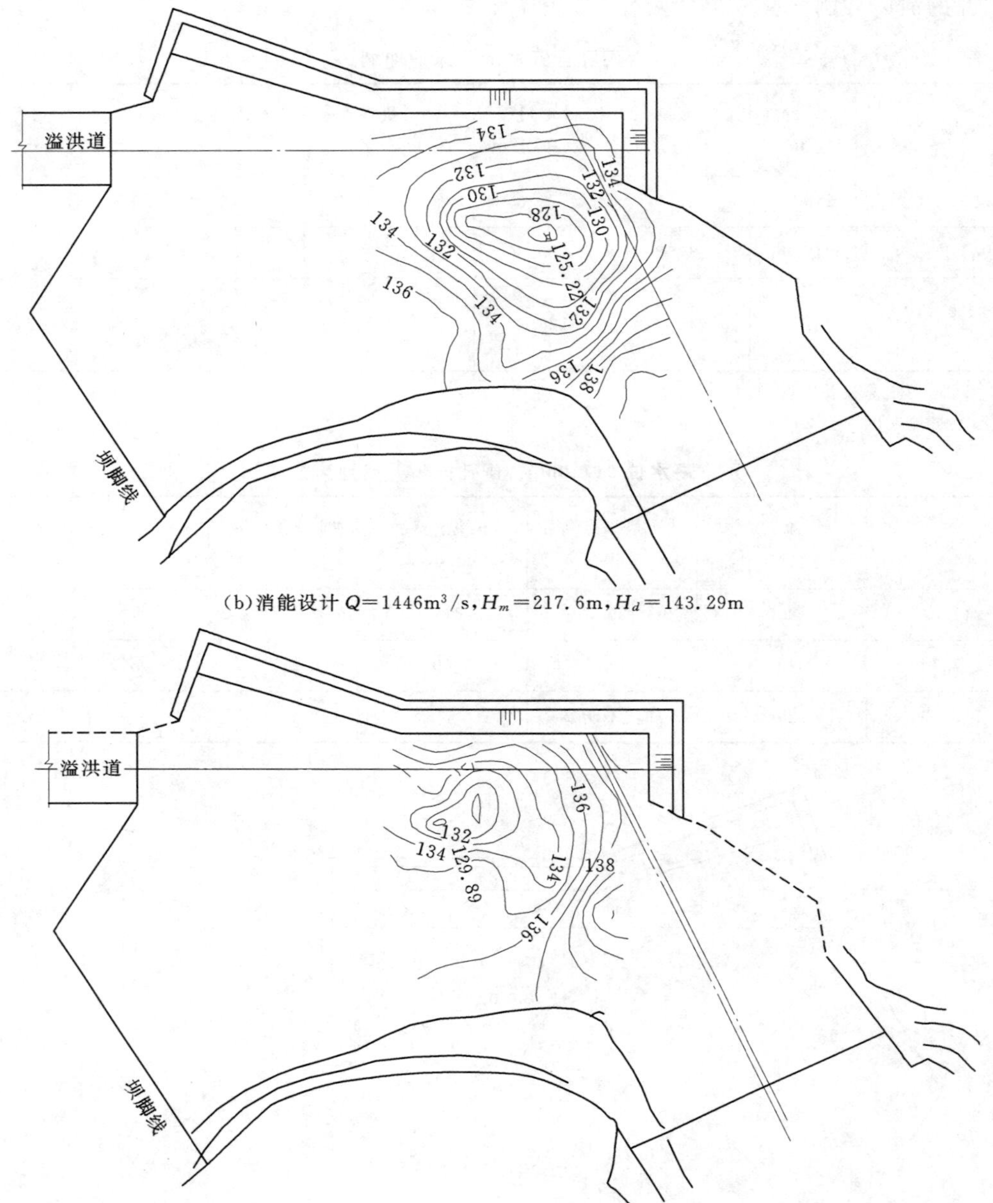

(b)消能设计 $Q=1446\mathrm{m}^3/\mathrm{s}, H_m=217.6\mathrm{m}, H_d=143.29\mathrm{m}$

(c)正常高水位 217m，$Q=800\mathrm{m}^3/\mathrm{s}, H_d=142.1\mathrm{m}$

图 6（二）　河床冲坑形态

6　结语

大坳水利枢纽泄洪建筑物的消能防冲试验研究，我们经过 2 年多的时间，1994 年放空洞参加泄洪，它分流 1/3 的洪水流量，溢洪道宣泄 1220m³/s。而本试验要求的 1840m³/s 流量全部由溢洪道泄流，因此更增加了解决消能防冲的难度。不过从 20 世纪

70 年代以来，工程实践中已经成功地使用了各种新型的异型鼻坎，它们出色地解决了高速水流在复杂水力条件的下游的消能防冲问题。在试验过程中，我们阅读了一些兄弟单位的科研资料，反复地在模型上进行修改。以上推荐的方案，我们认为对大坳的消能防冲是一种较好的解决办法。我们认为：

(1) 再进一步减轻河床的冲深看来较为困难。因为溢洪道出口靠近左岸，右边墙无论贴直线或曲面体，其挑射水舌都会冲刷左岸山坡。至于左边墙，如果再加厚其曲面贴角体，又会导致冲刷右岸。因此，由于消能区边界条件限制，大坳只适用于左边墙贴角。

(2) 经过近 2 年对曲面贴角鼻坎的试验，确实体会到这种鼻坎对水舌的导向和减轻河床冲刷方面效果明显，较适用于高水头、大单宽、狭窄河谷的挑流工程。

(3) 闸墩尾部设置的潜没式斜坡尾坎，对改善陡槽段的流态效果很好，值得推广。

参考文献：

[1] 王治祥．天生桥一级电站溢洪道几个水力学问题研究［J］．陕西水力发电，1993，9（2）：28 - 34.

[2] 韩立．龙羊峡泄洪消能问题的研究［J］．高速水流，1986，（1）．

[3] 刘永川．安康泄洪建筑物布置若干问题研究［J］．陕西水力发电，1985，（2）．

浮式竹格栅坝水力特性试验研究

王明进，毛孝玉

江西省水利科学研究所

摘　要： 在用于河道整治的建筑物中，浮式格栅坝是其中的一种，它具有结构简单、施工方便、造价低廉等诸多优点。通过对直接影响格栅坝下游流速场变化的坝体透水系数 α、坝体倾角 θ、河道水深 h、减速率 φ 等重要水力参数的试验研究；提供了在不同坝体透水程度、河道平均流速及水深、坝体倾角运行工况下的图表，为格栅坝的设计及运行管理提供了可靠的依据。

关键词： 浮式格栅坝；滞流；减速；河道整治

1　引言

浮式格栅坝是一种轻型、透水装配式的河道整治建筑物，悬浮于河道上，以其滞流、减速、促淤的功能，达到河道整治的目的。竹格栅坝是以毛竹为格栅体和混凝土坠体组合而成，格栅体由上、下横杆、斜杆和竖杆组成，其疏密度用透水系数 α 表示：

$$\alpha=\frac{\text{格栅体空隙面积}}{\text{格栅体总面积}}$$

坠体按作用不同分抗浮坠体和抗滑坠体。前者用钢筋系在格栅坝体的下横杆上，后者用尼龙绳系在抗浮坠体上。这两者的作用，使格栅坝能在预定的位置上锚固而不至于上浮和后移。

在动水中，格栅坝体受重力、动水压力和坠体对它的拉力的共同作用，悬浮在坝位上。由于坝体是透水的，使作用在格栅体上的水压力减小，无需利用庞大的坝体自重来克服水压力；因此，格栅坝体可取用轻质材料（毛竹、芦苇秆等）制作。

浮式竹格栅坝在运行期间，存在着水压力、浮力和倾角 θ 三者之间互相作用和互相适应的平衡关系，它直接影响下游流速场的变化。要弄清这些关系，水工模型试验是研究坝体工作状态和水流作用下浮力和倾角 θ 关系的最好方法。通过试验了解坝体在不同的透水系数、河槽平均流速和水深下，坝上、下游在设坝前后流速场的变化及其影响范围。为了解设坝后流速减缓程度提供可靠的依据。流速减缓程度用减速率 φ 表示。φ 为设坝前某点（或断面）平均流速与设坝后同一测点（或同一断面）平均流速的比值，即：

$$\varphi=\frac{\text{设坝后测点平均流速}}{\text{设坝前测点平均流速}}$$

本文发表于 1996 年。

2 试验研究要求

（1）研究竹格栅坝的透水系数为0.3和0.45时，水深分别为与坝同高（2.5m）和比坝高1m（3.5m）的情况下，在河槽平均流速为0.6m/s、1.0m/s、1.5m/s三种情况下，测定坝体所在河段底部流速和面部流速的变化情况。

（2）竹格栅坝的透水系数为0.45，河槽平均流速为0.8m/s、1.0m/s、1.5m/s时，测定坝体与铅垂面的夹角θ。

（3）探求坝体透水系数为0.45时，坝不起作用时（水流状态与设坝前相同）的相应θ值。

3 研究模型设计和制作

试验研究在水槽内进行，采用正态模型，以重力相似准则设计，模型比尺为1∶30。模型水槽宽为1.33m，长为10m，包括水渠和退水渠共长14m。水槽由混凝土预制板拼接而成，水泥砂浆抹面，水槽底板高程为一基准面。

竹格栅坝属悬浮建筑物，由于其倾角θ直接影响减速率和减速范围的大小，而θ角则是浮力、重力、动水压力、坠体拉力共同作用的平衡关系的体现。其中重力、动水压力及拉力是容易得到与现实相似的3个力，而浮力则与坝体材料的比重有关。因而模型坝体的材料选择就不是任意的了，它必须反映竹格栅坝的特征，才能达到与原型相似的目的。

模型材料的选择是根据竹格栅坝透水系数$\alpha=0.6$，河道平均流速$v=0.6$m/s时，坝体与铅垂面的倾角$\theta=28°\sim29°$这一组原型实测参数为依据而进行的。前后选用3种不同材料和几种不同材料组合的格栅坝体进行水槽预备试验，经过反复选择，最后决定采用单一的芦苇秆作为坝体材料，水槽预备试验结果符合原型坝体的变化规律。同时还对模型坝体单排测定了湿容重为540kg/m^3，与鲜毛竹的容重500～500kg/m^{3}的下限基本吻合，说明模型坝体稍偏轻些。模型各杆直径取2.6～3mm，模型单排尺寸为16.7cm×8.3cm。用芦苇秆37根竖杆，间隔为1.6mm，其透水系数为0.3；用芦苇秆27根竖杆，间隔为3.3mm，其透水系数为0.45，与原型相似，用上、下横杆及斜杆、竖杆结合制成，各杆件刷调和清漆一遍，采用环氧树脂粘接。模型坝体结构见图1。

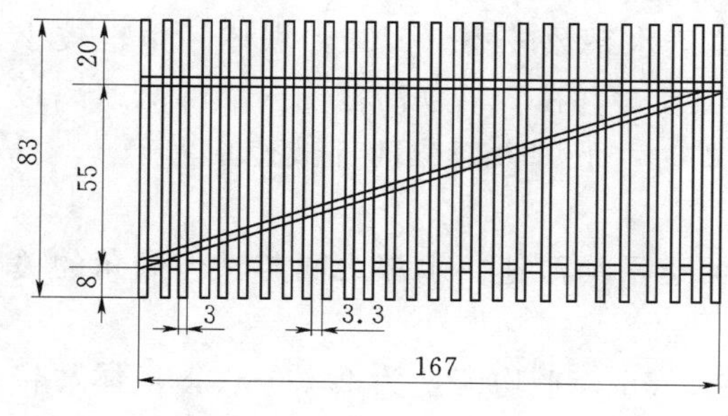

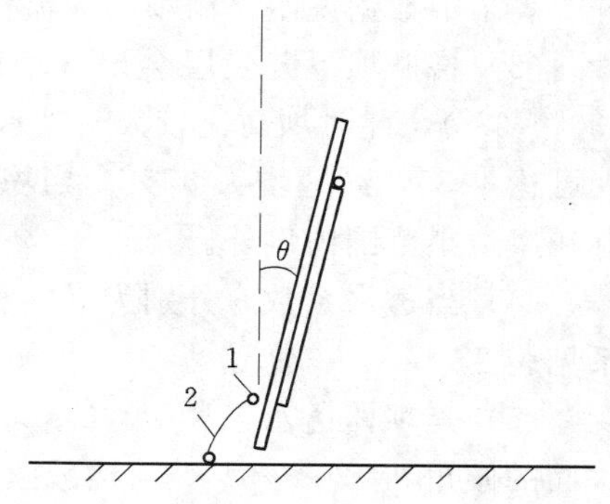

图1 格栅坝模型结构图

1—预留钩环；2—铅丝挂钩、固定在下横梁上

格栅坝长度一般取整治河道宽度的$\frac{1}{3}\sim\frac{1}{2}$。其长度值大对研究格栅坝的滞流、减速特性更为有利，则模型格栅坝长近似模型水槽宽度的一半，即 66.8cm，采用 4 个单排。

4 试验成果

4.1 测点的布置及试验组次

坝上游布置 3 个横断面，换算成原型尺寸距坝分别为 1.8m、24.3m 和 45m，每个断面布置 7 个测点；坝下游布置 10 个横断面，距坝分别为 3.3m、7.5m、15m、22.5m、37.5m、52.5m、70.5m、91.5m、123m 及 200m，每个横断面布置 10 个测点，每测点间距 3m，按 2 个透水系数、3 种不同河道平均流速、2 个不同水深共 12 个组次，121 个测点，测出每测点的底、中、面共计 363 个流速值，根据底部和面部流速，绘制成 24 张减速率等值图（图略）以及有代表性测点的垂线流速分布图（图略）。

4.2 竹格栅坝流速场变化研究

（1）坝上游受壅水影响，水位略有提高，流速减小。在坝轴线上游 45m 处，底部流速均有不同程度的减小（位置一般在岸边及坝体附近），它与坝体的倾角 θ、水槽的平均流速及水深有关。一般底部流速可减小 15%～18%。当 θ 角在 70°左右时，其减小值降至 6%左右，减速率变化在 0.75～0.95 之间；而面部流速的降低，当 $\theta\leqslant 33°$时最为显著，甚至在离坝上游 45m 处，减速率也小于 1。说明格栅坝对上游具有滞流减速作用。

（2）坝下游底部减速范围延伸超出模型观测范围，在 80 倍坝高（坝下游 200m）处，靠岸边的底流速仍小于建坝前。在不同坝体透水程度、河道平均流速及水深、坝体倾角的工况下，距坝下游 200m 处的岸边附近减速百分比见表 1。

表 1　坝后 200m 处设坝后比设坝前的底部平均流速减少百分比

坝体透水系数 α	0.3			0.45		
河道平均流速 $v/(\mathrm{m\cdot s^{-1}})$	0.6	1.0	1.5	5.0	6.1	1.5
减速百分比/%	22	20	4	20	18	4

表 1 中数据说明格栅坝的滞流作用比较显著，且影响范围较大。

（3）格栅坝下游表层会出现增速区，当坝体透水系数较小（0.3），坝体倾角也较小（30°～33°），此时坝高比较大。当水槽水深高于坝高时，在 3 倍坝高范围内面部减速率最大可达 1.35，减速增大 35%。当坝体倾角 $\theta\geqslant 72°$时，下游大部分面部减速率大于 1，只有在岸边小范围内例外。

（4）当透水系数 α 分别为 0.3 和 0.45 时，河道平均流速、水深之间与坝体倾角的关系见表 2。

（5）当坝体透水系数 $\alpha=0.45$，河槽水深为 2.5m，平均流速为 2.56m/s，坝体与铅垂面的倾角 $\theta=80°\sim82°$。河槽减速区内 3 个横断面 3#（距坝下游 22.5m）、5#（距坝下游 37.5m）、8#（距坝下游 60m）的测试平均流速及平均垂线流速与不设坝的相同情况比较，说明在坝下游 60m 以后，设坝与否河槽流速基本相同，格栅坝效应已消失。但在坝下游 40m 范围内，即使坝倾角 $\theta>82°$，对减小缓流区内的流速仍有微弱的作用。

表 2　　不同情况下坝体的倾角

坝体透水系数 α	0.3						0.45							
水槽平均流速 v_{cp}/(m·s^{-1})	0.6		1.0		1.5		0.6		1.0		1.5		0.8	
水槽水深/m	2.5	3.5	2.5	3.5	2.5	3.5	2.5	3.5	2.5	3.5	2.5	3.5	2.5	3.5
坝体倾角 θ/(°)	38	30～33	52～54	49～50	72	71	31	27	50	47	70	66	49	—

5　结语

（1）格栅坝在其上、下游均起滞流作用，它对下游的影响长度比上游大，相当于 80 倍坝高处仍有减速作用。表 3 列出了 $\alpha=0.3$、$\alpha=0.45$ 在 3 种河槽流速条件下，坝下游减速率及其影响长度。

（2）只有当坝体透水系数比较大（本试验为 0.45），且坝体倾角较小时（$\theta=27°\sim31°$），在坝下游 2 倍坝高区域会出现增流区。其底部减速率 $\varphi>1$，φ 最大值可达 1.24。而当坝体倾角增大至 50°以上时，增速区在本试验中已不明显，特别当坝体倾角 $\theta\geqslant70°$后，在 2 倍坝高区域却出现低流速区，平均底部减速率 $\varphi=0.55\sim0.67$，底部流速平均减小 32%，最大的减速达到 57%。

表 3　　不同情况下，格栅坝对下游影响的长度

坝体透水系数 α	0.3			0.45		
河槽平均流速 v_{cp}/(m·s^{-1})	0.6	1.0	1.5	0.6	1.0	1.5
80 倍坝高处，靠岸边，在格栅坝总长度的 50%范围内底部减速率 φ	0.74	0.79	0.96	0.81	0.80	1.00
设坝后，对下游影响的长度估算值以坝高的倍数计	234	178	96	172	188	80

（3）图 2 反映出在水同坝体透水系数 α、河道平均流速 v_{cp} 和不同坝体倾角 θ 工况下，断面平均底部减速率 φ 沿程变化的关系。从图可知，当 v_{cp} 较大（达到 1.5m/s），坝体倾角达 70°时，坝下游 2 倍坝高以后的底部减速率已接近 1，坝体的减速作用甚微。此外影响坝体减速作用的是坝体的透水程度，透水系数小，效果好。河道水深主要影响坝体的倾角，水深大则倾角 θ 小，对减速率的减小及减速范围的增大均有一定的好处。因此坝体设置处的水深，宜超过坝体高度为佳，见图 3。

（4）格栅坝当透水系数为 0.45，河道水深为 2.5m（同坝高），河槽平均流速达 2.56m/s 时，格栅坝体的倾角 θ 为 80°～82°，此时格栅坝下游 60m 以后，河道流速与不设坝的情况基本相同，即格栅坝不起减速作用。

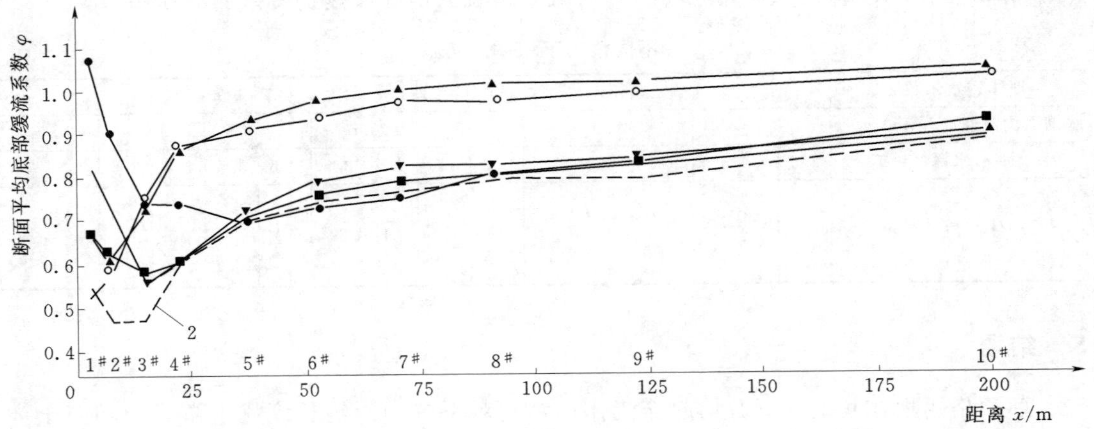

图 2　缓流区断面平均底部缓流系数沿程变化图

图例：■ $\alpha=0.3$　$v_{cp}=0.6\text{m/s}$　$\theta=30°\sim38°$

--- $\alpha=0.3$　$v_{cp}=1.0\text{m/s}$　$\theta=49°\sim54°$

○ $\alpha=0.3$　$v_{cp}=1.5\text{m/s}$　$\theta=71°\sim72°$

● $\alpha=0.45$　$v_{cp}=0.6\text{m/s}$　$\theta=27°\sim31°$

▼ $\alpha=0.45$　$v_{cp}=1.0\text{m/s}$　$\theta=47°\sim50°$

▲ $\alpha=0.45$　$v_{cp}=1.5\text{m/s}$　$\theta=66°\sim70°$

1# ～10# 横断面编号

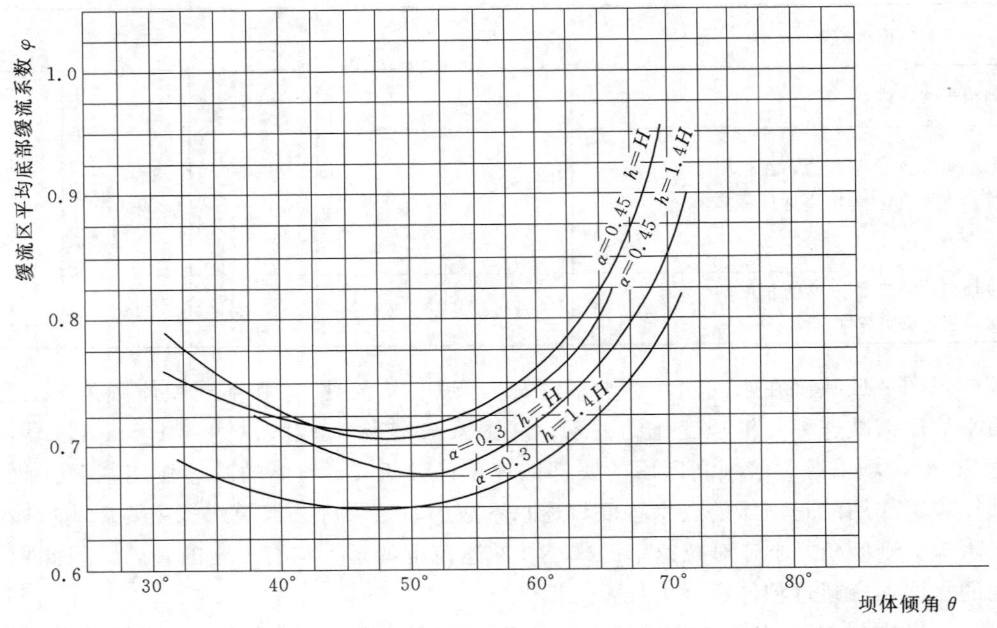

图 3　缓流区平均 φ—θ—α 关系曲线图

h—河道水深；H—格栅坝坝高；α—坝体透水系数

河流平面二维水流数学模型在抚河中的应用

金腊华

江西省水利科学研究所

摘　要：本文提出了天然河道平面二维水流流场计算的一种通用数学模型，该模型克服了天然河道边界形状复杂、长宽尺度相差悬殊和由于水位波动引起计算边界变化等困难。应用该模型对抚河中游柴埠口至焦石坝河段洪水与中水水流流场进行了数值计算。计算结果表明，该模型具有较好的数学特性。

关键词：水流模拟；数学基础；抚河

1　概述

流场的计算是温度场，浓度场与泥沙运动计算的基础。由于天然河道的边界一般都很复杂，即使对天然河道的水流进行平面二维计算，其计算量及储存量也较大，所采用的数值方法是否有效合理，会直接影响到模型的实用性。本文根据陈景仁提出的有限解析法和李义天博士关于“河流平面二维水流数学模型的特性”[3]的基本思想，用单元插值函数近似代替其解析解，建立了一种既能保持有限解析法计算储存量小的特点，又能适用于不规则河道边界的水流流场的计算数学模型。该模型用于计算抚河中游柴埠口至焦石坝河段洪水与中水水流流场，效果较好。

2　基本方程组

对于平面二维模型，水流运动的基本方程可表达为

$$\frac{\partial H}{\partial t}+\frac{\partial (Hu)}{\partial x}+\frac{\partial (HV)}{\partial y}=0 \tag{1}$$

$$\frac{\partial u}{\partial t}+u\frac{\partial u}{\partial x}+V\frac{\partial u}{\partial y}=u_t\nabla^2 u-g\frac{\partial (H+Z_b)}{\partial x}-gn^2u\frac{\sqrt{u^2+V^2}}{H^{4/3}} \tag{2}$$

$$\frac{\partial V}{\partial t}+u\frac{\partial V}{\partial x}+V\frac{\partial V}{\partial y}=u_t\nabla^2 V-g\frac{\partial (H+Z_b)}{\partial y}-gn^2V\frac{\sqrt{u^2+V^2}}{H^{4/3}} \tag{3}$$

式中：u、V 分别为 x、y 方向的垂线平均流速；H 为水深；Z_b 为河床高程；g 为重力加速度；n 为河床糙率；u_t 为紊流黏性系数；t 为时间。

本文发表于 1992 年。

3 数学模型

3.1 计算域的剖分

采用曲边四边形网格将计算域进行剖分。计算域物理平面与变换平面上的节点布置如图1所示，这样构成的网格单元实际上是一种九节点四边形等参单元。

图1 九节点四边形等参单元示意图

3.2 边界条件

3.2.1 进口条件

进口断面上一般给定垂线平均流速沿河宽的分布，即

$$u_0=u(x_0,y_0,t),V_0=V(x_0,y_0,t) \tag{4}$$

式中：角标"0"代表进口断面。

3.2.2 出口条件

出口断面一般要给定水位沿河宽的分布，即

$$\begin{aligned}Z_M&=Z(x_M,y_M,t)\\Z&=H+Z_b\end{aligned} \tag{5}$$

式中：角标"M"代表出口断面；Z为水位。

3.2.3 岸边条件

计算域的河床地形应当给定。岸边处需要给定沿岸边线的法向（以$\vec{N}_b$表示）流速W_{ab}及其沿法向的梯度$\dfrac{\partial W_{ab}}{\partial n_b}$。若边界处有排水，则应取$W_{ab}$为排水流速，否则应按不穿透条件取$W_{ab}=0$与$\dfrac{\partial W_{ab}}{\partial n_b}=0$。但是，岸边线受水位涨落的影响经常改变位置，为了使边界节点计算连续，应将岸边线取定为最高水位时的岸边线。当计算节点的实际水位低于河床高程时，可给该点赋予一个极小的虚拟水深，即按下式确定各节点水深：

$$H=\begin{cases}Z-Z_b & Z\geqslant Z_b+H_e\\ H_e\times\exp\left\{\dfrac{Z+Z_b-H_e}{H_e}\right\} & Z<Z_b+H_e\end{cases} \tag{6}$$

式中：H_e为计算控制最小水深，可取$H_e=0.1\text{m}$。

3.3 单元插值函数及任意函数在单元内的偏导数

九节点四边形等参单元的基函数可表达为

$$\varphi_i=\begin{cases}0.25(\xi\xi_i+\xi^2)(\eta\eta_i+\eta^2) & i=1,2,3,4\\ 0.5(\xi\xi_i+\eta\eta_i)(1+\xi\xi_i+\eta\eta_i)(1-\xi_i^2\eta^2-\xi^2\eta_i^2) & i=5,6,7,8\\ (1-\xi^2)(1-\eta^2) & i=9\end{cases} \tag{7}$$

任意函数 f 在单元内可写成

$$f=\sum_{i=1}^{9} f_i \varphi_i \quad (i\text{ 为单元节点}) \tag{8}$$

任意二阶可微函数 f 在单元内的一阶、二阶偏导数可表达成

$$\frac{\partial f}{\partial x}=\sum_{i=1}^{9} f_i a_i \tag{9}$$

$$\frac{\partial f}{\partial y}=\sum_{i=1}^{9} f_i b_i \tag{10}$$

$$\nabla^2 f=\sum_{i=1}^{9} f_i c_i \tag{11}$$

式中：a_i、b_i、c_i 都是差分系数。

a_i、b_i、c_i 的表达式为：

$$a_i=A\frac{\partial \varphi_i}{\partial \xi}+B\frac{\partial \varphi_i}{\partial \eta} \tag{12}$$

$$b_i=C\frac{\partial \varphi_i}{\partial \xi}+D\frac{\partial \varphi_i}{\partial \eta} \tag{13}$$

$$\begin{aligned} c_i=&(A^2+C^2)\frac{\partial^2 \varphi_i}{\partial \xi^2}+2(AB+CD)\frac{\partial^2 \varphi_i}{\partial \xi \partial \eta}+(B^2+D^2)\frac{\partial^2 \varphi_i}{\partial \eta^2} \\ &+\left(A\frac{\partial A}{\partial \xi}+B\frac{\partial A}{\partial \eta}+C\frac{\partial C}{\partial \xi}+D\frac{\partial C}{\partial \eta}\right)\frac{\partial \varphi_i}{\partial \xi} \\ &+\left(A\frac{\partial B}{\partial \xi}+B\frac{\partial B}{\partial \eta}+C\frac{\partial D}{\partial \xi}+D\frac{\partial D}{\partial \eta}\right)\frac{\partial \varphi_i}{\partial \eta} \end{aligned} \tag{14}$$

$$A=\sum_{i=1}^{9} y_i \frac{\partial \varphi_i}{\partial \eta}/J_{ac} \tag{15}$$

$$B=-\sum_{i=1}^{9} y_i \frac{\partial \varphi_i}{\partial \xi}/J_{ac} \tag{16}$$

$$C=-\sum_{i=1}^{9} x_i \frac{\partial \varphi_i}{\partial \eta}/J_{ac} \tag{17}$$

$$D=\sum_{i=1}^{9} x_i \frac{\partial \varphi_i}{\partial \xi}/J_{ac} \tag{18}$$

$$J_{ac}=\sum_{i=1}^{9} x_i \frac{\partial \varphi_i}{\partial \xi}\sum_{i=1}^{9} y_i \frac{\partial \varphi_i}{\partial \eta}-\sum_{i=1}^{9} x_i \frac{\partial \varphi_i}{\partial \eta}\sum_{i=1}^{9} y_i \frac{\partial \varphi_i}{\partial \xi} \tag{19}$$

3.4 基本方程组的离散

在以内点（x_i，y_i）为中心节点（$m=9$）的B类单元上（见图2），利用前述节点差分表达式，可将方程组（1）～（3）离散，得到内点（x_i，y_i）上的差分表达式。

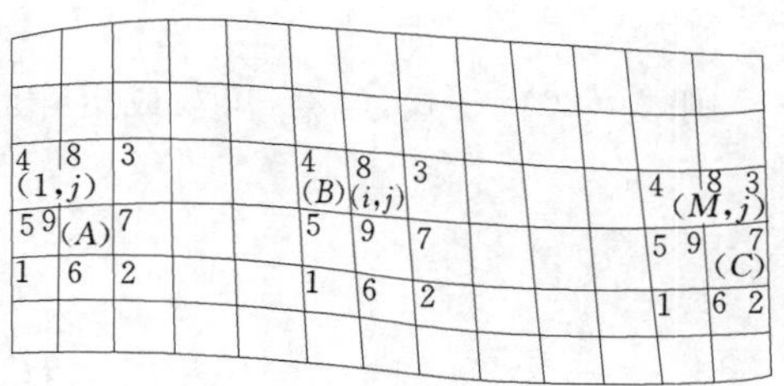

图2　网格与单元

将时间步长 Δt 一分为二。对于$\left(k-\frac{1}{2}\right)\Delta t$～$\left(k+\frac{1}{2}\right)\Delta t$ 时段，方程（1）、方程（2）可

离散为

$$H_{i,j,m}^{k+\frac{1}{2}}\left[1+2\Delta t\left(\frac{\partial u}{\partial x}+\frac{\partial V}{\partial y}\right)_{i,j,m}^{k-\frac{1}{2}}\right]+u_{i,j,m}^{k+\frac{1}{2}}\left(2\Delta t\,\frac{\partial H}{\partial x}\right)_{i,j,m}^{k-\frac{1}{2}}$$

$$=H_{i,j,m}^{k-\frac{1}{2}}-H_{i-1,j,m}^{k+\frac{1}{2}}+H_{i-1,j,m}^{k-\frac{1}{2}}-\left(2\Delta tV\,\frac{\partial H}{\partial y}\right)_{i,j,m}^{k-\frac{1}{2}} \tag{20}$$

$$H_{i,j,m}^{k+\frac{1}{2}}\left(2\Delta tgn^2u\,\frac{\sqrt{u^2+V^2}}{H^{7/3}}\right)_{i,j,m}^{k-\frac{1}{2}}+u_{i,j,m}^{k+\frac{1}{2}}\left[1+2\Delta t\left(\frac{\partial u}{\partial x}\right)_{i,j,m}^{k-\frac{1}{2}}\right]$$

$$=2\Delta tv_t(\nabla^2u)_{i,j,m}^{k-\frac{1}{2}}+u_{i,j,m}^{k-\frac{1}{2}}+u_{i-1,j,m}^{k-\frac{1}{2}}-u_{i-1,j,m}^{k+\frac{1}{2}}-2\Delta t\left(V\,\frac{\partial u}{\partial y}+g\,\frac{\partial Z}{\partial x}\right)_{i,j,m}^{k-\frac{1}{2}} \tag{21}$$

对于$k\Delta t$～$(k+1)\Delta t$时段，方程（1）～方程（3）可离散为

$$H_{i,j,m}^{k+1}\left[1+2\Delta t\left(\frac{\partial u}{\partial x}+\frac{\partial V}{\partial y}\right)_{i,j,m}^{k}\right]+V_{i,j,m}^{k+1}\left(2\Delta t\,\frac{\partial H}{\partial y}\right)_{i,j,m}^{k}$$

$$=H_{i,j,m}^{k}+H_{i,j-1,m}^{k}-H_{i,j-1,m}^{k+1}-\left(2\Delta tu\,\frac{\partial H}{\partial x}\right)_{i,j,m}^{k} \tag{22}$$

$$H_{i,j,m}^{k+1}\left(2\Delta tgn^2V\,\frac{\sqrt{u^2+V^2}}{H^{7/3}}\right)_{i,j,m}^{k}+V_{i,j,m}^{k+1}\left[1+2\Delta t\left(\frac{\partial V}{\partial y}\right)_{i,j,m}^{k}\right]$$

$$=2\Delta tv_t(\nabla^2V)_{i,j,m}^{k}+V_{i,j,m}^{k}+V_{i,j-1,m}^{k}-V_{i,j-1,m}^{k+1}-2\Delta t\left(u\,\frac{\partial V}{\partial x}+g\,\frac{\partial Z}{\partial y}\right)_{i,j,m}^{k} \tag{23}$$

若令

$$M_1=\begin{bmatrix}1+2\Delta t\left(\frac{\partial u}{\partial x}+\frac{\partial V}{\partial y}\right)_{i,j,m}^{k-\frac{1}{2}} & 2\Delta t\left(\frac{\partial H}{\partial x}\right)_{i,j,m}^{k-\frac{1}{2}}\\ 2\Delta tgn^2\left(u\,\frac{\sqrt{u^2+V^2}}{H^{7/3}}\right)_{i,j,m}^{k-\frac{1}{2}} & 1+2\Delta t\left(\frac{\partial u}{\partial x}\right)_{i,j,m}^{k-\frac{1}{2}}\end{bmatrix}$$

$$M_2=\begin{bmatrix}1+2\Delta t\left(\frac{\partial u}{\partial x}+\frac{\partial V}{\partial y}\right)_{i,j,m}^{k} & 2\Delta t\left(\frac{\partial H}{\partial x}\right)_{i,j,m}^{k}\\ 2\Delta tgn^2\left(V\,\frac{\sqrt{u^2+V^2}}{H^{7/3}}\right)_{i,j,m}^{k} & 1+2\Delta t\left(\frac{\partial V}{\partial y}\right)_{i,j,m}^{k}\end{bmatrix}$$

$$P_1=\begin{bmatrix}H_{i,j,m}^{k-\frac{1}{2}}-H_{i-1,j,m}^{k+\frac{1}{2}}+H_{i-1,j,m}^{k-\frac{1}{2}}-2\Delta t\left(V\,\frac{\partial H}{\partial y}\right)_{i,j,m}^{k-\frac{1}{2}}\\ 2\Delta t(v_t\ \nabla^2u)_{i,j,m}^{k-\frac{1}{2}}+u_{i,j,m}^{k-\frac{1}{2}}+u_{i-1,j,m}^{k-\frac{1}{2}}-u_{i-1,j,m}^{k+\frac{1}{2}}-2\Delta t\left(V\,\frac{\partial u}{\partial y}+g\,\frac{\partial Z}{\partial x}\right)_{i,j,m}^{k-\frac{1}{2}}\end{bmatrix}$$

$$P_2=\begin{bmatrix}H_{i,j,m}^{k}+H_{i,j-1,m}^{k}-H_{i,j-1,m}^{k+\frac{1}{2}}-2\Delta t\left(u\,\frac{\partial H}{\partial x}\right)_{i,j,m}^{k}\\ 2\Delta t(v_t\ \nabla^2V)_{i,j,m}^{k}+V_{i,j,m}^{k}+V_{i,j-1,m}^{k}-V_{i,j-1,m}^{k+1}-2\Delta t\left(u\,\frac{\partial V}{\partial x}+g\,\frac{\partial Z}{\partial y}\right)_{i,j,m}^{k}\end{bmatrix}$$

则式（20）～式（23）可写成矩阵形式

$$M_1X_1=P_1 \tag{24}$$

$$M_2X_2=P_2 \tag{25}$$

其中

$$X_1=\begin{bmatrix}H_{i,j,m}^{k+\frac{1}{2}}\\ u_{i,j,m}^{k+\frac{1}{2}}\end{bmatrix},X_2=\begin{bmatrix}H_{i,j,m}^{k+1}\\ V_{i,j,m}^{k+1}\end{bmatrix}$$

若再令

$$Q_1=\begin{bmatrix}1+2\Delta t\left(\dfrac{\partial u}{\partial x}+\dfrac{\partial V}{\partial y}\right)_{i,j,m}^{k-\frac{1}{2}} & 0\\ 0 & 1+2\Delta t\left(\dfrac{\partial u}{\partial x}\right)_{i,j,m}^{k-\frac{1}{2}}\end{bmatrix}$$

$$Q_2=\begin{bmatrix}1+2\Delta t\left(\dfrac{\partial u}{\partial x}+\dfrac{\partial V}{\partial y}\right)_{i,j,m}^{k} & 0\\ 0 & 1+2\Delta t\left(\dfrac{\partial V}{\partial y}\right)_{i,j,m}^{k}\end{bmatrix}$$

那么式（24）、式（25）可改写成

$$Q_1X_1=Q_1X_1-M_1X_1+P_1$$

$$Q_2X_2=Q_2X_2-M_2X_2+P_2$$

故，得到简单迭代式

$$X_1=(I-Q_1^{-1}M_1)X_1+Q_1^{-1}P_1 \tag{26}$$

$$X_2=(I-Q_2^{-1}M_2)X_2+Q_2^{-1}P_2 \tag{27}$$

为了加快迭代收敛速度，可采用点松弛迭代法，则应将式（26）、式（27）改写为：

$$\begin{aligned}X_1^{(k+\frac{1}{2})}&=\theta[(I-Q_1^{-1}M_1)X_1^{(k-\frac{1}{2})}+Q_1^{-1}P_1]+(1-\theta)X_1^{(k-\frac{1}{2})}\\&=(I-\theta Q_1^{-1}M_1)X_1^{(k-\frac{1}{2})}+\theta Q_1^{-1}P_1\\&=K_1X_1^{(k-\frac{1}{2})}+R_1\end{aligned} \tag{28}$$

$$\begin{aligned}X_2^{(k+1)}&=\theta[(I-Q_2^{-1}M_2)X_2^{(k)}+Q_2^{-1}P_2]+(1-\theta)X_2^{(k)}\\&=(I-\theta Q_2^{-1}M_2)X_2^{(k)}+\theta Q_2^{-1}P\\&=K_2X_2^{(k)}+R_2\end{aligned} \tag{29}$$

其中 $$K_1=I-\theta Q_1^{-1}P_1=\begin{bmatrix}1-\theta & -\left[\dfrac{2\theta\Delta t\dfrac{\partial H}{\partial x}}{1+2\Delta t\left(\dfrac{\partial u}{\partial x}+\dfrac{\partial V}{\partial y}\right)}\right]_{i,j,m}^{k-\frac{1}{2}}\\ \left[\dfrac{-2\theta\Delta t gr^2u\sqrt{u^2+V^2}}{\left(1+2\Delta t\dfrac{\partial u}{\partial x}\right)H^{7/3}}\right]_{i,j,m}^{k-\frac{1}{2}} & 1-\theta\end{bmatrix}$$

$$K_2=I-\theta Q_2^{-1}P_2=\begin{bmatrix}1-\theta & -\left[\dfrac{2\theta\Delta t\dfrac{\partial H}{\partial y}}{1+2\Delta t\left(\dfrac{\partial u}{\partial x}+\dfrac{\partial V}{\partial y}\right)}\right]_{i,j,m}^{k}\\ -\left[\dfrac{2\theta\Delta t gn^2V\sqrt{u^2+V^2}}{\left(1+2\Delta t\dfrac{\partial V}{\partial y}\right)H^{7/3}}\right]_{i,j,m}^{k} & 1-\theta\end{bmatrix}$$

$$R_1=\theta Q_1^{-1}P_1=\begin{bmatrix}\theta\dfrac{H_{i,j,m}^{k-\frac{1}{2}}+H_{i-1,j,m}^{k-\frac{1}{2}}-H_{i-1,j,m}^{k+\frac{1}{2}}-2\Delta t\left(V\dfrac{\partial H}{\partial y}\right)_{i,j,m}^{k-\frac{1}{2}}}{1+2\Delta t\left(\dfrac{\partial u}{\partial x}+\dfrac{\partial V}{\partial y}\right)_{i,j,m}^{k-\frac{1}{2}}}\\ \theta\dfrac{2\Delta t(v_t\ \nabla^2 u)_{i,j,m}^{k-\frac{1}{2}}+u_{i,j,m}^{k-\frac{1}{2}}+u_{i-1,j,m}^{k-\frac{1}{2}}-u_{i-1,j,m}^{k+\frac{1}{2}}-2\Delta t\left(V\dfrac{\partial u}{\partial y}+g\dfrac{\partial Z}{\partial x}\right)_{i,j,m}^{k-\frac{1}{2}}}{1+2\Delta t\left(\dfrac{\partial u}{\partial x}+\dfrac{\partial V}{\partial y}\right)_{i,j,m}^{k-\frac{1}{2}}}\end{bmatrix}$$

$$R_2=\theta Q_2^{-1}P_2=\begin{bmatrix}\theta\dfrac{H_{i,j,m}^{k}+H_{i,j-1,m}^{k}-H_{i,j-1,m}^{k+1}-2\Delta t\left(u\dfrac{\partial H}{\partial y}\right)_{i,j,m}^{k}}{1+2\Delta t\left(\dfrac{\partial u}{\partial x}+\dfrac{\partial V}{\partial y}\right)_{i,j,m}^{k}}\\ \theta\dfrac{2\Delta t(v_t\ \nabla^2 u)_{i,j,m}^{k}+V_{i,j,m}^{k}+V_{i,j-1,m}^{k}-V_{i,j-1,m}^{k+1}-2\Delta t\left(u\dfrac{\partial V}{\partial X}+g\dfrac{\partial Z}{\partial y}\right)_{i,j,m}^{k}}{1+2\Delta t\left(\dfrac{\partial u}{\partial x}+\dfrac{\partial V}{\partial y}\right)_{i,j,m}^{k}}\end{bmatrix}$$

式中：上角标代表迭代次数；θ 为松弛迭代因子（$0<\theta<2$）。

进口断面上的节点只能位于图 2 中的 A 类单元上，在该类单元上以 $m=5$ 的差分表达式代入水流连续方程（1），可得到差分方程：

在 $\left(k-\dfrac{1}{2}\right)\Delta t\sim\left(k+\dfrac{1}{2}\right)\Delta t$ 时段

$$H_{1,j,m}^{k+\frac{1}{2}}=H_{1,j,m}^{k-\frac{1}{2}}\frac{1}{1+\Delta t\left(\dfrac{\partial u}{\partial x}+\dfrac{\partial V}{\partial y}\right)_{1,j,m}^{k-\frac{1}{2}}}-\Delta t\left[\frac{u\dfrac{\partial H}{\partial x}+V\dfrac{\partial H}{\partial y}}{1+\Delta t\left(\dfrac{\partial u}{\partial x}+\dfrac{\partial V}{\partial y}\right)}\right]_{1,j,m}^{k-\frac{1}{2}}\tag{30}$$

在 $k\Delta t\sim(k+1)\Delta t$ 时段

$$H_{1,j,m}^{k+1}=H_{1,j,m}^{k}\frac{1}{1+\Delta t\left(\dfrac{\partial u}{\partial x}+\dfrac{\partial V}{\partial y}\right)_{1,j,m}^{k}}-\Delta t\left[\frac{u\dfrac{\partial H}{\partial x}+V\dfrac{\partial H}{\partial y}}{1+\Delta t\left(\dfrac{\partial u}{\partial x}+\dfrac{\partial V}{\partial y}\right)}\right]_{1,j,m}^{k}\tag{31}$$

由于进口断面各节点的垂线平均流速 $u_{1,j}$，$V_{1,j}$（$j=1$，2，…，N）可知，故据式（30）、式（31）可求出各节点水深 $H_{1,j}$（$j=1$，2，…，N）。

在出口断面，各节点的水深可由水位减去河床高程直接得到，而各节点的垂线平均流速 u_{Mj}，$V_{M,j}$ 可用 $m=7$（见图 2 中单元 C）的差分表达式将水流运动方程（2）～（3）离散后迭代求出，即

在 $\left(k-\dfrac{1}{2}\right)\Delta t\sim\left(k+\dfrac{1}{2}\right)\Delta t$ 时段，方程（2）可离散成

$$u_{M,j,m}^{k+\frac{1}{2}}=\frac{\Delta t(v_t\ \nabla^2 u)_{M,j,m}^{k-\frac{1}{2}}+u_{M,j,m}^{k-\frac{1}{2}}-\Delta t\left(V\dfrac{\partial u}{\partial y}+g\dfrac{\partial Z}{\partial x}\right)_{M,j,m}^{k-\frac{1}{2}}}{\left[1+\Delta t\dfrac{\partial u}{\partial x}+n^2 g\Delta t\left(\dfrac{\sqrt{u^2+V^2}}{H^{4/3}}\right)\right]_{M,j,m}^{k-\frac{1}{2}}}\tag{32}$$

在 $k\Delta t\sim(k+1)\Delta t$ 时段，方程（3）可离散成

$$V_{M,j,m}^{k+1}=\frac{\Delta t(v_t\ \nabla^2 V)_{M,j,m}^k+V_{M,j,m}^k-\Delta t\left(u\dfrac{\partial V}{\partial x}+g\dfrac{\partial Z}{\partial y}\right)_{M,j,m}^k}{\left[1+\Delta t\dfrac{\partial V}{\partial y}+n^2 g\Delta t\left(\dfrac{\sqrt{u^2+V^2}}{H^{4/3}}\right)\right]_{M,j,m}^k} \tag{33}$$

根据边界条件和迭代式（28）～式（33），便可求出计算域内各节点的水深和垂线平均流速。可以证明，式（28）～式（33）具有较高的精度，较好的连续性和较快的迭代收敛速度，有关这方面的论证将另文讨论。

3.5 若干关键性问题的处理

3.5.1 平面二维糙率的确定

有些平面二维水流数学模型直接取一维糙率进行二维水流计算，这样处理显然较粗略，H. J. deVriend 和 H. J. Geldof 提出了一个计算二维阻力的经验公式[2]

$$C=C_0+\frac{g}{k}\ln\frac{H}{H_0} \tag{34}$$

式中：C 为二维谢才系数；C_0 为某参考水深 H_0 下的谢才系数；k 为卡门常数。

李义天博士通过分析实测资料，提出了一个确定糙率的沿河宽分布的计算公式[3]，即

$$n=\frac{n_0}{f(\eta)}\left(\frac{J}{J_0}\right)^{1/2} \tag{35}$$

式中：n 为二维糙率；n_0 为一维糙率；J_0 与 J 分别为一、二维比降；$f(\eta)$ 为经验系数。

3.5.2 紊流黏性系数的确定

迄今为止，已提出很多确定紊流黏性系数 v_τ 的模式。但从减少计算量和储存量的角度来看，对 v_τ 的计算不宜采用高阶紊流模型。根据 J. W. Elder 的研究成果[4]，本文建议 v_τ 的计算式为：

$$v_\tau=0.6HU_* \tag{36}$$

式中：U_* 为水流摩阻流速。

3.5.3 非恒定流问题

对于一般河流泥沙问题，需要计算的洪水过程短则数小时，长则可达数十年以上，按式（28）～式（33）迭代求解水流流场，其计算量及储存量往往十分巨大，甚至难以实现。为了减少计算量，可将需要计算的洪水过程划分为若干个梯级，将每个梯级内的水流视为恒定流并以其平均流量代表之。对于每一梯级，可按式（28）～式（33）迭代计算，迭代进行到前后两个时刻的计算结果之差小于允许值为止。

3.5.4 迭代初值的确定

本文先采用一维方法推求计算河段的水面线，用所得结果作为各断面水位的迭代初值；然后大致估计回流范围；在主流区用一维均匀流公式计算出各垂线的平均流速，将其分解成 x、y 方向上的流速，用作流速的迭代初值。回流区流速的迭代初值则可按下式[3]确定

$$u=\begin{cases}u_b\sin\alpha & 0\leqslant\alpha<\dfrac{\pi}{2}\\ -0.5u_b\sin\alpha & \dfrac{\pi}{2}\leqslant\alpha\leqslant\dfrac{3\pi}{2}\end{cases} \tag{37}$$

式中：u_b 为靠近回流交界面的流速在 x 方向上的流速；$\alpha=\frac{3\pi}{2}\frac{B_x}{B_S}$；$B_x$ 为起点距；B_S 为回流宽度。用同样的方法可确定回流区 y 方向上流速的迭代初值。

4 抚河柴埠口至焦石坝河段水流流场的数值计算

4.1 河段概况

柴埠口至焦石坝河段位于抚河中游，介于柴埠口东干渠进水闸下游至焦石水利枢纽上游之间，总长约 4km，属于宽浅式平原河道。河道两岸有防洪堤，中高水位河宽变化在 600～1400m 之间，平面形态呈微弯形。该河段多年平均流量为 430.5m^3/s，实测最大流量为 8480m^3/s。该河段中存在回流和缓流，洪枯水期水流岸边界变化大。

4.2 流场计算结果

采用前述数学模型，笔者对柴埠口至焦石坝河段进行了平面二维水流流速场的计算。计算前先将该河段划分成 99 个小段，各段沿河宽剖分成 33 个小块，这样便在计算域上布置了 100×34 个节点、共计 99×33 个四边形单元。计算中取松弛迭代因子 $\theta=0.1$，时间步长 $\Delta t=1$s，水位允许误差 $|Z^{(k+1)}-Z^{(k)}|\leqslant 0.01$m，流速允许误差为 $|u^{(k+1)}-u^{(k)}|\leqslant$ 0.05m/s。

4.2.1 水流边界条件的确定

由于进口断面缺乏流速观测资料，因此无法直接给出进口断面垂线平均流速沿河宽分布。笔者根据进口断面的水位与流量的关系，按均匀流公式确定进口断面各垂线平均流速，并考虑到水流连续律要求，分析得到水流的进口条件。即

由于
$$u_{1,j}=\frac{1}{n_0}H_{1,j}^{2/3}J_0^{1/2}$$

$$Q=\sum_{j=1}^{33}(u_{1,j}H_{1,j}+u_{1,j+1}H_{1,j+1})\cdot\frac{1}{2}\sqrt{(x_{1,j+1}-x_{1,j})^2+(y_{1,j+1}-y_{1,j})^2}$$

故
$$u_{1,j}=\frac{2QH_{1,j}^{2/3}}{\sum_{j=1}^{33}[(H_{1,j}^{5/3}+H_{1,j+1}^{5/3})}\cdot\frac{1}{\sqrt{(x_{1,j+1}-x_{1,j})^2+(y_{1,j+1}-y_{1,j})^2]}} \tag{38}$$

出口断面水位可根据焦石枢纽泄流关系确定。

进、出口断面之间的水流岸边条件按不穿透条件给定。河床地形按 1989 年汛前地形给定。

4.2.2 洪水与中水流场

抚河柴埠口至焦石坝河段，根据 1989 年汛前的地形，当过流量分别为 900m^3/s，4000m^3/s 的洪水时，流场计算结果分别如图 3、图 4 所示。

由图 3 可见，在通过流量为 900m^3/s 的水流时，水流归槽，主流位于深槽深泓附近；在左侧大边滩的阻碍作用下，在该边滩下游端附近，水流形成了一个回流。由图 4 可见，在通过流量为 4000m^3/s 的水流时，水流漫滩，水流流速比中水时流速略小；在右岸一丁坝状障碍物阻挡下，其下游形成了一个回流。由此不难得出结论，本文所提出的平面二维水流数学模型的计算结果是比较合理的。

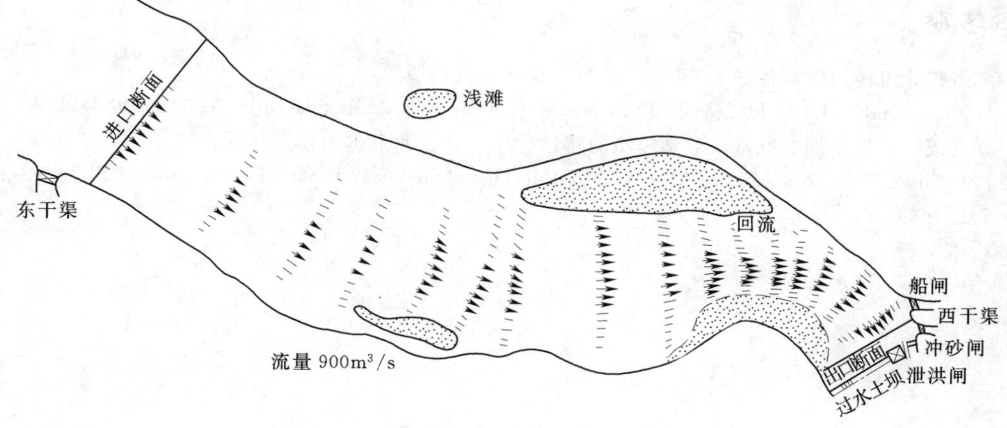

图 3　柴埠口—焦石坝河段中水流场

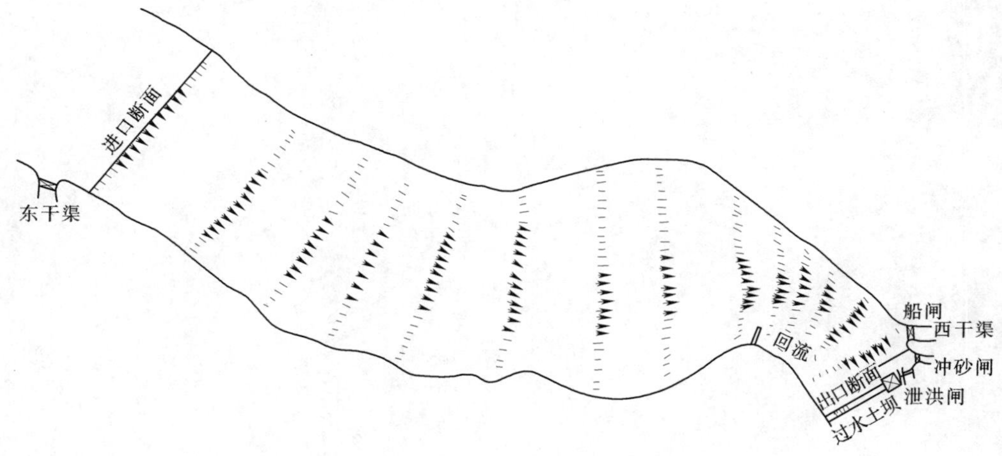

图 4　柴埠口—焦石坝河段洪水流场

5　结语

（1）本文根据有限解析法的思路、用单元插值函数代替解析解所建立的平面二维水流数学模型，能适应复杂的河流边界，且可克服由于水位波动引起水流岸边界的变化。

（2）计算域的剖分应当以长宽尺度接近的四边形网格为宜。计算中，迭代因子应在区间（0，0.5）之内取值为佳，时间步长不可取得过大，这样有利于迭代加快收敛。

（3）较长的洪水过程可采用梯级化处理，并选取适当的迭代初值，这样可以大大减少计算工作量。

（4）采用本文的平面二维水流数学模型进行平原河流流场模拟，计算结果是比较合适的。

本文内容系江西省水利厅资助的科研项目的一部分。在此，笔者谨向该项目的立项付出辛勤努力的各位人士和参与该项目的各位同仁表示衷心感谢。

参考文献：

[1] 陈景仁．流体力学与传热学［M］．北京：国防工业出版社，1984.

[2] H Jde vriend，H J Geldof. Main Flow Velocity in Short River Bends［J］．ASCE，1983，119.

[3] 李义天．河道平面二维水流数学模型的特性［J］．武汉水利电力学院学报，1989. 1.

[4] J W Elder. The Dispersion of Marked Fluid in Turbulent Shear Flow［J］．Journal of Fluid Mechanics，1959，5，Part4.

趋孔水流运动与冲刷漏斗的成因研究

金腊华

江西省水利科学研究所

摘　要： 本文首先扼要介绍了国内外研究冲刷漏斗稳定形态与趋孔水流运动特性的现状，接着归纳了冲刷漏斗稳定形态的基本特征，详细陈述了笔者对趋孔水流运动的试验方法、观测手段和试验结果，得出了趋孔水流的流速分布特性，并据此解释了冲刷漏斗的形成与稳定原因。

关键词： 水流运动；冲刷坑；流速分布；成因

1　概述

底孔作为排泄洪水与泥沙的一种有效途径，已经在水库中得到了广泛的应用。底孔的开启与运用很容易在孔口门前形成一个冲刷漏斗，此冲刷漏斗的出现有利于防止孔口淤堵，实现“门前清”。因此，研究冲刷漏斗的形态及其形成与稳定原因是有实际价值的。

关于冲刷漏斗的稳定形态，已有不少试验研究成果和水库观测资料的分析结果。例如，丁联臻、熊绍隆等人通过水槽试验后，分别提出在坝前深水状态下将出现边坡为水下休止坡的冲刷漏斗[1,2]；金腊华通过概化模型试验后提出在坝前浅水状态下会出现边坡较缓的冲刷漏斗[3]；万兆惠等人调查了三门峡等水库的观测资料，建立了冲刷漏斗边坡坡降同水流泥沙因子之间的关系[4]。

关于趋孔水流的运动特性，也有一些试验观测结果。例如，丁联臻曾利用毕托管等设备观测过底孔前漏斗区内主流带的流速分布[1]；熊绍隆曾利用一维激光多普勒流速仪，观测过底孔前冲刷漏斗纵坡面上的流速分布[2]；N. Rajaratnam & J. A. Humphries 试验观测过底孔前近坝表涡（见图 3）的范围[5]；曹志先试验观测过底孔前水平河床上的水流流速分布[6]。

总而言之，迄今为止关于冲刷漏斗的形态探讨得比较深入，对此已可得出比较清楚的基本认识；而关于趋孔水流的流速分布特性却探讨得较少，对冲刷漏斗成因的研究也不够深入。

2　冲刷漏斗稳定形态的基本特征

冲刷漏斗的稳定形态可以用其平面形态。纵坡形态和横坡形态来反映，其中纵坡是漏

文中的试验得到了武汉水利电力学院谢鉴衡教授的指导，谨此致谢。

本文发表于 1992 年。

斗沿水流主流方向的剖面坡、横坡是贴近孔口沿垂直于水流主流方向漏斗的剖面坡，它们具有下列基本特征[3]：

(1) 冲刷漏斗的平面形态同底孔的引水方式密切相关。正向引水式底孔前冲刷漏斗的平面形态呈半圆形；而侧向引水式底孔前冲刷漏斗的平面形态呈“匙形”，且“匙柄”指向来流。

(2) 冲刷漏斗的纵坡主要受坝前泄流条件、来水来沙条件和坝前淤积物特性的影响。一般说来，若冲刷漏斗稳定于静平衡形态，亦即稳定后漏斗区床面上没有可观的泥沙运动，则冲刷漏斗的纵坡呈现为水下休止坡状态；若冲刷漏斗稳定于动平衡形态，亦即漏斗区处于输沙平衡状态，那么冲刷漏斗的纵坡既可能接近于也可能缓于水下休止坡，往往表现为：在坝前深水状态下呈现为水下休止坡状态，而在坝前浅水状态下呈现为缓于水下休止坡的状态。

(3) 冲刷漏斗的横坡主要受孔口两侧地形和邻孔泄流干扰的影响。对于能够自由发展的横坡往往呈现为接近于水下休止坡的状态。

(4) 冲刷漏斗底部至孔口底坎的深度（俗称孔前冲深）同孔口沙粒弗劳德数呈正比。

3 趋孔水流的运动特性

3.1 试验概况

为了深入认识趋孔水流的运动特性，笔者在长 30m、宽 50cm 的玻璃水槽中，进行了概化模型试验。概化模型是在水槽后半部安置一块挡水平板坝，该坝中央开凿一条进口高为 5cm 的泄水缝，缝口前槽底上安装了一个模型冲刷漏斗，它是由表面粘贴了废树脂颗粒的塑料板连接而成的。模型整体布置如图 1 所示。

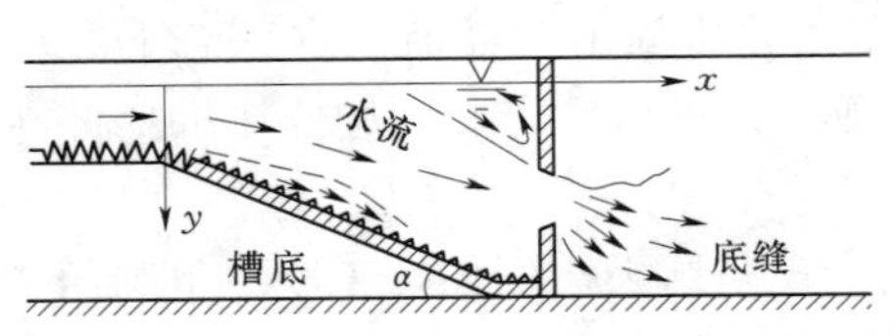

图 1 模型布置示意图

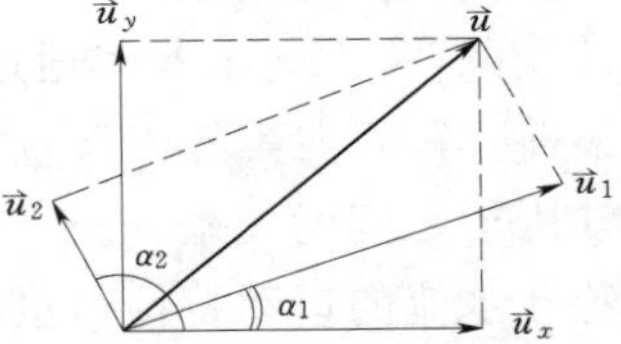

图 2 u_1、u_2 与 u_x、u_y 关系

在试验过程中，保持水流恒定。水流流速的观测是采用先进的大功率激光多普勒流速仪进行的。观测流场中任一点的流速 $\vec{u}=\vec{u}_{xi}+\vec{u}_{yi}$（其中 $\vec{i}$、$\vec{j}$ 各为 x、y 轴方向的单位矢量）时，先测出该点沿任意两个不同方向（记它们的方向角各为 α_1 与 α_2）上的流速值 u_1 与 u_2，如图 2 所示，然后按矢量投影原理求出该点的流速分量 u_x 与 u_y，亦即：

$$u_1=u_x\cos\alpha_1+u_y\sin\alpha_1 \tag{1}$$

$$u_2=u_x\cos\alpha_2+u_y\sin\alpha_2 \tag{2}$$

据式 (1)、式 (2) 不难求得

$$u_x=(u_i\sin\alpha_2-u_2\sin\alpha_i)/\sin(\alpha_2-\alpha_i) \tag{3}$$

$$u_y=(u_2\cos\alpha_i-u_i\cos\alpha_2)/\sin(\alpha_2-\alpha_i) \tag{4}$$

其中 $\alpha_1\neq\alpha_2$，u_1、u_2、u_x、u_y都是测点时均流速。

按照上述方法，笔者共观测了4组次底孔前漏斗区内的水流流场。在4组次的试验中，试验流量范围为$Q=6\sim13L/s$，孔口底坎以上的坝前水位范围为$H_w=17\sim25cm$，冲刷漏斗的纵坡角$\alpha=11°$、23°。表1是部分观测结果。

表1 **底缝前漏斗区流速试验观测部分成果表**

流量	7.6/(L·s^{-1})	纵坡角	23°	观测仪器	激光流速仪
x=0cm			x=4cm		
y/cm	u_x/(cm·s^{-1})	u_y/(cm·s^{-1})	y/cm	u_x/(cm·s^{-1})	u_y/(cm·s^{-1})
0.8	21.8	—	0.8	20.0	—
1.6	21.5	—	3.2	18.4	—
3.2	19.8	—	5.6	15.0	—
4.8	16.9	—	7.2	11.1	—
6.4	12.5	—	8.8	3.7	—
7.5	3.2	—	9.3	1.0	—
x=12cm			x=20cm		
y/cm	u_x/(cm·s^{-1})	u_y/(cm·s^{-1})	y/cm	u_x/(cm·s^{-1})	u_y/(cm·s^{-1})
0.8	17.2	—	0.8	15.2	0.8
1.6	17.0	—	3.2	14.7	2.3
3.2	16.5	0.8	6.4	12.9	3.2
4.8	15.5	1.3	9.7	9.6	3.2
7.2	12.4	0.9	11.4	6.8	3.1
9.7	7.6	0.7	13.1	−0.4	−0.1
11.4	−1.5	0.5	14.8	−2.6	−0.9
13.0	—	—	16.2	—	—
x=32cm			x=40cm		
y/cm	u_x/(cm·s^{-1})	u_y/(cm·s^{-1})	y/cm	u_x/(cm·s^{-1})	u_y/(cm·s^{-1})
0.8	13.3	0.6	0.8	−2.0	0.6
2.4	16.8	1.2	2.4	−0.8	1.8
4.8	15.8	1.7	4.0	1.0	3.0
9.7	12.4	2.4	6.4	6.4	4.4
16.5	4.5	2.0	11.4	18.5	2.5
18.2	−2.1	−0.8	18.2	10.0	1.8
19.9	−1.8	−1.0	23.3	4.3	0.6
21.3	—	—	24.5	—	—
x=48cm			x=55cm		
y/cm	u_x/(cm·s^{-1})	u_y/(cm·s^{-1})	y/cm	u_x/(cm·s^{-1})	u_y/(cm·s^{-1})
0.8	−5.1	0.2	0.8	−5.0	−0.3
4.0	−3.0	3.4	4.0	−2.6	1.4
5.6	1.2	5.1	6.4	0.5	4.8
8.0	10.0	7.2	13.1	24.2	11.4
13.1	24.2	11.1	16.5	30.2	7.2
19.9	11.2	0.1	18.2	28.2	1.2
23.3	7.4	−1.4	25.0	16.4	−4.3
28.0	0.5	−0.4	29.0	2.0	−0.8

3.2 流速

底缝进水口前漏斗区内剖面二维水流的流势如图 3 所示。

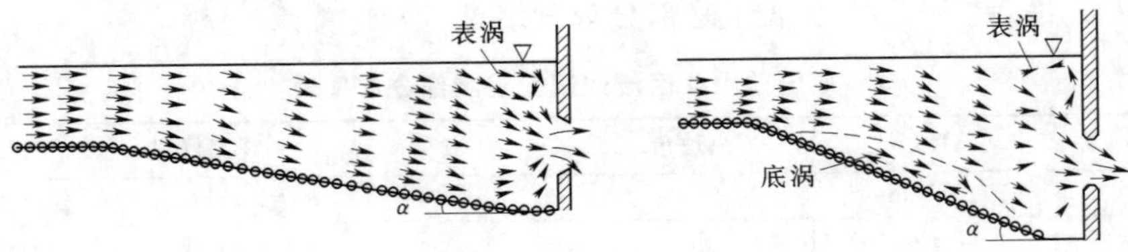

图 3 漏斗区内剖面二维水流流势示意图

当水流进入冲刷漏斗后，它将在冲刷漏斗的纵坡面上沿程扩散，并逐渐生成铅直向下的流速分量。当坝前水流逼近孔口时，它将向孔口汇集，主流位置流程下潜直至接近孔口。与此同时，在坝前靠近水面的区域内形成一个平轴回流，俗称之为近坝表涡。在贴近漏斗纵坡坡面的区域内，若纵坡陡峻（在试验中当纵坡角 α 为 23°时）会出现一个滞流区或底涡区，若纵坡缓和（试验中当纵坡角 α 为 11°时）则不会出现滞流区或底涡区，如图 3 所示。

3.3 流速分布

底孔前漏斗区内水流的水平流速分布和铅直向下的流速分布如图 4、图 5 所示。为了叙述方便，将漏斗区划分为两段，其中第一段靠近缝口称为收缩段；第二段远离缝口称为扩散段。下面来阐述这两段的流速分布特性。

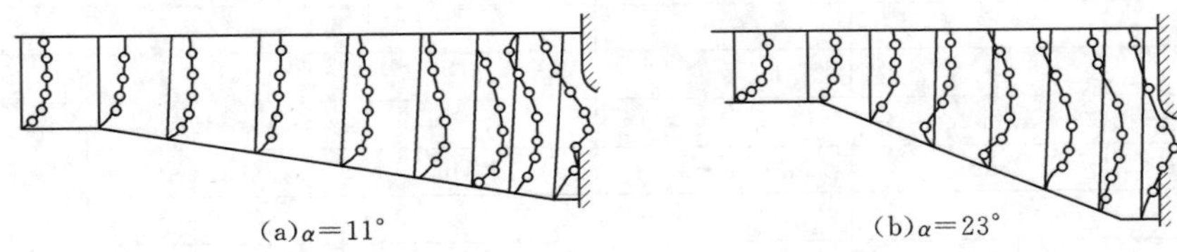

(a)$\alpha=11°$　　(b)$\alpha=23°$

图 4 漏斗区内水流的水平流速分布示意图

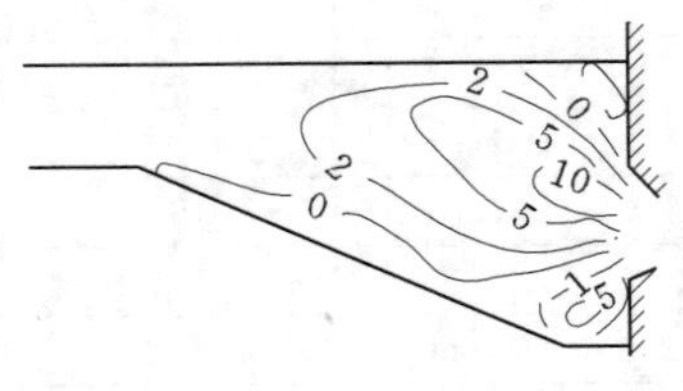

图 5 漏斗区内水流的铅直流速分布示意图

3.3.1 扩散段的水平流速分布特性

试验观测表明，扩散段水流的水平流速分布具有如下特性：

（1）水平流速沿水深递减，由水面流速递减到近底水流扩散边界点的零流速。

（2）水平流速沿流程递减。

（3）在本文的试验条件下，近底水流的扩散边界线在扩散段内为一条直线，扩散角接近于 14°。

下面来推求扩散段水流的水平流速分布公式。

对于剖面二维水流，Navior－Stokes 方程组进行时间平均后可以写成

$$u_x\frac{\partial u_x}{\partial x}+u_y\frac{\partial u_x}{\partial y}=-\frac{1}{\rho}\frac{\partial p}{\partial x}+\frac{\partial}{\partial x}\left(\frac{p'_{xx}}{\rho}\right)+\frac{\partial}{\partial y}\left(\frac{\tau'_{xy}}{\rho}\right)+\nu\Delta u_x \tag{5}$$

$$u_x \frac{\partial u_y}{\partial x}+u_y \frac{\partial u_y}{\partial y}=g-\frac{1}{\rho}\frac{\partial p}{\partial y}+\frac{\partial}{\partial x}\left(\frac{\tau'_{xy}}{\rho}\right)+\frac{\partial}{\partial y}\left(\frac{p'_{yy}}{\rho}\right)+\nu\Delta u_y \tag{6}$$

$$\frac{\partial u_x}{\partial x}+\frac{\partial u_y}{\partial y}=0 \tag{7}$$

针对扩散段主流区，可作下列处理：①认为动水压强满足静压分布律；②忽略水体的黏滞切应力和紊动正应力；③假定纵向流速占优，即设 $u_x \gg u_y$ 和$\frac{\partial u_x}{\partial x}$同$\frac{\partial u_x}{\partial y}$同量级；④采用 Boussinesq 假设，取 $\tau'_{xy}=\rho v_t \frac{\partial u_x}{\partial y}$，且令 $v_t=\lambda H_d u_x$。那么，方程式（5）成为

$$u_x \frac{\partial u_x}{\partial x}=\lambda H_d\left[\left(\frac{\partial u_x}{\partial y}\right)^2+u_x \frac{\partial^2 u_x}{\partial y^2}\right] \tag{8}$$

式中：λ 为系数；H_d 为主流区水深。

令

$$\left.\begin{array}{l} u^+=\dfrac{u_x}{u_0},\ H_d^+=\dfrac{H_d}{H_0},\ \lambda^+=\dfrac{\lambda L_s}{H} \\ x^+=\dfrac{x}{L_s},\ y^+=\dfrac{y}{H} \end{array}\right\} \tag{9}$$

式中：u_0、H 为明渠行近流的垂线平均流速和水深；L_s 为漏斗长度；上标“+”代表无量纲。将式（9）代入式（8），则

$$u^+\frac{\partial u^+}{\partial x^+}=\lambda^+ H_d^+\left[\left(\frac{\partial u^+}{\partial y^+}\right)^2+u^+\frac{\partial^2 u^+}{\partial y^{+2}}\right] \tag{10}$$

采用分离变量法求解方程式（10）：

令

$$u^+=X(x^+)Y(y^+) \tag{11}$$

那么，由方程式（10）可得到

$$\frac{X'}{\lambda^+ H_d^+ X}=\frac{Y'^2+YY''}{Y^2} \tag{12}$$

记上式的比值为$-k$，则方程式（12）可写成

$$X'+k\lambda^+ H_d^+ X=0 \tag{13}$$

$$\left(\frac{Y'}{Y}\right)^2+\frac{Y''}{Y}=-k \tag{14}$$

方程式（13）的解为

$$X_{(x^+)}=\exp\left[-\lambda^+ k\left(x^++\frac{L_s}{2H}\right)\tan\beta\cdot x^{+2}\right] \tag{15}$$

方程式（14）的解为

$$Y(y^+)=\left(\frac{c_i}{k}\right)^{0.25}\sqrt{\cos\left(\sqrt{\frac{k}{2}}y^++c_2\right)} \tag{16}$$

将式（15）、式（16）代入式（11），得到

$$u^+=\left(\frac{c_1}{k}\right)^{0.25}\sqrt{\cos\left(\sqrt{\frac{k}{2}}y^++c_2\right)}\cdot\exp\left[-\lambda^+ k\left(x^++\frac{L_s}{2H}\tan\beta\cdot x^{+2}\right)\right] \tag{17}$$

式中：c_1、c_2 为待定常数；β 为漏斗纵坡面上近底水流的扩散角。

根据试验资料反求式（17）中的待定系数与常数后发现，在本文的试验条件下，扩散段水流主流区内水平流速的分布可表示为：

$$-u^{+}=1.1\sqrt{\cos\left(\frac{\pi y^{+}}{2H_d^{+}}\right)}\cdot\exp\left[-1.05\cdot\left(x^{+}+\frac{L_s}{2H_0}\tan\beta\cdot x^{+2}\right)\right]\tag{18}$$

从式（18）不难发现，扩散段主流区内水流的水平流速沿流程按指数律递减、沿水深按余弦函数律递减，并不满足一般明渠均匀流中的流速分布律。

3.3.2 收缩段的水平流速分布特征

试验结果表明，收缩段水平流速分布具有下列特征：

（1）主流流速沿程递增。

（2）表层流速沿程递减，在表流开始下潜点流速递减到零。在近坝表涡区内，水流下潜到自由水面以下，如图 3、图 4 所示。

（3）底层流速沿程递增，在纵坡面上有贴坡回流（即底涡）层的条件下，回流层的厚度沿程递减。

（4）水平流速沿水深分布的总趋势是上层与下层流速小而齐缝层流速大。

由于收缩段水流的边界条件复杂，其流速分布目前尚难以从理论上来推求。

3.3.3 漏斗区铅直流速的分布特征

底缝进水口前漏斗区内水流的铅直流速分布如图 5 所示，它具有下列基本特征：

（1）扩散段主流区内铅直流速都是铅直向下的，流速值一般小于明渠行近流速的 10%。

（2）收缩段铅直流速的方向有向下的，也有向上的，主流区内的分布趋势是缝口中心以上铅直向下，而缝口中心以下铅直向上。

（3）贴坡底涡中的逆流层内水流铅直流速都是铅直向上的方向。

3.4 流场分析

当水流进入漏斗区后，由于漏斗纵坡面上的过水深度沿程增加，造成了扩散段水流的沿程扩散。若纵坡陡峻，在冲刷漏斗纵坡的坡顶附近河床比降由明渠流河床比降突然增大到漏斗纵坡降，由于水流的惯性作用，近底水流会不能保持贴体状态而在纵坡面上发生水流分离现象，主流区水流对分离区水体的摩擦带动为底涡生成提供了动力。分离层的厚度取决于纵坡角与纵坡面上近底水流扩散角的差值大小，其中近底水流的扩散角主要受行近流流速、河床粗糙程度和水流弗劳德数等因素的影响。

当水流逼近缝口时，主流的位置必须沿程下降向缝口中心高程逼近，这样水流才能流畅地进入底缝，水流是从主流带中流向缝口的。正是由于这个原因，在主流带之上的区域内会形成一个滞流区，此滞流区的水体在主流区水流的摩擦带动下而形成表涡。不难推断，表涡的最大厚度和长度主要受缝口以上的水头、缝口泄流量等因素的影响。

4 冲刷漏斗的形成与稳定机理

在底缝有压泄流的条件下，坝前总是保持壅水状态，若坝前泥沙淤积已经达到了平衡状态，那么水流由明渠行近流过渡到有压底缝泄流将经过一个先扩散后收缩的过程。与此相应，河床高程由高转低必然形成一个冲刷漏斗。值得指出的是明渠行近流的河底高程受坝前运用水位的控制，其侵蚀基点为坝前运用水位减去一个正常水深；而冲刷漏斗的底部高程则受缝口底坎高程的控制，其侵蚀基点为缝口底坎高程减去缝前冲深。由于近缝水流结构不可能影响明渠行近流的河底高程，对于运用水位较高的深水底缝，其泄流规模相对于库容一般都不大，因而行近流速较小，扩散段或因边界层分离出现与主流反向的底涡，或因行近流速过小虽无底涡出现但流速垂向分布明显变化，使近底流速较行近流段更小，从而使漏斗纵坡接近于水下休止坡并能相对稳定；而对于运用水位较低的浅水底缝以及坝前淤积远未达到平衡状态的深水底缝，坝前水流的扩散程度（前者还包括收缩程度）均比较小，致使扩散段不可能出现边界层分离，近底层流速减小的流速垂向分布变化也不显著，漏斗纵坡直接处于主流之中，因而坡度一般明显缓于水下休止坡。

上述关于底缝前冲刷漏斗的形成与稳定机理的解释，对于底孔前冲刷漏斗同样适用。笔者曾在玻璃水槽中，对底缝与底孔前的冲刷漏斗形态进行过试验研究，并对所收集到的一些大中型水库的坝前冲刷漏斗资料进行过分析[3]。试验与分析结果表明，在底孔或底缝有压泄流的条件下（即当判别因子$\frac{H_w}{e}\ \frac{H_w}{H_w-h_s}>1$时），其进水口前只要泥沙淤积面高程不低于进水口底坎，则冲刷漏斗就会形成；深水底孔或底缝$\left(当\frac{H_w}{e}\ \frac{H_w}{H_w-h_s}>10时\right)$进水口前将形成纵坡接近于水下休止坡的冲刷漏斗，而浅水底孔或底缝$\left(当\frac{H_w}{e}\ \frac{H_w}{H_w-h_s}<5时\right)$进水口前将形成纵坡较缓的冲刷漏斗[3]。

需要指出的是明渠行近流段也可能出现底坡较明渠均匀流底坡陡的状态，但这已不是近孔水流结构影响所致，而是行近流段河床变形滞后于水流条件变化所形成的溯源冲刷，其长度比冲刷漏斗长度大得多，可达数十甚至上百公里。

5 结语

趋孔水流结构与冲刷漏斗的形成与稳定机理都是十分复杂的问题，本文主要依据试验手段，做了一些初步探讨，得到下列主要结论：

（1）冲刷漏斗的稳定形态可用其纵坡、横坡、平面形态和孔前冲深来反映。

（2）冲刷漏斗的平面形态同底孔的引水方式密切相关；漏斗的纵坡主要受坝前泄流条件、来水来沙条件和坝前淤积物的影响。漏斗的横坡主要受底孔孔口两侧地形和邻孔泄流干扰的影响。

（3）漏斗区水流的速度分布不同于一般明渠流中的流速分布，前者比后者复杂得多，且有明显的回流存在。

（4）冲刷漏斗的成因与稳定机理同底孔前水流结构密切相关，底孔前特有的水流边界条件与水流结构是冲刷漏斗得以生成的重要原因。

参考文献：

[1] 丁联臻．引水式水电站进水建筑物中有关排沙道的几个问题［J］．泥沙研究，1975.
[2] 熊绍隆．底孔前散粒泥沙冲刷漏斗形态研究［J］．泥沙研究，1989.

[3] 金腊华．水库引、排水底孔前冲刷漏斗形态的探讨 [J]．武汉水利电力学院学报，1991．
[4] 严镜海，许国光．水利枢纽电站的防沙布置问题的综合分析//第一届国际河流泥沙学术讨论会论文集．1980.
[5] N. Rajaratnam，J. A. Humphries. Free Flow Up-Stream of Vertical Sluicegate. Journal of Hydraulic Research，ASCE，1982，29.
[6] 曹志先．用一维激光多普勒测速系统测量恒定二维流场 [J]．武汉水利电力学院学报，1990，2 -3.

试论水库排沙底孔进水口前冲刷漏斗形态的主要影响因素

金腊华

江西省水利科学研究所

摘　要： 水利工程中普遍设置底孔来泄洪排沙。当底孔闸门开启后，近孔水流向孔口汇集，孔口前河床在大流速水流的动力作用下，极易发生局部冲刷而形成冲刷漏斗。此冲刷漏斗的出现有利于防止孔口淤堵和减少粗沙入孔。关于冲刷漏斗的稳定形态，以往曾提出了一些经验估算方法。本文根据黄河上游刘家峡等大中型水库的实测资料，对影响底孔前冲刷漏斗稳定形态的因素进行了分析，指出其主要影响因素是坝前泄流条件、来水来沙条件和坝前淤积物的物理化学特性，并建立了定量估算冲刷漏斗稳定形态的公式，对实际工程中合理设计底孔型式的基本原则亦作了简短的陈述。

关键词： 底孔；局部冲刷，河床形态；因素分析

1　引言

水库库区泥沙淤积问题是水利工程中亟待解决的一个重大课题。目前工程中普遍采用底孔来排泄坝前淤积物。底孔闸门开启后，坝前水流向孔口汇集，孔口附近的流速很大，甚易造成孔口前河床局部冲刷而形成一种漏斗状冲刷坑，工程上习惯称为冲刷漏斗。冲刷漏斗的形态与规模在一定程度上反映了底孔排沙的效果，对其进行探讨有利于合理地设计、布置与运用底孔。

早在 20 世纪五、六十年代，丁联臻、朱鹏程等人就在玻璃水槽中进行了试验研究，提出在大多数情况下冲刷漏斗的边坡接近于水下休止坡的观点、70 年代，万兆惠等人分析了三门峡等水库的观测资料，建立了漏斗边坡坡降同水沙综合因子$\frac{QV_g}{V_{01}h_s^2}$的关系（其中 Q、V_g 各为底孔泄流量与孔口流速，V_{01} 为淤积物在 1m 水深下的起动流速，h_s 为孔口底坎以上的淤积厚度）；80 年代，熊绍隆对深水底孔进水口前冲刷漏斗形态进行了试验研究；笔者利用概化模型，对深、浅水底孔和侧向引水底孔的进水口前冲刷漏斗形态，做了系统的试验研究，认识到在深水状态下漏斗边坡总是接近于水下休止坡，而在浅水状态下漏斗边坡既可能接近也可能缓于水下休止坡。另外，还有一些科研单位也对冲刷漏斗形态问题做了不少试验研究工作。

本文发表于 1991 年。

2 冲刷漏斗形态的基本特征

为了深入认识孔口前冲刷漏斗形态，笔者实地调查了黄河上游刘家峡、盐锅峡、八盘峡和青铜峡水库以及黄河中游三门峡水库的冲刷漏斗形态，收集了这些水库以及永定河官厅水库、白龙江碧口水库的实测资料。通过分析水库实测资料（见表 1）和一些室内试验资料，发现冲刷漏斗形态具有下列基本特征：

（1）漏斗平面形态同底孔引水方式密切相关；正向引水孔前漏斗平面形态接近于半圆形，而侧向引水孔前漏斗平面形态呈现为“匙”形，“匙柄”指向来流主流，如图 1 所示。

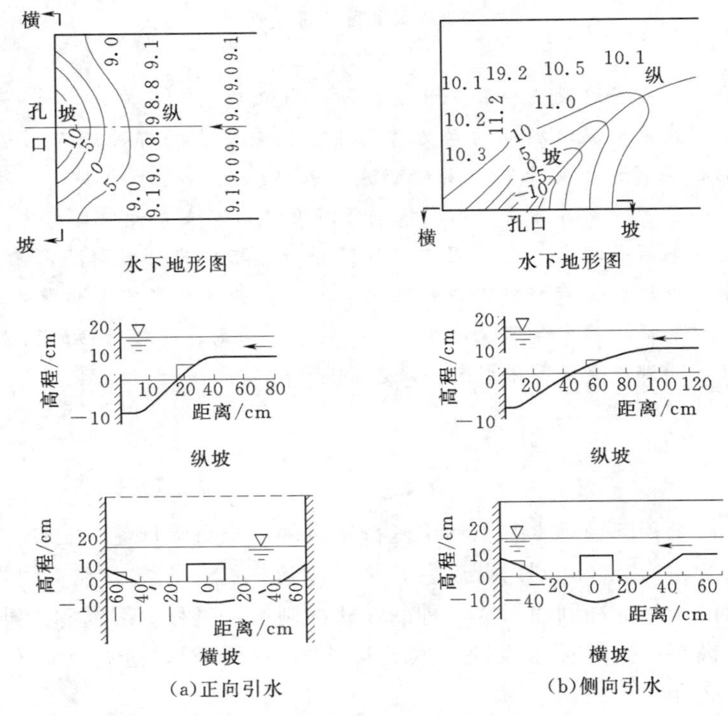

图 1　底孔前冲刷漏斗形态示意图（试验结果）

（2）漏斗范围一般不会很大，水库中一般限于坝前约 500m 范围内，模型中一般限于孔口前约 2m 范围内。

（3）漏斗纵坡（即孔口前水下地形沿主流方向的剖面中位于漏斗区内的部分）一般是由坑底段和坡面段组成，前者既短且缓、长度仅占纵坡总长度的 10%左右，而后者却既长又陡，是纵坡的主体。漏斗纵坡降（即坡面段的坡顶与坡脚之间高差同水平距离之比，记作 J_m）在不同条件下一般都不同，可以大到接近于水下休止坡降（即水下休止角的正切，记作 J_r）而小到仅为水下休止坡降的 10%，见表 1。

（4）水库的调查资料中横坡（即贴近孔口剖切水下地形得到的剖面中位于淤积面高程以下的部分）一般不很明显。模型试验结果表明，漏斗横坡降（即横坡的坡高与坡长之比，记作 J_s）一般都接近于水下休止坡降[4]。

表 1　　一些水库冲刷漏斗形态的部分观测结果

孔口名称		施测时间	$N\cdot(b_g\cdot e)$ /m^2	Q /($m^3\cdot s^{-1}$)	H_w /m	h_s /m	d_{50} /mm	J_r	D_s /m	J_m	$\frac{J_m}{J_r}$
刘家峡	机组口	1981.6	5 (7×8)	752	24.0	8.0	0.025	0.256	12.0	0.055	0.21
	机组口	1984.6	5 (7×8)	962	20.0	6.0	0.058	0.256	18.0	0.115	0.45
	泄水道	1979.9	1 (3×8)	652	63.6	3.0	0.007	0.270	5.2	0.048	0.18
	泄水道	1981.7	2 (3×8)	709	34.2	23.0	0.032	0.256		0.057	0.22
	泄水道	1984.6	2 (3×8)	148	35.0	21.0	0.058	0.256		0.109	0.43
	泄水道	1985.5	2 (3×8)	156	42.6	19.0	0.060	0.256		0.185	0.72
盐锅峡	机组口	1965.8	2 (8×11)	198	16.7	10.0	0.14	0.507	2.0	0.060	0.12
	机组口	1970.11	4 (8×11)	407	18.1	12.0	0.123	0.494	3.0	0.057	0.12
	机组口	1975.11	7 (8×11)	880	18.5	12.0	0.167	0.557	5.0	0.072	0.13
	溢流堰	1974.10	1 (12×1.8)	205	9.6	3.0	0.194	0.543	14.0		
	溢流堰	1978.10	1 (12×2) 1 (12×1)	350	10.0	2.0	0.217	0.553	11.1	0.179	0.32
八盘峡	机组口	1976.10	3×2 6×12.3	600	19.2	11.0	0.089	0.461		0.234	0.51
	泄洪闸	1978.5	10×4	613	22.5	14.0	0.148	0.513		0.079	0.15
	泄洪闸	1981.5	10×2.8	398	21.8	13.0	0.146	0.512		0.085	0.17
青铜峡河床机组口		1973.6	6×2 (6.5×10)	610	23.0	11.9	0.033	0.441		0.152	0.34
		1982.5	6×2 (6.5×10)	942	25.6	15.9	0.033	0.441		0.123	0.28
三门峡 3# 底孔		1971.2	3×11	567	24.6	15.0	0.060	0.423		0.048	0.11
		1975.11	3×11	595	29.4	10.0	0.056	0.423		0.059	0.14
官厅	泄洪洞	1962.2	1.75×2.887	63.2	32.5	7.2	0.0046	0.135		0.126	0.93
	泄洪洞	1963.2	1.75×2.887	58.9	28.2	8.2	0.0046	0.135		0.123	0.91
	泄洪洞	1964.1	1.75×2.887	59.4	28.6	8.2	0.0046	0.135		0.141	1.04
	泄洪洞	1965.1	1.75×2.887	64.0	33.3	8.2	0.0046	0.135		0.139	1.03
	泄洪洞	1966.2	1.75×2.887	55.5	25.7	8.2	0.0046	0.135		0.139	1.03
碧口	排沙洞	1980.8	11×4	296	51.8	6.0	0.044			0.050	
	排沙洞	1980.11	11×4	296	55.3	6.0	0.044			0.087	
	排沙洞	1983.4	11×4	296	49.0	6.0	0.044			0.046	
	排沙洞	1984.2	11×4	296	65.0	6.0	0.044			0.046	

注　表中 N 为孔数，J_r 为据中径 d_{50} 计算得出的水下休止坡降。

3　影响冲刷漏斗形态的主要因素

坝前水流从行近流段向孔口逼近的过程中，流动形式必须由明渠流逐渐转化为有压底孔泄流，水流流动形式的转变会引起水流流速分布和应力分布的调整。由于水流与河床之间是相互依赖、互相制约的，这一水流结构调整必然会引起坝前水下地形的变形，这是冲刷漏斗得以形成的基本原因。从这种角度来看，影响冲刷漏斗形态的因素主要是坝前泄流条件、来水来沙条件和坝前淤积物特性，前二者通过影响趋孔水流流场和紊动结构来影响漏斗形态，后者则是通过影响淤积物的抗冲能力和水下休止特性来影响漏斗形态。下面对这三个方面的影响机制作具体分析。

3.1　坝前泄流条件

坝前泄流条件包括底孔泄流量、孔上水头、孔口型式与尺寸、坝前淤积厚度等，这些因素对漏斗形态的影响可以通过孔口沙粒弗劳德数 F_{dg}、水流边界因子 $\frac{H_W}{e}$ $\frac{H_W}{H_W-h_s}$ 和底孔布置方式对漏斗形态的影响来说明。

3.1.1　孔口沙粒弗劳德数

孔口沙粒弗劳德数定义为：

$$F_{dg}=\frac{V_g}{\frac{\gamma_s-\gamma}{\gamma}gd_{50}\xi} \tag{1}$$

其中

$$\xi=1+0.00000496\left(\frac{d_1}{d_{50}}\right)^{0.72}\frac{10+H_W}{\frac{\gamma_s-\gamma}{\gamma}d_{50}} \tag{2}$$

式中：d_{50} 为淤积物中径；γ_s 为淤积物重率；V_g 为孔口流速；ξ 为修正系数；γ 为水体容重；d_1 为参考粒径，可取 $d_1=0.001$m；H_W 为孔上水头。

孔口沙粒弗劳德数反映了近孔水流淘刷淤积物的能力，直接影响坑底深度（即孔口底坎至坑底的高差，记作 D_s）、坑底形态和漏斗体积（即位于淤积面平均高程以下的坑体积，记作 V_F）。通过分析水库实测资料和一些试验资料发现，坑底深度同孔口沙粒弗劳德数成正比关系（如图 2 所示）。由于漏斗体积随着坑底深度 D_s 的增大而增大，因此漏斗体积亦同孔口沙粒弗劳德数 F_{dg} 成正比。

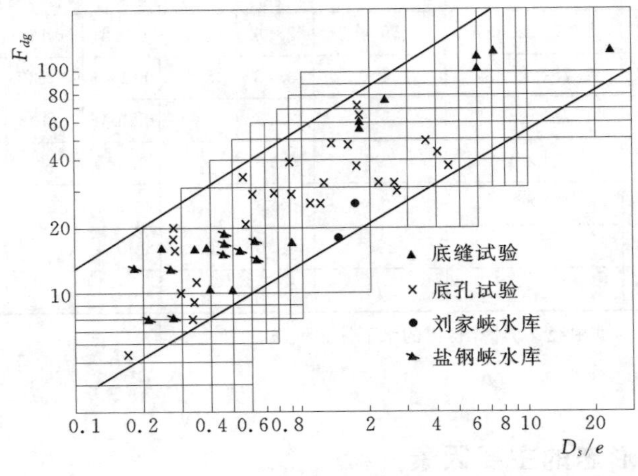

图 2　D_s/e—F_{dg} 关系曲线

3.1.2 水流边界因子

从孔口前剖面二维水流的流势来看，水流进入漏斗区后，水体要发生纵向扩散，其扩散程度同扩散后水深与扩散前水深之比$\frac{H_W}{H_W-h_s}$成正比，当水流邻近孔口时要发生纵向收缩，其收缩程度同H_W/e（其中e为孔口高度）成正比。因此，$\frac{H_W}{e}\cdot\frac{H_W}{H_W-h_s}$在一定程度上反映了漏斗区流势，其值越大时漏斗区水流纵向扩散和近孔水流纵向收缩的程度越大。根据观测资料，点绘$\frac{J_m}{J_r}—\frac{H_W}{e}\cdot\frac{H_W}{H_W-h_s}$关系曲线，见图3。

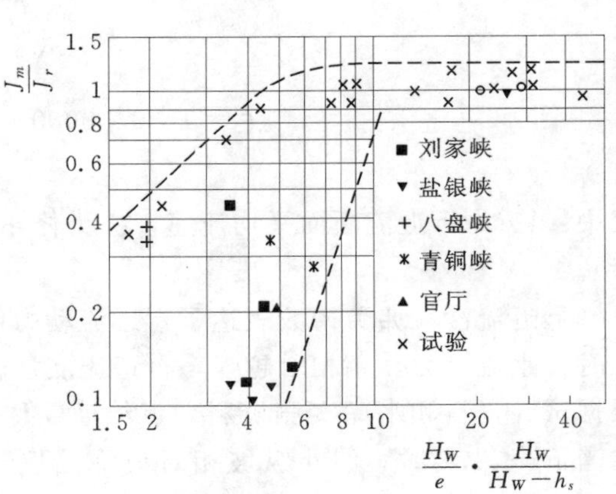

图3 $\frac{J_m}{J_r}—\frac{H_W}{e}\cdot\frac{H_W}{H_W-h_s}$关系曲线

由图3可以得到如下认识：①当$\frac{H_W}{e}\cdot\frac{H_W}{H_W-h_s}>10$时，漏斗纵坡相对坡降$\frac{J_m}{J_r}$介于0.8～1.2之间，表明此时漏斗纵坡接近于水下休止坡；②当$\frac{H_W}{e}\cdot\frac{H_W}{H_W-h_s}<5$时，漏斗纵坡相对坡降$J_m/J_r$小于1，表明此时漏斗纵坡缓于水下休止坡；③当$\frac{H_W}{e}\cdot\frac{H_W}{H_W-h_s}=5\sim10$时，$J_m/J_r$可以大到1.2也可小到0.2以下，表明此时纵坡既可能接近也可能缓于水下休止坡。

若以$\frac{H_W}{e}\cdot\frac{H_W}{H_W-h_s}$作判数，作如下规定：当$\frac{H_W}{e}\cdot\frac{H_W}{H_W-h_s}>10$时，为深水底孔；当$\frac{H_W}{e}\cdot\frac{H_W}{H_W-h_s}<5$时，为浅水底孔；当$\frac{H_W}{e}\cdot\frac{H_W}{H_W-h_s}=5\sim10$时，为过渡底孔。那么由图3可作结论：深水底孔前漏斗纵坡接近于水下休止坡，浅水底孔前漏斗纵坡缓于水下休止坡，过渡底孔前漏斗纵坡既可能接近也可能缓于水下休止坡。

3.1.3 底孔布置方式

底孔的布置方式决定了底孔的引水方式，直接影响趋孔水流的流势和流速场，从而影响冲刷漏斗形态。正向引水方式布置的底孔，冲刷漏斗形态往往比较规则：平面上呈半圆形，孔口两侧水下地形基本对称，坑底最深点位于孔口中心之下。侧向引水方式布置的底孔，冲刷漏斗形态表现为：平面上呈"匙"形、"匙柄"指向来流主流，坑底最深点偏离孔口中心，见图1。

3.1.4 泄流条件对横坡的影响

横坡位于孔口两侧，易于受到邻孔泄流的干扰。若邻孔相距较近，则横坡往往被二孔之间的水流所削平。若底孔邻近河岸，则横坡易于受到岸壁的约束。在笔者所收集的水库实测资料中，很难找出未受到干扰的自由发展的横坡。一些模型试验结果表明[4]，正向引水孔前漏斗横坡总是接近于水下休止坡，并且孔口两侧的横坡大体对称；侧向引水孔口两侧的横坡一般不对称，往往是靠近上游一侧的横坡稍缓于另一侧的横坡，且后者接近于水下休止坡。

3.2 来水来沙条件

来水来沙条件包括从上游进入漏斗区的水沙数量及其因时变化、来流方向、来沙级配和含沙量分布等。下面就其对漏斗形态的影响机制作具体分析。

3.2.1 行近流沙粒弗劳德数的影响

行近流沙粒弗劳德数定义为：

$$F_{d0}=\frac{V_0}{\sqrt{\frac{\gamma_s-\gamma}{\gamma}gd_{50}\xi_0}} \tag{3}$$

$$\xi_0=1+0.00000406\left(\frac{d_1}{d_{50}}\right)^{0.72}\frac{10+h_s}{\frac{\gamma_s-\gamma}{\gamma}d_{50}} \tag{4}$$

式中：V_0 为行近流断面平均流速，ξ_0 为修正系数；h_s 为行近流水深；其余符号意义同式(1)。

行近流沙粒弗劳德数表达了行近流动力作用同淤积物抗冲能力的对比程度，当其值越大时，水流动力作用相对越强，行近流底沙输移强度越大，进入漏斗区的沙量也就越大。根据试验资料和水库实测资料，点绘 $J_m/J_1 \sim F_{d0}$ 之间的关系（见图4），得到下列认识：①当 $F_{d0}\leqslant 1.2$ 时，漏斗纵坡相对坡降接近于1，表明此时漏斗纵坡接近于水下休止坡；②当 $F_{d0}>1.2$ 时，漏斗纵坡相对坡降具有随 F_{d0} 的增大而减小的趋势。

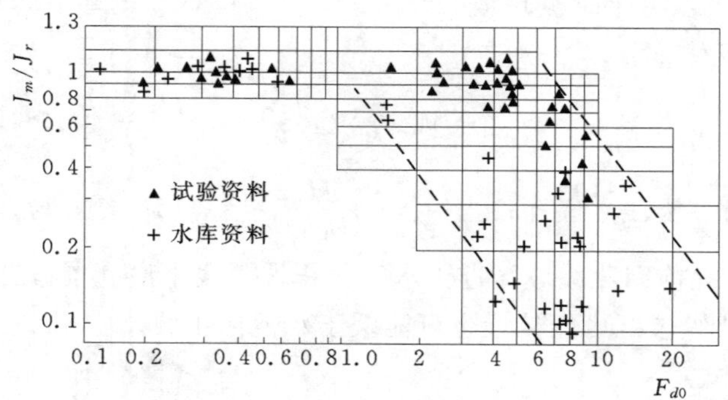

图4 $\frac{J_m}{J_r}$—F_{d0} 关系曲线

3.2.2 近坝两岸地形的影响

近坝两岸地形对来流方向和近坝流势具有约束作用。对于近坝段为顺直河道的情形，行近主流居中，底孔引水属于正向引水，底孔前冲刷漏斗形态比较规则，孔口两侧水下地形基本对称；对于近坝段为弯道或有挑流矶的情形，来流主流有可能不是正对底孔，使底孔引水具有侧向引水的特性，底孔前冲刷漏斗具有类似于侧孔前漏斗形态的特征。

3.2.3 来水来沙过程的影响

来水量和来沙量的因时变化会引起行近流速与水深、坝前水位与底孔泄流量等泄流条件的变化，从而引起漏斗形态的相应改变。来沙级配的因时变化会影响近坝段的淤积分布与淤积状态。若坝前淤积呈层状分布，由于各层淤积物的水下休止角不同，使冲刷漏斗的边坡呈折线状。若坝区淤积尚未达到平衡状态，漏斗纵坡往往较缓，其原因可大致解释为：坝区处于初淤阶段时，抵达坝前的淤积物基本上是细小颗粒，其水下休止角很小，故这种淤积物的漏斗纵坡较缓。例如：从黄河干流和支流大夏河进入刘家峡库区的泥沙全部落淤在距大坝 9km 以上的永晴川库段，抵达坝前的泥沙是来自洮河（其河口距大坝 1200m）的异重流淤积物，其水下休止角极小，故刘家峡泄水洞前漏斗纵坡很缓（见表 1）。

3.3 坝前淤积物特性

坝前淤积物的理化特性对漏斗形态的影响表现为：①淤积物的组合特性、重力特性影响床面的抗冲能力，从而影响坑底深度 D_s 和漏斗体积 V_F；②淤积物的水下休止角影响漏斗边坡的陡缓及其形态。淤积物水下休止角的计算方法可参阅相关文献。

4 冲刷漏斗形态的定量估计

从上文的分析可知，冲刷漏斗的轮廓可以通过平面形态、纵坡降、横坡降和坑底深度等形态特征来描绘。通过分析观测资料发现，坑底相对深度 D_s/e 同因子 $F_{dg}^{1.2}\cdot\left(\frac{H_W}{e}\frac{H_W}{H_W-h_s}\right)^{0.4}$ 成正比（见图 5）、纵坡相对坡降 $\frac{J_m}{J_r}$ 同因子 $\frac{1}{F_{d0}^{1.17}F_{r0}^{0.21}}\cdot\left(\frac{H_W}{H_W-h_s}\right)^{0.29}\cdot\left(\frac{d_{50}}{H_W-h_s}\right)^{0.42}$ 成正比（见图 6）、即存在下列关系式：

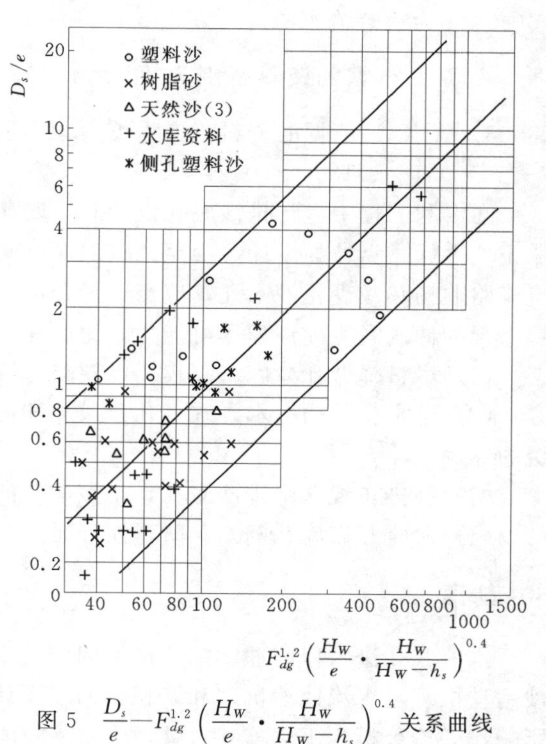

图 5 $\frac{D_s}{e}$—$F_{dg}^{1.2}\left(\frac{H_W}{e}\cdot\frac{H_W}{H_W-h_s}\right)^{0.4}$ 关系曲线

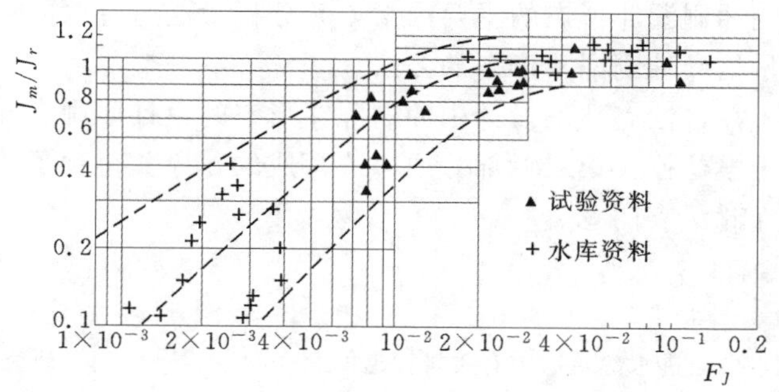

图 6 $\frac{J_m}{J_r}$—F_J 关系曲线

$$\frac{D_s}{e}=0.0095F_{dg}^{1.2}\left(\frac{H_W}{e}\frac{H_W}{H_W-h_s}\right)^{0.4} \tag{5}$$

$$\frac{J_m}{J_r}=\begin{cases}77.5F_J & F_J\in[0.0008,0.008]\\ 1-800(0.03-F_J)^2 & F_J\in[0.008,0.03]\\ 1 & F_J\in[0.03,0.2]\end{cases} \tag{6}$$

其中 $F_J=\frac{1}{F_{d0}^{1.17}F_{r0}^{0.21}}\left(\frac{H_W}{H_W-h_s}\right)^{0.29}\cdot\left(\frac{d_{50}}{H_W-h_s}\right)^{0.42}$，$F_{r0}=\frac{V_0}{\sqrt{gh_0}}$

式中：h_0 为行近流水深。

式（5）依据的资料范围为 $F_{dg}=4\sim122$，$\frac{H_W}{e}\frac{H_W}{H_W-h_s}=1.4\sim23.3$，$\frac{D_s}{e}=0.27\sim23.33$。式（6）依据的资料范围为 $F_{d0}\leqslant12$，$F_{r0}=0.004\sim0.45$，$d_{50}=0.0046\sim0.58$mm，$J_m/J_r=0.1\sim1.18$。

在水利工程中进行排沙底孔设计时，底孔进水口前将出现的冲刷漏斗的横坡可按水下休止坡设计，纵坡的设计可参照式（6），坑底深度的设计可参照式（5）。为了使孔口前水流流路顺畅和减少粗沙入孔，应当选择合适的孔口底坎高程、孔口型式与尺寸，使孔口前将出现的冲刷漏斗的体积尽可能大，为此在条件允许的前提下可采取下列措施：

（1）尽量降低孔口底坎高程，以便降低坑底高程，增大漏斗体积。

（2）选择合适的引水方式、孔口尺寸和运用水位及底孔泄流量，使孔口前出现纵坡较缓的冲刷漏斗。

（3）并排布置多个排沙底孔，拓宽漏斗的横向范围。

（4）适时开启底孔闸门，防止泥沙淤堵孔口。

5 结语

水库底孔进水口前冲刷漏斗形态问题是十分复杂的，它涉及三维水流结构、漏斗区泥沙运动机理、水流挟沙机理和淤积物的水下休止特性等诸多范畴，现阶段对其各种因素的影响作理论分析是不现实的。本文仅以水库实测资料和一些试验资料为基础，作了如下工作：

（1）概括了冲刷漏斗形态的基本特征。

（2）指出了影响冲刷漏斗形态的主要因素，并分析了这些主要因素的影响机制。

（3）提出了定量估计冲刷漏斗形态的方法。

（4）简要说明了在排沙底孔的设计中冲刷漏斗形态的设计原则。

本文是笔者博士学位论文第二章部分内容改写成的，原文得到了武汉水利电力学院谢鉴衡教授的指导，谨此深表谢意。

参考文献：

[1] 丁联臻．引水式水电站进水建筑物中有关排沙道的几个问题［J］．泥沙研究，1957，(3).

[2] 严镜海，许国光．水利枢纽电站的防沙布置问题的初步分析//第一届国际河流泥沙学术讨论会论文集［M］．1980.

[3] 熊绍隆．深水孔口前冲刷漏斗形态的研究［J］．泥沙研究，1989，(3).

龙潭双曲拱坝表孔自由泄流挑流消能的试验研究

温其英

江西省水利科学研究所

摘　要：通过水工模型试验，对溢洪道挑流设施平面布置进行修改，采用连续式挑坎方案，有效解决了龙潭双曲拱坝表孔自由泄流工程下游挑流消能的问题。

关键词：自由泄流；挑流消能；连续挑坎；模型试验

1　概述

龙潭水电站坐落在江西省上犹县西部上犹江支流的营前水上，距上犹县城约 90km。集雨面积 242.7km^2，总库容 11560 万 m^3，系多年调节水库，专为缓和赣南地区枯水电能紧张局面而修建的一座枯水补偿电站，装机 4 万 kW。枢纽由双曲拱坝、引水隧洞及电站等组成。拱坝建于营前水的猴岩峡谷上，两岸山体雄厚，岸坡陡峻，基岩裸露，基岩为燕山期黑云母花岗岩及钾长石花岗岩，呈基岩产出。最大坝高 90m，采用两个表孔自由泄流，中墩厚 2m，堰面为幂曲线，堰头为椭圆曲线，堰顶高程 476.00m，采用连续式挑坎挑流消能，挑坎反弧半径 $R=9$m，坎顶高程 470.00m，挑角 $\theta=10°$。下游河床高程 400m 左右，不设护坦，为减轻冲刷，在坎后 117.7m 处建二道坝抬高下游水位。二道坝坝高 18m，溢流堰堰顶高程 405.00m，溢流堰宽 18m，其堰面曲线与表孔溢流堰面相同，水流由堰面经 $R=8$m 的反弧及水平坎送入下游河床。大坝枢纽布置见图 1、图 2 。据现有资料，冲坑部位未见大的地质构造，但右岸岩石节理裂隙较发育。设计希望通过试验获得所需挑射水流和消能防冲的主要水力要素，选择合适的消能方案。设计提供的表孔泄流的水力特性列于表 1。

表 1　　　　**表孔泄流水力特性表**

流量特征	泄流量 /(m^3·s)	上游水位 $H_{上}$/m	下游水位 $H_{下}$/m	上下游水头差 Z/m
$Q_{校(P=0.1\%)}$	713	483.86	412.70	71.16
$Q_{设(P=1\%)}$	581	482.86	411.71	71.15
$Q_{(P=5\%)}$	498	482.00		
$Q_{常(P=20\%)}$	340			

本文发表于 1990 年。

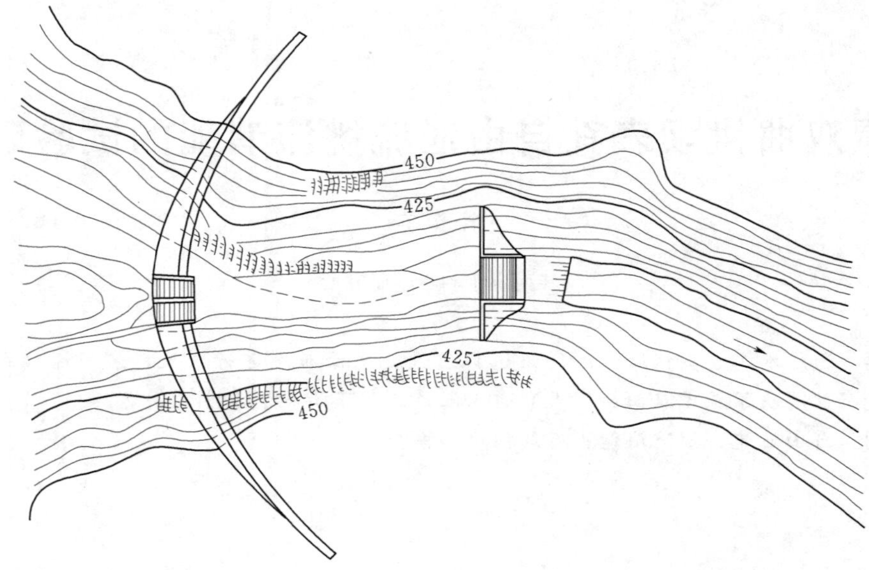

图 1　大坝枢纽平面布置图

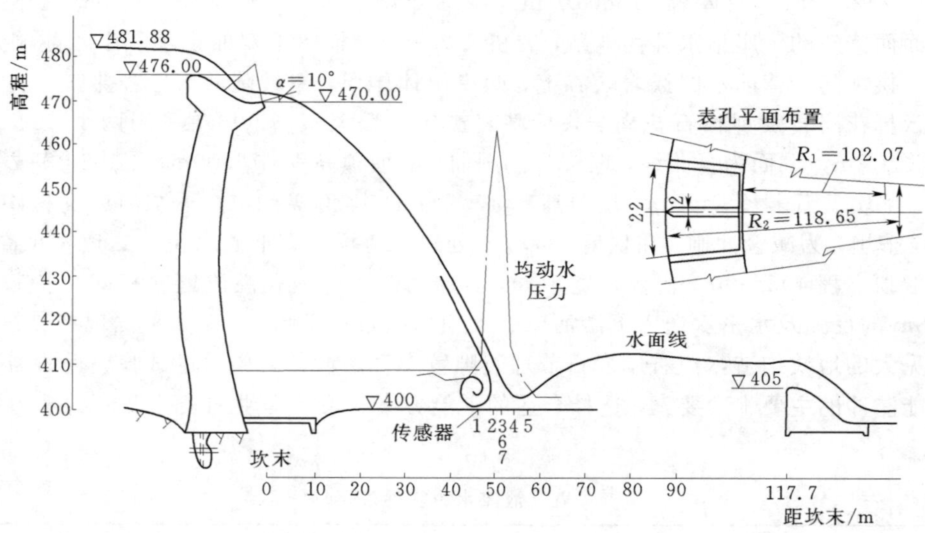

图 2　(6-1) 布置纵剖面、$Q_{设}$水面线及时均动水压力图

2　平面布置修改

原设计平面布置的溢流中心线偏于河床的左岸，二级堰堰顶高程 405.00m 时下游水深浅，部分水舌干砸在左岸坡上后又折冲至右岸并以 10m/s 以上的流速冲击并越过二级堰，流态很坏。要求首先对平面布置进行修改。经比较以第 6 方案最好，该方案是将溢流中心线往右平移 5m，水舌落点附近河床作局部开挖，使水舌宽度与河床宽度基本相等并吻合，水舌即能控制在河床之中，折冲水流问题得以解决。在此基础上再进行消能方案的

其他比较试验。

3 连续式挑坎方案的试验

3.1 挑坎参数选择

在1∶50局部模型上对连续式挑坎的主要参数反弧半径 R 和挑角 θ 进行了分析和比较。挑坎反弧对水流起导向作用，R 足够水流平顺转向实际出射角接近挑坎挑角。因此，R 不宜过小，但对薄拱坝 R 大必将增加坝的厚度使悬臂过长不利于结构布置和施工。经验表明 R_{min} 以（3～4）h_0 为宜，h_0 为反弧最低点水深。实测 $Q_{校}$ 的 $h_0=3.49$m，$R/h_0=2.58$，$Q_{设}$ 的 $h_0=3$m，$R/h_0=3$。$Q_{校}$ 时 R 略嫌小了些，但设计仍拟维持 $R=9$m 不变，在 R（$=9$m）一定情况下进行了四组挑角（$\theta=10°$，$15°$，$20°$，$25°$）的比较试验，成果列于表2。

表2　　不同挑角的挑距比较表

θ/(°) \ 挑距/m \ 流量/(m³·s⁻¹)	$Q_{校}$	$Q_{设}$	$Q_{常}$
10	55	55	52.4
15	58.4	55.4	54.6
20	58.4	55.4	53.2
25	58.7	55.7	52.4

表2中挑距是以水舌前缘与床面高程400.00m的交点至坎末的距离计。可以看出，$\theta=10°$挑距略偏小些，但总的来说在试验范围内，随 θ 和 Q 的变化 L 变化不大，挑距离坝脚都比较近，且一般挑距的原型值小于试验值。冲坑近在坝脚对拱坝稳定不利。欲增加 L，除非降低鼻坎高程或改变泄洪方式（如采用中孔泄流方式等），但设计出于结构上的考虑不宜这样做。

3.2 挑射水流的主要水力参数

主要水力参数列于表3，其中水舌入水宽度由于边墩沿径向布置，水舌跌落时宽度的

表3　　连续堰（6-1）布置挑射水流的主要水力参数表（$\theta=10°$）

流量特征	流量/(m³·s⁻¹)	上游水位 $H_{上}$/m	下游水位 $H_{下}$/m	堰上水头 H_0/m	上下游水头差 Z/m	水舌入水宽度 b/m	入水单宽流量 $q_{入}$/[m³·(s·m)⁻¹]	入水角度 α(°)	挑距 L/m
$Q_{校}$	713	482.73	409.17	6.73	73.56	18	39.61	65	55
$Q_{设}$	581	481.88	410.5	5.88	71.38	16.1	36.3	66.5	55
$Q_{5\%}$	498	481.31	410.35	5.31	70.96	2×5.4（二孔水流分开）/ 13.9	46.1 / 35.8	67	54.4
$Q_{常}$	340	480.22	409.1	4.22	71.12	2×3.2（二孔水流分开）/ 11.3	53.13 / 30.1	67.5	52.4

变化不仅与水流出坎后的掺气扩散有关，还与向心收缩及流量有关。试验结果说明，水舌入水宽度随 Q 的减小而减小。$Q_{校}$ 时入水宽度还略大于出坎宽度，$Q_{校}$ 时入水宽度略小于出坎宽度，$Q_{5\%}$、$Q_{常}$ 时向心集中作用已较明显。当中墩尾部为矩形时二孔水流已不能像 $Q_{校}$、$Q_{设}$ 那样连成一片，而是各自分开的两股，$Q_{5\%}$ 时 $b=2\times5.4$（m），$Q_{常}$ 时 $b=2\times3.2$（m），入水单宽流量大大增加：$q_{入5\%}=46.1$ [$m^3/(s\cdot m)$]，$q_{入常}=53.13$ [$m^3/(s\cdot m)$] 超过 $q_{入校}$ 和 $q_{入设}$，中墩尾部修圆后两孔水流又能连成一片，b 增加 $q_{入}$ 减小。

3.3 不同水垫深度的比较试验

二级堰堰顶为原设计高程 405.00m 时，下游水垫深度小，各级流量均形不成水跃。$Q_{校}$ 时水舌落入下游河床后呈射流越过二级堰冲向下游，流态很坏（$Q_{设}$、$Q_{常}$ 时流态略好些）。下游动水压力达全水头，最大底流速 30 余 m/s，消能效果差，成果见表 4 。为改善下游流态提高消能率，进行了增加下游水垫深度的比较试验。包括原设计方案在内共做了四个不同二级堰顶高程（405m、406.81m、408.19m 和 412.25m）的试验，用符号 6－i 表示，其中“ 6 ”表示其布置为上述溢流中心线向右平移 5m 的第 6 平面布置方案，注脚 i=1、1′、2、4 依次代表上述四个二级堰堰顶高程方案。比较项目有流态、时均动水压强及流速，对其中的四个组次还施测了脉动压力，如图 2 所示。

表 4　(6－1) 布置下游最大时均动水压强 p_{cm} 及最大流速 v_m 表

流量 项目	$Q_{校}$	$Q_{设}$	$Q_{常}$
p_{cm}/m	45.83	52.58	44.39
$k_{1m}=p_{cm}/Z$	0.63	0.74	0.62
v_m/（m·s^{-1}）	33.2	36	

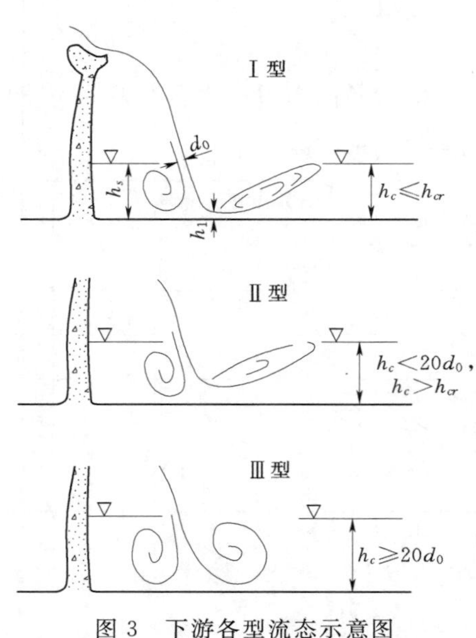

图 3　下游各型流态示意图

3.3.1　下游流态要求及流态判别

将水舌落点附近河床宽度拓宽，使河床宽度与水舌宽度基本相等并吻合。水舌落入河床可近似视为两侧受限制的二元扩散水流，由于下游水垫深度（h_0）不同可大约分成 3 个流态区域（见图 3)；Ⅰ型流态区域 $h_c\leqslant h_{cr}$，下游无水到水跃形成，h_{cr} 为产生临界水跃的下游水深，流速衰减与下游水垫深度无关，主要是水舌与坝之间形成的自然水塘对流速的衰减极为有效。Ⅲ型流态区域，当 $h_c>20d_0$，d_0 为水舌入水厚度，水舌在水垫中的扩散接近二元扩散，水垫深度较大。Ⅱ型流态区域，当 $h_{cr}\leqslant h_c<20d_0$，为Ⅰ型到Ⅲ型的过渡区域。从安全和经济的观点出发要求设计的 h_c 在Ⅱ型流态范围内，但流态单用试验的方法很难判别，本试验采用计算与

试验相结合的方法判别流态尚属可行，即按兰德的方法（参考资料［4］）求得各级流量的 h_{cr}，与实测的各方案下游水深进行比较即得各方案所处的流态区域，结果见表5。比较结果可知：(6－1) 和 (6－1′) 各级流量下均属Ⅰ型流态，不合要求，应选属Ⅱ型流态的 (6－2) 或(6－4)。

表5　按 $h_{cr(计)}$ 判别各比较方案所属流态区域表

流量	$h_{cr(计)}$ /m	(6－1) 方案		(6－1)′方案		(6－2) 方案		(6－4) 方案	
		h_c/m	流态型号	h_c/m	流态型号	h_c/m	流态型号	h_c/m	流态型号
$Q_校$	14.88	9.17	Ⅰ	13.48	Ⅰ	14.91	Ⅱ	18.9	Ⅱ
$Q_设$	14.19	10.5	Ⅰ	12.85	Ⅰ	14.14	Ⅱ	18.17	Ⅱ
$Q_常$	12.83	9.1	Ⅰ	11.03	Ⅰ	12.46	Ⅱ	16.66	Ⅱ

注　计算 $h_{cr(计)}$ 的land公式为：

$$h_{cr}/p=1.66D^{0.27}$$

其中

$$D=\frac{q^2}{gq^3}$$

式中：p 为堰高；q 为单宽流量；g 为重力加速度。

3.3.2　动水压力

挑流水舌对河床的冲刷主要是由于动水压力钻入岩石缝隙产生的扬压力将岩石顶起所致。冲刷不仅和动水压力的大小有关，还和岩石的岩性、节理、构造等有关。后者影响因素众多难于进行理论分析和模拟，动水压力和冲刷之间的关系无论是理论还是试验都无法准确建立。冲深多少？是否危及坝和岸坡稳定？即方案是否可行都不能作出肯定结论，冲刷深度试验不能得出，故不进行冲刷试验，但动水压力试验却能测出，河床面所受动水压力包括时均动水压力和脉动压力两部分。研究表明，时均动水压强 p_{cm}（为床面所受时均动水压力与下游水深之差）、脉动压力的振幅和频率是拱坝安全的决定性因素。试验施测了这些力，供设计进行坝基和岸坡稳定分析、下游防护设计、分析脉动是否引起拱坝振动及方案比较时采用。

3.3.2.1　时均动水压力

时均动水压力采用测压管能比较方便和准确地测得。试验和原型观测资料证明，脉动压力的振幅概率分布符合高斯正态分布，脉动压力的主要特征值可由时均动水压强估出。因此完全可以用时均动水压强来表示水流对岩石的破坏能力，用它来评价消能方案的消能效果，是适宜的也是可行的。本试验采用了这种把时均动水压强作为评价消能方案好坏的主要指标，把研究如何降低时均动水压力作为消能试验的主要任务。

在水舌落点和落点的上下游布置了80多个测压孔测量时均动水压力。

时均动水压力的沿程分布如图2所示，水舌打击区的上下游压力略低于上下游水深 h_s、h_c。打击区的时均动水压力明显增加，其中心部位有一峰值 p_{cm}。二级堰顶高程为原方案405m，(6－1) 布置时下游水深 h_c 小，时均动水压力大，$Q_设$ 时 k_{1m} 为0.71，随下游水深增加时均动水压力减小，(6－4) 布置、$Q_设$ 时的 k_{1m} 已降至0.25，效果显著。有关成果列于表6中。

表 6　不同水垫深度（h_c）的 p_{cm}、k_{cm} 及 v_m 值比较表

方案＼比较项目＼流量	$Q_{校}$					$Q_{设}$					$Q_{常}$			
	h_c /m	z /m	p_{cm} /m	k_{1m}	v_m /(m·s^{-1})	h_c /m	z /m	p_{cm} /m	k_{1m}	v_m /(m·s^{-1})	h_c/m	Z/m	p_{cm}/m	k_{1m}
(6-1)	射流		45.83	0.63	33.2	10.5	71.38	52.58	0.74	36	9.12	71.12	44.39	0.62
(6-1′)	13.48	69.25	36.26	0.52	32.8	12.85	69.03	33.6	0.49	33.9	11.03	69.19	33.81	0.49
(6-2)	14.19	67.82	26.43	0.39	26.9	14.14	67.74	30.03	0.44	31.7	12.46	67.76	30.98	0.46
(6-4)	18.9	63.83	15.23	0.21	17.5	18.17	63.71	15.96	0.25	22.6	16.66	63.56	15.72	0.25

注　h_c 为下游水深；Z 为上下游水头差；$p_c=p-h_c$ 为时均动水压强；$\overline{p}$ 为床面所受时均动水压力；p_{cm} 为最大时均动水压强；$k_1=\frac{p_c}{Z}$为压力系数；$k_{1m}=\frac{p_{cm}}{Z}$为压力系数；v_m 为下游最大底流速。

3.3.2.2　脉动压力

在水舌冲击区时均动水压力大的部位及其上下游布置 7 个传感器（如图 3 所示）测量脉动压力。测试系统方框图见图 4。

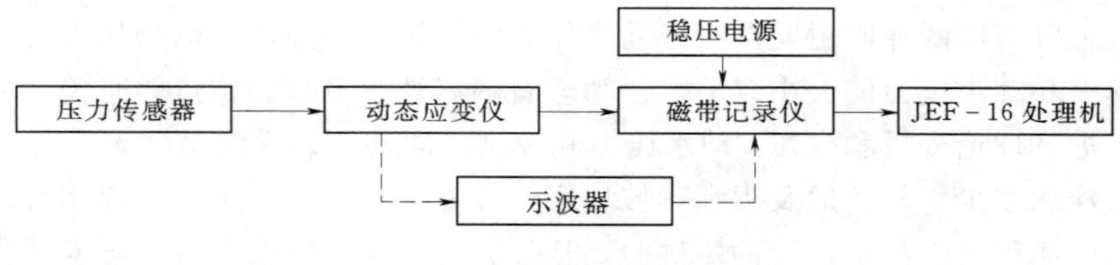

图 4　测试系统框图

（1）数据处理的参数选择。根据前人经验，取截断频率（脉动可能的最大频率）$f_c=100$（Hz），步长 $\Delta t=\frac{1}{2f_c}=0.005$（s），若取记录长度 $T=5$s，则采样次数 $N=1000$，重复次数为 5 次结果取平均值。

（2）预处理工作：包括两项，一为消除水流中大周期波动（大于 T）产生的趋势误差，设置了消除趋势项的子程序；一为低通滤波处理将 $f>f_c$（$f_c=100$Hz）的波滤掉。

（3）施测工况：共有 4 个，各工况的具体情况如下：

工况Ⅰ：6-1 布置、$Q_{设}$；

工况Ⅱ：6-2 布置、$Q_{设}$；

工况Ⅳ：6-4 布置、$Q_{设}$；

工况Ⅴ：6-2 布置、$Q_{校}$。

（4）测试成果列于表 7 中。

从所得成果可看出：

（1）水舌冲击区时均动水压力大的部位 6#、14#、22# 测压孔与其相应位置的传感器传 3、传 6、传 7 的脉动压力也大，工况Ⅰ时脉动的极差为全水头。

表 7　　各工况脉动压力参数表

测点号	参数＼工况	Ⅰ	Ⅱ	Ⅳ	Ⅴ
传 1（相应测管号）	p_c/m	0.21	1.61	2.48	−1.61
	σ/m	2.52	2.11	1.75	2.37
	p'_{max}/m	9.8	7.28	−5.39	8.19
	p'_{min}/m	−11.83	−7.56	−6.35	−7.56
	K	8.55	7.1	6.71	6.66
	C_s / C_c	−0.179 / 0.776	−0.0315 / 0.159	−0.0079 / −0.0223	0.196 / 0.195
传 2（21#）	p_0	0.14	10.01	5.63	7.49
	σ	5.75	5.15	−5.32	3.75
	p'_{max}	34.23	31.71	19.74	18.97
	p'_{min}	−16.31	−16.87	−18.83	−9.8
	K	8.79	9.44	7.23	7.66
	C_s / C_c	0.316 / 1.2	0.336 / 1.81	0.669 / 0.889	0.372 / 1.08
传 3（22#）	p_c	44.74	29.93	10.95	20.56
	σ	17.15	7.77	6.21	6.05
	p'_{max}	52.85	37.45	26.39	39.48
	p'_{min}	−51.17	−18.13	−16.59	−19.04
	K	6.07	7.15	6.92	9.88
	C_s / C_c	0.3 / −0.259	0.908 / 1.92	0.966 / 1.36	1.21 / 3.95
传 4（24#）	p_c	3.08	12.29	8.78	
	σ	6.91	6.73	4.44	7.07
	p'_{max}	20.51	18.62	10.29	21.21
	p'_{min}	−33.67	−28.28	−17.29	−40.95
	K	1.84	6.96	6.22	8.79
	C_s / C_c	−0.495 / 0.748	−0.546 / 0.649	−0.642 / 0.708	−0.758 / 2.04
传 5（10#）	p_c	−7.56	−3.74	−1.58	−6.3
	σ	1.79	4.3	3.85	2.86
	p'_{max}	7.56	16.24	9.38	7.56
	p'_{min}	−6.16	−16.87	−12.6	−12.74
	K	7.66	7.7	5.71	7.08
	C_s / C_c	−0.173 / 1.03	−0.152 / 0.357	−0.531 / 0.0894	−0.335 / 0.976

续表

测点号	工况 / 参数	Ⅰ	Ⅱ	Ⅳ	Ⅴ
传 6（14#）	p_c	17.82	12.18	11.9	20.62
	σ	6.951	4.15	4.23	5.11
	$p'_{\max}$	21.35	13.86	8.33	12.74
	$p'_{\min}$	−26.46	−18.76	−28.7	−23.31
	K	6.88	7.86	8.76	7.05
	C_s	−0.399	−0.715	−1.4	−0.97
	C_c	0.637	1.28	4.17	1.55
传 7（6#）	p_c	52.58	27.93	15.96	26.43
	σ	13.09	15.12	6.66	10.85
	$p'_{\max}$	57.26	33.95	16.31	25.13
	$p'_{\min}$	−31.92	−45.29	−29.75	−42.49
	K	6.81	5.24	6.92	6.23
	C_s	0.975	−0.331	−0.888	−0.894
	C_c	0.927	−0.577	0.916	1.1

注 $K=\frac{p'_{\max}-p'_{\min}}{\sigma}$，系数；$p_c$ 为时均动水压强；σ 为标准差，表示压力脉动的平均强度；$p'_{\max}$为压力脉动的最大值；$p'_{\min}$为压力脉动的最小值；C_s 为偏态系数；C_c 为峰型系数；k_{1m}、k_2、k_3、k_4 为压力系数。

（2）下游水垫深度小时如工况Ⅰ，时均动水压力和脉动压力均大，随下游水深增加其值减小。

（3）从所得 K、C_s、C_c 值看挑射水流冲击区的压力脉动概率分布基本符合正态分布。

（4）试验所得频率成果表明，水流脉动属低频振动，成果见表 8。

表 8 各工况测点模型、原型主频值

测点 \ 工况	Ⅰ $f_m=f_{H1}$	Ⅰ f_{H2}	Ⅱ $f_m=f_{H1}$	Ⅱ f_{H2}	Ⅳ $f_m=f_{H1}$	Ⅳ f_{H2}	Ⅴ $f_m=f_{H1}$	Ⅴ f_{H2}
传 1#			6.45	0.77	6.45	0.77	6.05	0.72
传 2#	0.781	0.09	14.6	1.75	0.977	0.12	8.4	1
传 3#	0.391	0.05	6.45	0.77	0.586	0.07	0.586	0.07
传 4#	18.6	2.22	10.4	1.24	10.5	1.25	0.977	0.12
传 5#	6.45	0.77	6.45	0.77	6.45	0.77	12.5	1.49
传 6#	25.4	3.04	0.977	0.12	6.25	0.75	15.2	1.82
传 7#	12.5	1.49	0.781	0.09	6.25	0.75	6.84	0.82

因为频率的模型律尚无定论，有两种换算方法：一为 $f_{H1}=f_m$，一为 $f_{H2}=\frac{f_m}{\sqrt{\lambda_L}}$，$\lambda_L$ 为模型的长度比尺。表 8 列出了上述两种换算方法的结果，可见水流脉动属低频振动，其与拱坝的固有频率（设计未给出）进行比较即可大致看出泄流是否诱发拱坝振动。一般双曲拱坝的固有频率亦较低，因此要注意水流脉动激发坝体振动问题。

3.4 下游预挖冲坑方案

在连续坎的 6-1 和 6-1′布置情况下，做了预挖冲坑方案的比较试验，坑深 5.32m。纵向为梯形，其上、下游坡均为 1∶1，底宽 15m。梯形的中心线在坝后 52m 处。横向为矩形，底宽 20m。试验说明，挖坑与抬高下游水位对改善流态降低动水压力、流速同样有效，二者各有利弊。挖坑方案省，但毕竟挖了自己的坝脚，冲坑要深些，安全性要差些，抬高下游水位方案则正相反。成果见表 9。

表 9　(6-1) ＋坑、(6-1′) ＋坑方案之 p_{cm}、k_{cm} 及 v_m 值成果表

方案 ＼ 比较项目 ＼ 流量	$Q_{校}$					$Q_{设}$					$Q_{常}$				
	h_c /m	z /m	p_{cm} /m	k_{1m}	v_m /(m·s^{-1})	h_c /m	z /m	p_{cm} /m	k_{1m}	v_m /(m·s^{-1})	h_c /m	Z /m	p_{cm} /m	k_{1m}	v_m /(m·s^{-1})
(6-1) ＋坑	16.9	71.15	24.35	0.34	15.2	16.55	70.65	19.21	0.27	16	14.74	70.8	23.03	0.33	
(6-1′) ＋坑	19	69.05	16.42	0.24	15.4	18.51	68.69	13.59	0.2	11	16.77	68.77	14.63	0.21	

从表 9 可以看出挖坑的 p_{cm} 值较相同二级堰（不挖坑）情况减小较大，(6-1′) ＋坑方案的 p_{cm} 与 (6-4) 方案相近。

4 分流坎方案

为了寻求进一步降低动水压力的途径，对分流坎的消能效果进行了初步探讨。如前所述增加水垫深度是因为增加了挑射水流流速在水垫中的衰减降低了动水压力。分流坎则是由于促使挑射水流分散掺气、入水单宽流量减小使动水压力降低的。

分流坎系在连续式鼻坎上按一定间距设置分流齿坎（高坎）而成。分流齿坎将水流分成高低相间的数股，低坎水流出分流坎后向两边（分流齿坎后）扩散，在分流坎后与相邻的低坎扩散水流相撞，形成一个翘起的水冠把水流纵向拉开，并在空中与横向扩散后连成一片的高坎水流相撞使水流分散掺气成喷洒状，水舌入水面积大大增加，$q_{入}$ 大大减小，因而动水压力和流速均大大降低，流态较相同条件下的连续坎明显好转，消能效果极为显著。大流量情况（如 $Q_{设}$、$Q_{校}$）时效果更佳。

试验共进行了（A 型、B 型、C 型）三种布置型式（见图 5），两种类型即高低两层水在空中不碰撞（A 型）和在空中碰撞（B 型、C 型）。共几十个组次的比较试验，对分流坎的主要参数 T（高、低坎的高差）、W（齿坎宽）、S（高坎间的空隙）、α_1、α_2（高低坎挑角）及 L_1、L_2（高低坎坎长）进行选择，先找出每种布置型式尺寸的优秀组合再从三种型式中得出最佳布置型式和尺寸。以 C 型的差拉⑩″布置最优，比较结果列于表 10 中，图 6 为三种布置分流坎的时均动水压力图。

表 10　　三种不同布置型式的分流坎的时均动水压力比较表

比较项目 / 比较型式	$Q_设$		说　明
	时均动水压力 p_{cm} /m	$k_{1m}=p_{cm}/Z$	
A	14.9	0.21	水舌分成两层呈“□□”入水，在空中没有碰撞。挑距与连续坎相近
B	19.93	0.28	水舌在空中稍有碰撞，但分散掺气不够完全
C	6.14	0.09	低坎水流在分流坎后形成水冠，并在空中与分流坎上水流相撞，水流分散掺气充分，水舌纵向入水长度较连续坎增加 7 ～ 8 倍，但挑距较连续坎近

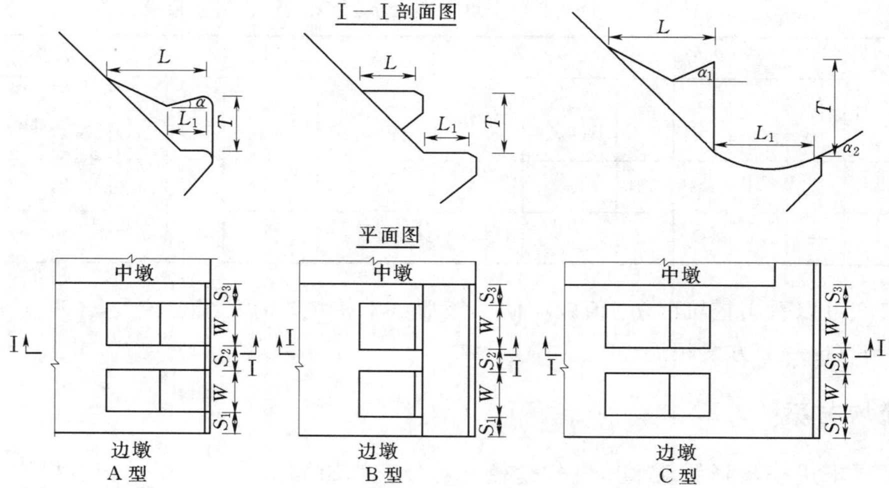

图 5　分流坎三种布置型式示意图

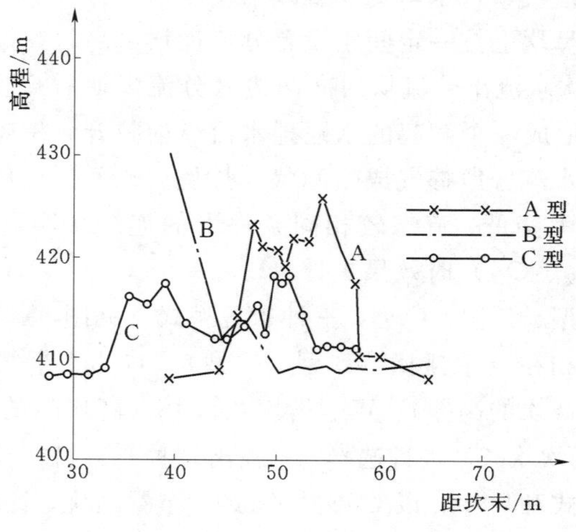

图 6　不同差动型式之时均动水压力比较

5 各消能方案消能效果比较

为便于比较，特将各消能方案消能效果的水力要素汇总于表11和图7。

表11中成果清楚说明分流坎方案消能效果最好。但因时间有限，仅对其消能效果进行了初步探讨，很多问题尚待进一步试验研究解决，分流坎尺寸有待进一步优化。

表11　各消能方案消能效果比较表

编号	方案	挑坎型式	时均动水压强/m						流速/(m·s⁻¹)		流态	
			$Q_{校}$		$Q_{设}$		$Q_{常}$		$Q_{校}$	$Q_{设}$	$Q_{校}$	$Q_{设}$
			p_{cm}	i%	p_{cm}	i%	p_{cm}	i%				
1	6-1	连续式	45.83	100	52.58	100	44.39	100	33.2	36	Ⅰ	Ⅰ
2	6-2	连续式	26.43	57.7	30.03	57.1	30.98	69.8	26.9	31.7	Ⅰ	Ⅰ
3	6-4	连续式	15.23	33.2	15.96	30.4	15.72	35.4	17.5	22.6	Ⅱ	Ⅱ
4	(6-1) +坑	连续式	24.35	53.1	19.21	36.5	23.03	51.9	15.2	16	Ⅱ	Ⅱ
5	(6-1')+坑	连续式	16.42	35.8	13.59	25.8	14.63	33	15.4	11	Ⅱ	Ⅱ
6	(6-1)差拉⑩″	分流坎	6.15	13.4	6.35	12	14.56	32.8	8.7	6.8	Ⅱ	Ⅱ

注　i%为各方案时均动水压强与（6-1）方案时均动水压强之比值。

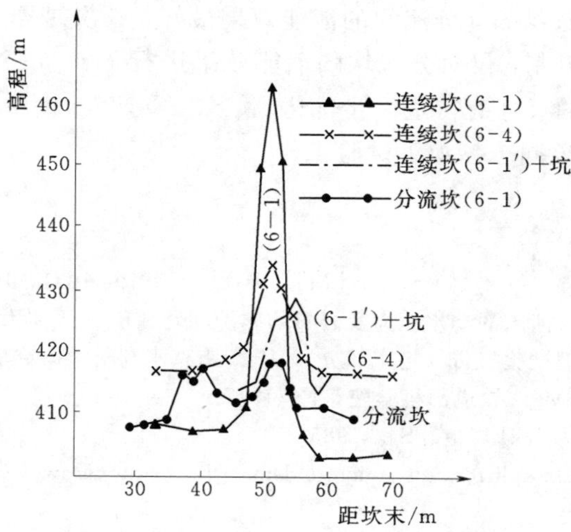

图7　各消能方案时均动水压力比较图

6 结语

（1）采用表孔自由溢流挑流消能，下游建二道坝不设护坦的消能方式工程量省、经济，但挑距近，对拱坝稳定不利。冲坑近在坝脚，冲深多少？是否危及坝基、坝肩的稳定，理论和试验都不能准确回答。试验仅从水力学角度提供有关冲刷的水力要素，诸如下游深度、动水压力（包括脉动压力）、流速等供设计进行坝基、坝肩稳定分析、下游防护、是否激发坝体振动及消能方案比较时采用。

(2) 原方案的溢流中心线偏于左岸，下游发生折冲水流，将溢流中心线向右平移5m，水舌落点附近河床作局部拓宽使河床宽度与水舌基本相等并吻合，这样折冲水流得以解决。

(3) 挑射水流落入下游河床，可视为两侧受限制的二元水流，由于下游水垫深度不同可分为三个流态区域，从安全和经济出发要求 h_c 在第Ⅱ流态区域范围取值。试验表明除连续坎的（6-1）、（6-1′）布置不满足流态要求外，其他方案的水深均能达到产生Ⅱ型流态要求。

(4) 时均动水压强 p_c，原方案 h_c 小时，其值甚大。增加 h_c 或减少 $q_入$ 能有效地降低 p_c。如 $Q_设$ 情况下：

(6-1)，$p_{cm}=52.58$m；$k_{1m}=0.74$；

(6-4)，$p_{cm}=15.96$m；$k_{1m}=0.25$；

(6-1)+坑，$p_{cm}=19.21$m；$k_{1m}=0.22$；

(6-1)+分流坎，$p_{cm}=6.15$m；$k_{1m}=0.09$。

(5) 因受条件限制试验仅对连续坎增加下游水垫深度的四个工况施测了脉动压力。二级堰堰顶高程405.00m时，h_c 小脉动压力值大，随 h_c 的增加脉动压力减小，且减小的幅度较大。水舌冲击河床的脉动属低频振动，薄拱坝的固有频率一般较低（设计未给出），冲坑离坝脚又近，应注意水流脉动对坝体的激震问题。

(6) 各消能方案比较结果：分流坎的消能效果最好，其次是连续坎的（6-4）和（6-1′）+坑方案。因时间限制，仅对分流坎的消能效果进行了初步探讨，有很多问题尚待进一步研究解决，分流坎的尺寸有待进一步优化。

龙国亮、王明进两位同志参加了试验工作。

参考资料：

[1] 水工高速水流译文集（一）（二）（三）[M]. 天津大学，译.1981，10.

[2] 关于挑跌流作用于下游河床的动水压力及岩石的防护问题 [R]. 天津大学，1981，9.

[3] 石门拱堰泄洪整体模型试验报告（定床部分）[R]. 南京水利科学研究所，1986，3.

[4] 水力公式集（上集）[M]. 铁道部科学院，译.1977.

[5] SD 145—85 混凝土拱坝设计规范 [S]. 1985.

[6] Energy dissipating crest splitters for concrete dams [J]. Water Power & Dam Construction，1983.

迷宫堰水力设计方法的修正

王仕筠[1]，舒以安[2]

1. 江西省水利科学研究所；2. 水电部上海规划设计院

摘　要：本文分析总结了迷宫堰的各种设计方法，计算出各设计方法存在的误差，并对设计曲线进行修正。

关键词：迷宫堰；流速水头；水力设计

在宽度为 W 的泄洪道上，设置平面上堰顶轴线呈折线，形状如锯齿形的迷宫堰，由于该堰的展开长度 L 与 W 之比 L/W 可以达到 1.5～8，成倍地增加了溢流堰的前缘，因而当溢流水头不变的情况下，可大幅度地增加泄洪流量，或者泄洪流量相同时，可减小溢流水头，抬高堰顶高程，增加兴利库容。因此无论是新建的或改建和扩建的溢洪道工程，都可以考虑采用迷宫堰。不过，由于迷宫堰只有在相对堰高较大的条件下，如 $P\geqslant 1.5H_0$ 时才有较好的效率。为此采用它需要增加溢洪道的相对挖深值。不过在岸边无闸溢洪道工程中，多数情况是采用窄深式槽要比宽浅式槽节省开挖和衬砌工程量，所以迷宫堰仍可能节省工程费用。

据文献介绍，最早建造的迷宫堰工程之一，可能是美国的东帕克（EAST PARK）工程（1910 年），它的泄洪流量 $Q=283m^3/s$。而规模最大的也许要算美国的于泰（Ute）坝的溢洪道（1983 年），它的 $Q=15574m^3/s$，堰高 $P=9.14m$，堰上溢流水头 $H_0=5.79m$ 溢洪道宽度 $W=256m$，$L=1024.1m$。郭子中教授 1984 年撰文介绍迷宫堰的水力特性及设计方法[1]，引起了国内同行们的重视和兴趣。1986 年在安徽广德县建成了国内第一座迷宫堰式的拦河坝，其 $W=26.8m$、$L=107.2m$、$P=2.5m$、$H_0=1.5m$、$Q=263m^3/s$[2]。

1　迷宫堰的几何参数

迷宫堰在平面上可布置成三角形、梯形或矩形（见图 1），虽然三角形布置的水力特性最优，但考虑到结构和施工因素，一般仍多采用梯形布置。

迷宫堰的几何参数有：

b——一边侧堰的长度；

c——宫长，$c=b\cos\alpha$；

α——侧堰与主流方向的夹角，矩形 $\alpha=0$。三角形 $\alpha=\sin^{-1}\dfrac{W}{l}=\alpha_{max}$ 采用梯形布置，工

本文发表于 1989 年。

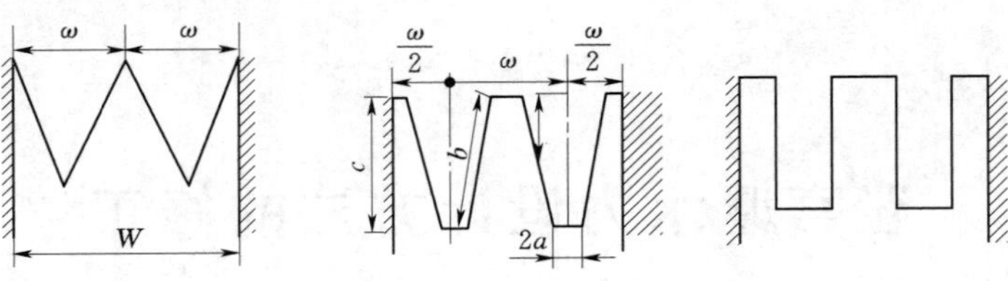

图 1　迷宫堰的平面形状

程上多半采用 $\alpha=(0.75\sim0.8)\alpha_{\max}$，它的水力特性与三角形布置相近；

ω——单宫宽；

l——单宫堰的展开长度 $l=2b+4a$；

a——正堰长的一半，三角形 $a=0$，矩形 $a=\frac{\omega}{2}$，梯形 $a=\left(\frac{\omega}{2}-b\sin\alpha\right)/2$；

n——宫数，$n=\frac{W}{\omega}$；

W——总宽度；

L——总展长，$L=nl$；

P——堰高；

$\frac{L}{W}$——堰放大系数或堰的展长比；

$\frac{\omega}{P}$——宽高比。

2　迷宫堰的水力参数

h——堰上水头（即水槽试验测量的堰上水头）；

H_0——堰上能头，$H_0=h+\frac{V_0^2}{2g}$；

V_0——行进流速；

g——重力加速度；

Q_L——迷宫堰的泄洪流量。

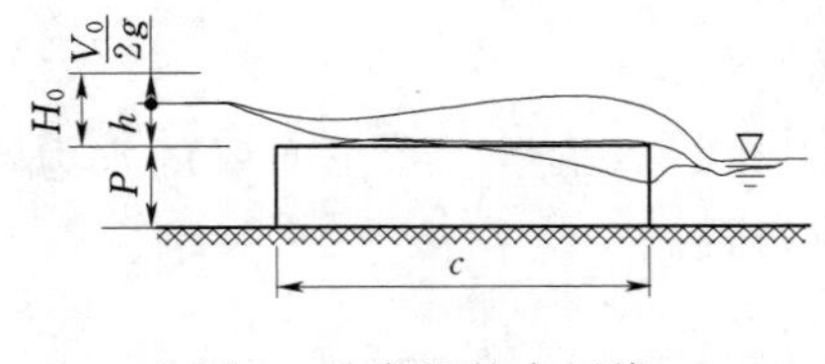

图 2　迷宫堰的水面线

$$Q_L=m_L\sqrt{2g}Lh^{3/2}=m_W\sqrt{2g}Wh^{3/2}$$

$$Q_L=m_{L0}\sqrt{2g}LH_0^{3/2}=m_{\omega0}\sqrt{2g}WH_0^{3/2}$$

式中：m_L 为以堰上水头 h 计的，按展长 L 计算的流量系数；m_W 为以堰上水头 h 计的，按溢洪道宽度 W 计算的流量系数；m_{L0}、$m_{\omega0}$ 为以堰上能头 H_0 计的，分别按 L 和 W 计算的流量系数。

这里

$$m_\omega=\frac{L}{W}m_L$$

$$m_\omega=f\left(\frac{h}{P},\ \frac{L}{W},\ \frac{\omega}{P}\right)$$

$$m_{\omega 0}=\frac{L}{W}m_{L0}$$

$$m_{\omega 0}=f\left(\frac{H_0}{P},\ \frac{L}{W},\ \frac{\omega}{P}\right)$$

Q_N 为正堰（$L/W=1$）的流量，$Q_N=m_0\sqrt{2g}WH_0^{3/2}$（或 $Q_N=m\sqrt{2g}Wh^{3/2}$）。

这里，m_0、m 分别表示以 H_0 和 h 计的，按直线布置的，相应堰型（实用、宽顶堰，锐缘堰）的流量系数。

$\frac{Q_L}{Q_N}$——迷宫堰的流量放大倍数。

$E\%$——迷宫堰的效率：

$$E\%=(Q_L/Q_N)\Big/\left(\frac{L}{W}\right)\times 100\%=\frac{m_{L0}}{m_0}\times 100\%$$

式中：$\frac{h}{P}$、$\frac{H_0}{P}$分别为水头与堰高比和能头与堰高比。

由海依—泰勒（Hay—Taylor）的试验成果分析，影响迷宫堰性能的主要水力参数简述如下[3]。

2.1 水头与堰高之比$\frac{h}{p}$

当$\frac{h}{p}\to 0$ 时，迷宫堰的性能达到理想状态，效率 E 接近 100%$\left(即\frac{Q_L}{Q_N}=\frac{L}{W}\right)$，随着$\frac{h}{p}$增加，$\frac{Q_L}{Q_W}$下降，$\frac{L}{W}$越大，这种趋势越明显（图 3 取自参考资料［3］）。

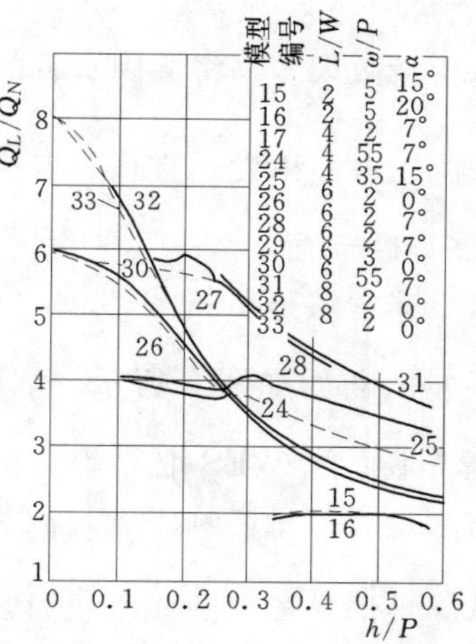

图 3　迷宫堰的特性曲线

2.2 堰的展长比$\frac{L}{W}$

$\frac{L}{W}=2$ 时，迷宫堰在$\frac{h}{P}<0.6$ 范围内都能保持较高的效率。随着$\frac{L}{W}$的加大，效率明显减小。所以采用过大的$\frac{L}{W}$，有可能使增加的效益难以抵偿工程造价的增加。一般认为 $L/W\leqslant 4$ 为宜。

2.3 侧堰与主流方向的交角 α

加大 α 相当于减小堰顶端的长度 $2a$，改善了迷宫堰的水力性能，增大了$\frac{Q_L}{Q_N}$值，三角迷宫堰的性能最好，海依和泰勒的试验（见图 4）证明了这一点。但是三角迷宫堰的溢流水舌，相互间的干扰程度较梯形迷宫堰大，所以工程实践中采用梯形布置较多。α 角的变化从 0°（矩形迷宫堰）到 α_{max}（三角迷宫堰，梯形迷宫堰的 $\alpha_{梯}=(0.75\sim 0.8)\alpha_{max}$。最大来角 $\alpha_{max}=\sin^{-1}\left(\frac{\omega}{l}\right)$。

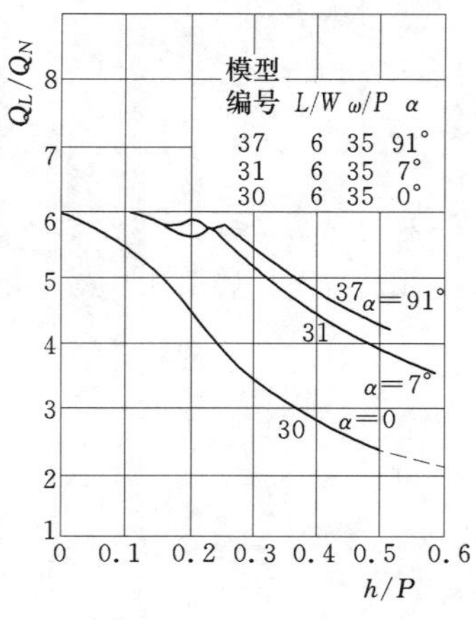

图 4 α 角度的影响

2.4 宽高比$\frac{\omega}{P}$

早期的研究忽略了$\frac{\omega}{P}$的影响。后来人们逐渐发现$\frac{\omega}{P}$值小的时候，它也是影响迷宫堰性能的重要因素。因为沿侧堰下泄的溢流水舌之间的互相撞击和干扰，造成迷宫堰性能的下降。而三角迷宫堰在尖角附近，其两侧堰是非常靠近的，所以它比梯形迷宫堰更易受到水舌干扰的影响。因此可以说只有在$\frac{\omega}{P}$大于最小限定值$\left(\frac{\omega}{P}\right)_{min}$时，三角迷宫堰的性能才优于梯形布置。自然三角形的$\left(\frac{\omega}{P}\right)_{min}$是应大于梯形的。前人的研究认为梯形的$\left(\frac{\omega}{P}\right)_{min}>2$，三角形的$\left(\frac{\omega}{P}\right)_{min}>2.5$，不过如果采用的$P$大，比如使$\frac{h}{P}<0.25$，也可放宽这个限制。

2.5 齿数 n

齿数太多，将会因水舌的干扰而使堰的性能下降，笔者认为可取$\frac{\omega}{P}=3\sim4$来决定n。从施工方便出发，宜将n取为整数或$\left(n+\frac{1}{2}\right)$。

2.6 堰剖面

迷宫堰是由折线墙体构成，在结构上自成一体。堰体的断面如图 5 所示，堰顶剖面有$\frac{1}{4}$圆弧、半圆、渥奇堰面或 WES 堰面等。试验证实，堰顶形状对迷宫堰最大泄量影响不大，故无必要采用复杂的堰面形状。美国垦务局的试验认为，上游为垂直臂墙，堰顶为$\frac{1}{4}$圆弧的迷宫堰效果最好。

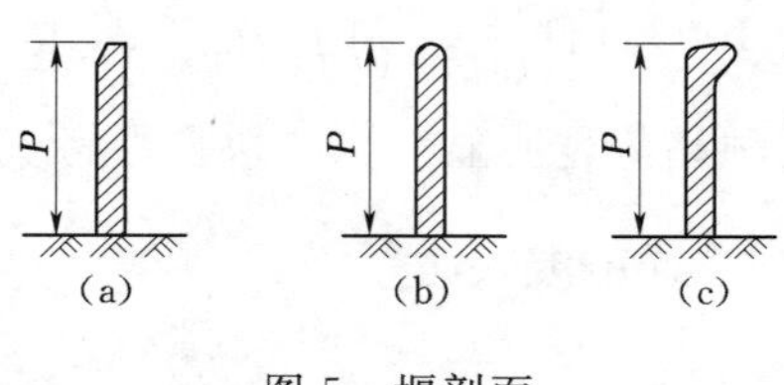

图 5 堰剖面

2.7 上下游引渠及护坦

国外的试验证明，上下游引渠采用同一高程会使迷宫堰的效率降低。人们认为它的适当高差值$d=H_{max}$，这里H_{max}为最大运行水头。

采用斜护坦时，一般控制$\frac{M}{P}=0.5\sim0.75$。$E\%$是随$\frac{M}{P}$值增大而增加。M为护坦首末端的高差值。

3 迷宫堰的水力设计方法

目前有关迷宫堰水力设计的方法有以下四种。

3.1 海依—泰勒法

他们的试验是在长为 4.88m，宽 0.91m，深 0.37m，最大流量 113L/s 的玻璃水槽中进行的。通过对系列模型试验资料的分析，他们于1970年提出了一种对梯形和三角形迷宫堰都通用的计算方法[3]，同时给出了两幅设计曲线图$\frac{Q_L}{Q_N}=f\left(\frac{h}{P},\ \frac{L}{W}\right)$（见图6）。一个适用于三角形迷宫堰，另一个适用于$\alpha=0.75\alpha_{max}$的梯形迷宫堰的计算，该曲线是从模型试验和计算机计算得到的。

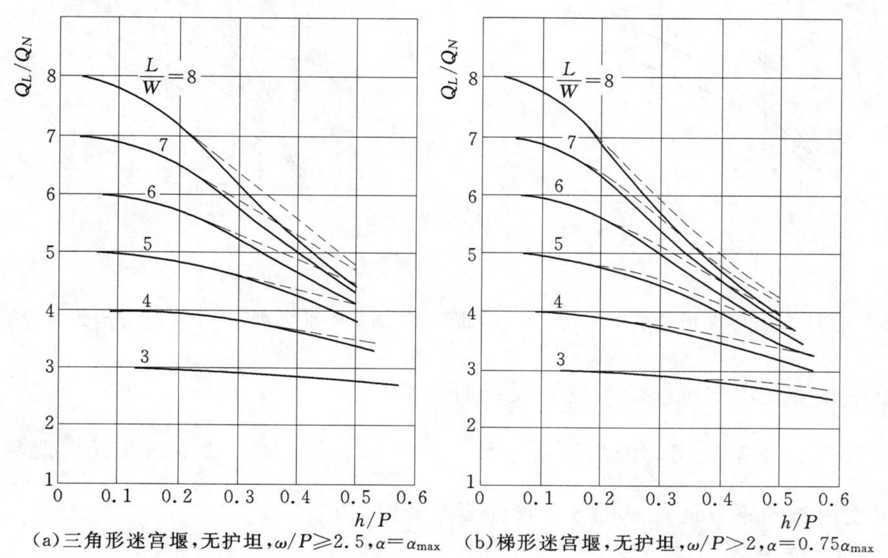

(a)三角形迷宫堰，无护坦，$\omega/P\geqslant2.5$，$\alpha=\alpha_{max}$　(b)梯形迷宫堰，无护坦，$\omega/P>2$，$\alpha=0.75\alpha_{max}$

图6　海依—泰勒设计曲线

----$d\geqslant H_0$，没有下游干扰；——$d=0$ 有下游干扰

由于他们的实验是在锐缘堰的条件下进行的，因此图6中的Q_N是锐缘堰的流量。所以按此法计算要先计算锐缘堰的流量Q_N，再计算迷宫堰的Q_L。对非锐缘堰的堰面，还要通过换算才能得到实际堰面的迷宫堰流量放大系数及其效率。

3.2　戴维斯法

1971年戴维斯根据收集的试验资料整理，提出一幅$C_W—\frac{h}{P}—\frac{L}{W}$关系曲线（见图7）。这里，图中的流量系数$C_W$含$\sqrt{2g}$是有单位的，而且$C_W$采用的是英制单位（$ft^{1/2}/s$）。故换算为公制单位（$m^{1/2}/s$），应乘换算系数$(19.6/64.4)^{0.5}=0.55$。戴维斯曲线的试验条件是：

（1）迷宫堰为梯形，$\alpha\geqslant0.8\alpha_{max}$。

（2）上下游引渠底为平底。

（3）堰剖面为曲线堰面。

（4）堰顶为自由泄流。

（5）$1\leqslant\frac{L}{W}\leqslant8$。

（6）$0.2\leqslant\frac{h}{P}\leqslant0.6$。

（7）$\frac{\omega}{P}\geqslant0.2$。

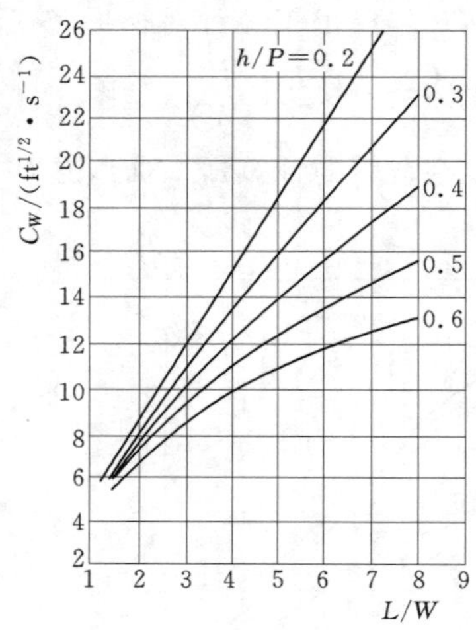

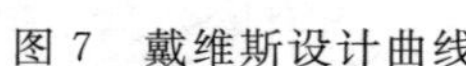
图 7　戴维斯设计曲线

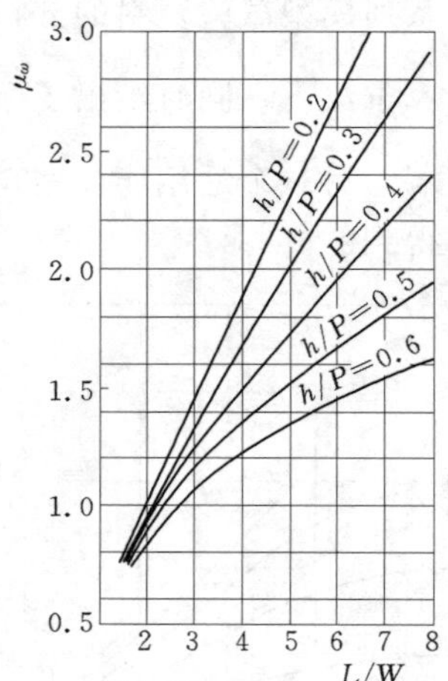

图 8　马加尔哈斯无因次 $\mu_\omega-\frac{h}{P}-\frac{L}{W}$ 关系曲线

郭子中教授文章中所推荐的就是戴维斯法。

1983 年马加尔哈斯用无因次流量系数 $\mu_\omega\left(=\frac{C_W}{\sqrt{2g}}\right)$ 修改了戴维斯曲线，避免了 C_W 的英制单位使用时的不方便（见图 8，取自参考资料［4］）。

3.3　河海大学方法

河海大学的张志军、何建京同志，在两座各宽 30cm 和 80cm 的玻璃水槽中对 18 种不同参数组合的迷宫堰模型进行了近 200 个组次的过水试验。这些模型的主要参数是：平面布置为三角形，堰的展长比 $L/W=1.5\sim8$，单宫宽与堰高之比 $\omega/P=0.37\sim6$，堰上水头与堰高之比 $h/P=0.15\sim0.6$，迷宫数 $n=1\sim8$。1985 年他们提出了 $\frac{\omega}{P}=1$、2、3、4 四幅 $m_\omega-\frac{h}{P}-\frac{L}{W}$ 设计曲线图（见图 9），使迷宫堰的水力设计更为方便[5]。

3.4　美国垦务局（USBR）方法

经过系列模型试验，垦务局提出的计算公式为：

$$Q_L=C_W\left(\frac{\omega/P}{\omega/P+k}\right)WH_0\sqrt{2g}$$

适用于 $\omega/P\geqslant2$

式中：K 为常数，$K=0.18$（三角迷宫堰）及 0.1（梯形迷宫堰）。

垦务局提出的设计曲线图 $C_W-\frac{H_0}{P}-\frac{L}{W}$[6] 一个适用于 $\frac{1}{4}$ 圆弧堰面的迷宫堰（见图 10），另一个适用于锐缘迷宫堰（见图 11）。

上面四种方法经笔者验算对比证实，泰勒、戴维斯、河海大学三者的设计曲线的计算成果基本上是相同的。不过河海大学增加了三幅设计曲线（$\omega/P=1$、$\omega/P=2$、$\omega/P=3$）为设计者扩大了选用范围。

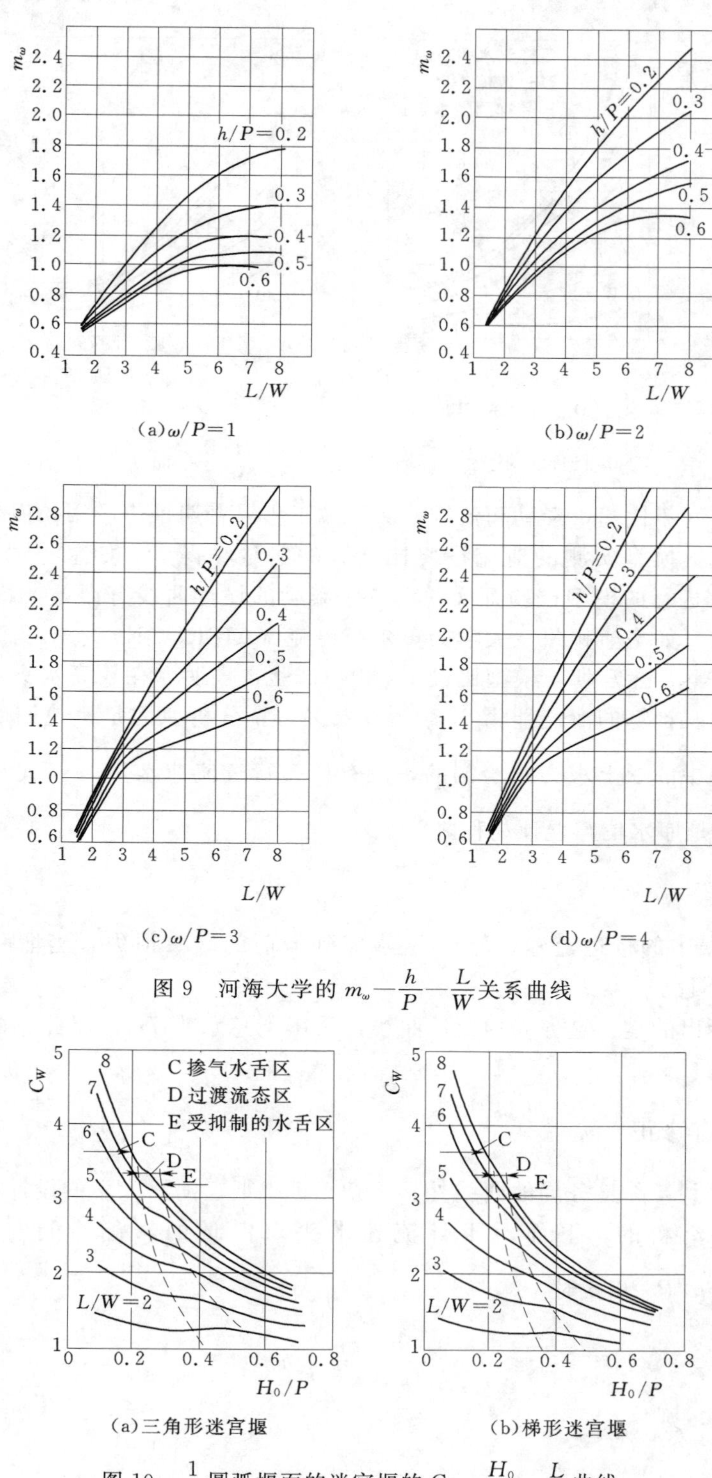

图9　河海大学的 $m_\omega-\dfrac{h}{P}-\dfrac{L}{W}$ 关系曲线

图10　$\dfrac{1}{4}$圆弧堰面的迷宫堰的 $C_W-\dfrac{H_0}{P}-\dfrac{L}{W}$ 曲线

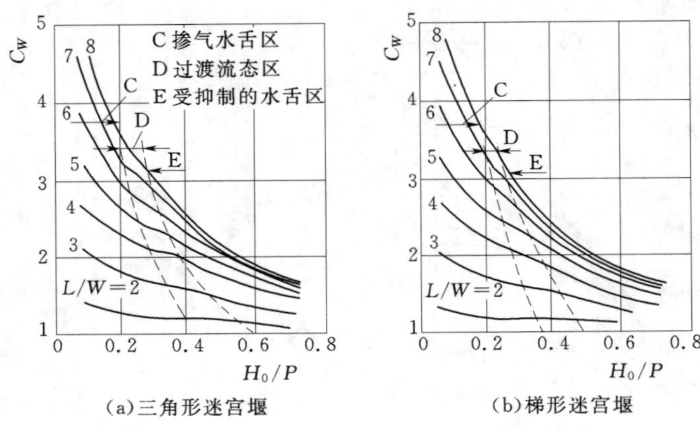

图 11 锐缘迷宫堰的 $C_W-\frac{H_0}{P}-\frac{L}{W}$ 关系曲线

自 20 世纪 70 年代起，泰勒和戴维斯法已被工程界普遍推广应用，但几乎所有的工程模型试验都发现，模型实测的泄流量要比计算的泄量小得多。如垦务局 1982 年为于泰(Ute) 坝溢洪道进行的模型试验证实，海依—泰勒的设计曲线有误差，特别当 h/P 值较大时误差更大。又如华盛顿州立大学的奥尔布鲁克（AIBROOK）水工实验室进行的鲍德曼（BOARDMAN）迷宫堰，模型比尺 1∶30，试验也表明，在较高水头下，实测的泄流能力比按泰勒曲线计算的泄流能力小 20％～25％[7]。分析原因是，他们所提出的设计曲线图是根据水槽中的堰上水头 h 绘制的，没有计入行近流速水头$\frac{V_0^2}{2g}$。而溢洪道模型试验的堰上水头 H_0 是库水位与堰顶高程之差，理论上

$$H_0=h+\frac{V_0^2}{2g}+h_\omega$$

式中：V_0 为引渠中的行进流速；h_ω 为从水库到堰前的水头损失，当堰和库的距离不大时，h_ω 可略而不计。

值得特别指出的是，垦务局的设计曲线，采用了总水头 H_0，因此它的计算成果比较合理。

4 设计曲线的修正

上面已经提到，除垦务局的曲线外，泰勒、戴维斯、河海大学的设计图均是采用堰上水头 h 来分析资料的。下面对不计流速水头对泄量的影响进行估算？在直线堰$\left(\frac{L}{W}=1\right)$中，当 $h/P=0.5$ 时

$$\frac{V_0^2}{2g}=\left(\frac{m}{3}\right)^2 h$$

如 m 以 0.49 计，则

$$\frac{V_0^2}{2g}=0.027h$$

$$H_0=1.027h \quad 或 \quad h=0.974H_0$$

$$\frac{\Delta Q}{Q}=\left[1-\left(\frac{h}{H_0}\right)^{3/2}\right]\times 100\%=3.87\%$$

在迷宫堰上，当 $Q_L/Q_N=3$，$h/P=0.5$ 时，行近流速为直线堰的 3 倍，则

$$\frac{V_0^2}{2g}=(3^2\times 0.027)h=0.243h$$

$$H_0=1.243h \quad 或 \quad h=0.805H_0$$

$$\frac{\Delta Q}{Q}=\left[1-\left(\frac{h}{H_0}\right)^{3/2}\right]\times 100\%=27.8\%$$

由上估算看出，因迷宫堰在同一堰上水头下，增加了泄洪流量，所以相应加大了行进流速，并以平方的关系增大了流速水头，也加大了流速水头在总水头 H_0 中所占的比重，从而使实际泄流量与计算值之间的误差增大。因此可以认为直接应用前三种方法的设计图来进行迷宫堰的水力设计是不妥的，也不安全，必须加以修正。修正的方法是在采用它们的设计图时，应计入流速水头的影响。具体做法如下：

（1）应用原设计图计算出水位与流量关系曲线（h—Q），再在此曲线上加上行进流速水头$\left(\frac{V_0^2}{2g}\right)$，得 $H_0=h+\frac{V_0^2}{2g}$，并绘出 H_0—Q 曲线即为实际的泄流曲线。

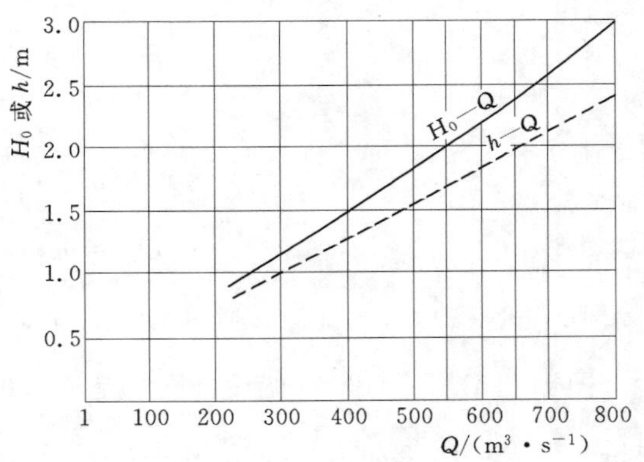

图 12　示例计算结果

示例　某溢洪道设计泄洪流量 $Q=800\text{m}^3/\text{s}$，引渠宽 $W=40\text{m}$，设三角形迷宫堰的齿数 $n=3$，单宫宽 $\omega=13.3\text{m}$，堰的展开长度 $L=160\text{m}$，堰高 $P=4\text{m}$。试计算溢洪道的泄流曲线 h—Q 及 H_0—Q。

解：$L/W=4$，$\omega/P=3.3$，采用河海大学的设计图 9（c）$\left(\frac{\omega}{P}=3\right)$查 m_ω，计算过程列入表 1，结果见图 12。

$$Q_L=m_\omega W\sqrt{2g}h^{1.5},V_0=\frac{Q_1}{W(P+h)}$$

表 1　示例计算过程

h/P	h /m	m_ω	Q_L /(m³·s⁻¹)	V_0 /(m·s⁻¹)	$V_0^2/2g$ /m	H_0 /m
0.2	0.8	1.72	218	1.14	0.07	0.87
0.3	1.2	1.56	363	1.75	0.16	1.36
0.4	1.6	1.41	506	2.26	0.26	1.86
0.5	2.0	1.30	652	2.72	0.38	2.38
0.6	2.4	1.20	791	3.09	0.49	2.89

查图 12，当堰上水头 2m 时，泄量分别为 $Q=651\text{m}^3/\text{s}$（h—Q 曲线）和 $Q_0=545\text{m}^3/\text{s}$（$H_0$—$Q$ 曲线），则 $\frac{Q-Q_0}{Q}\times 100\%=16.3\%$。当堰上水头 1m 时，$Q=295\text{m}^3/\text{s}$（$h=$

1.0m）和 $Q=255\mathrm{m^3/s}$（$H_0=1\mathrm{m}$），$\dfrac{Q-Q_0}{Q}=13.6\%$。

（2）对原设计图进行换算，将 $m_\omega=f\left(\dfrac{L}{W},\dfrac{h}{P},\dfrac{\omega}{P}\right)$ 修改成 $m_{\omega 0}=f_0\left(\dfrac{L}{W},\dfrac{H_0}{P},\dfrac{\omega}{P}\right)$，换算方法是：

$$Q_L=m_\omega W\ \sqrt{2g}h^{3/2}$$

$$V_0=\frac{Q_L}{W(h+P)}=\frac{m_W W\ \sqrt{2g}h^{3/2}}{W(h+P)}=\frac{m_\omega\ \sqrt{2g}h^{3/2}}{\left(1+\dfrac{P}{h}\right)h}$$

$$\frac{V_0^2}{2g}=\left[\frac{m_W}{1+\dfrac{P}{h}}\right]^2 h \tag{1}$$

$$H_0=h+\frac{V_0^2}{2g}=\left[1+\left[\frac{m_\omega}{1+\dfrac{P}{h}}\right]^2\right]h \tag{2}$$

$$\frac{H_0}{P}=\left[1+\left[\frac{m_\omega}{1+\dfrac{P}{h}}\right]^2\right]\frac{h}{P} \tag{3}$$

$$m_{\omega 0}=\left(\frac{h}{H_0}\right)^{3/2}m_\omega \tag{4}$$

$$Q_{L0}=m_{\omega 0}W\ \sqrt{2g}H_0^{3/2}$$

有了式（1）～式（4），通过表2的计算，可将 $\dfrac{h}{P}$ 换算为 $\dfrac{H_0}{P}$，m_ω 换算为 $m_{\omega 0}$。

图13（a）～（d）四幅设计图，是笔者根据河海大学的设计图（图9）换算而来的。对每一个 $\dfrac{\omega}{P}$，比如 $\omega/P=1$，$L/W=1.5$、2、3、4、5、6、7、8，就有八个如表2那样的计算。因此，$\dfrac{\omega}{P}=1$、2、3、4四种情况，一共有32个表2那样的计算。表2显示了 $\dfrac{\omega}{P}=3$，$\dfrac{L}{W}=5$ 为例的具体计算过程。

表2　　河海大学计算过程

h/P	m_ω	$V_0^2/2g$	H_0	H_0/P	$m_{\omega 0}$
0.2	2.03	$1.114h$	$1.114h$	0.223	1.73
0.3	1.80	$0.173h$	$1.173h$	0.350	1.42
0.4	1.60	$0.209h$	$1.209h$	0.480	1.20
0.5	1.44	$0.230h$	$1.230h$	0.620	1.60
0.6	1.29	$1.234h$	$1.234h$	0.740	0.94

注　m_ω 由图9（c）查得。

修正后的河海大学设计如图13（a）～（d）所示。利用这四幅图就可以直接进行迷宫堰的水力设计。

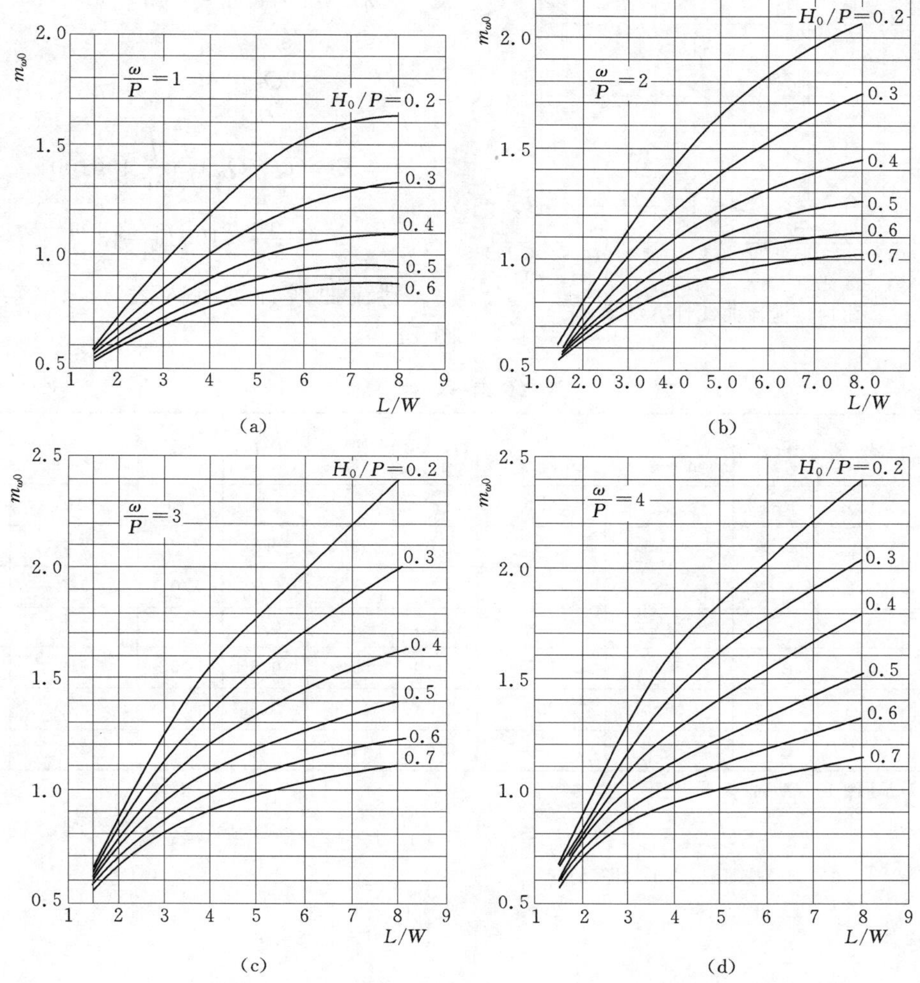

图 13　经笔者修改后的河海大学曲线

示例　某溢洪道引渠宽度 $W=50\text{m}$，设计溢洪水头 $H_0=2\text{m}$，设计泄洪流量 $Q=650\text{m}^3/\text{s}$，堰高 $P=3\text{m}$，采用 $n=4$。

解： $n=4$　$\omega=\frac{50}{4}=12.5$

$$\frac{\omega}{P}=\frac{12.5}{3}=4.17$$

$$m_{\omega 0}=\frac{Q}{W\sqrt{2g}H_0^{3/2}}=\frac{650}{50\times 4.43\times 2^{1.5}}=1.04$$

$\frac{H_0}{P}=\frac{2}{3}=0.67$，查图 13（d）得 $\frac{L}{W}=5$

$$L=5\times 50=250\text{m}$$

设实用堰　$m=0.48$

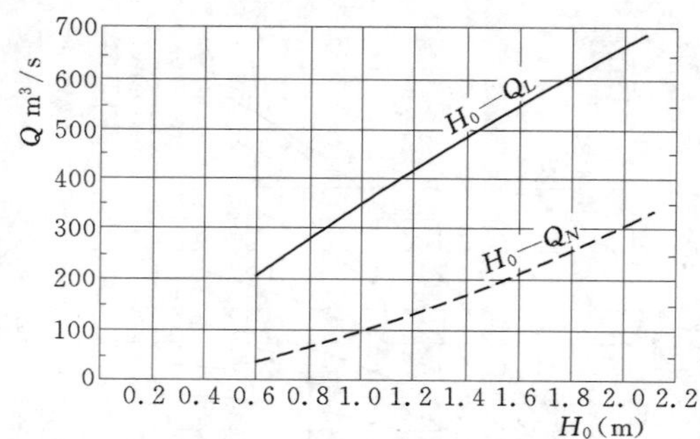

图 14　泄流曲线计算结果

$$Q_N = m_W \sqrt{2g}H_0^{3/2} = 0.48 \times 50 \times 4.43 \times 2^{1.5} = 301\text{m}^3/\text{s}$$

$$\frac{Q_L}{Q_N} = \frac{650}{301} = 2.16$$

$$E = (Q_L/Q_N)\bigg/\left(\frac{L}{W}\right) \times 100\%$$

$$= \frac{2.16}{5} \times 100\% = 43.2\%$$

泄流曲线计算列入表 3，计算结果见图 14。

表 3　　泄流曲线计算

H_0 /m	H_0/P	$m_{\omega 0}$	Q_L /(m³·s⁻¹)	Q_N /(m³·s⁻¹)	Q_L/Q_N	E%	h/P	m_ω	Q_L /(m³·s⁻¹)	E/%
(1)	(2)	(3)	(4)	(5)	(6)	(7)	(8)	(9)	(10)	(11)
0.6	0.2	1.86	191.5	41	4.67	93.4	0.2	2.25	232	113
0.9	0.3	1.63	308	79	3.90	78.0	0.3	2.01	380	96.2
1.2	0.4	1.42	413	128	3.23	64.5	0.4	1.75	510	79.7
1.5	0.5	1.24	504	187	2.70	53.9	0.5	1.52	619	66.2
1.8	0.6	1.12	599	257	2.33	46.6	0.6	1.35	722	56.2
2.1	0.7	1.01	681	330	2.06	41.3	0.7	1.20	809	49.0

注　1. $m_{\omega 0}$ 由图 13（d）查。

2. Q_N 式中的 m，是由 $H_d=1.8\text{m}$，$m_d=0.48$，$\frac{m}{m_d}=f\left(\frac{H_0}{H_d}\right)$ 参照水力学手册决定。

3. （8）～（11）项是按照图 9（d）计算的。

5　结语

（1）海依—泰勒法、戴维斯法（含马加尔哈斯曲线）与河海大学的方法都是根据水槽模型试验资料绘制的曲线图，实际上这三者类同。因为他们在分析资料时采用了堰上水头 h，没有计入行近流速水头 $\frac{V_0^2}{2g}$，试验证明，溢洪道模型实测的泄流量比用设计图计算的泄流量小得很多，一般达 15%～25%。这样大的流量误差在工程设计上是不允许的，因此这三种方法须经过修正以后方能用于迷宫堰溢洪道的设计，只有在拦河坝工程如 W 接近床宽 B 时，则可直接应用。

（2）修正的办法是在计算时，将流速水头加上去，即采用 $H_0=h+\frac{V_0^2}{2g}$ 不用 h，如溢洪道进流条件不顺，为安全起见，还应考虑堰前的水头损失 h_ω 则 $H_0=h+\frac{V_0^2}{2g}+h_\omega$。

（3）计算方法之一，是先用海依—泰勒或戴维斯或河海大学的设计图计算 h—Q_L 曲线，然后再在该曲线上增加行进流速水头 $\left(\frac{V_0^2}{2g}\right)$，得 H_0—Q_L 作为工程的设计曲线。

（4）计算方法之二，是通过换算，绘制

$$m_{\omega 0}=f_0\left(\frac{H_0}{P},\frac{L}{W},\frac{\omega}{P}\right)$$

设计图（图 13），应用它可以直接计算 $H_0—Q_L$ 关系曲线（$Q_L=m_{\omega 0}W\sqrt{2g}H_0^{3/2}$）。

（5）美国垦务局的设计图考虑了流速水头，因此可以直接用于溢洪道迷宫堰设计（$C_W=\sqrt{2}m_{\omega 0}$）。它的$\frac{1}{4}$圆弧堰顶，梯形迷宫堰的曲线与笔者的修正曲线（见图 13）重合性较好（见图 15）。

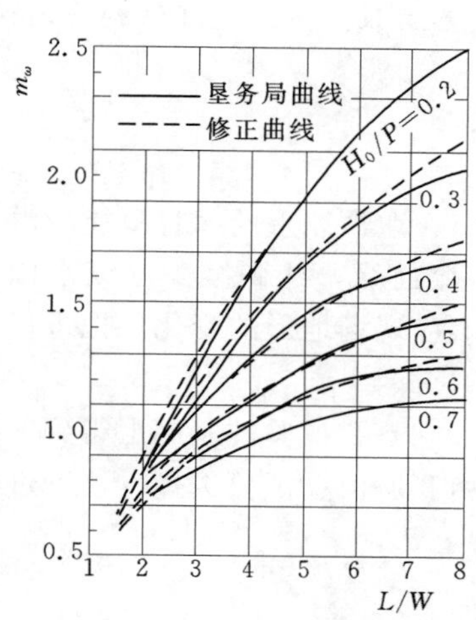

图 15　修正曲线与垦务局曲线的比较

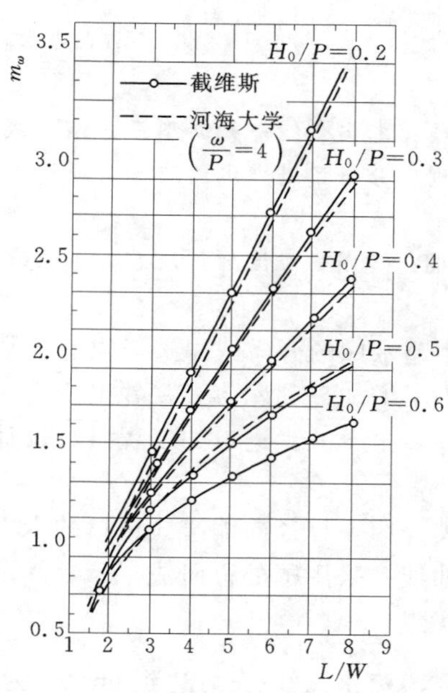

图 16　戴维与河海大学曲线比较

（6）戴维斯曲线与河海大学的曲线二者基本上是重合的（见图 16）。

（7）对于大中型工程应通过水工模型试验以保证设计的质量。

参考文献：

[1]　郭子中．迷宫堰的水力特性及设计［J］．砌石坝技术，1984，3.

[2]　秦增基，官朝东．我国第一座迷宫堰——红卫兵坝的试验研究与设计［J］．安徽水利科技，1986，4.

[3]　迷宫堰的特性及设计（译文）［J］．江西水利科技，1988，2.

[4]　迷宫式溢洪道（译文）［J］．江西水利科技，1987 译文专刊．

[5]　张志军，何建京．迷宫堰水力特性的试验研究//中小型工程水利学学术讨论会论文集．1985 中国水利学会水力学专业委员会．

[6]　迷宫式溢洪道的设计和施工（译文）［J］．江西水利科技，1988，1.

[7]　Boardman Labyrinth—Cust Spillway Journal of Hydraulic Engineering VOL. 111. NO_3 Mar. 1985, ASCE.

三圆弧溢流堰（无闸）两级缩窄进口型式的水力设计方法

王仕筠

江西省水利科学研究所工程师

摘　要： 本文介绍一种新型径向缩窄式三圆弧溢流堰，论述其平面布置及定型尺寸确定原则，分析了进口水流流态，通过举例说明了其水力设计方法，可供相关工程设计参考。

关键词： 三圆弧溢流堰；流态；水力设计；模型试验

中小型水库的开敞式岸边溢洪道多数都不设闸门，堰顶以上的库容只能滞洪不能蓄水兴利。为了增加兴利库容，溢洪道常采用较长的溢流前缘，达到减少溢流水深 H_0 的目的。此外，出于减少进口的工程量，设计人员常要顺应现场地形的变化，把进口布置成缩窄型式。

本文介绍一种径向缩窄式进口的水力设计方法，它是在试验的基础上得到的。溢流堰的平面曲线，采用国外科研成果[1]，其余轮廓尺寸由我所模型试验选择。这种进口型式具有如下优点：

(1) 溢流水深浅 $\frac{L}{H_0}$ 可达到 66（L 为堰顶长度）[1]。

(2) 宽度上的缩窄比 $\frac{L}{B_3}$ 大（B_3 为过渡段控制断面的宽度即泄水陡槽的宽度），与采用正向缩窄的直线堰相比，布置紧凑，节省过渡段的工程量，特别适用于在有限的空间布置较长的溢流前缘。

(3) 特别值得注意的是，进口段分两级缩窄（$L \rightarrow B_2 \rightarrow B_3$）可以提高平底护坦板的高程（$B_2$ 为护坦末端坎断面上的宽度）。初步估算如采用一级缩窄，$\frac{P}{H_0}=3.1$；若改为两级缩窄 $L/B_2=2.14$，$B_2/B_3=1.98$（L/B_3 仍是 4.24）但 $P/H_0=1.43$；可见两者的堰高值 P 相差 $1.61H_0$。

(4) 两级缩窄可适应较大的 L/B_3 工程。

1　平面布置与定型尺寸

溢洪道由引水渠、平面上呈曲线形的溢流堰、水平护坦段、过渡段、泄水陡槽等组

本文发表于 1985 年。

成。溢流堰（WES 堰面）由三段圆弧构成（见图 1）：

中段的圆弧半径 $R_1=0.210L$，圆心角 $\alpha_1=80°$。

两侧对称圆弧的 $R_2=0.583L$，$\alpha_2=34°45'$。

堰段后延伸的等宽矩形断面护坦长度 $L_{等护}=2.6h_{K2}$。护坦末端坎断面的宽度 B_2 由计算决定，其坎高 $d_2=0.1h_{K2}$。

过渡段的宽度缩窄比为 B_2/B_3，边墙收缩角为 θ，调整段的长度 $L_{调}=2h_{K3}$，控制断面的坎高 $d_3=0.2h_{K3}$（h_{K3} 为 B_3 断面的临界水深）。

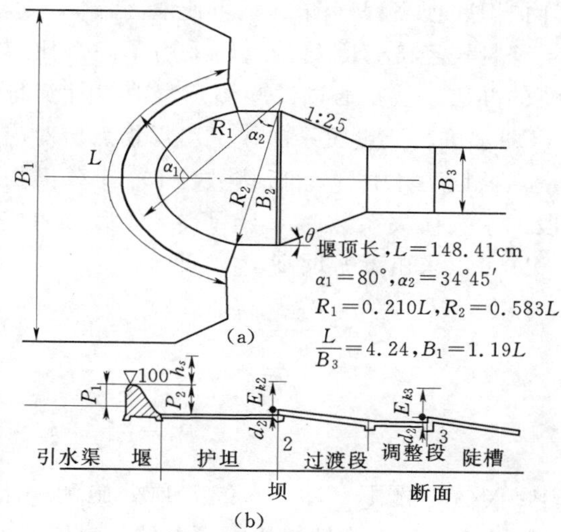

图 1　定型尺寸

2　进口段的水流流态

护坦段和过渡段的水力条件是完全不同的。过堰水流受重力与向心力双重作用，扇形护坦段的流向是径向的，水流在护坦中部集中形成一大冲击水鼓，随着流量的加大，水鼓的相对凸度逐渐减小，$Q>Q_K$ 后水面趋于水平。Q_K 是设计流量，即水位与流量关系曲线上拐点所对应的流量，在宣泄 Q_K 时，堰下的水位还不会影响溢流堰的过流能力，流量的控制断面仍然在堰处。

从试验观测到 $Q<Q_K$ 时，护坦段是底部流态（底流速大于面流速），$Q>Q_K$ 后就转变成面部流态，护坦段的流速分布特点是中部大周边小。

过渡段的流态比较简单。流量很小时（$Q<0.2Q_K$）过渡段的尾部就有水跃产生，段内呈急流、水跃、缓流三种流态。随流量的加大，水跃逐渐前移，Q 接近 Q_K 时，水跃消失，整个过渡段变成缓流流态，B_2 和 B_3 断面的能量接近临界值 E_K。当 $Q>Q_K$，堰和护坦坎断面均壅水，过堰水流为面部流态，溢洪道的泄量由 B_3 断面控制。

由于加坎的作用，促进小流量就产生水跃，阻止了急流进入陡槽，大大减少了过渡段冲击波对陡槽的影响，改善了陡槽段的流态。从施测的水深 h 和流速值 V 看出，水流入陡槽后大约（2～3）h_{K3}距离，即可将 h 和 V 调整得比较均匀。

引渠内水流平稳，堰前的行近流向与堰轴接近正交。堰前未发现旋涡、回流等水流的不稳定现象，也不存在死水区。

3　水力设计方法

3.1　曲线形溢流堰进口的设计原则和计算公式

根据护坦段的水流条件，进行水跃计算是相当困难的，而且堰下按完全水跃衔接的理论计算，要求的堰高值较大。参考资料［1］中推荐的不同流量下溢洪道各部位的结构尺寸与水力参数表，实际上是一个模型的换算资料，文中也未介绍具体的计算方法。

我们认为以堰下流态不影响堰的泄流能力即以下游缩窄口的壅水回水不淹没堰为准来

设计护坦底板高程（图 2），可使堰高最低，进口工程量较经济。因此，我们采用了一个比较简便的办法，就是通过试验测定宣泄设计流量 Q_K（即水位与流量关系曲线上出现拐点所对应流量）的堰下水位，然后按式（1）计算出护坦段的水头损失系数 $\xi_{护}$，有了 $\xi_{护}$ 值后，用式（2）就可以求出下游堰高 P_2，即

$$\xi_{护}=\frac{\nabla_{堰下}-E_{K_2}}{\frac{V_{K_2}^2}{2g}} \tag{1}$$

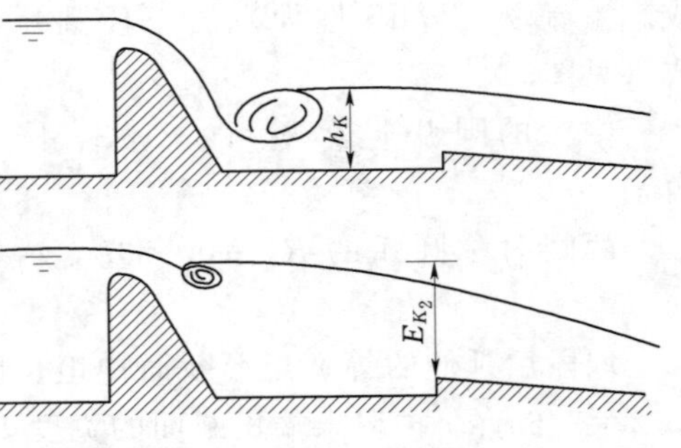

图 2　护坦底板高程设计

$$P_2=E_{K_2}+\xi_{护}\cdot\frac{V_{K_2}^2}{2g}+d_2-h_s \tag{2}$$

式中：$\nabla_{堰下}$ 为堰下（冲击水鼓鼓顶处施测）水位高程；E_{K_2} 为护坦坎断面上的临界能量（以高程计）；V_{K_2} 为护坦坎断面上的临界流速；h_s 为下游水位高出堰顶的水深。

过渡段的槽底高差值 Δz（2—2 和 3—3 断面）可按临界流理论来设计，即在宣泄设计流量时，2—2 和 3—3 断面都出现临界流的条件[2]。

矩形槽
$$\Delta z=\left(\frac{3}{2}+\frac{\xi_{过}}{2}\right)(h_{K_3}-h_{K_2}) \tag{3}$$

梯形槽
$$\Delta z=\left(h_{K_3}+\frac{V_{K_3}^2}{2g}\right)-\left(h_{K_2}+\frac{V_{K_2}^2}{2g}\right)+\xi_{过}\left(\frac{V_{K_3}^2-V_{K_2}^2}{2g}\right) \tag{4}$$

式中：$\xi_{过}$ 为过渡段的水头损失系数。

3.2　护坦段和过渡段的水头损失系数 ξ

通过水工模型试验得出[3]：

考虑到我们的观测条件堰下水位不易施测准确，在这种情况下如果要对如此接近的系数值（ξ）进行分析是有困难的，且实用意义也不大。为了使工程经济与安全，建议采用 $\xi_{护}=0.5$，相应的 $\frac{h_s}{H_0}=0.75$，适用条件是 $\frac{L}{B_2}=1.9\sim2.1$；$\frac{L}{H_0}=18\sim32$。如果 $\frac{L}{H_0}$ 小于 18，$\xi_{护}$ 应该增大，而且从试验观测，进口段的流态明显变坏。所以按本文规定的轮廓尺寸设计，$\frac{L}{H_0}$ 不应大于 18，否则流态较差。

这里还要着重指出的是引用 $\xi_{护}=0.5$ 时注意表 1 中所列的试验条件。

表 1　**$\frac{L}{B_2}=0.91$ 时护坦段的 $\xi_{护}$ 值**

$\frac{P_2}{L}$	$\frac{L}{H_0}$	$\frac{L}{B_2}$	$\left(\frac{h_s}{H_{0K}}\right)$	$\frac{H_0}{H_{0d}}$	$\frac{P_1}{H_{0d}}$	$\frac{P_2}{H_0}$	m	$\xi_{护}$
0.081	18.5	2.14	0.83	1.15	1.43	1.49	0.478	0.42
0.067	21.3	2.06	0.81	1.01	1.43	1.42	0.474	0.38
0.054	24.4	1.99	0.77	0.86	1.43	1.33	0.460	0.34
0.054	25	1.99	0.80	0.86	1.0	1.33	0.462	0.39
0.040	31.3	1.91	0.75	0.69	1.0	1.25	0.458	0.27

至于第二级缩窄—过渡段的设计，其过渡段的水头损失系数 $\xi_{过}$ 可按表 2 采用[2]。

表 2 $\dfrac{B_2}{B_3}=2\sim5$ 时的 $\xi_{过}$ 值

$\tan\theta$	1	$\frac{1}{2}$	$\frac{1}{3}$	$\frac{1}{4}\sim\frac{1}{5}$
$\xi_{过}$	0.4	0.25	0.2	0.15

3.3 计算方法

3.3.1 试算法

从式（2）知 E_{K2}、V_{K2} 及 $d(=0.1h_{K2})$ 均与 B_2 有关，而 B_2 又与 P_2 有关。所以用式（2）计算 P_2 要试算。具体步骤如下：

（1）按 $L=\dfrac{Q}{m\sqrt{2g}H_0^{1.5}}$ 算溢流堰的堰顶长度。

相应的

$$\begin{cases}R_2=0.583L\\R_1=0.36R_2\end{cases}\tag{5}$$

$$\begin{cases}\alpha_2=34°45'\\\alpha_1=80°\end{cases}$$

（2）假设一个 P_2 值，计算相应的 B_2。

$$B_2=0.644R_2'+1.286R_1'\tag{6}$$

$$R_1'=R_1-x_2$$

$$R_2'=R_2-x_2$$

式中，x_2 由图 3（b）所示。

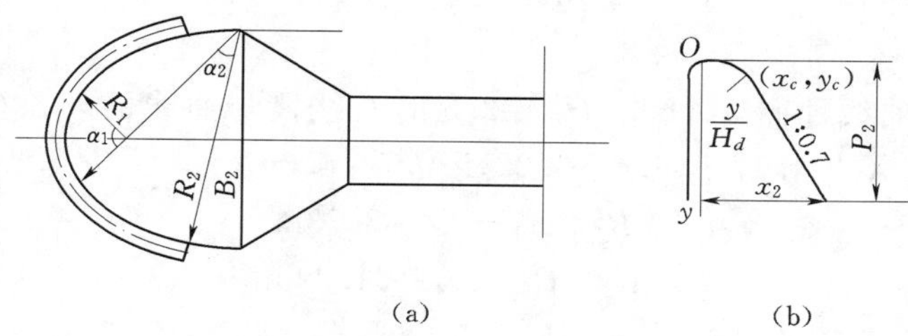

图 3 溢流堰平面布置及剖面图

（3）由式（2）计算出 P_2 与假设值比较，直到符合为止。

3.3.2 护坦简化计算法

为了简化护坦段的设计，免于试算，在 $\dfrac{L}{H_0}=18\sim32$ 范围内建议采用 $\dfrac{L}{B_2}=2.1$。

3.3.3 图表法

为了更进一步简化护坦段的计算，根据试验资料整理[1,3]绘出了以单宽流量 q 为参数的 $\dfrac{L}{H_0}$—P_2 曲线（见图 4）。由于曲线是直接从试验得出的，为了工程的安全，须加一定的安全系数，$P_2=KP_{2图}$。建议 $K=1.05$。

用图 4 可解决两类问题：已知 Q、H_0 求 L 和 P_2 或已知 L、H_0 求 Q 和 P_2。

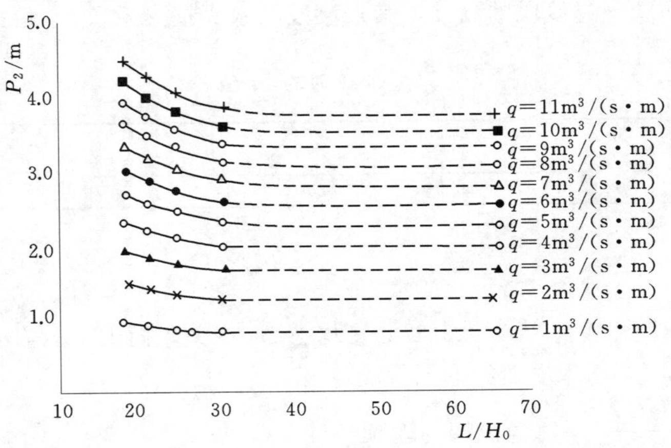

图 4　以单宽流量 q 为参数的 $\frac{L}{H_0}$—P_2 曲线图

【例 1】 设计流量 $Q=500\text{m}^3/\text{s}$，溢流水深 $H_0=2.5\text{m}$。设计三圆弧溢流堰（WES）两级缩窄进口。（堰面设计水头 $H_d=2.5\text{m}$）

解　(1) 护坦段设计：

$$L=\frac{Q}{m\sqrt{2g}H_0^{1.5}}=\frac{500}{0.46\times4.43\times2.5^{1.5}}=62.07\text{m}\quad(m\text{ 采用 }0.460)$$

$\frac{L}{H_0}=24.8$　由表 1 知 m 不必修改。

$$R_2=0.583L=36.19\text{m},\ d_2=34°45'$$
$$R_1=0.36R_2=13.03\text{m},\ d_1=80°$$

设 $P_2=3.4\text{m}$

由 WES 堰面曲线［图 3 (b)］$H_d=2.5$ 时直线段与曲线的切点坐标（X_C，Y_C）=(4.17，3.22)，则 $X_2=4.17+(3.4-3.22)\times0.7=4.3\text{m}$。

$$R_1'=R_1-X_2=8.73\text{m}$$
$$R_2'=R_2-X_2=31.89\text{m}$$
$$B_2=0.644R_2'+1.286R_1'=31.77\text{m}$$
$$h_{K_2}=\sqrt[3]{\frac{q^2}{g}}=2.93\text{m}$$
$$E_{K_2}=1.5h_{K_2}=4.4\text{m}$$
$$d_2=0.1d_{K_2}=0.29\text{m}$$
$$h_s=0.75H_0=1.88\text{m}$$
$$P_2=E_{K_2}+\xi_{护}\frac{V_{K_2^2}}{2y}+d_2-h_s=3.54\text{m}>3.4\text{m}$$

重新假设 $P_2=3.6\text{m}$，经过上述相同的计算可知满足要求。

上游堰高从节省工程量又不影响 m 值考虑，取 $\frac{P_1}{H_d}=1$，即 $P_1=2.5\text{m}$。

护坦段的尺寸为 $L=62.07\text{m}$，$P_1=2.5\text{m}$，$P_2=3.6\text{m}$，$B_2=31.49\text{m}$，$L_{等护}=2.6h_{K_2}$

$=7.67\text{m}$，$d_2=0.3\text{m}$ 以及$\frac{L}{H_0}=24.8$，$\frac{P_2}{L}=0.058$，$\frac{L}{B}=1.97$。

（2）过渡段的设计。根据地质地形条件，如拟定 $B_3=15\text{m}$，选 $\tan\theta=\frac{1}{2.5}$，$\frac{B_2}{B_3}=2.1$ 采用 $\xi_{过}=0.25$。$h_{K_3}=4.84\text{m}$。堰顶与控制断面的高差值 Δz。

由式（3）得：
$$\Delta z=\left(\frac{3}{2}+\frac{\xi_{过}}{2}\right)(4.84-2.95)=3.07\text{m}$$

收缩段的长度
$$L_{收}=\frac{B_2-B_3}{2}\cot\theta=20.61\text{m}$$

调整段长度
$$L_{调}=2h_{K_3}=9.68\text{m}$$

过渡段总长
$$L_{过}=L_{收}+L_{调}=30.29\text{m}$$

控制断面的坎高
$$d_3=0.2h_{K_3}=0.97\text{m}$$

收缩段的底坡
$$i_{收}=\frac{\Delta z+d_3}{L_{收}}=19.6\%$$

【例 2】 按简化计算法设计［例 1］的护坦段。

解
$$L=62.07\text{m},\ \frac{L}{H_0}=24.8$$
$$\xi_{护}=0.5$$
$$B_2=\frac{L}{2.1}=29.56\text{m},\ h_{K_2}=3.08\text{m},\ E_{K_2}=4.62\text{m}$$
$$d_2=0.1h_{K_2}=0.31\text{m},\ h_s=0.75H_0=1.88\text{m}$$
$$P_2=E_{K2}+\xi_{护}\frac{V_{K_2}^2}{2g}+d_2-h_s=3.82\text{m}$$ 与试算法比较$+6\%$。

【例 3】 设计流量 $Q=800\text{m}^3/\text{s}$，溢流水深 $H_0=3\text{m}$，求 L 及 P_2。

解
$$L=\frac{Q}{m\sqrt{2g}H_0^{1.5}}=75.55\text{m}$$

m 采用 0.46，则 $\frac{L}{H_0}=25.2$ 由表 1 知 m 不需修改。

$$R_2=0.583L=44.05\text{m}$$
$$R_1=0.36R_2=15.86\text{m}$$

由图 4，$P_{2图}=3.9\text{m}$

采用 $P_2=1.05P_{2图}=4.1\text{m}$

【例 4】 $L=53\text{m}$，$H_0=2.5\text{m}$，求 Q 及 P_2。

解 由$\frac{L}{H_0}=21.2$ 由表 1 采用 $m=0.47$

则
$$Q=Lm\sqrt{2g}H_0^{1.6}=436\text{m}^3/\text{s}$$
$$q=\frac{Q}{L}=8.23\text{m}^3/(\text{s}\cdot\text{m})$$
$$P_{2图}=3.55\text{m}$$

采用 $P_2=1.05\times3.55=3.73\text{m}$

参考资料：

[1] 墨西哥型溢洪道［J］. 山东水利科技，1982（2）.

[2] 无闸溢洪道正堰（宽顶堰）缩窄进口的试验研究［J］. 江西省水利科研所，1984，3.

[3] 无闸溢洪道三圆弧堰两级缩窄进口型式水力设计方法的试验探讨［J］. 江西省水利科研所，1984，10.

从洪门水库溢洪道水工模型试验浅谈消能方式选择

王南海

江西省水利科学研究所

摘　要：由于历史原因，洪门水库设计单位几经变更，消能方工几经反复，本文总结了5次模型试验成果，简略分析了不同消能方式的利弊，供类似工程溢洪道设计方案借鉴。

关键词：洪门水库；消能方式；模型试验

1　工程概况

洪门水电站位于江西省抚河支流黎滩河下游，在南城县洪门镇上游2km处。枢纽由大坝（土坝）、引水式厂房以及设在坝址右岸以北2km垭口处的溢洪道组成。本工程为防洪、发电、灌溉、养鱼等综合利用的大型水利枢纽工程。工程于1958年7月动工兴建，1962年4月停建。1964年复工，1969年全部建成。1973年3月由江西省水电设计院进行加固补强设计。1980年移交给华东水电设计院进行加固补强设计。现在，加固补强工程已基本结束。

工程自开始兴建至今已25年，设计单位几经变更，溢洪道消能方式选择几经反复。现将历次水工模型试验成果加以汇总，简略分析各方案的利弊，供今后类似工程的溢洪道的选择以为借鉴，这就是本试验总结的目的。

洪门溢洪道消能方式的选择曾先后在武汉水利电力学院、上海勘测设计院科研所、江西省水利科研所进行过多次水工模型试验，曾先后提出过下列水工模型试验报告，现将报告目录列举如下，以供查考。

报告1：断面模型试验报告2份　武汉水院（本所缺）

报告2：洪门断面模型试验报告　上海勘测设计研究院科研所　1964.7.18

报告3：洪门工程溢流堰断面模型试验第一次成果　上海勘测设计研究院　1965.7

报告4：洪门溢洪道水工模型试验报告（引渠部分）　江西省水利科学研究所　1963.4

报告5：洪门水库溢洪道整体模型试验报告（底流消能工方案）　江西省水利科学研究所　1966

报告6：洪门水库溢洪道挑流模型试验（断面）　江西省水利科学研究所　1967

本文发表于1984年。

报告 7：洪门水库溢洪道底流消能方案比较试验报告（二级消力池：第一级弯道第二级扩散） 江西省水利科学研究所 1976

报告 8：洪门水库溢洪道一级扩散弯道消力池方案试验报告 江西省水利科学研究所 1981.3

报告 9：洪门水电站非常溢洪道水工模型试验报告 江西省水利科学研究所 1981.2

2 试验情况简介

1958 年洪门工程由江西省水电设计院设计。原溢洪道设计为重力式溢流坝，三孔，每孔净宽 12m，中墩宽 3m，堰顶高程 94.00m，采用奥Ⅰ型堰面曲线。在 100.00m 高程以下设弧型闸门，100.00m 高程以上由胸墙挡水，坝顶高程为 105.20m，采用鼻坎挑流消能，鼻坎高程为 86.00m，曾在武汉水利电力学院进行了水工模型断面试验，提出了两份试验报告。

由于当时的客观形势，1962 年工程下马时，溢洪道已修建至堰顶高程为 91.4m、挑流鼻坎高程 86.0m、挑角 30°，反弧半径 6m。1964 年经两次过水，在堰体下游已形成巨大冲坑，危及坝体安全。溢洪道停建时的状况见图 1。

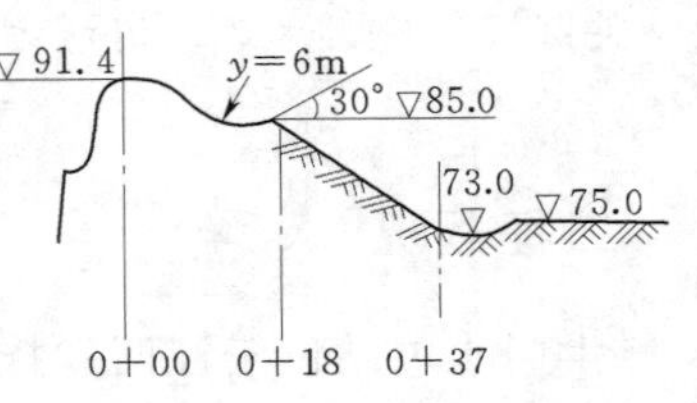

图 1 1962 年停工时溢洪道状况图

1964 年复工，上海勘测设计研究院以原设计方案（堰顶高程 94.0m，有胸墙）和施工现状（堰顶高程 91.4m，无胸墙）为基础，进行了两次选择消能方式的水工模型试验，提出了试验报告 2、报告 3。

2.1 报告 2 试验情况简介

报告 2 试验工况见表 1，报告 2 终结方案见图 2。

表 1 报告 2 试验工况表

试验组次	堰前水位 /m	泄量 /($m^3 \cdot s^{-1}$)	跃长 /m	下游水位（试验控制）/m
1	98.0	550	30	82
2	100.0	1060	44	82
3	102.0	1600	44	82
4	104.0	2050	48	82

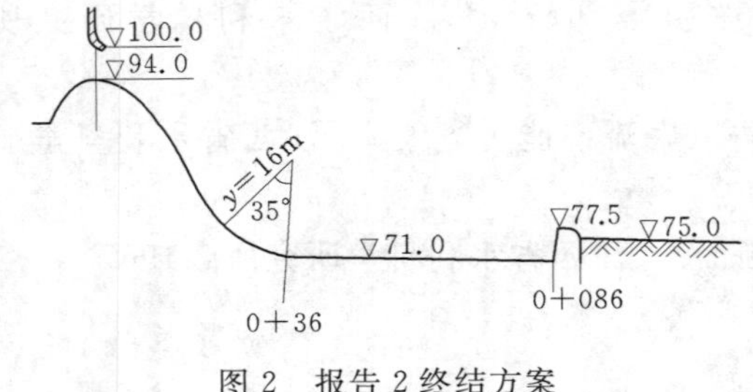

图 2 报告 2 终结方案

水流流态及试验结论：

第 1、第 2 组试验水流产生淹没水跃及临界水跃，第 3、第 4 组试验产生远驱水跃。下游水位需抬高至 84.20m 与 85.20m 方产生临界水跃。此时 2.5m 高的尾坎可取消，池后 50m 须视地质情况作适当保护。

笔者认为实际下游水位见表 2。

表 2　实际下游水位表

$Q/(m^3 \cdot s^{-1})$	1835	2430	2950	3250
下游水位/m	79.23	80.58	81.62	81.88

因实际的下游水位远远达不到实验要求的下游水位，故而泄放较大流量时均会产生远驱水跃，消力池不起作用，除非采用二道坝壅高水位方可。

2.2　报告3试验情况简介

上海勘测设计研究院以施工现状为基础考虑了几个比较方案进行水工断面模型试验，堰顶高程均为91.4m，无胸墙。报告3试验工况见表3，其比较方案如图3所示，以动床试验成果作定性比较。

表 3　报告3试验工况表

试验组次	堰前水位/m	下游水位/m
1 (1%)	100.00	78.48
2 (0.1%)	102.8	80.25

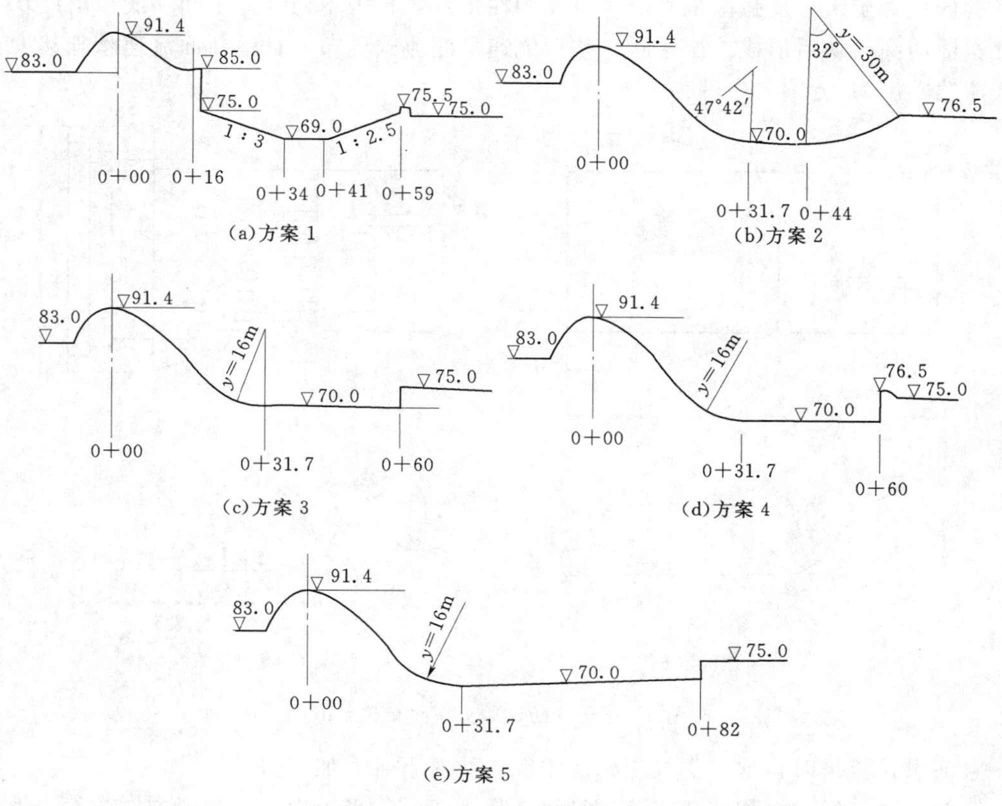

图3　报告3的比较方案

方案1、方案2均产生射流冲出消力池，是不允许的；方案3、方案4、方案5均存在出池水流与下游尾水的衔接问题即消能不充分、二次水跃及下游冲刷问题。且报告2、报告3均为断面模型试验，反映的只是二元水流现象，实际上的水力现象是三元水流再加上冲刷问题，影响因素相当多，不能只凭断面模型试验决定消能方案。

2.3 报告5试验情况简介

1965年，江西省水电设计院接受了洪门工程的复工设计，委托本所进行底流消能方案的整体模型试验。

报告5试验工况见表4，原设计方案与终结试验方案见图4。

表4 报告5试验工况表

试验组次	$Q/(m^3 \cdot s^{-1})$	堰前水位/m
1（0.1%）	2890	103.3
2（1%）	2100	101.0
3（2%）	1960	100.6

水流流态及试验结论：

原方案：梯级消力池方案（见图4）。宣泄千年流量时，池内产生不完整水跃，未产生显著的立轴旋滚。反弧段末端，主流集中在中部，且极不稳定，中间一股越出尾坎，尾坎处水面涌高，坎后形成二次水跃。坎后流速呈底流式分布，且横断面流速悬殊甚大。出池底流速右侧为4m/s，中部为10m/s。

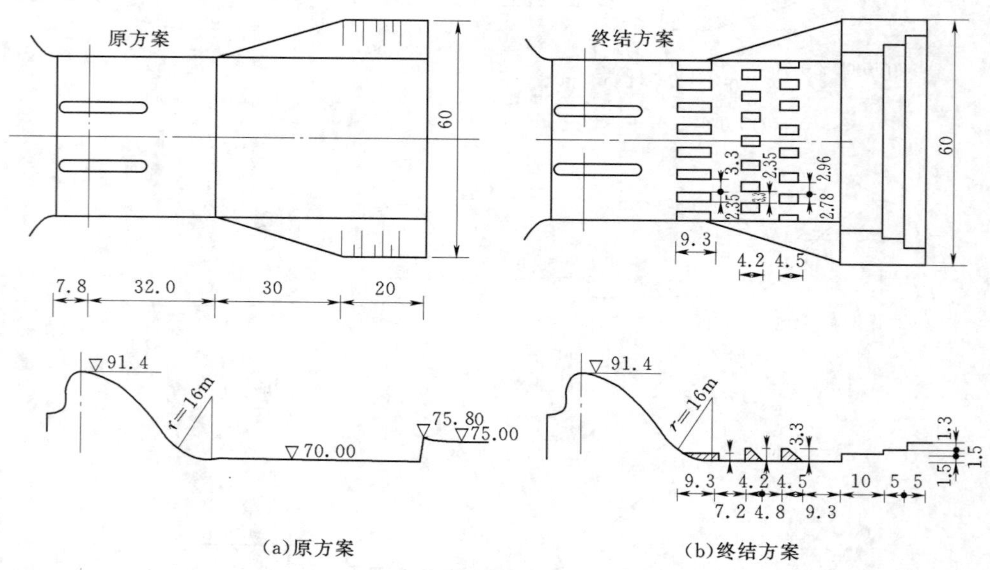

(a)原方案　　(b)终结方案

图4 报告5的试验方案（单位：m）

宣泄设计流量时，坎后仍发生二次水跃，故对下游需加以保护。

终结方案：经过多种比较实验，最后选择了布置一排梳齿、二排消力墩的消力池方案（见图4）。此时水跃较稳定，跃长大于30m，池中部仍可见水流局部集中现象，坎后流速减小较快，但仍有分布不均现象。

报告中指出了消能工有发生气蚀的可能。

笔者认为，报告 5 中的终结方案消能效果较好，最为经济。但水流入池流速已达 25m/s 左右，须考虑消能工的气蚀问题。

另外溢洪道中心线与下游河道中心线成 22°交角，出池水流顶冲下游右岸山头，对右岸山坡的稳定不利（见图 5）。

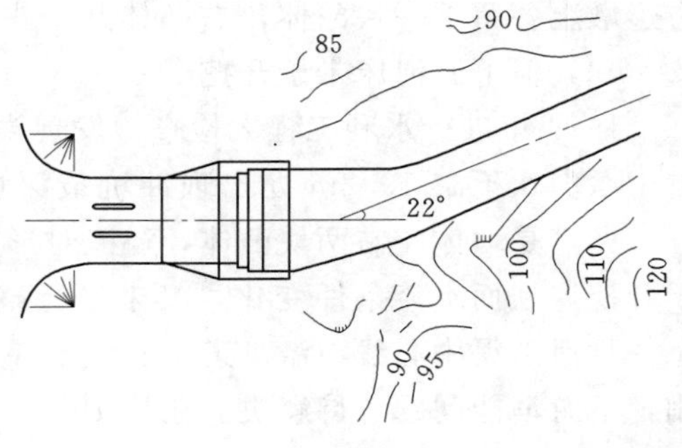

图 5　报告 5 溢洪道布置与下游河床关系图

2.4　报告 6 试验简介

设计方面在 1967 年重新提出挑流消能方案。本所于 1967 年进行了挑流消能的水工断面模型试验（挑流消能方案见图 6）。

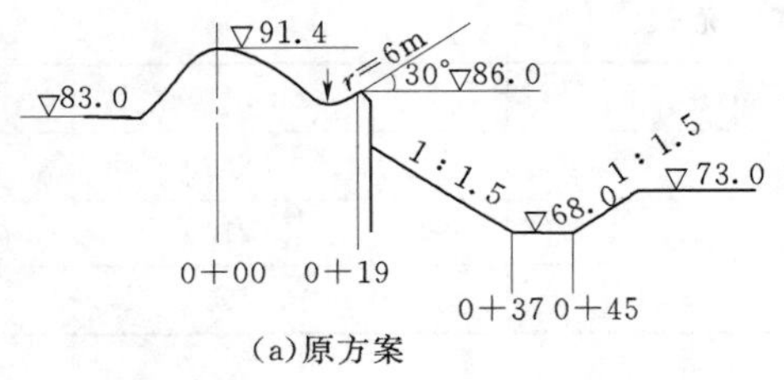

(a)原方案

(b)推荐方案

图 6　报告 6 的比较方案

表 5　报告 6 试验工况表

试验组次	堰前水位/m	$Q/(m^3 \cdot s^{-1})$
1 (0.1%)	103.3	2890
2 (1%)	101.0	2100
3 (2%)	100.6	1960

水流流态及试验结论：

原方案：泄放百年、千年一遇洪水时，由于水头低、流量大、坎上水舌厚，水舌无法挑起，流态类似跌水，下游呈远驱式水跃衔接，底流速为 24m/s 左右。泄放 50 年一遇洪水时，水舌稍可挑起，但挑距仅为 18m。故原方案消能效果极差，对建筑物安全威胁大。

终结方案：当鼻坎降至高程 70.70m，下游全面开挖至 68.00m 高程时，50 年一遇洪水产生挑流，百年洪水产生面流，千年一遇洪水产生淹没面流。报告中提出须经整体模型验证。

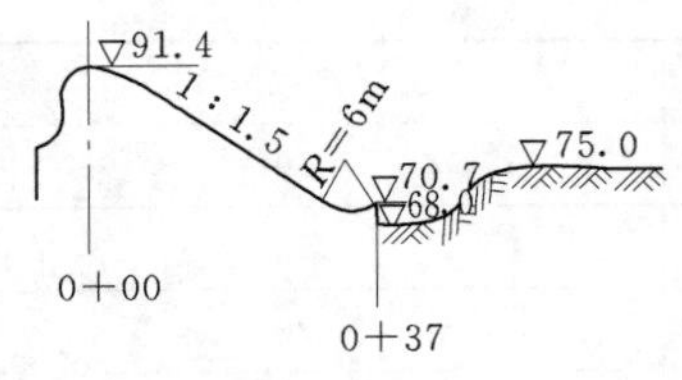

图 7　1969 年溢洪道竣工图

笔者认为：终结方案是类似消力戽的消能方式，小流量挑流，大流量戽流，但戽的结构尺寸未经试验选择，而面流流态对外围条件极为敏感。同时，存在面流对下游河岸的冲刷问题。

1969 年洪门工程竣工时，选用报告 6 中的终结方案，其纵剖面如图 7 所示，但又未完全按设计要求施工。在打掉 86.00m 高程的老鼻坎时，左右边墩上各留下一块凸体，右凸体几乎占了右孔的一半。鼻坎高程降至 70.5m，$\alpha=30°$，$R=6$m，但下游河床未予开挖。

1973 年进行水利工程大检查，发现洪门水库溢洪道下游河床和两岸冲刷很严重，距右中墩鼻坎下游 19.2m 处出现冲坑最深点，高程为 63.81m，已接近挑坎下齿墙底部高程。尤其是堰体左右两块凸体，溢流时形成横向水流，恶化了水流流态。由于下游河床未予开挖，坝面水流条件变化，又未进行整体模型试验，泄放大流量时，难以产生面流流态。且泄洪渠中心线与溢洪道中心线不一致，泄洪渠向左弯曲，造成泄洪渠右岸山坡的冲刷，下游消能问题急待解决。故从 1975 年开始对洪门工程溢洪道进行加固设计，并决定采用底流消能方案。

2.5　报告 7 试验简介（二级消力池方案）

报告 7 试验工况见表 6，试验原方案与终结方案如图 8 所示。

表 6　报告 7 试验工况表

试验组次	堰前水位/m	$Q/(m^3\cdot s^{-1})$
1（0.1%）	103.3	2890
2（1%）	101	2100
3（2%）	100.6	1960

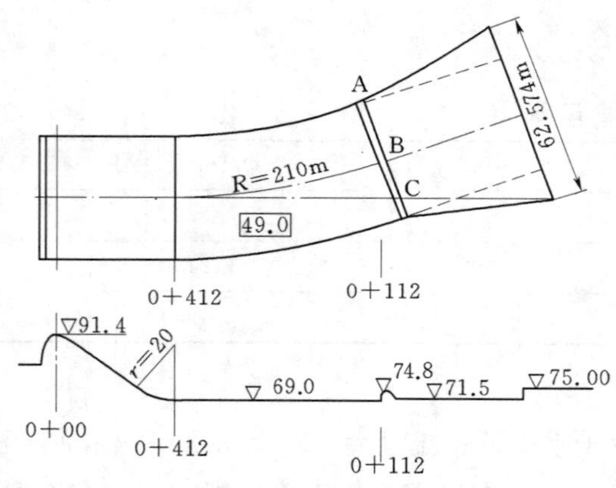

图 8　报告 7 中二级消力池布置（一级弯道、二级扩散）

水流流态及试验结论：

泄放各组流量时，一级池内均产生淹没水跃，但校核情况下接近临界水跃，一级池长也略感不足。

二级池内产生淹没水跃，一级弯道致使尾坎上出现横向水位差，最大值达 3m 左右。但经二级扩散池的调整，最大底流速已降到 6m/s 以下，水流经弯道转向，归槽顺畅。

2.6　报告 8 的试验简介

1980 年华东水电勘测设计院提出洪门水库溢洪道一级扩散弯道消力池方案，进行水工模型整体试验。

报告 8 试验工况见表 7，消力池布置如图 9 所示。

表 7　报告 8 试验工况表

试验组次	堰前水位/m	$Q/(m^3\cdot s^{-1})$
1（0.05+0.5M）	104.25	3250
2（0.1%）	103.06	2950
3（1%）	101.54	2430
4（5%）	100	1835

水流流态及试验结论：

泄放各组流量时均发生淹没水跃，但跃首位置前后摆动很大，淹没度也是瞬变的。出坎后水流以弱旋滚与下游水流衔接，主流偏向右岸，出坎最大底流速达 7m/s 左右，消能效果尚好。

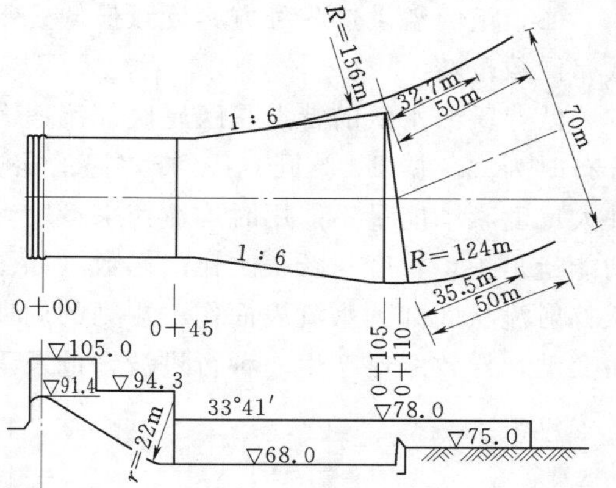

图 9　报告 8 中一级扩散弯道消力池布置

经前后 20 年的不断试验，经 10 多个底流消能方案的试验比较，设计部门最终选定了消能效果较好、性能较稳妥可靠的二级消力池方案，即第一级为弯道消力池，第二级为扩散消力池。竣工情况与报告 7 终结方案的差别仅在将二级梯形堰改为实用堰。

二级消力池于 1982 年曾泄过近千流量的洪水，据现场人员描述，池内流态稳定。由于下游淤积物的影响（施工堆渣），主流偏向右岸，左岸产生回流，二级池后产生冲刷。消力池的消能效果，将由运行实践予以最终的评价。

3　几点体会

(1) 洪门溢洪道消能方式几经变更，采用过挑流消能、挑面流结合消能，但运行实践证明，消能没有达到设计所要求的效果。经多次试验比较，最终采用了底流消能的二级消力池方案，其中一级为弯道消力池，二级为扩散消力池。

从实验结果来看，洪门溢洪道无论采用底流、挑流、面流都要采取必要的工程措施。

若降低鼻坎高程，加大反弧半径，采用挑流消能方式，是可以将水挑出的，只是挑距较近。另外，由于洪门地质条件不好，存在下游严重冲刷的问题。这就必须把消能问题与保证堰体本身安全，与下游山头的安全一体考虑，不能只考虑堰体投资最省。

若采用面流消能，则必须保证产生面流的条件，诸如下游水位、坎高等因素，这就必须把二道坝，下游导墙以及二道坝后的冲刷问题考虑在内。

采用底流消能是稳妥的，但二级消力池的总长百余米，投资较大。若能解决消能工的气蚀问题，将一级池内设一排梳齿、二排消力墩方案略加修改，不失为较佳方案。

总之，选择溢洪道工程的消能方式，应持科学态度，考虑长期运行效果，充分论证，除考虑水力条件外，还要在技术上可行，进行经济比较，慎重选择。洪门溢洪道消能方式的几次反复，应引为教训。

(2) 下游河床的安全稳定不仅取决于消力池消能效果的好坏（即消力池的消能率），还与消力池是否顺应河势有关。二级消力池方案中的一级池做成弯道形式，促使水流转向归槽避免了因与河势不顺应产生的能量集中及对下游局部河床的严重冲刷。报告 5 中的一排梳齿，二排消力墩的一级消力池方案（且不论消能工的气蚀问题），虽流速绝对值已降至 5m/s，但主流顶冲右岸严重风化且具有大滑坡体的山头，无疑是对下游河床的安全稳定不利的，在平面布置上仍需改进。而二级消力池方案中的一级消力池转弯，顺应了河势；避开了地质条件软弱的山头，确为较好的平面布置型式。

(3) 洪门溢洪道各种方案反弧最低处水流的弗劳德数均在2.5～5.0左右，基本上属低弗氏数范畴。

低弗氏数水跃的特点是跃尾底部流速大，流速分布不均，跃末断面的比能比流速正常分布时为大。据T. 哈同、K. 查尔温的研究，水跃末端大尺度紊动能量相对较大，且这种大尺度紊动能量不能用时均流速来量度，但却会给下游带来令人意外的冲刷。大尺度紊动能量是护坦长度与跃长之比的函数（如图10所示）。低弗氏数水跃又称为振荡水跃，其跃首射流从底部到水流表面作不规则的周期性的上下摆动，跃首也前后移动，跃长也因此而变动，导致跃尾产生一种行进波，危及下游两岸岸坡。

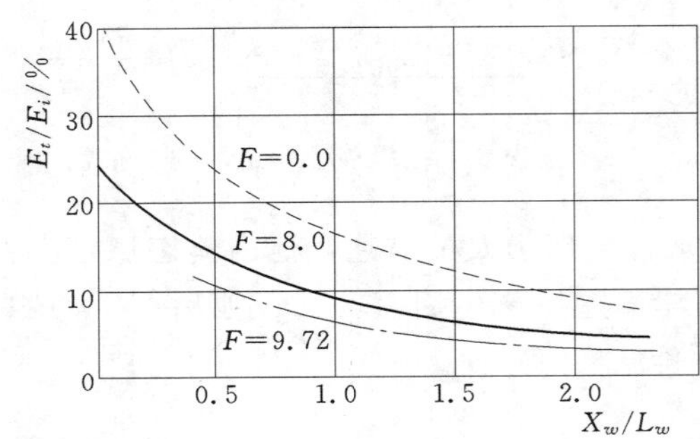

图10　哈同研究成果
（水跃下游大尺度紊动能量分布）
E_t—大尺度紊动能量；E_i—跃前总能量；
X_w—护坦长度；L_w—水跃长度

鉴于低弗氏数水跃的特定，相应低弗氏数消力池的主要任务是：改善流速分布，减小大尺度紊动，消除下游波浪危害等。

由于低弗氏数水跃跃长是变化的，据河北省水利设计院研究成果，低弗氏数水跃的实际最大跃长比利用一般水跃跃长公式的计算值大，一般来说，$L_{max}=L_{i计算}/(0.6\sim0.8)$。印度R.S瓦什莱、M.E梅哈尔认为，解决低弗氏数水跃的方法是做一个很长的消力池，或是适当地布置消能工，以减小下游河床的冲刷。印度URIR Ⅰ型消力池、美国“SWS” L型消力池、USBR Ⅳ型消力池、印度布哈伐尼采用的T型墩消力池，以及葛洲坝工程的消力池，均是以此为原则，针对性地解决低弗氏数水跃消能问题的结构型式。

在低弗氏数消力池中，调整水流本身的能量分布是很重要的。洪门溢洪道一级池长度不足，一级池出坎水流不稳定、流速分布不均，以及由弯道产生的横向水面降对下游的不良影响等问题，均由二级扩散消力池的减辐、消能和调整作用，得到了较好的解决，故可认为，洪门溢洪道采用的二级扩散消力池是较有效的措施。

试验各方案反弧最低处的弗劳德数、收缩水深、水跃长度、消力池池长列于表8。

表8　　初始消能方案及竣工消能方案比较

运行条件（自由溢流）		F_r	h_c /m	跃长中值 $L_{i计算}$	最大跃长 L_m	消力池长度 L
1962年停工方案 ▽91.4m　30°　6m　▽86m　84.24m	$Q=2890m^3/s$ $H=103.3m$	2.63	4.12			
	$Q=2100m^3/s$ $H=101.0m$	2.84	3.16			
	$Q=1960m^3/s$ $H=100.6m$	2.90	2.98			

续表

运行条件（自由溢流）		F_r	h_c /m	跃长中值 $L_{i计算}$	最大跃长 L_m	消力池长度 L
报告 6 挑流面结合方案 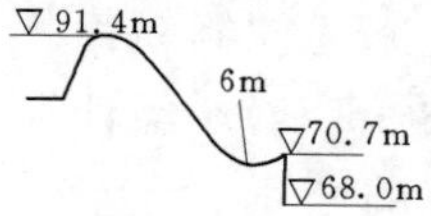 ▽91.4m　6m　▽70.7m　▽68.0m	$Q=2890m^3/s$ $H=103.3m$	4.29	2.97			
	$Q=2100m^3/s$ $H=101.0m$	4.83	2.22			
	$Q=1960m^3/s$ $H=100.6m$	4.95	2.085			
二级消力池方案 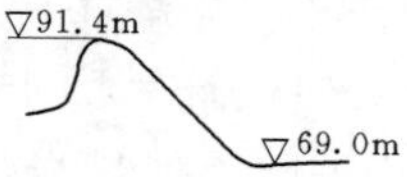 ▽91.4m　▽69.0m	$Q=2890m^3/s$ $H=103.3m$	4.5	2.88	95.76	102.49	一级池长 6522m
	$Q=2100m^3/s$ $H=101.0m$	5.03	2.16	82.70	87.64	二级池长
	$Q=1960m^3/s$ $H=100.6m$	5.19	2.02	80.41	85.0	52.5m
一级扩散消力池方案 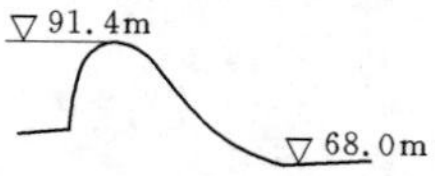 ▽91.4m　▽68.0m	$Q=3250m^3/s$ $H=104.25m$	4.42	3.15	102.34	109.7	
	$Q=2950m^3/s$ $H=103.06m$	4.52	2.91	97.31	104.11	65m
	$Q=2430m^3/s$ $H=101.54m$	4.85	2.44	89.24	94.88	

采用河北水利设计院公式：

跃长中值 $L_{i算计}=9.5\times h'\times(F_r-1)$

最大跃长值 $L_m=11.1\times h'(F_r-1)^{0.93}$

（4）按一般概念，水跃弗氏数为 2.7～4.5 时，其消能率约为 20%～45%。因此，往往得出低弗氏数水跃消能率低的概念，而导致人们去追求更高的消能率。

笔者也认为，衡量消力池的消能效果，不能沿用习惯上用的消能率概念，即

$$\eta=\frac{\Delta E}{E_1}=\frac{E_1-E_2}{E_1}$$

式中：E_1 为消力池进口断面能量；E_2 为消力池出口断面能量。

而应采用长江科学院介绍的盖里歇马提出的“水跃实际消能率 η_p”的概念为好。其定义为：

$$\eta_p=\frac{跃后实际的能量损失}{理论要求的能量损失}=\frac{E_1-E_2}{E_1-E_{下}}$$

式中：E_1、E_2 定义同前；$E_{下}$ 为维持下游水流正常流动必需的能量。

因为实际上要维持下游水流的正常流动，下游水流必须具有一定的能量 $E_{下}$。跃前的能量是不能 100%地消除，或人为地无限地提高消能率。故以跃前能量 E_1 作为衡量消能

率的基准不妥，而应以理论要求的能量损失，即跃前能量 E_1 减去维持下游流动的能量 $E_{下}$ 为衡量消能率的基准。

在报告 8 中，我们采用了这种评价消能率的方法，对试验有所启示（计算断面如图 11 所示）。

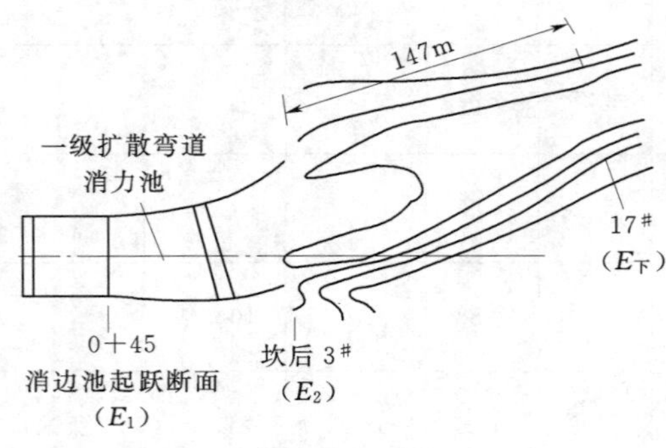

图 11　消能率计算断面示意图

洪门溢洪道下游 17# 断面，为天然缩窄断面，可认为是下游河床的控制断面。当泄放设计流量时（$Q=2430\text{m}^3/\text{s}$），经计算维持 17# 断面水流正常流动的断面比能为 $E_{17}=7.9\text{m}$，跃前断面单位能量 $E_1=26.7\text{m}$，实测跃后断面单位能量（坎后 3# 断面）$E_2=9.42\text{m}$，坎后 3# 断面距 17# 断面 114m，实验测得其沿程损失 $\Delta Z=1.3\text{m}$（未模拟糙率）。暂且用该值作为两断面间理论计算的沿程损失值。这样理论上水跃应消除的能量为：

$$E_1-E_{下}=E_1-(E_{17}+\Delta Z)=26.7-(7.9+1.3)=17.5\text{m}$$

实验测出水跃实际消去能量为

$$E_1-E_2=26.7-9.42=17.28\text{m}$$

水跃的实际消能率为

$$\eta_p=\frac{E_1-E_2}{E_1-E_{下}}=\frac{17.28}{17.5}=98\%$$

虽然该值与盖里歇马的实验值相符，但笔者认为由于 E_2 仅包括势能和与时均流速有关的动能，不能反映存在于跃后断面中的大尺度紊动能量及波能，故得出的实际消能率是偏大的。若按哈同的实验曲线估算，在该种流态下，大尺度紊动能量约为 15% E_1。

尽管这种估算过于粗略，但已足以提示人们，一级消力池的消能率已是相当高了。按一般消力池设计的一级消力池已发挥了最大效益，维持下游断面水流正常流动的能量是无法消去的。因而，剩下的问题是要解决下游河床流速分布不均、大尺度紊动水流的冲刷等；须采用二级消力池调整或对下游河床加以保护或其他措施。一级池本身已很好地完成了它的消能任务。

在今后的底流消能工程试验中，亦可采用这种评价消能率的方法，这样，可能给实验指出正确的途径。

（5）洪门工程 1962 年停工时的挑流方案是失败的。原因是多方面的，能头小、单宽流量大（弗氏数仅为 2.6～2.9）均是其难以将水舌挑起的原因，但反弧半径过小，可能是主要原因。

一般挑流要求反弧半径为：

$$R=(4\sim10)h_c$$

或

$$R_{\min}=23h_c/F_r$$

在泄放设计流量时（$H=101\text{m}$，$Q=2100\text{m}^3/\text{s}$），$Fr=2.84$，$h_c=3.16\text{m}$ 则

$$R_{\min}=\frac{23\times3.16}{2.84}=25.59\text{m}$$

$$R=(4\sim10)h_c=12.64\sim31.6\text{m}$$

而实际施工的反弧半径仅6m，差之甚远。水舌较厚时，水流尚未来得及转向，就已在重力的作用下跌落下来，致使挑不起来或挑距过短，危及溢洪道自身的安全。

总之，低弗劳德数水跃的消能问题，是目前常遇到且较为棘手的问题。现已有不少单位正在系统地研究探讨低弗劳德数水跃机理及消能问题。笔者仅在已有实验报告的基础上，粗浅地阐述了自己的认识，且仅仅是停留在感性的低级阶段，今后将结合其他溢洪道工程模型试验进行一些比较、摸索，深化认识。

参考资料：

[1] 历次试验报告［R］.（略）.

[2] 长江水利水电科学研究院，电力部东北勘测设计院科学研究所，湖南省水利电力勘测设计院，武汉水利电力学院. 泄水建筑物下游的消能防冲问题［M］. 1980.

[3] 长江水利水电科学研究院．水工译丛［M］.

[4] 陶德山．低弗氏数平底槽二元水跃的计算［J］. 海河科技，1982，3.

侧槽溢洪道中侧槽泄洪能力的估算法

王仕筠

江西省水利科学研究所

摘　要： 对于侧槽溢洪道槽首水位，通常是用“差分法”计算侧槽水面线后求得，但该法计算比较麻烦。本文介绍一种基于“两点法”的估算法，不需计算水面线直接估算出某一流量下的槽首水深，从而估算出溢流堰的泄流能力。

关键词： 侧槽溢洪道；差分法；两点法；泄流能力；估算

侧槽溢洪道由侧堰、侧槽、(渐变段)、陡槽和消能工等几个部分组成。其中，除侧槽内的水流属沿程增量流要用不同的方法计算外，侧堰陡槽等的水流均为定量流，计算方法与一般溢洪道相同，唯在使用堰流公式 $Q=\sigma_S m_0 B\sqrt{2g}H_0^{3/2}$ 推算 H_0 求库水位时，侧堰淹没系数 σ_S 选择和正堰稍有差异。原因是侧槽中的水面线为降水曲线，水位对侧堰各点的淹没影响不同。当侧槽首端的水位开始对侧堰发生淹没时，由于全堰的调整作用，堰的流量系数还不会立刻出现降低的现象。只有淹没度达到一定值时，淹没的影响才会表现出来。根据试验成果[1]，对实用曲线型堰，$\frac{h_S}{H_0}<0.5$ 均可以不考虑淹没影响，$\sigma_S\approx1.0$；$\frac{h_S}{H_0}>0.5$ 可移用正堰（曲线型实用堰）的 $\frac{m}{m_0}=f\left(\frac{h_S}{H_0}\right)$ 资料，所引起的流量误差大概在 5%范围内。h_S 是侧槽首端水位高出堰顶的数值。

本文主要讨论侧槽流量 Q_L 和槽首水位的关系。

侧槽内求某一流量 Q_L 相应的槽首水位，一般是用“差分法”计算侧槽的水面线后求得。该法适用性广，可用于变断面变底坡的任何不规则的侧槽；但是计算比较麻烦，试算很费时间。下面介绍一种简化法，它是在“两点法”[2]的基础上提出来的，可应用于变底宽直线底坡的矩形或梯形槽。它不需要计算水面线就能直接估算出某一流量 Q_L 的槽首水位。当然，不管用哪一种方法核算侧槽的泄洪能力，都要先求出起算水深（一般是用槽末水深 h_L），为此建议用武珂璘公式[3]判别侧槽和与之相接的泄水渠（渐变段或陡槽）的流态，具体如下：

侧槽临界底坡：

$$i_{K(x)}=\left(\frac{2\omega_{K(x)}}{B_{K(x)}x}-\frac{Kh_{K(x)}}{B_{K(x)}}+S_{fK(x)}\right) \tag{1}$$

不计沿程损失 $S_{fK(x)}$ 时式（1）简化为：

本文发表于 1981 年。

$$i_{K(x)}=\frac{h_{K(x)}}{x}\left(1+\frac{b_0}{B_{K(x)}}\right) \tag{1'}$$

泄水渠的临界底坡有下面三种情况：

扩散渠

$$i_{K(x)}=S_{fK(x)}-\frac{Kh_{K(x)}}{B_{K(x)}} \tag{2}$$

收缩渠

$$i_{K(x)}=S_{fK(x)}+\frac{Kh_{K(x)}}{B_{K(x)}} \tag{3}$$

等宽渠

$$i_K=S_{fK} \tag{4}$$

其中 $S_{fK}=\frac{Q^2}{\omega_K^2C_K^2R_K}=\frac{n^2g\omega_K}{R_K^{4/3}B_K}$；$K=\frac{\text{槽首底宽 } b-x\text{ 断面底宽}}{\text{二断面间长度}}$

式中：下角标 $K(x)$ 均表示 x 断面上水深为 h_K 时的水力要素；B_K 为临界水深时的水面宽。

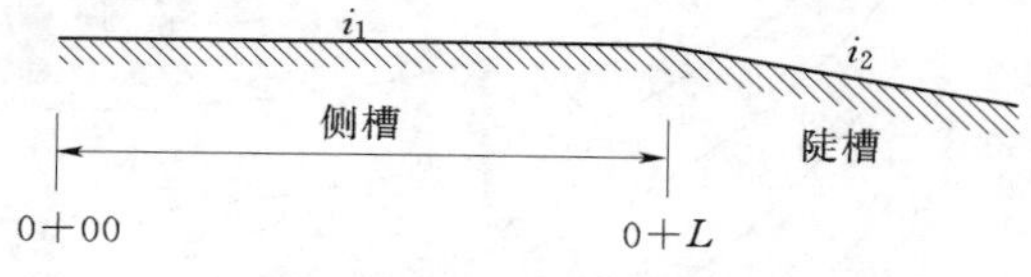

图 1　侧槽与陡槽直接连接

用上述公式判别侧槽为缓流，如果侧槽与陡槽是直接连接（见图 1），则侧槽末端出现临界水深即 $h_L=h_K$。如果二者之间用渐变段连接（见图 2），侧槽仍为缓流，渐变段确定是急流，则临界流也发生在渐变段起始断面上，h_L 也等于 h_K；如渐变段也为缓流（见图 3），则临界流出现在它的末端（陡槽首端）。这时侧槽末端的水深大于该处的临界水深即 $h_L>h_K$，其值应由下列方程推算：

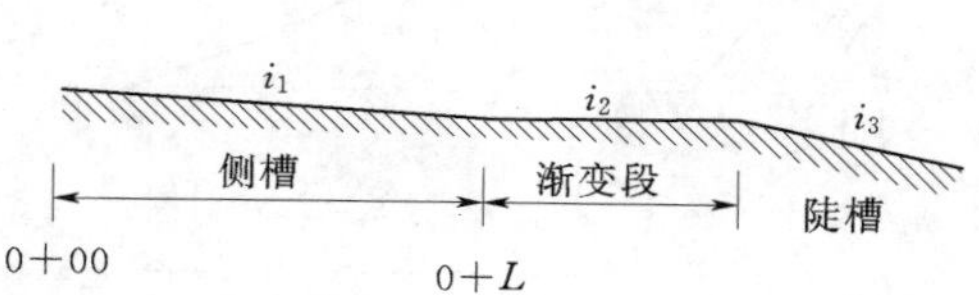

图 2　侧槽与陡槽由渐变段（急流）连接

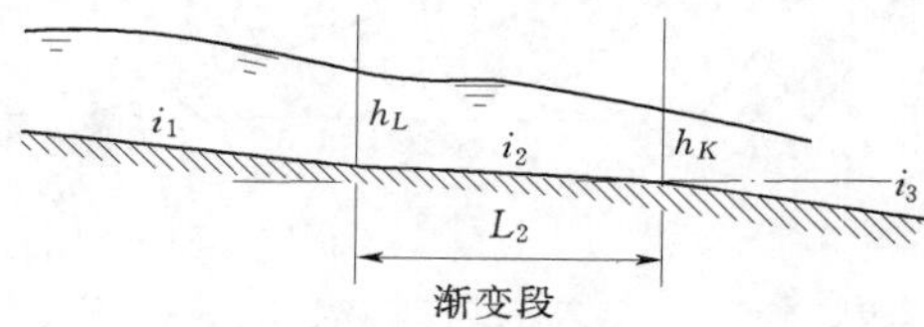

图 3　侧槽与陡槽由渐变段（缓流）连接

$$h_L+\frac{V_L^2}{2g}+i_2L_2=h_K+\frac{V_K^2}{2g}+\zeta\left(\frac{V_K^2}{2g}-\frac{V_L^2}{2g}\right) \tag{5}$$

式中：ζ 为渐变段上的能量损失系数，在试验中得出 $\zeta=0.1\sim0.4$。当渐变段比较顺直流态良好时取小值，反之取大一点的值。

如果侧槽内出现急流，则以临界水深发生处作为计算的起算断面。

对于一座已建成的侧槽，假设流量为 Q_L，计算槽末水深 h_L 后可利用下面的方法直接算出侧槽首端水位。

1　方法的依据

根据图 4 所示能量关系，可知：

槽首水位＝槽末水深 h_L＋流速水头$\frac{V_L^2}{2g}$＋侧槽内的能量损失$\frac{1}{n}\frac{V_L^2}{2g}$（不计沿程摩阻损失）(6)

式中：$\frac{1}{n}$为侧槽的能量损失系数。

显然，应用式（6）计算，主要是决定侧槽本身的能量损失系数，因为其他均已知。根据试验，n 值与侧槽的缩窄比 b_0/b_L（b_0、b_L 分别为侧槽首端和末端的宽度）、槽底坡 i 和槽末水深有关，即这三个值都影响 n 值的大小。为了使用方便，笔者提供一组曲线图（见图 5），可以直接决定 $b_0/b_L=1$、2/3、1/2、1/3、1/4 和 1/5 等六种情况的 n

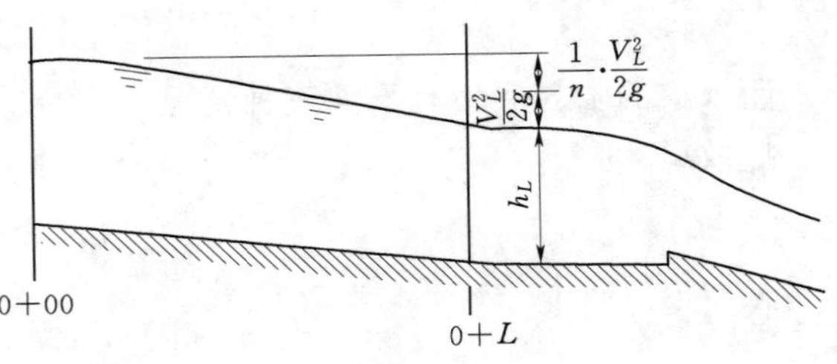

图 4　侧槽能量关系图

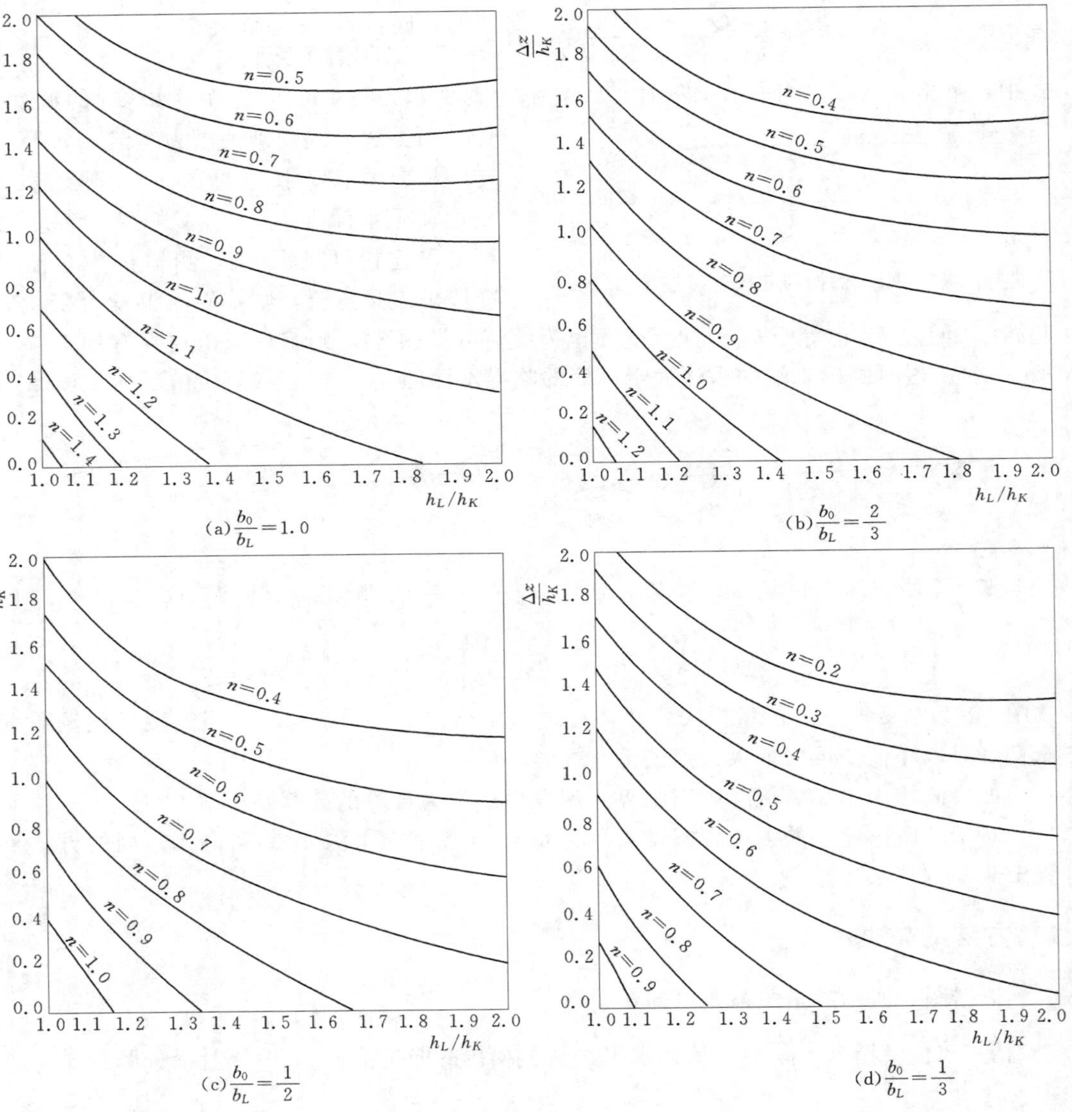

(a) $\frac{b_0}{b_L}=1.0$

(b) $\frac{b_0}{b_L}=\frac{2}{3}$

(c) $\frac{b_0}{b_L}=\frac{1}{2}$

(d) $\frac{b_0}{b_L}=\frac{1}{3}$

图 5（一）　$\frac{b_0}{b_L}-\frac{\Delta z}{h_K}-n$ 曲线图

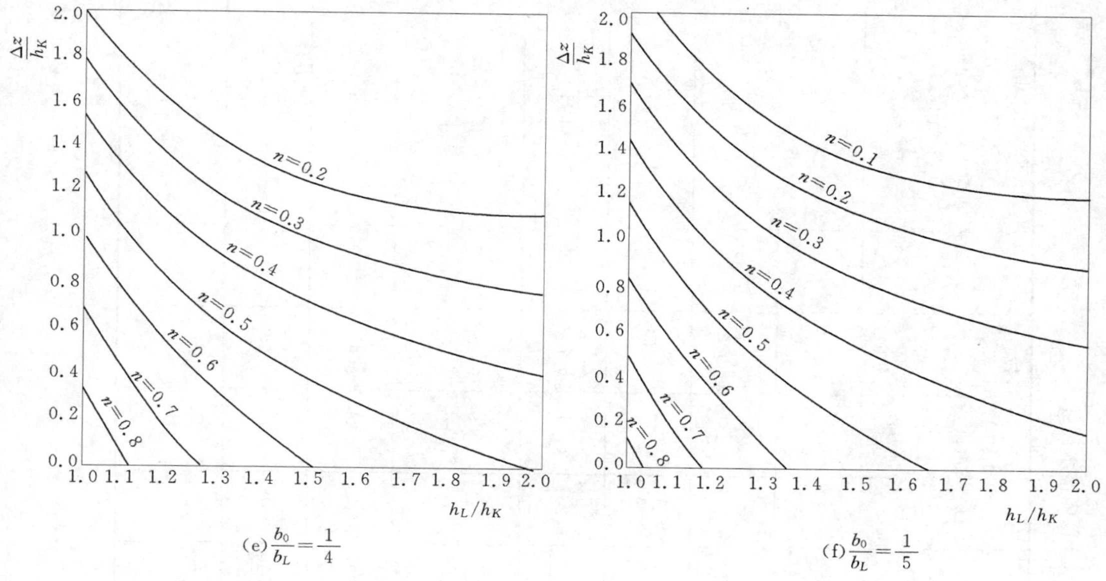

图 5（二） $\frac{b_0}{b_L}-\frac{\Delta z}{h_K}-n$ 曲线图

值，其 $n=f(i_L/h_K, h_L/h_K)$。式中 $i_L=\Delta z$，是侧槽底部高差。这组无因次曲线是在矩形断面槽条件下绘出的，考虑到侧槽断面的平均边坡系数 $\overline{m}=0.5$ 左右，若按梯形断面考虑，其最大误差在 6%左右（偏于安全），在这个误差范围内的 $\overline{b}_L/b$ 已达到 1.4 左右。（b_L 是侧槽末端梯形断面的底宽；$\overline{b}$ 是水深 h_L 不变梯形断面的平均宽度）。

有曲线直接查 n，计算就变得很简单了。设一流量，决定 h_L 后，不必计算水面线，直接用式（6）就可求出槽首水位，然后推算相应的库水位。

当侧槽内出现急流情况时，先要计算出临界水深发生的位置 x_K，然后以该断面作起算断面，同样按式（6）直接计算。只不过这时的缩窄比 b_0/b_L 中的 b_L 不是槽末断面的底宽，而是 x_K 断面上的 $b_{K(x)}$ 了，而且 i_L、h_L/h_K 要分别用 ix_K 和 $h_L/h_K=1.0$ 代替。

2 示例

【例】 某一侧槽式溢洪道，已知通过流量 $Q=523\text{m}^3/\text{s}$，槽首宽 $b_0=7\text{m}$，槽末宽 $b_L=14\text{m}$，侧堰长 $L=117\text{m}$（见图 6），侧槽平均边坡系数 $\overline{m}=0.43$，$i=0.016$，控制断面抬高值 $d=0.5$，已知槽末水深 $h_L=7.34\text{m}$，试求槽首水位。

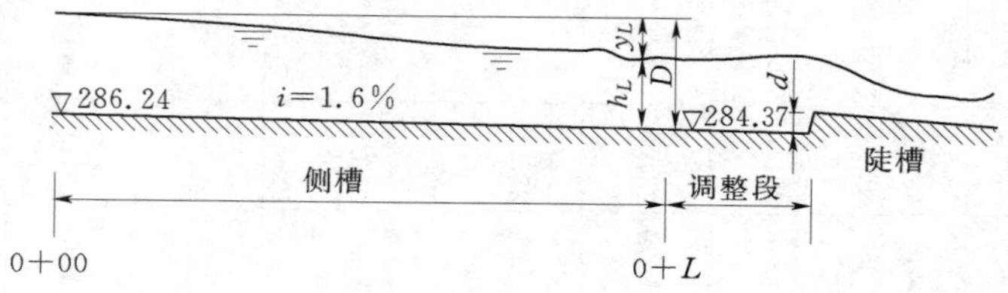

图 6 侧槽式溢洪道布置

解：（1）用“差分法”计算水面线（见表 1）得 $D=9.29\text{m}$。

表 1 用差分公式 $\Delta y=\frac{V_1+V_2}{2g}\left[\frac{Q_2-Q_1}{Q_2+Q_1}(V_1+V_2)+(V_2-V_1)\right]$ 计算侧槽水面线

断面位置 (1)	b /m (2)	底部高程 /m (3)	试定 Δy /m (4)	水面高程 /m (5)	水深 h /m (6)	ω /m^2 (7)	Q /(m^3·s^{-1}) (8)	V /(m·s^{-1}) (9)	Q_1+Q_2 /(m^3·s^{-1}) (10)	Q_2-Q_1 /(m^3·s^{-1}) (11)	$\frac{(11)}{(10)}$ (12)	V_1+V_2 /(m·s^{-1}) (13)	$\frac{(13)}{2g}$ /s (14)	V_2-V_1 /(m·s^{-1}) (15)	(12)×(13) /(m·s^{-1}) (16)	(16)+(15) /(m·s^{-1}) (17)	Δy=(14)×(17) (18)
0+117	14	284.37		291.71	7.34	125.9	523	4.15									
0+100	12.98	284.64	0.42	292.13	7.49	121.3	447	3.68	970	76	0.078	7.83	0.40	0.47	0.61	1.08	0.43
0+80	11.79	284.96	0.46	292.59	7.63	115.0	358	3.11	805	89	0.111	6.79	0.346	0.57	0.754	1.324	0.46
0+60	10.59	285.28	0.41	293.0	7.72	111.6	268	2.40	626	90	0.144	5.51	0.281	0.71	0.793	1.503	0.42
0+40	9.39	285.60	0.35 0.30	293.35 293.30	7.75 7.70	102.8 97.8	179	1.74 1.83	447	89	0.199	4.14 4.23	0.21 0.216	0.66 0.57	0.824 0.842	1.484 1.412	0.31 0.30
0+20	8.2	285.92	0.25	293.55	7.63	91.7	89	0.97	268	90	0.336	2.80	0.143	0.86	0.941	1.301	0.26
0+10	7.6	286.08	0.08	293.63	7.55	81.9	45	0.55	134	44	0.328	1.52	0.08	0.42	0.499	0.919	0.07
0+00	7	286.24	0.03	293.66			0										$\frac{V^2}{g}=\frac{0.55^2}{9.81}=0.03$

注 1. 槽首（0+00 处）水面高程 293.66m，实测 293.71m。

2. D=槽首水位－槽末（0+117）底部高程＝293.66－284.37＝9.29m，实测 D＝293.71－284.37＝9.34m。

(2) 按本文建议的方法求侧槽宣泄 $Q=523\text{m}^3/\text{s}$ 的 D 值。

1) 求槽末断面处的临界水深 h_K。

$$\frac{Q}{b^{2.5}}=\frac{523}{14^{2.6}}=0.713$$

由附表查得$\frac{h_K}{b}=0.354$，$h_K=0.354\times14=4.96$

2) 选择 n 值。

由

$$\frac{b_0}{b_L}=\frac{7}{14}=\frac{1}{2}；\frac{h_L}{h_K}=\frac{7.34}{4.96}=1.48$$

$$\frac{\Delta z}{h_K}=\frac{286.24-284.37}{4.96}=0.38$$

查图 5 曲线得 $n=0.74$。

3) 计算总水面降。

$$y_L=\frac{1+n}{n}\frac{V_L^2}{2g}$$

因为 $h_L=7.34\text{m}, \omega_L=(14+0.43\times7.34)\times7.34=125.9\text{m}^2, V_L=\frac{523}{125.9}=4.15\text{m/s}$

可得

$$y_L=\frac{1+0.74}{0.74}\times\frac{4.15^2}{19.62}=2.06$$

4) 计算 D_L 值。

$$D_L=y_L+h_L=2.06+7.34=9.4\text{m}$$

与实测 $D=9.34\text{m}$ 比较

$$误差=\frac{9.4-9.34}{9.34}=+0.6\%$$

情况同上 $Q=480\text{m}^3/\text{s}$，$h_L=7.03\text{m}$，求 D 值。

$$\frac{Q}{b^{2.5}}=\frac{480}{14^{2.5}}=0.655$$

查表 2 可知$\frac{h_K}{b}=0.335$，$h_K=4.69\text{m}$

$$\frac{\Delta z}{h_K}=\frac{1.87}{4.69}=0.40，\frac{h_L}{h_K}=\frac{7.03}{4.69}=1.50，\frac{b_0}{b_C}=\frac{1}{2}$$

查 $n=0.74$，$h_L=7.03$，得

$$\omega_L=(14+0.43\times7.03)\times7.03=119.7\text{m}^2$$

$$V_L=\frac{480}{119.7}=4.01\text{m/s}$$

$$y_L=\frac{1+n}{n}\frac{V_L^2}{2g}=1.93\text{m}$$

$$D_L=h_L+y_L=8.96\text{m}$$

实测 $D_L=8.76\text{m}$，误差为$+2.3\%$

表 2　　梯形槽临界流 $Q=K_K'b^{5/2}$ 中的 K_K' 值表

$\frac{h_K}{b}$	边坡/m				
	0.0	0.5	1.0	1.5	2.0
0.01	0.00314	0.00314	0.00314	0.00314	0.00314
0.02	0.00881	0.00887	0.00893	0.00900	0.00905
0.03	0.0162	0.0164	0.0165	0.0167	0.0168
0.04	0.0250	0.0252	0.0256	0.0258	0.0261
0.05	0.0349	0.0354	0.0359	0.0364	0.0368
0.06	0.0459	0.0466	0.0473	0.0481	0.0489
0.07	0.0578	0.0590	0.0599	0.0612	0.0622
0.08	0.0707	0.0721	0.0736	0.0753	0.0770
0.09	0.0844	0.0864	0.0884	0.0906	0.0920
0.10	0.0988	0.1016	0.1041	0.1070	0.1098
0.11	0.114	0.117	0.121	0.124	0.128
0.12	0.130	0.134	0.138	0.143	0.147
0.13	0.146	0.152	0.157	0.162	0.168
0.14	0.164	0.170	0.177	0.183	0.190
0.15	0.182	0.189	0.197	0.204	0.213
0.16	0.200	0.209	0.218	0.227	0.237
0.17	0.219	0.229	0.240	0.251	0.262
0.18	0.239	0.250	0.263	0.275	0.390
0.19	0.259	0.272	0.287	0.301	0.317
0.20	0.280	0.295	0.312	0.328	0.345
0.21	0.301	0.318	0.337	0.356	0.376
0.22	0.323	0.342	0.362	0.384	0.407
0.23	0.345	0.366	0.390	0.414	0.439
0.24	0.368	0.392	0.418	0.445	0.473
0.25	0.391	0.417	0.446	0.476	0.509
0.26	0.415	0.444	0.476	0.508	0.544
0.27	0.440	0.471	0.507	0.543	0.583
0.28	0.463	0.498	0.537	0.578	0.619
0.29	0.489	0.527	0.570	0.615	0.660
0.30	0.514	0.545	0.602	0.651	0.702
0.31	0.540	0.586	0.638	0.690	0.745
0.32	0.567	0.615	0.670	0.728	0.786
0.33	0.594	0.647	0.708	0.770	0.835
0.34	0.620	0.678	0.743	0.810	0.880
0.35	0.649	0.710	0.780	0.853	0.928
0.36	0.675	0.741	0.810	0.895	0.976
0.37	0.705	0.775	0.856	0.941	1.028
0.38	0.731	0.810	0.895	0.986	1.079
0.39	0.763	0.845	0.935	1.032	1.130
0.40	0.792	0.879	0.976	1.080	1.185
0.41	0.821	0.915	1.020	1.129	1.240
0.42	0.851	0.952	1.060	1.178	1.295
0.43	0.883	0.990	1.105	1.230	1.358
0.44	0.912	1.025	1.151	1.283	1.418
0.45	0.946	1.064	1.197	1.338	1.480
0.46	0.976	1.100	1.240	1.390	1.540

续表

$\frac{h_K}{b}$	边坡/m				
	0.0	0.5	1.0	1.5	2.0
0.47	1.010	1.140	1.291	1.450	1.610
0.48	1.04	1.18	1.34	1.50	1.67
0.49	1.07	1.22	1.39	1.56	1.74
0.50	1.10	1.26	1.44	1.62	1.80
0.51	1.14	1.31	1.49	1.68	1.88
0.52	1.17	1.35	1.54	1.74	1.95
0.53	1.21	1.39	1.59	1.81	2.02
0.54	1.24	1.43	1.64	1.87	2.09
0.55	1.28	1.48	1.70	1.94	2.17
0.56	1.31	1.52	1.76	2.00	2.25
0.57	1.35	1.57	1.81	2.07	2.33
0.58	1.38	1.61	1.87	2.13	2.40
0.59	1.42	1.66	1.93	2.21	2.49
0.60	1.45	1.70	1.98	2.28	2.57
0.61	1.49	1.75	2.04	2.35	2.66
0.62	1.53	1.80	2.10	2.42	2.75
0.63	1.57	1.85	2.17	2.49	2.84
0.64	1.60	1.90	2.23	2.57	2.93
0.65	1.64	1.95	2.29	2.65	3.01
0.66	1.68	2.00	2.36	2.73	3.11
0.67	1.72	2.05	2.42	2.81	3.20
0.68	1.76	2.10	2.49	2.89	3.30
0.69	1.79	2.15	2.56	2.98	3.39
0.70	1.83	2.21	2.62	3.06	3.49
0.71	1.87	2.26	2.69	3.14	3.60
0.72	1.91	2.31	2.76	3.23	3.70
0.73	1.96	2.37	2.83	3.31	3.80
0.74	1.99	2.42	2.90	3.40	3.90
0.75	2.03	2.48	2.98	3.49	4.02
0.76	2.07	2.53	3.05	3.59	4.12
0.77	2.11	2.59	3.13	3.68	4.24
0.78	2.16	2.65	3.20	3.77	4.35
0.79	2.20	2.71	3.28	3.87	4.46
0.80	2.24	2.77	3.35	3.96	4.58
0.82	2.32	2.89	3.52	4.16	4.81
0.84	2.41	3.01	3.68	4.36	5.06
0.86	2.50	3.13	3.84	4.57	5.32
0.88	2.58	3.26	4.01	4.78	5.58
0.90	2.67	3.38	4.18	5.00	5.84
0.92	2.76	3.51	4.36	5.23	6.12
0.94	2.85	3.65	4.54	5.45	6.40
0.96	2.94	3.79	4.73	5.70	6.69
0.98	3.04	3.93	4.91	5.95	6.99
1.00	3.13	4.07	5.11	6.20	7.28

3 模型验证

模型验证见表 3。

表 3 **模型 $D_{实测}$ 值与**

已 知 计

模型编号	图 示	流量 Q /($m^3 \cdot s^{-1}$)	槽末水深 h_L /m	槽首宽度 b_0 /m	槽末宽度 b_L /m	侧槽平均边坡系数 $\overline{m}$	侧槽底坡 i/%	侧槽长度 L/m
1	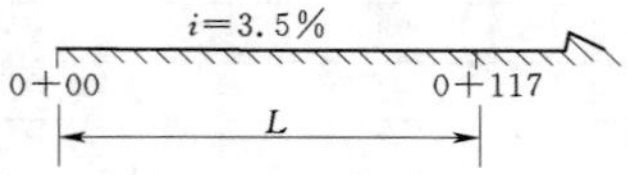 $i=3.5\%$; 0+00; 0+117; L	1350	11.07	7	25	0.45	3.5	117
2	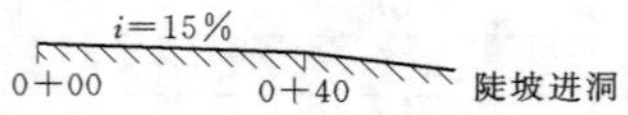 $i=15\%$; 0+00; 0+40; 陡坡进洞	665	8.50	3	7	0.35	15	40
3	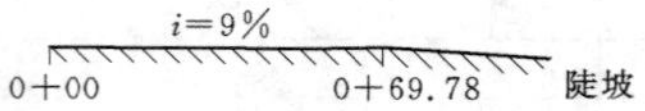 $i=9\%$; 0+00; 0+69.78; 陡坡	463	5.01	7	12	0.50	9	69.78
4	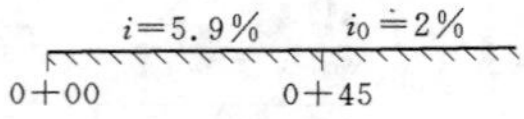 $i=5.9\%$; $i_0=2\%$; 0+00; 0+45	87	3.05	2.1	5.1	0.60	5.9	45
5	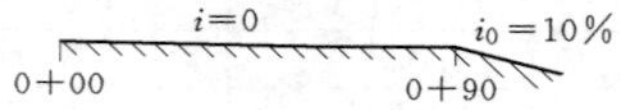 $i=0$; $i_0=10\%$; 0+00; 0+90	536	4.98	15	15	0.50	0	90
6	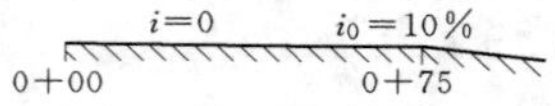 $i=0$; $i_0=10\%$; 0+00; 0+75	1362	9.95	15	15	0.50	0	75
7	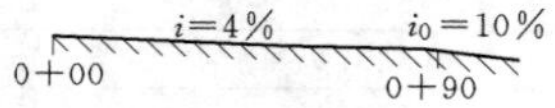 $i=4\%$; $i_0=10\%$; 0+00; 0+90	635	5.36	5	15	0.50	4	90
8	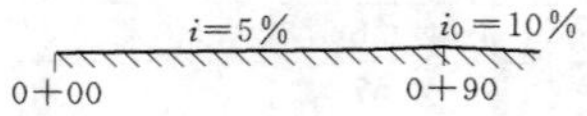 $i=5\%$; $i_0=10\%$; 0+00; 0+90	454	4.62	15	15	0.50	5	90
9	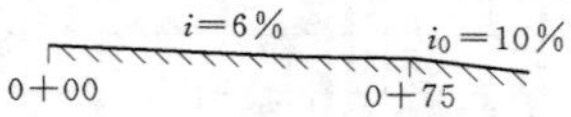 $i=6\%$; $i_0=10\%$; 0+00; 0+75	1360	9.62	15	15	0.50	6	75
10	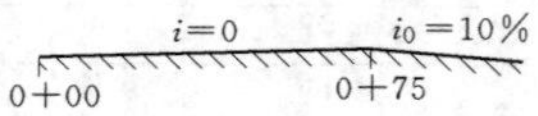 $i=0$; $i_0=10\%$; 0+00; 0+75	1371	10.38	7.5	15	0.50	0	75
11	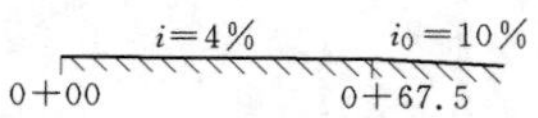 $i=4\%$; $i_0=10\%$; 0+00; 0+67.5	1066	8.61	7.5	15	0.50	4	67.5

计算值 D_L 对照表

算　值								$D_{实测}$ /m	D_L 误差 $=\frac{D_{计}-D_{实测}}{D_{实测}}$ /%	备　注
侧槽末端临界水深 h_K/m	$\frac{iL}{h_K}$	$\frac{h_L}{h_K}$	$\frac{b_0}{b_L}$	n	V_L /(m·s^{-1})	$y_L=\frac{1+n}{n}\frac{V_L^2}{2g}$	$D_L=h_L+y_L$ /m			
6.6	0.34	1.68	0.28	0.51	4.07	2.50	13.57	13.00	+4.4	n 为 $\frac{b_0}{b_L}=1/3$ 和 1/4 的平均值
8.39	0.715	1.013	0.43	0.85	7.84	6.82	15.32	14.44	6.1	(1) 参考文献 [4] (2) n 为 $\frac{b_0}{b_L}=1/3$ 和 1/2 的平均值
4.97	1.26	1.01	0.58	0.77	6.37	4.75	9.76	9.38	+4.1	(1) 参考文献 [4] (2) n 为 $\frac{b_0}{b_L}=2/3$ 和 1/2 的平均值
2.76	0.96	1.11	0.41	0.67	4.12	2.16	5.21	5.22	−0.2	(1) 参考文献 [4] (2) n 为 $\frac{b_0}{b_L}=1/2$ 和 1/3 的平均值
4.80	0	1.04	1.0	1.4	6.15	3.30	8.08	7.95	+1.6	
8.54	0	1.17	1.0	1.3	6.85	4.23	14.18	13.57	+4.5	
5.34	0.67	1.00	0.33	0.8	6.70	5.15	10.51	9.88	+6.4	
4.32	1.04	1.07	1.0	1.03	5.68	3.24	7.86	7.87	−0.1	
8.52	0.53	1.13	1.0	1.17	7.14	4.82	14.44	14.19	+1.8	
8.57	0	1.21	0.5	0.97	6.54	4.43	14.81	14.63	+1.2	
7.35	0.37	1.17	0.5	0.9	6.41	4.42	13.03	12.66	+2.9	

参考资料：

[1] 侧槽溢洪道淹没泄流的计算方法与侧槽溢洪道泄流能力计算［J］．江西省水利科学研究所，1979.

[2] 侧槽溢洪道的水力计算方法“两点法”［J］．江西水利科技，1979，1.

[3] 关于确定侧槽式溢洪道水流控制点和判别流态的分析方法［J］．浙江水利科技，1980，3.

[4] 侧槽溢洪道的水力设计［J］．陕西水利科技，1977.

论扎马林“简化法”设计侧槽溢洪道存在的问题

王仕筠

江西省水利科学研究所

摘　要：本文结合实际工程的水工模型试验，论述了扎马林“简化法”理论上的缺陷和计算成果的不可靠性。

关键词：扎马林“简化法”；侧槽溢洪道；设计；问题

1978 年以来，江西省水利科学研究所结合侧槽溢洪道专题试验研究，对江西省两座中型水库的侧槽溢洪道工程进行了水工模型试验。通过试验与研究，深感用扎马林“简化法”设计侧槽是不妥当的。现就有关问题阐述个人认识，由于水平限制，不当之处请批评指正。

1　扎马林“简化法”的原理

20 世纪 50 年代中期以来，在我国小型水库侧槽溢洪道工程的设计中，普遍采用一种“简化法”。这个方法最初来源于苏联 E. A. 扎马林和 B. B. 方捷耶夫编著的《水工建筑物》一书的中译本。在国内使用过程中，人们又对它进行了一些修改和补充[4]，即成为现在使用的所谓扎马林“简化法”。为区分两者，本文先说明扎马林教授原来的“简化法”内容[5]、[6]。

扎马林在其著作《水工建筑物》一书中写道“……这是一种简单的计算方法，利用它可以预先定出侧槽的尺寸，然后再用变速流运动作精确计算。”至于如何精确计算，他没有交代。但是对他的“简化法”则用下例明确地作了说明。

【例 1】　已知泄流量 $Q=125\mathrm{m}^3/\mathrm{s}$，$H=1.0\mathrm{m}$，容许流速 $[V]=5\mathrm{m/s}$，溢流堰高程 12.50m，堰长 78m（其中，侧堰 75m，正堰 3m）。

计算过程见表 1。为简便计，取混凝土槽的断面为矩形。

表 1　　扎马林“简化法”计算过程表

断　面	4#	3#	2#	1#	0#
x/m	75	50	20	5	0
$Q_x/(\mathrm{m}^2\cdot\mathrm{s}^{-1})$	125	85	37	13	5
$V/(\mathrm{m}\cdot\mathrm{s}^{-1})$	5	5	5	4	3

本文发表于 1981 年。

续表

断　面	$4^{\#}$	$3^{\#}$	$2^{\#}$	$1^{\#}$	$0^{\#}$
b/m	10	6.8	3	3	3
h/m	2.5	2.5	2.5	1.08	0.55
i/‰	5.0	6.2	11.3	13.6	12.2
i_{cp}/‰	5.6	8.8	12.4	12.9	
h_w/m	0.14	0.26	0.19	0.06	
槽底高程/m	9.9	10.04	10.30	11.91	12.50

关于侧槽的纵断面扎马林教授建议取侧槽的首端（$0^{\#}$断面）底部高程与溢流堰高程（12.50m）相同，再加上槽首水深 $h_0=0.55$m 即得槽首水位高程（13.05m）。从槽首水位减去 $0^{\#}\sim1^{\#}$ 断面的水头损失（0.06m），便得 $1^{\#}$ 断面的水面高程，即 13.05－0.06＝12.99m；从 12.99m 高程中减去水深 $h_1=1.08$m，便得 $1^{\#}$ 断面的槽底高程即 12.99－1.08＝11.91m，其余断面照此类推。

在上面的计算中有两点使人费解：①槽中水流原假定为变速流，但在计算水面降时又不考虑流速水头的变化；②槽末（$4^{\#}$）断面的能量 $E_4=Z_4+h_4+\frac{V_4^2}{2g}=9.9+2.5+\frac{5^2}{19.62}=13.68\text{m}>13.5\text{m}$（库水位）显然是不合理的。

表 1 所示的计算方法就是扎马林“简化法”的原貌，可概括如下：

（1）设计人员根据地质条件选定侧槽的设计流速，一般用槽壁材料的容许流速值 $[V]$。

（2）槽中断面上的流量按 $Q_x=q(b_0+x)$ 规律分配。

（3）侧槽的过水面积 $\omega_x=\frac{Q_x}{[V]}$。

（4）侧槽过水断面的水深 h_x 由 $\omega_x=(b_x+mh_x)h_x$ 试算求出。

（5）槽中纵向水面降由摩阻损失产生，即 $h_\omega=\sum i_f\Delta x$，$i_f=\frac{[V]^2}{C^2R}$。

（6）槽首（$0^{\#}$）断面的水面高程等于堰顶高程加断面水深 h_0。

（7）槽断面之间的底部高差 ΔZ＝水深差 Δh＋摩阻损失 Δh_ω。

（8）由槽首开始向下游逐段计算水面线和槽底高程。

上述方法在我国使用过程中，参考资料［4］又作了如下修改补充（对修改后的扎马林“简化法”本文下面简称“扎法”）：

（1）用槽壁材料的容许流速值 $[V]$ 作为侧槽的设计流速，槽内水流以此流速作等速流动。

（2）槽首水面高程的计算式为：

$$\text{槽首水位}=\text{堰顶高程}+\text{堰上}\,h_K-\frac{[V]^2-V_{K\text{堰}}^2}{2g} \tag{1}$$

修改者认为式（1）既保证了侧堰不被淹没，而又能使堰顶的水流加速到槽中的设计流速值 $[V]$。式中下角标“K”表示临界状态。

（3）对纯侧堰的侧槽计算，由于槽首断面的 $Q_0=0$，不便确定该断面的槽底高程，可用距槽首 1.0m 处的断面 0+1 作为设计控制点，求其底高然后将它和相邻的下一断面的底坡线向上延长，即可求得槽首断面的高程。

2 江西省两座按“扎法”设计的侧槽溢洪道的水工模型试验成果

2.1. 甲工程[7]

已知保坝洪水 $Q_{max}=1350\mathrm{m^3/s}$，最高控制库水位 297.10m，堰顶高程 293.00m。试验选定终结方案的侧槽尺寸是槽首底宽 $b_0=7\mathrm{m}$，槽末底宽 $b_L=25\mathrm{m}$，平均侧槽边坡系数 $m_{cp}=0.45$，槽长 $L=117\mathrm{m}$（堰长），槽首底高程 285.74m，桩号 0+64 断面底高程 283.50m，桩号 0+64～0+117 是平底，高程为 283.50m（图 1）。

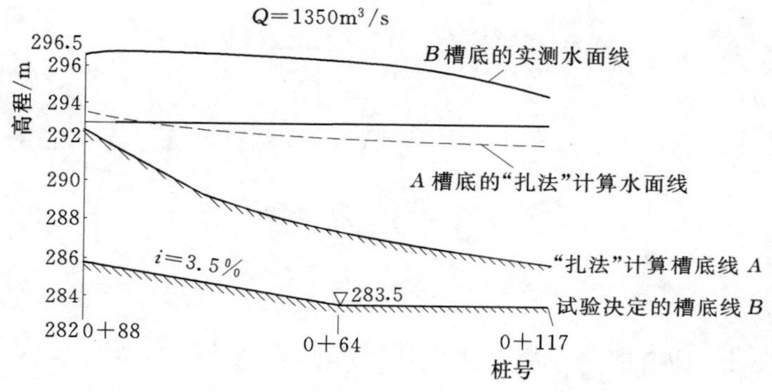

图 1 甲工程尺寸及水面线

由题给条件按“扎法”计算的侧槽槽底高程和水面线见表 2，计算中采用的糙率值 $n=0.025$ 和容许流速 $[V]=8\mathrm{m/s}$ 取自工程设计文件[8]。

表 2 侧槽槽底高程和水面线

断面编号	0+00	0+10	0+30	0+50	0+70	0+90	0+110	0+117
$Q_x=qx/(\mathrm{m^3\cdot s^{-1}})$	0	115	346	577	807	1038	1269	1350
$[V]/(\mathrm{m^3\cdot s^{-1}})$	8	8	8	8	8	8	8	8
$\omega_x=\frac{Q_x}{[V]}=\frac{Q_x}{8}$ /m²		14.38	43.25	72.13	100.88	129.75	158.63	168.75
b_x /m	7.0	8.54	11.62	14.69	17.77	20.85	23.92	25.00
h_x /m		1.56	3.30	4.33	5.03	5.56	5.96	6.08
湿周 $X_x=b_x+2h_x\sqrt{1+m^2}$ /m		11.96	18.86	24.19	28.80	33.04	36.99	38.33
$R_x=\frac{\omega_x}{X_x}$ /m		1.20	2.29	2.98	3.50	3.93	4.29	4.40
C（按巴甫洛夫斯基公式表）/$(\mathrm{m^{1/2}\cdot s^{-1}})$		41.60	47.10	49.20	50.30	51.10	51.50	51.60
$i_j=\frac{[V]^2}{C^2R}$		0.031	0.013	0.009	0.007	0.006	0.006	0.005

续表

断面编号	0+00	0+10	0+30	0+50	0+70	0+90	0+110	0+117
$\bar{i}_f$	0.031	0.022	0.011	0.008	0.0065	0.006	0.0055	
$h_w=\bar{i}_f\cdot\Delta x$/m	0.31	0.44	0.22	0.16	0.13	0.12	0.04	
Δh/m		1.74	1.03	0.7	0.53	0.40	0.12	
水面高程/m	293.32	293.01	292.57	292.35	292.19	292.06	291.94	291.90
槽底高程/m	292.5（延长值）	291.45	289.27	288.02	287.16	236.5	285.98	285.82

表中槽首水位计算：

$$q=\frac{Q}{L}=\frac{1350}{117}=11.54\text{m}^3/(\text{s}\cdot\text{m})$$

$$h_{K堰}=\sqrt[3]{\frac{11.54^2}{9.81}}=2.39\text{m}$$

$$V_{K堰}=\frac{11.54}{2.39}=4.83\text{m/s}$$

$$槽首水位=293+2.39-\frac{8^2-4.83^2}{19.62}=293.32\text{m}$$

当库水位为297.10m时，试验求出的侧槽底高程（B线）较“扎法”计算值（A线）低得多。侧槽内的水面线也不相符（见表3及图1）。

表3　侧槽内水面高程与侧槽底高程

断面位置		0+00（槽首）	0+10	0+30	0+50	0+70	0+90	0+110	0+117
水面高程/m	计算	293.32	293.01	292.57	292.35	292.19	292.06	291.94	291.90
	试验	296.50	296.68	296.56	296.41	296.19	295.79	294.84	294.57
槽底高程/m	计算	292.50	291.45	289.27	288.02	287.16	286.50	285.98	285.82
	试验	285.74	285.39	284.69	283.99	283.50	283.50	283.50	283.50

2.2　乙工程[9]

已知$Q_{max}=1118\text{m}^3/\text{s}$，最高洪水位254.87m，堰顶高程249.00m，$b_0=2$m，$b_L=21.5$m，堰长51m（其中：侧堰49m，正堰2m），$n=0.014$，$[V]=8$m/s，槽边坡系数m是变化的（0+00～0+21断面$m=0.24$；0+28断面$m=0.27$；0+35断面$m=0.30$；0+42断面$m=0.332$；0+49断面$m=0.363$）。按“扎法”计算槽底高程和水面线，结果见表4（计算过程同甲工程，略）。

表4　水面高程和槽底高程　　m

断面位置	0+00	0+07	0+14	0+21	0+28	0+35	0+42	0+49
“扎法”计算水面高程	251.23	251.15	251.11	251.09	251.07	251.05	251.04	251.03
“扎法”计算槽底高程	249.00	246.84	246.05	245.62	245.40	245.25	245.15	245.06

现场施工采用的槽底高程见表5，它的实测水面高程和“扎法”计算槽底A的计算水面高程比较见表6。

表5 “扎法”计算槽底高程与实际槽底高程 m

断面位置	0+00	0+07	0+14	0+21	0+28	0+35	0+42	0+49
施工槽底线B	248.51	246.43	245.55	245.42	244.99	244.86	244.79	244.69
比“扎法”计算值多挖深	0.49	0.41	0.5	0.2	0.41	0.39	0.36	0.37

表6 实测水面高程与“扎法”计算的水面高程 m

断面位置	0+00	0+07	0+14	0+21	0+28	0+35	0+42	0+49
现场采用槽底线B的实测水面高程	255.03	255.03	255.00	254.83	254.54	254.14	253.48	251.50
按“扎法”计算槽底高程A的计算水面高程	251.23	251.15	251.11	251.09	251.07	251.05	251.04	251.03

尽管现场实际采用的槽底高程已经较“扎法”计算的槽底低了0.2～0.5m（表5），但它的实测水面线仍较“扎法”计算槽底的计算水面线高出很多，槽首水位高3.8m。实测库水位为255.70m，超过最高控制水位254.87m有0.83m之多（见图2）。

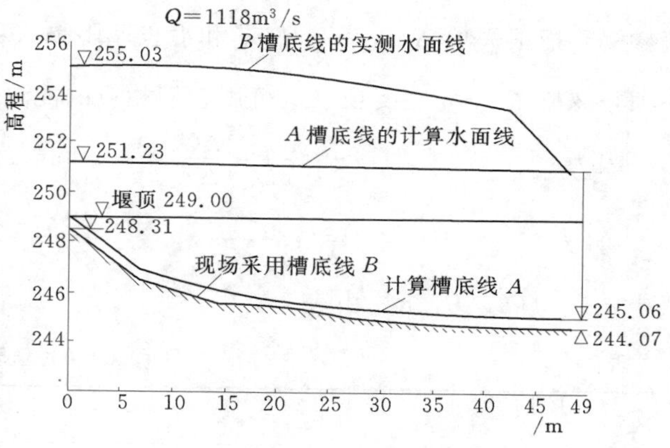

图2 乙工程尺寸及水面线

$Q=1118m^3/s$ 时侧槽内的实测流速分布见图3。由图可见槽内的流速是由小到大沿程变化的，并不存在“扎法”假定的等流速分布。由于侧槽内的流速没有达到设计值［V］=8m/s，因此水位壅高大大超过计算值。

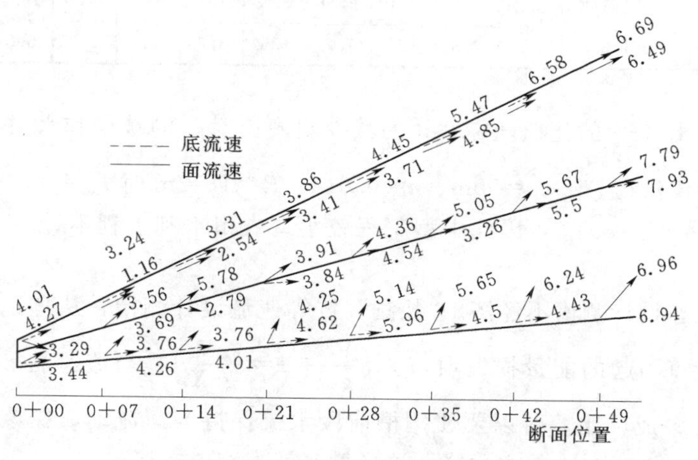

图3 流速分布（$Q=1118m^3/s$）

甲、乙两工程按“扎法”计算的侧槽水面线和实测值相差很大，说明计算方法本身不符合侧槽水流的实际情况。

3 “扎法”存在的主要问题

（1）忽略了侧槽水流的主要能量损失项$\frac{V^2}{g}\frac{\Delta Q}{Q}$，片面地将沿程变量流简化为定量流。侧槽中的水流系空间沿程变量流。侧向的进流量不仅影响着侧槽各个断面的流量 Q 和过水断面积 ω，而且也影响槽内水流的流速值和能量损失。沿侧堰下泄水流和槽内纵向下泄水流之间的掺混碰撞引起的能量损失不能忽略不计。它的水面线也不能简单地用定量均匀流的谢才公式来确定。变量流的运动方程[10]：

$$\mathrm{d}y=\frac{V}{g}\mathrm{d}V+\frac{V^2}{g}\cdot\frac{\mathrm{d}Q}{Q}+i_f\mathrm{d}x \tag{2}$$

可知，侧槽内断面之间的水面降 Δy 是流速水头变化项 $\Delta y_{\Delta V}=\frac{V}{g}\Delta V$、侧向进流与槽中水流掺混碰撞损失项 $\Delta y_{\Delta Q}=\frac{V^2}{g}\cdot\frac{\Delta Q}{Q}$和沿程摩阻损失项 Δy_{if} 三项组成。“扎法”只考虑 Δy_{if} 一项，忽略了 $\Delta y_{\Delta Q}$主要项。这可用它们相应的能量损失坡降 i_f 和 $i_{\Delta Q}$的比值来说明。

因为 $$i_{\Delta Q}=\frac{V^2}{gQ}\cdot\frac{\Delta Q}{\Delta x}=\frac{V^2}{gx}\quad 和\quad i_f=\frac{V^2}{C^2R}=\frac{n^2V^2}{R^{4/3}}$$

可得 $$\frac{i_{\Delta Q}}{i_f}=\frac{R^{4/3}}{gn^2x},\quad 令\quad \frac{R^{4/3}}{gn^2x}=k,则\ i_{\Delta Q}=ki_f \tag{3}$$

式中：$k=f(n, L, R)$ 由表 7 查出。

表 7　　$f(n, L, R)$ 值表

R/m	1			2			3			4			5		
n ＼ L/m	50	80	100	50	80	100	50	80	100	50	80	100	50	80	100
0.014	10.4	6.5	5.2	26.2	16.4	13.1	45.0	28.1	22.5	66.1	41.3	33.0	88.9	55.6	44.5
0.025	3.3	2.0	1.6	8.2	5.1	4.1	14.1	8.8	7.1	20.7	12.9	10.4	27.9	17.4	13.9
0.035	1.67	1.0	0.8	4.2	2.6	2.1	7.2	4.5	3.6	10.6	6.6	5.3	14.2	8.9	7.1

由表 7 可看出，$\frac{i_{\Delta Q}}{i_f}$的比值随糙率 n 的减少侧槽长度 L 的减少和水力半径 R 的增加而增加。对一般的溢洪道，如 $L=50$m、$n=0.014$、$R=1\sim2$m 时 $i_{\Delta Q}=(10\sim26)i_f$；若 $R=3\sim5$m，则 $i_{\Delta Q}=(45\sim89)i_f$，因此中型工程较小型农田水利工程不计 $\Delta y_{\Delta Q}$项损失危险性更大。

（2）按等流速设计侧槽不经济。“扎法”按等速流设计侧槽，从理论上来说是不经济的。因为由变量流引起的能量损失项$\left(i_{\Delta Q}=\frac{V^2}{gQ}\frac{\Delta Q}{\Delta X}=\frac{V^2}{g}\frac{1}{X}\right)$是与流速的平方成正比，与断面距槽首的距离 x 成反比。所以要使侧槽前段水流保持等速流动，在该段上必然要引起较大的能量损失，形成很大的水面降，这样槽底就需相应挖深。

（3）按“扎法”计算的成果不可靠。有人认为既然“扎法”没有考虑$\Delta y_{\Delta Q}$项能量损失，按它设计的侧槽必然泄流能力偏小。事实并非完全如此。从水面线来说，“扎法”的水面线肯定不正确，较实测水面线偏低很多，但是泄流能力够不够就不能一概而论了，需具体核算才能知道。下面用具体例子来说明这个问题。

【例 2】 堰上溢流水深 0.8m，$Q=34.1\text{m}^3/\text{s}$，$n=0.035$，堰顶高程 10.00m，$[V]=5\text{m/s}$，$b_0=1\text{m}$，$b_L=5.5\text{m}$，堰长 31m（其中：侧堰 30m，正堰 1m）。

$$堰上\quad h_k=\sqrt[3]{\frac{11^2}{9.81}}=0.5\text{m}$$

$$堰上\quad V_k=\frac{1.1}{0.5}=2.2\text{m/s}$$

$$槽首水位=10+0.5-\frac{5^2-2.2^2}{19.62}=9.48\text{m}$$

水面线和槽底高程计算列入表 8，为简便计，将槽断面假定为矩形。将表 8 按“扎法”计算的槽底线再用“差分法”计算其水面线，并与表 8 中的“扎法”水面线进行比较（见表 9 和图 4）。

表 8　［例 2］工程“扎法”计算槽底线

断面编号	0	1	2	3	4	5	6	7	8	9	10	11	12
起点至各断面距离 x /m	0	2	4	6	8	10	12	14	16	18	20	25	30
$Q_x=1.1(1+x)$ /(m^3·s^{-1})	1.1	3.3	5.5	7.7	9.9	12.1	14.3	16.5	18.7	20.9	23.1	28.6	34.1
$\omega_x=\frac{Q_x}{[V]}=\frac{Q_x}{5}$ /m^2	0.22	0.66	1.1	1.54	1.98	2.42	2.86	3.3	3.74	4.18	4.62	5.72	6.82
$b_x=1+0.15x$ /m	1.0	1.3	1.6	1.9	2.2	2.5	2.8	3.1	3.4	3.7	4.0	4.75	5.5
$h_x=\frac{\omega_x}{b_x}$ /m	0.22	0.51	0.69	0.81	0.90	0.97	1.02	1.06	1.10	1.13	1.16	1.20	1.24
$x_x=b_x+2h_x$ /m	1.44	2.32	2.98	3.52	4.00	4.44	4.84	5.23	5.60	5.96	6.31	7.16	7.98
$R_x=\frac{\omega_x}{x_x}$ /m	0.15	0.28	0.37	0.44	0.50	0.55	0.59	0.63	0.67	0.70	0.73	0.80	0.85
C（巴氏表查）/(m$^{1/2}$·s^{-1})	15.8	19.4	21.2	22.4	23.4	24.0	24.6	25.1	25.5	25.8	20.2	26.8	27.3
$i_f=\frac{V^2}{C^2R}=\frac{5^2}{C^2R}$	0.668	0.237	0.150	0.113	0.091	0.079	0.070	0.063	0.057	0.054	0.05	0.044	0.039
$\bar{i}_f$	0.453	0.194	0.132	0.102	0.085	0.075	0.067	0.06	0.056	0.052	0.047	0.042	
L /m	2	2	2	2	2	2	2	2	2	2	5	5	
$h_w=\bar{i}_fL$ /m	0.91	0.39	0.26	0.20	0.17	0.15	0.13	0.12	0.11	0.10	0.24	0.21	
两断面间的水深差 Δh /m	0.29	0.18	0.12	0.09	0.07	0.05	0.04	0.04	0.03	0.03	0.04	0.04	
两断面间的槽底高差 $\Delta Z=h_w+\Delta h$ /m	1.20	0.57	0.38	0.29	0.24	0.20	0.17	0.16	0.14	0.13	0.28	0.25	
水面高程 /m	9.48	8.57	8.18	7.92	7.72	7.55	7.40	7.27	7.15	7.04	6.94	6.70	6.49
槽底高程 /m	9.26	8.06	7.49	7.11	6.82	6.58	6.38	6.21	6.05	5.91	5.78	5.5	5.25

$\sum h_w=2.99\text{m}$
$\sum \Delta h=1.02\text{m}$
$\sum \Delta Z=4.01\text{m}$

表 9　　例 2 工程"扎法"与"差分法"水面线成果比较

断面位置		0+00	0+02	0+04	0+08	0+12	0+16	0+20	0+25	0+30
水面线 /m	"扎法"	9.48	8.57	8.18	7.72	7.40	7.15	6.94	6.70	6.49
	差分法	9.79	9.38	9.08	8.63	8.28	7.99	7.72	7.39	6.83

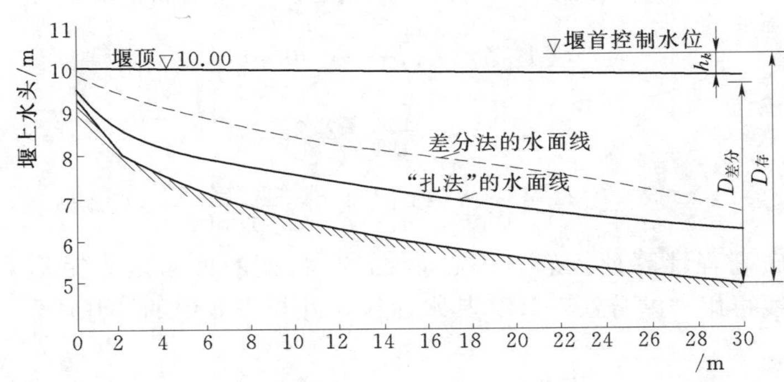

图 4　例 2 工程尺寸及水面线

定义槽末断面的能量值为"D_L"，它等于槽首水位减槽末底高程[11]，由它来检验侧槽的泄流能力。由图 4 可知，为保证侧堰自由溢流，槽首水位最高不能超过堰顶高程＋堰上 h_k，即 10.5m（对宽顶堰）。表 8 是按"扎法"设计的侧槽，其实际存在的 $D_{存}=10.5-5.25=5.25$m。而用"差分法"计算水面线，得到的槽首水位是 9.79m，小于该侧槽允许的槽首水位 10.5m，说明本例按"扎法"设计的侧槽底部高程仍能满足泄流能力要求（$D_{差分}=9.79-5.25=4.54\text{m}<D_{存}=5.25\text{m}$）。

可见，在本例具体条件下，用"扎法"设计的侧槽也能满足泄流能力要求（当然水面线仍是不符合的），而且"D"值还有 16%的富裕，这说明槽底高程还可抬高一点。为什么同样的计算方法（即"扎法"）计算出来的甲、乙工程的侧槽属不安全，而［例 1］则是安全的，主要原因是本例选用的糙率值 n 大（0.035），宣泄的流量又很小（$Q=34.1\text{m}^3/\text{s}$），侧槽断面尺寸小，导致水力半径 R 小（$R<1.0$m），因此算出的沿程损失较大（$h_w=\sum\frac{n^2V^2}{R^{4/3}}\cdot\Delta x=2.99$m）。此外，本例确定的槽首水位也比较低，而它的高低又直接影响整个槽底高程（槽底高程等于槽首水位减"D"值）。一定的流量 Q，有一定的 D 值，所以槽首水位低，整个侧槽的底高程就可能低。槽首水位高或低取决于哪些因素呢？这可从它的表达式本身来分析：

$$槽首水位=堰顶高程\nabla+堰上\ h_k-\frac{[V]^2-V_{k堰}^2}{2g}$$

$$=10+0.5-\frac{5^2-2.2^2}{19.62}=9.48\text{m}$$

在堰顶高程和堰长不变条件下，式中的 h_k 和 V_k 是流量 Q 的函数。而侧槽的设计流速值［V］是假定的，它取决于槽壁的材料，与 Q 无关。因此 Q 小 h_k 和 V_k 值就小，算出的槽首水位就低，反之就高。本例说明 Q 小，n 大，R 小的工程按"扎法"计算其泄流能力可能满足。

【例 3】 堰上溢流水深 1.5m，$Q=94m^3/s$，$n=0.035$，堰顶高程 10.00m，$[V]=5m/s$，$b_0=3m$，$b_L=7.5m$，侧堰长 30m，正堰长 3m。

计算方法同上（过程略），结果汇入表 10。

表 10　例 3 工程“扎法”计算成果　m

断面位置	0+00	0+02	0+04	0+06	0+08	0+10	0+12	0+14	0+16	0+18	0+20	0+25	0+30	
水面高程	10.13	9.93	9.80	9.70	9.62	9.55	9.49	9.43	9.38	9.33	9.29	9.19	9.10	$\sum h_w=1.03$ $\sum \Delta Z=2.97$
槽底高程	9.56	9.06	8.69	8.38	8.12	7.9	7.71	7.53	7.37	7.23	7.10	6.83	6.59	

堰上 $h_k=0.94m$，$V_k=3.03m/s$，槽首水位$=10+0.94-\dfrac{5^2-3.03^2}{19.62}=10.13m$

用“差分法”计算的水面线来核算上述用“扎法”设计的侧槽尺寸是否能通过流量 Q。结果列入表 11 和图 5（过程略）。

表 11　例 3 工程“扎法”与“差分法”水面线成果比较　m

断面位置		0+00	0+02	0+04	0+08	0+12	0+16	0+20	0+25	0+30
水面线	“扎法”	10.13	9.93	9.80	9.62	9.49	9.38	9.29	9.19	9.10
	差分法	12.01	11.86	11.71	11.40	11.10	10.8	10.48	10.05	9.11

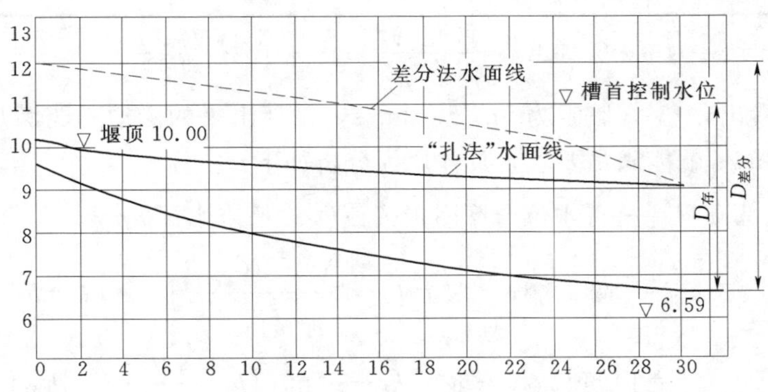

图 5　例 3 工程尺寸及水面线（单位：m）

“扎法”设计的侧槽实际提供的 D_L 值：

$$D_{存}=10.0+0.94-6.59=4.35m$$

宣泄 $Q=94m^3/s$ 需要的 D 值：

$$D_{差分}=12.01-6.59=5.42m$$

因为 $D_{存}<D_{差分}$ 所以本侧槽宣泄不了 $Q=94m^3/s$。比较［例 2］和［例 3］的设计条件可知，堰顶高程 10.00m，侧堰长度 30m，糙率 $n=0.035$，设计流速 $[V]=5m/s$ 等都是相同的，两者不同的只是 b_0、b_L 和 Q。［例 1］中 $Q=34.1m^3/s$，$b_0=1m$，$b_L=5.5m$；［例 2］中 $Q=94m^3/s$，$b_0=3m$，$b_L=7.5m$。

从本例还可以看出设计结果的安全与否，与设计人员拟定的设计流速［V］关系很大。该例如再设［V］＝2m/s、3m/s、8m/s，其他一切不变，同样再用“扎法”计算，它们的结果，一并列入表12比较（计算过程略）。

表12　　例3工程不同设计流速下的成果比较

比较值/m 设计流速 V/(m·s^{-1})	断面间水深差之和 $\sum\Delta h$	沿程摩阻损失 $\sum h_W$	侧槽底部两端高差值 ΔZ＝(1)＋(2)	槽首水位	槽首水深 h_0	槽首底高＝(4)－(5)
	(1)	(2)	(3)	(4)	(5)	(6)
8	1.21	4.38	5.59	8.15	0.36	7.79
5	1.94	1.03	2.97	10.13	0.57	9.56
3	3.23	0.24	3.47	10.95	0.95	10.0
2	4.84	0.04	4.88	11.20	1.43	9.77

比较值/m 设计流速 V/(m·s^{-1})	槽末底高＝(6)－(3)	$D_{存}$＝堰顶高程＋堰上 h_k－(7)	“差分法”槽首水位	$D_{差分}$＝(9)－(7)	泄流能力
	(7)	(8)	(9)	(10)	(11)
8	2.2	8.74	8.53	6.33	有富裕
5	6.59	4.35	12.01	5.42	不够
3	6.53	4.41	12.1	5.57	不够
2	4.89	6.05	11.06	6.17	满足

注　项(4)中槽首水位＝堰顶高程＋堰上 $h_k-\dfrac{[V]^2-V_k^2}{2g}=10+0.94-\dfrac{[V]^2-3.03^2}{19.62}$。

由表13可看出，［V］假定为5m/s、3m/s，设计出来的侧槽不能满足泄流能力，而［V］＝2m/s或8m/s就能满足要求，具体原因分析如下：

侧槽末端底部高程＝槽首水位－摩阻损失 $\sum h_W$－槽末水深 h_L

$$=\left(\text{堰顶高程}+\text{堰上 }h_k-\frac{[V]^2-V_{k堰上}^2}{2g}\right)-\sum h_W-h_L$$

$$=\left(\text{堰顶高程}+\text{堰上 }h_k+\frac{V_k^2}{2g}\right)-\left(h_L+\frac{[V]^2}{2g}+\sum h_W\right)$$

$$=\left(10+0.94+\frac{3.03^2}{2g}\right)-\left(h_L+\frac{[V]^2}{2g}+\sum h_W\right)$$

$$=11.41-\left(h_L+\frac{[V]^2}{2g}+\sum h_W\right) \tag{4}$$

在本例中，侧槽末端的断面是固定的（矩形，$b_L=7.5$m）。$Q=94\text{m}^3/\text{s}$，槽末断面的临界流速值 V_{kL} 可以由它的临界水深 h_{kL} 求出：

$$h_{kL}=\sqrt[3]{\frac{(94/7.5)}{9.81}}=2.52\text{m}$$

$$V_{kL}=\frac{q}{h_{kL}}=\frac{\frac{94}{7.5}}{2.52}=4.79\text{m/s}$$

$\left(h_L+\frac{[V]^2}{2g}+\sum h_W\right)$之值随假定［$V$］的不同而不同（见表 13）。

表 13　　槽首断面比能 $h_L+\frac{V^2}{2g}+\sum h_W$ 随设计流速［V］变化情况

比较项 /m 设计流速[V] /(m·s^{-1})	沿程摩阻损失 $\sum h_W$	槽末水深 h_L	槽末断面的比能 $h_L+\frac{[V]^2}{2g}$	$h_L+\frac{[V]^2}{2g}+\sum h_W$
8	4.38	1.57	4.83	9.21
5	1.03	2.51	3.78	4.81
3	0.24	4.18	4.64	4.88
2	0.04	6.27	6.47	6.51

由式（4）知，只要$\left(h_L+\frac{[V]^2}{2g}+\sum h_W\right)$值大，算出的侧槽底部高程就低，这样就有可能满足泄流能力。这一项值要大，即槽末断面的比能 $э=h_L+\frac{[V]^2}{2g}$和沿程摩阻损失$\sum h_W$大就行。由断面比能曲线知道，只要设计人员选定的侧槽设计流速值［V］$\gg V_{kL}$或［V］$\ll V_{kL}$，“э”值就大；［V］$=V_{kL}$（即 $h_L=h_{kL}$）时能量（$э_{min}$）最小。当然，［V］$\gg V_{kL}$时，э 和$\sum h_W$都大，则$\left(h_L+\frac{[V]^2}{2g}+\sum h_W\right)$值大；［$V$］$\ll V_{kL}$时 э 大，但$\sum h_W$会小，二者之和就不如前者大。因本例的 $V_{kL}=4.97$m/s，所以［V］=5m/s 这组的 э 最小。计算结果最危险。［V］=2m/s 和 8m/s 不接近 4.97m/s，因此这两组的计算结果反而满足泄流能力了。

（4）在计算纯侧堰的侧槽时，有可能得出槽首底部高程高于堰顶的不合理现象。

我们仍以乙工程为例。如果 $Q=1122\text{m}^3/\text{s}$，纯侧堰 $L=49$m，$b_0=2$m，$b_L=21.5$m，槽的边坡系数见前，糙率 $n=0.014$，堰顶高程 249.00m，［V］=8m/s。计算过程见表 14。

表 14　　乙工程不同参数情况下计算过程

断面位置	0+00	0+01	0+07	0+14	0+21	0+28	0+35	0+42	0+49
断面距槽首距离/m	0	1	7	14	21	28	35	42	49
Q_x/(m^3·s^{-1})	0	22.9	160.2	320.6	480.9	641	801	962	1122
$\omega_x=\frac{Q_x}{[V]}=\frac{Q_x}{8}$ /m^2		2.86	20.02	40.08	60.11	80.13	100.13	120.25	140.25
b_x /m	2	2.4	4.79	7.57	10.36	13.14	15.93	18.73	21.5
h_x /m		1.08	3.55	4.62	5.18	5.48	5.68	5.82	5.93
$x_x=b_x+2h_x\sqrt{1+m_x^2}$ /m		4.62	12.09	17.07	21.01	24.49	27.79	30.99	34.12
$R_x=\frac{\omega_x}{x_x}$ /m		0.62	1.66	2.35	2.86	3.27	3.60	3.88	4.11

续表

断面位置	0+00	0+01	0+07	0+14	0+21	0+28	0+35	0+42	0+49
C（巴表） /($m^{\frac{1}{2}}\cdot s^{-1}$)		66.4	76.9	80.8	82.8	84.3	85.4	86.2	86.7
$i_f=\frac{[V]^2}{C^2R}$		0.023	0.006	0.004	0.003	0.003	0.002	0.002	0.002
$\overline{i}_f$		0.015	0.005	0.0035	0.003	0.0025	0.002	0.002	
$h_W=\overline{i}_f\Delta x$ /m		0.09	0.04	0.03	0.02	0.05	0.02	0.01	$\sum h_W=0.23$
两断面间的水深差 Δh/m		2.47	1.07	0.56	0.30	0.20	0.14	0.11	$\sum\Delta h=4.85$
两断面间的槽底差 ΔZ/m		2.56	1.11	0.59	0.32	0.22	0.16	0.12	$\sum\Delta Z=5.08$

堰上

$$h_k=\sqrt[3]{\frac{(1122/49)^2}{9.81}}=3.77\text{m}\qquad V_{K堰}=\frac{1122/49}{3.77}=6.07\text{m/s}$$

$$槽首水位=249+3.77-\frac{8^2-6.07^2}{19.62}=251.39\text{m}$$

槽首底部高程＝槽首水位－槽首水深＝251.39－1.08＝250.31m＞堰顶高程 249.00m 显然是不合理的。

(5) 在纯侧堰侧槽中，槽首起始断面高程的确定往往带有任意性。

由于槽首流量为零，不便确定槽首底高，所以“扎法”建议采用 0+01 断面作为控制点（见前）。在实际工程设计中，有的是按等距离划分断面、不另外加 0+01 断面计算，用 0# 断面和 1# 断面 i 的平均值即$\overline{i_f}=\frac{i_0+i_1}{2}=\frac{i_1}{2}$去计算 Δh_W，有的是用 1# 断面的 i_1 作为 0# ～1# 断面间的$\overline{i_f}$[6]，也有在 0# ～1# 断面之间补加其他桩号的断面。由于方式不一，得出 0# ～1# 断面间的摩阻损失 Δh_W 也相差较大，当然其中以“扎法”建议的处理办法最为安全（即算出的 Δh_W 最大）。

(6)“扎法”计算的水面线较实测偏低很多，因而导致侧槽边墙衬砌高度不够。

(7)“扎法”设计的槽底呈曲线形，施工不便。

4 结语

“扎法”的假设条件和计算公式不能反映侧槽水流的流动规律。用它设计的侧槽水面线偏低很多，泄流能力一般不够。用于中型工程或流量较大、糙率又小的侧槽设计危险性更大。

侧槽内的水流是沿程增量流，它的能量损失由三项组成，“扎法”只考虑了沿程摩阻一，把复杂的变量流用谢才公式来处理是不恰当的。

侧槽按等流速设计是不经济的，能量损失较大，增加了槽底的挖深。

扎马林教授在原著中介绍上述方法的意图也是作为初步估算侧槽尺寸之用，并非作为正设计方法推荐。

参考资料：

[1] 水电部水利调度研究所，等．水库溢洪道［M］．北京：水利电力出版社，1978.

［2］ 陕西水利学校．小型水利工程手册（蓄水池，水库）［M］．北京：农业出版社，1978.
［3］ 浙江水电局．中型水库．北京：水利出版社，1975.
［4］ 农业部农田水利局．中小型水库侧槽式溢洪道的设计．北京：水利出版社，1958.
［5］ ［苏联］扎马林、方捷耶夫．水工建筑物，1955 年中译本［M］.
［6］ Проектирование Гидротехническнх Сооружений 1954. Е. А. ЗАМАРИН.
［7］ 江西省婺源县段莘水库侧槽溢洪道水工模型试验［R］．江西水利科研所，1978.
［8］ 江西省婺源县段莘水库渡讯防洪计算和安全复核［R］.
［9］ 江西省萍乡市坪村水库侧槽式溢洪道水工模型试验［R］．江西水利科研所，1980.
［10］ 侧槽式溢洪道的水力计算方法［R］．江西水利科研所，1978.
［11］ 侧槽式溢洪道水力计算方法"两点法"［J］．江西水利科技．1979，(1)．

二、岩土试验研究

SHUILISHIYANYUYANJIU

超声波法在水工混凝土抗压强度检测中的应用

杨能辉，陈　芳，高江林

江西省水利科学研究所

摘　要： 针对峡江水利枢纽工程制作一批不同强度等级的混凝土试块，按照现行规范分别对混凝土试块进行了超声波法无损检测及压力机抗压强度试验，采用3种不同的函数模型将超声声速及抗压强度进行数据回归分析，建立适合峡江水利枢纽工程的混凝土测强曲线，从土建Ⅱ标施工仓面随机选取7种不同强度等级的试块对三次多项式函数测强曲线进行验证。结果表明：三次多项式函数测强曲线的相关性和准确性较高，进一步验证了超声波法对快速、准确、有效地检测峡江水利枢纽工程中的混凝土实体质量具有重要的现实意义。

关键词： 超声无损检测；混凝土强度；回归分析

混凝土作为现代工程中一种最重要的结构材料，在公路、铁路、建筑、水利、水电等工程得到广泛使用。由于传统压力机检测混凝土强度方法是从施工仓面随机抽取并进行抗压强度的检测，由此评判混凝土的强度；但受限于试样成型、养护等条件同原位混凝土之间的差异，压力试验机法仍然很难真实地反映原位混凝土的施工质量，因此采用超声波无损检测法对原位混凝土试件进行检测是一种较为准确的反映混凝土质量的方法[1]。

混凝土产品受地区砂、石、水泥等性质影响，因此各类混凝土没有统一的混凝土强度关系曲线[2]。本文通过对江西省峡江水利枢纽工程常用的7种不同强度等级的混凝土试块进行超声波无损检测和压力机抗压强度试验，将试验数据进行函数模型拟合，建立适合峡江水利枢纽工程的混凝土超声测强曲线，为更加便捷、准确检测该工程的混凝土强度技术提供一定的参考。

1　试验方案设计

1.1　试件尺寸

针对江西省峡江水利枢纽工程常用的混凝土强度等级，本次试验设计了C10、C15、C20、C25、C30、C40、C50共7个强度等级的混凝土试件，试件尺寸均为150mm×150mm×150mm。试验的试件均由江西省峡江水利枢纽工程平行检测枢纽工作站进行混凝土机械搅拌、制作和标准养护28d[3]，由于养护方法和龄期是影响混凝土测强曲线的两个重要因素，因此该曲线适用于标准养护28d龄期的混凝土试块。

本文发表于2013年。

1.2 原材料的选择

水泥：品种为吉水南方普通硅酸盐水泥，强度等级为 P. C32.5 和 P. O42.5。

河砂：中砂，产地为赣江。

石子：连续级配的卵石，最大粒径为 40mm，产地为赣江。

1.3 混凝土配合比设计

根据峡江水利枢纽工程的混凝土设计指标、配制强度、水灰比[4]与抗压强度关系试验结果，及原材料的特性，经计算分析得出混凝土配合比设计参数见表 1。

表 1　峡江水利枢纽工程混凝土配合比的设计参数

编号	强度等级	水灰比	砂率/%	用水量/($kg \cdot m^{-3}$)	坍落度/mm
1	C10	0.59	35	142	30～50
2	C15	0.51	34	145	50～70
3	C20	0.47	34	150	50～70
4	C25	0.42	32	152	70～90
5	C30	0.38	31	156	70～90
6	C40	0.37	31	162	70～90
7	C50	0.36	41	168	70～90

1.4 测试方案

选择每块试块抹面的侧面作为试验面，换能器测点布置如图 1 所示，测试面耦合剂采用黄油，在试验过程中应尽量保持发射、接收换能器处于同一条水平线，声速值由北京智博联公司生产的非金属超声检测仪获得，测试的固定发射电压为 250V，声时值取相对测试面 3 个测点的平均值。由于波形和接收信号的幅值对首波的起点位置均有影响，因此在获取数据时以幅值在 30～40mm 之间的正弦波起点为准。另外，由于混凝土温湿度对声速影响较大，因此在进行超声测强时，若混凝土处于蒸汽养护或极寒室外，则有必要对其进行修正。超声波检测完成之后，通过电压伺服万能机测出混凝土抗压强度。

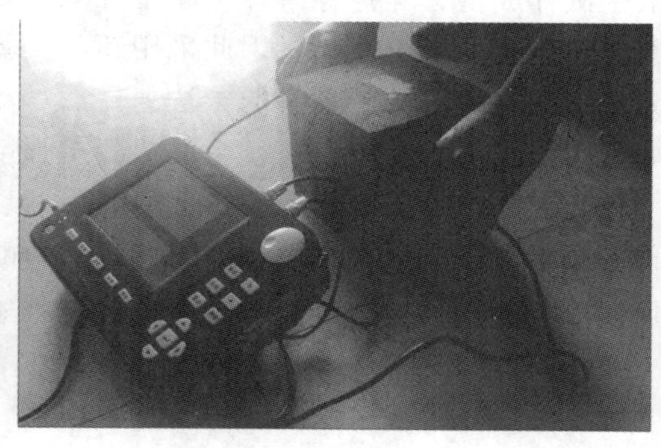

图 1　换能器测点布置

2 试验结果分析

在进行回归分析之前，最重要的是选择合适的曲线模型形式，文中分别采用以下 3 种函数模型对超声仪检测出声速值与万能机破坏得出的混凝土抗压强度值进行数据回归分析。

三次多项式函数表达式为：

$$f_{cu}^{c}=a+bv+cv^{2}+dv^{3}$$

幂函数表达式为：

$$f_{cu}^{c}=av^{b}$$

指数函数表达式为：

$$f_{cu}^{c}=ae^{bv}$$

式中：f_{cu}^{c}为曲线模型计算出的混凝土抗压强度值；a、b、c为所求回归系数。

表 2　不同强度等级混凝土试块声速和抗压强度值

C10	$v/(km\cdot s^{-1})$	3.68	3.58	3.18	3.45	3.65
	f_{cu}/MPa	14.8	15.0	12.2	14.3	13.8
	$v/(km\cdot s^{-1})$	3.77	3.67	3.73	3.39	3.68
	f_{cu}/MPa	15.5	16.2	15.3	14.9	15.3
C15	$v/(km\cdot s^{-1})$	4.01	3.77	3.82	4.00	3.47
	f_{cu}/MPa	20.5	18.7	17.6	20.5	19.8
	$v/(km\cdot s^{-1})$	3.54	3.77	3.80	3.87	3.93
	f_{cu}/MPa	21.2	18.0	17.0	20.0	19.2
C20	$v/(km\cdot s^{-1})$	3.70	3.74	3.70	3.78	3.88
	f_{cu}/MPa	24.6	25.9	24.4	23.3	23.1
	$v/(km\cdot s^{-1})$	4.12	4.06	3.93	3.73	3.81
	f_{cu}/MPa	25.1	24.8	26.2	24.2	27.8
C25	$v/(km\cdot s^{-1})$	4.10	4.05	4.10	3.91	3.95
	f_{cu}/MPa	27.6	27.0	27.8	25.7	26.2
	$v/(km\cdot s^{-1})$	4.13	4.18	4.16	4.02	3.89
	f_{cu}/MPa	27.8	28.3	27.2	26.6	27.8
C30	$v/(km\cdot s^{-1})$	4.03	4.11	4.26	4.21	4.23
	f_{cu}/MPa	33.3	34.9	34.4	32.3	31.8
	$v/(km\cdot s^{-1})$	4.31	4.05	4.17	4.17	4.25
	f_{cu}/MPa	34.4	33.5	33.1	33.7	31.4
C40	$v/(km\cdot s^{-1})$	4.78	4.78	4.85	4.76	4.73
	f_{cu}/MPa	42.9	45.7	46.2	46.9	41.0
	$v/(km\cdot s^{-1})$	4.70	4.92	4.86	4.78	4.74
	f_{cu}/MPa	40.0	40.3	41.7	40.3	40.7
C50	$v/(km\cdot s^{-1})$	5.98	5.97	6.06	5.95	5.91
	f_{cu}/MPa	53.6	57.1	57.8	58.6	51.2
	$v/(km\cdot s^{-1})$	5.88	6.15	6.08	5.98	5.93
	f_{cu}/MPa	50.0	50.4	52.1	50.4	50.9

注　按照规范，建立专用测强曲线应满足每个强度等级的试件数不少于 21 组，受限于文章篇幅，在不影响计算精度的情况下每个强度等级分别选取了 10 组具有代表性的试件。

表 2 为不同强度等级试块声速和抗压强度值，分别采用以上 3 种函数模型对表中数据进行回归分析，得出的方程分别为：

三次多项式函数：

$$f_{cu1}^{c}=-2.95v^{3}+37.34v^{2}-135.2v+158.5$$

幂函数：

$$f_{cu2}^{c}=1.093v^{2.245}$$

指数函数：

$$f_{cu3}^{c}=3.741e^{0.468v}$$

将不同强度等级的试块声速和抗压强度值绘制成图，得出不同模型拟合的超声测强曲线见图 2～图 4。从图中可以看出：混凝土强度等级越高，超声波的传播速度越快，且超声波声速与混凝土抗压强度关系得出的数据离散性不大；通过计算得出不同模型的相关系数分别为 $R_1=0.960$，$R_2=0.901$，$R_3=0.878$，经比较发现，三次多项式函数模型拟合的混凝土强度曲线，其相关系数 R 最大，回归精度最高。因此根据工程实际，混凝土强度曲线可优先采用三次多项式函数拟合的超声测强曲线。

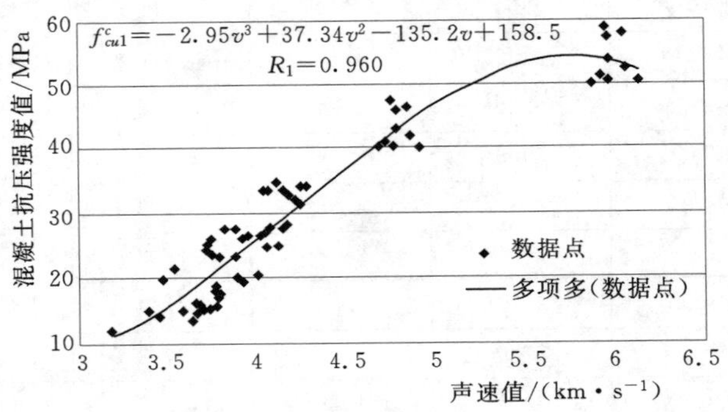

图 2　三次多项式函数拟合的超声测强曲线

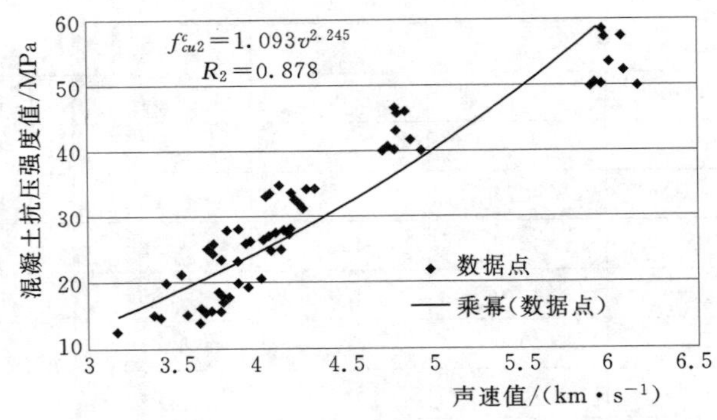

图 3　幂函数拟合的超声测强曲线

为验证本混凝土强度测强曲线的准确性，试验中随机选取了来自峡江水利枢纽工程土建Ⅱ标施工仓面的五个等级（按照土建Ⅱ标常用的混凝土强度等级进行选取）的混凝土试块各 2 组，得出的实测抗压强度与三次多项式方程计算值见表 3。相对误差计算：

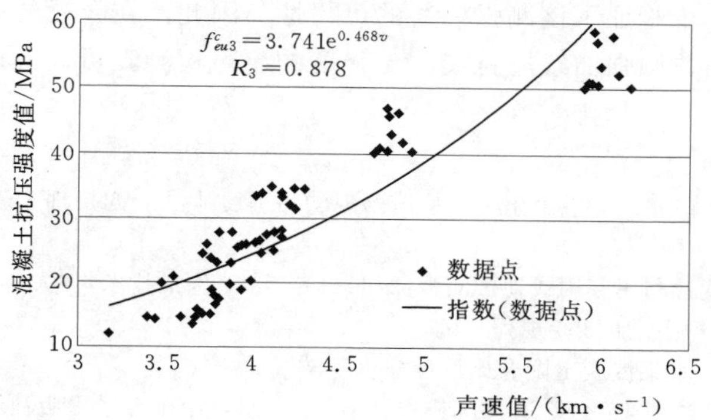

图 4　指数函数拟合的超声测强曲线

$$e_r=\sqrt{\frac{\sum(f_{cu,i}/f^c_{cu,i}-1)^2}{n-1}} \tag{1}$$

经计算得两者相对误差为 8.0%，根据《超声回弹综合法检测混凝土强度技术规程》[6]第 6.0.4 条规定，地区测强曲线、专用测强曲线的相对误差分别不应大于±14%、±12%，因此三次多项式函数超声测强曲线产生的误差在允许范围内，且结果准确性较高。

验证表明：采用三次多项式函数超声测强曲线进行数据拟合，得出的混凝土抗压强度值准确性较高。

表 3　　实测抗压强度与三次多项式方程计算值比较

强度等级	v /(km·s^{-1})	f^c_{cu1} /MPa	f_{cu} /MPa	强度等级	v /(km·s^{-1})	f^c_{cu1} /MPa	f_{cu} /MPa
C15	3.66	19.1	16.9	C15	3.77	21.7	20.9
C20	3.86	23.7	26.6	C20	3.91	24.8	25.9
C25	4.06	28.0	29.8	C25	4.05	27.8	26.3
C30	4.23	31.4	36.9	C30	4.32	33.2	31.2
C50	5.66	51.4	55.9	C50	6.55	55.4	51.8

注　f^c_{cu1}为采用三次多项式函数得出的混凝土强度。

3　结语

峡江水利枢纽工程是江西迄今为止投资规模最大的水利工程，混凝土作为用量最大的工程材料，其质量直接关系到整个水利枢纽工程的安全。本文通过对峡江水利枢纽工程应用的原材料成型的混凝土试块超声检测数据进行回归分析，建立了 3 种不同函数模型的测强曲线。结果表明，该工程的混凝土抗压强度同超声声速有较好的相关性，说明采用非金属超声检测仪对其强度进行检测是可行的。通过对 3 条不同测强曲线进行对比分析，认为 3 种测强曲线得出的平均相对误差均较小，满足规范要求，其中三次多项式函数拟合测强曲线精度最高。最后从施工仓面随机选取不同等级的混凝土采用三次多项式函数测强曲线进行推算比较，进一步验证了该测强曲线的可行性。因此，在今后的平行检测工作中，建议采用三次多项式函数测强曲线进行混凝土强度的超声检测，可大大提高现场检测效率。

参考文献：

[1] 吴佳晔，安雪晖，田北平．混凝土无损检测的现状和进展［J］．四川理工学院学报：自然科学版，2009，22（4）：4-7.

[2] 丘平．混凝土强度检测用专用或地区测强曲线（1）［J］．施工技术，2006，35（8）：94-96.

[3] SL 352—2006 水工混凝土试验规程［S］．

[4] DL/T 5330—2005 水工混凝土配合比设计规程［S］．

[5] 冯力．回归分析方法原理及 SPSS 实际操作［M］．北京：中国金融出版社．2004.

[6] CECS 02：2005，超声回弹综合法检测混凝土强度技术规程［S］．

特种黏土固化浆液性能试验及应用

游文荪

江西省水利科学研究院

摘　要：对特种黏土固化浆液的析水性、稳定性、初始黏度、胶凝时间及浆液结石体的抗压强度、抗渗系数、体积变化性、抗软化性等主要性能进行了试验研究，并在灌浆建防渗帷幕中推广应用。试验表明特种黏土固化浆液是一种具有多项良好技术性能及经济性、对环境无污染的新一代黏土系注浆材料，能有效地解决注浆防渗工程中产生的诸多问题。

关键词：特种黏土固化浆液；性能；试验；应用

1　引言

随着各国基本建设工程的加速发展，为确保工程顺利施工和安全运行，注浆防渗加固技术广泛应用于交通、市政、采矿、隧道、水利等工程边坡及地基处理。目前，注浆材料主要有水泥类浆液、黏土类浆液及化学浆液。化学浆液都是真溶液，初始黏度多数较小、且胶凝时间可调，适用于细小缝隙充填灌注；其主要缺点是许多化学浆液材料具有一定的毒性，有污染环境之患、且价格较高。水泥浆液的优点是结石体强度高；缺点是其价格较高、稳定性差、析水性大、易被水稀释，浆液形成结石体时体积收缩、结石率较低、初凝和终凝时间长且不能准确控制、强度增长速度慢，在大孔隙地层中注浆易出现漏浆现象，注浆质量难以保证，堵水效果差等。黏土具有细度高、分散性强，可以就地取材，且制成的浆液具有稳定性好、结石率高、堵水性能好等优点；但纯黏土浆液结石体强度太低，抗渗和抗冲刷的性能很弱，仅适合低水头的防渗工程。在纯黏土浆液中加入一定数量水泥作为固化剂，形成了黏土固化浆液，在一定程度上可以弥补彼此的不足。现在的工程对浆液的要求是具有良好的流动性、胶凝时间可控性、可重复灌注性、帷幕整体堵水性、抗水稀释性好及可以就地取材、成本低等优点（见江西省水利科学研究院 2008 年《特种黏土固化浆液推广应用报告》）。为此，哈尔滨工业大学以防洪堤坝注浆防渗加固为应用背景且辐射到其他加固工程，研究了一种新型的黏土浆液固化剂及相应的黏土固化浆液（以下称特种黏土固化浆液）。为利于这项成果在江西省堤坝加固工程中的运用，对特种黏土固化浆液的析水与稳定性、初始黏度、胶凝时间，浆液结石体的强度、渗透系数、体积变化性等主要性能指标进行了试验分析及推广应用。

本文发表于 2010 年。

2 特种黏土固化浆液的性能试验

2.1 浆液析水性与稳定性试验

浆液的稳定性是指浆液在流动速度减慢及静置条件下均匀性变化的快慢程度，变化慢的稳定性好，变化快的稳定性差[1]。生产实践证明，稳定浆液与不稳定浆液注入地层后，注浆效果及形成结石体的耐久性是完全不同的。不稳定浆液的颗粒沉淀分层将引起机具管路和地层空隙的堵塞，严重时会造成注浆过程的过早结束；注浆的颗粒沉淀分层使浆液在垂直方向上密度发生变化，从而降低了浆体的结石率和均匀性，并在上部形成空隙，使注浆堵水效果下降；稳定浆液由于其较高的稳定性，无多余水分析出，因而浆液结石体的密度较高且具有较强的抗侵蚀能力，可以提高注浆帷幕的耐久性。所以，在选择悬浊型浆液时，一定要考虑浆液的稳定性。对水泥与黏土重量比为 1∶4（实际工程中水泥用量为 20%左右，黏土用量为 80%左右）的不同水料比及不同特种黏土固化剂掺量的特种黏土固化浆液的 2h 析水率进行了试验，试验结果见表 1。

根据 DL/T 5148—2001《水工建筑物水泥灌浆施工技术规范》规定，稳定浆液要求浆液的 2h 析水率不大于 5%[2]。从表 1 不难看出，特种黏土固化浆液是一种稳定性极高的悬浊型浆液，在水料比小于 2∶1 的范围内，浆液 2h 析水率皆小于 5%，尤其是水料比小于 1.2∶1 时，浆液基本上不析水。对于特种黏土固化浆液来说，适合于灌注的水料比一般在 0.8∶1～1.2∶1，因而完全可以认为该浆液具有无析水性且很稳定。

表 1　特种黏土固化浆液 2h 析水率试验结果　%

水料比	特种黏土固化剂掺量（占水泥重量比）				
	7.5	10	12.5	15	20
2∶1	2.8	2.8	2.4	2.4	0.8
1.5∶1	0.8	0.8	0.8	1.6	1.2
1.2∶1	—	—	—	—	—
1∶1	—	—	—	—	—
0.8∶1	—	—	—	—	—

注　“—”表示无明显析水现象。

2.2 特种黏土固化浆液的初始黏度

浆液黏度是注浆的一个基本设计参数，标志浆液的可泵性和可灌性。浆液黏度的大小直接影响其扩散半径，当然也为确定注浆压力及浆液流量等参数提供必要的依据。本次采用锥形漏斗黏度计对水泥黏土比为 1∶4，不同特种黏土固化剂掺量及不同水料比的特种黏土固化浆液进行了浆液初始黏度试验，试验结果见表 2。

初始黏度与固化剂掺量有着密切的关系，初始黏度和固化剂掺量没有线性关系。在水料比为 0.8∶1～1.2∶1、固化剂掺量为 10%～25%时，首先，浆液的初始黏度随着固化剂的掺量增加而增大，而后，初始黏度随着固化剂掺量的增加出现减小趋势，并出现最小值，最后，初始黏度随着固化剂掺量的继续增加又出现增大。从初始黏度变化来看，在固化剂掺量为水泥用量的 15%时初始黏度较大，初始黏度变化幅度在 20～50s 之间，因此说可灌

表 2　　特种黏土固化浆液初始黏度、胶凝时间试验结果

水料比	固化剂掺量占水泥重量比/%	初始黏度/s	胶凝时间
1.2：1	10	22	60min 8s
	15	24	55min
	20	20	146min
	25	26	57min 40s
1：1	10	29	62min 48s
	15	33	50min 20s
	20	25	108min 45s
	25	31	50min
0.8：1	10	39	21min
	15	49	15min 58s
	20	38	43min 8s
	25	40	35min 44s
0.6：1	10	流不动	少于 10s
	15	流不动	
	20	流不动	
	25	流不动	

性是比较好的。水料比对浆液的初始黏度影响较大，在水泥与黏土的比例、固化剂掺量占水泥重量比均不变化的情况下，浆液的初始黏度均随着水料比的增大而不断减小。

2.3　特种黏土固化浆液的胶凝时间

实际工程中，采用倒杯法测定特种黏土固化浆液的胶凝时间，就是浆液拌和完成后至浆液在重力作用下失去流动性的时间。浆液的胶凝时间将直接决定某种注浆工艺对于某种场地地层及地下水条件的可行性，并且还强烈影响注浆防渗加固的效果。通常情况下，当地层较均匀且渗透系数较小时，需要长凝型浆液，其黏度增长不快，因而具有足够的时间保持较低的黏度在地层中扩散，可以达到设计上的浆液扩散半径。然而，在卵石层或岩溶发育地区等渗透系数很大且有较大动水压力作用的条件下，则需要短凝型浆液进行注浆，或者通过地下混合双液注浆工艺向特种黏土固化浆液（A 液）中加入速凝剂（B 液）以尽可能缩短浆液的胶凝时间，达到预期的注浆效果。特种黏土固化浆液的胶凝时间试验结果见表 2。

浆液胶凝时间—固化剂掺量的变化规律与初始黏度—固化剂掺量的变化规律基本相反。胶凝时间和固化剂掺量没有线性关系，在水料比为 0.8：1～1.2：1，固化剂掺量为 10%～25%时，首先，浆液的胶凝时间随着固化剂的掺量增加而不断减小，而后，胶凝时间随着固化剂掺量的增加出现增大趋势，并出现最大值，最后，胶凝时间随着固化剂掺量的继续增加又出现减小。从胶凝时间变化曲线来看，在固化剂掺量为水泥用量的 15%时胶凝时间较短；水料比对浆液的胶凝时间影响较大，浆液的胶凝时间均随着水料比的增大而不断增大；水料比为 0.6：1～1.2：1 不同固化剂掺量的浆液胶凝时间变化幅度在几秒到几个小时之间，因此说明此特种黏土固化浆液的胶凝时间可调性较大。

2.4 特种黏土固化浆液结石体抗压强度

浆液结石体强度是保证注浆加固体不发生渗透破坏的重要因素之一。结石体的强度按 SL 352—2006《水工混凝土试验规程》中提供的方法进行浆液抗压强度试验[3]。试验结果详见表3。

表3 特种黏土固化浆液结石体抗压强、渗透系数试验结果

水泥/%	黏土/%	水料比	固化剂掺量占水泥重量比/%	7d 抗压强度/MPa	28d 抗压强度/MPa	28d 渗透系数/(cm·s^{-1})
20	80	1.2∶1	10	0.90	2.20	2.42×10^{-7}
			15	0.99	2.39	2.34×10^{-7}
			20	1.07	2.51	1.79×10^{-7}
			25	1.10	2.62	1.14×10^{-7}
20	80	1∶1	10	1.10	2.58	1.42×10^{-7}
			15	1.24	2.76	9.68×10^{-8}
			20	1.36	3.01	7.48×10^{-8}
			25	1.47	3.08	5.13×10^{-8}
20	80	0.8∶1	10	1.46	3.03	6.38×10^{-8}
			15	1.65	3.64	2.83×10^{-8}
			20	2.09	4.35	2.36×10^{-8}
			25	2.29	5.03	1.93×10^{-8}
20	80	0.6∶1	10	2.87	5.34	1.71×10^{-8}
			15	3.32	5.95	1.47×10^{-8}
			20	3.64	6.49	6.60×10^{-9}
			25	3.99	6.91	4.58×10^{-9}
10	90	1∶1	15	0.85	1.98	4.68×10^{-7}
20	80			1.24	2.76	9.68×10^{-8}
30	70			1.62	3.40	4.40×10^{-8}

特种黏土固化浆液结石体强度较高，最大可达到6～7MPa；随着水料比的增大而减小，随着特种黏土固化剂用量的增大而增大，随着水泥用量的增加而增大；同时也可发现水料比对结石体强度的影响为最大，其次为水泥和特种固化剂的用量。即使是水泥掺量较少（10%），水料比为1∶1，特种黏土固化剂掺量为15%时（占水泥重量比），7d 和 28d 浆液结石体的抗压强度可分别达到近1MPa和2MPa，由此可见特种黏土固化浆液结石体抗压强度比普通黏土浆液的结石体抗压强度有大幅度的提高，而且随着龄期的增长 28d 较 7d 抗压强度增长非常明显。

2.5 特种黏土固化浆液结石体抗渗系数

特种黏土固化浆液注入地层后，经固结后成为浆液结石体，结石体本身的抗渗性能一方面会影响到浆液注浆防渗的效果，另一方面地下水在浆液结石体中的渗流速度也是决定浆液结石体（注浆加固体）耐久性的一个关键因素；因而浆液结石体的抗渗能力是用于评价防渗

注浆材料耐久性的一个重要指标。特种黏土固化浆液结石体的抗渗系数的试验成果见表3。

在水料比为0.6∶1～1.2∶1，结石体渗透系数都很小，小于$i\times10^{-7}$cm/s（$i=1\sim9$）。结石体的强度与渗透系数有极好相关规律性：强度越高其渗透系数越小；反之亦然。说明结石体的强度及渗透系数与结石体内部胶结及密实有直接的关系，结石体越密实，其强度就越高，渗透系数越小。浆液结石体本身的渗透系数远小于规范对的防渗体的抗渗要求（$\leqslant1\times10^{-5}$cm/ s）。

2.6 特种黏土固化浆液结石体体积变化性及软化系数

多数浆液注入地层后在胶凝过程中体积均要发生一定的收缩；因此，即使灌注的浆液完全充填地层中的空隙，由于浆液结石体的收缩性，在浆液结石体与地层之间接触带上也依然会出现一些微小的渗水通道，正因为这样，浆液结石体自身的抗渗能力再高，也不能充分发挥其抗渗堵水能力。浆液在地层孔隙中胶凝固化成结石体的体积变化特性对注浆防渗效果有很大的影响，只有注浆后在地层中遗留很少甚至没有能够通过注浆加固体的渗流通道，才能够更好取到防渗堵漏效果，以及不至于因地下水在渗流通道内产生集中快速流动而降低注浆加固体的耐久性。对纯水泥浆液、水泥黏土浆液及特种黏土固化浆液的胶凝固化成结石体的体积变化情况进行了试验比对，发现纯水泥及水泥黏土浆液的结石体具有收缩性，而特种黏土固化浆液结石体具有明显的膨胀性。不同浆液结石体的体积变化情况描述见表4。

表4　　不同浆液结石体体积变化情况描述

结石体名称	浆液配比	龄期/d	结石体积变化描述
纯水泥浆液结石体	水料比为0.5∶1	7 15	试件凹陷，试件与试模之间无明显缝隙，用手按压试件无手印出现
水泥黏土浆液结石体	水泥黏土比为1∶4，水料比为1∶1	7 15	试件凹陷，试件与试模之间出现收缩缝，用手按压试件出现明显手印
特种黏土固化浆液结石体	水泥黏土比为1∶4，固化剂掺量为水泥的20%，水料比为0.8∶1	1 6 14	试件明显膨胀，鼓出试模，试件与试模紧密结合，无缝隙，用手按压试件无手印出现

由于用于防渗堵漏的特种黏土固化浆液结石体长期处于水下工作状态；因此浆液结石体在水中浸泡后的强度降低程度也影响其使用耐久性。水利部门通常是通过测定软化系数大小来反映其水中抗软化性能。结石体软化系数试验结果见表5。

表5　　特种黏土固化浆液结石体软化系数试验结果

水泥/%	黏土/%	水料比	固化剂掺量占水泥重量比/%	试样28d烘干抗压强度/MPa	试样28d饱和抗压强度/MPa	软化系数
20	80	1∶1	20	3.50	3.01	0.86
20	80	0.8∶1	20	4.88	4.34	0.89

试验的两种水料比的特种黏土固化浆液结石软化系数分别为0.86和0.89，说明特种黏土固化浆液结石体抗软化性能较好，也远高于水利部门对块石的软化系数不小于0.7的要求。

2.7 特种黏土固化浆液的经济性及环保性

由于特种黏土固化浆液对地层进行灌浆建防渗帷幕，其使用的灌浆设备、工艺和方法与普通水泥或黏土浆液灌浆一样；因此特种黏土固化浆液进行防渗灌浆的经济性主要体现在浆液的成本上。相同水料比的特种黏土固化浆液成本不到水泥浆液的1/3，特种黏土固化浆液具有非常好的经济性。两种浆液的成本比较见表6。

表6 特种黏土固化浆液与水泥浆液成本对比

名称	水料比	浆液成本/(元·m^{-3})	备注
特种黏土固化浆液	0.5：1	189	特种黏土固化浆液配比：水泥黏土比为1：4，固化剂掺量占水泥的20% 水泥单价380元/t，黏土单价10元/t（现场就地取土费用） 特种黏土固化剂单价为3000元/t
	0.6：1	165	
	0.75：1	145	
	1：1	125	
水泥浆液	0.5：1	570	
	0.6：1	539	
	0.75：1	437	
	1：1	384	

通过对特种黏土固化剂中有害重金属元素含量检测及特种黏土固化浆液结石体上清液理化检测得出：各项指标皆符合国家的有关环保标准，采用特种黏土固化浆液进行注浆防渗加固，不会造成土壤及地下水、地表水的任何环境污染。

3 特种黏土固化浆液应用情况

选取萍乡市上栗县杨梅水库作为特种黏土固化浆液灌浆防渗运用工程。杨梅水库建于1958年，总库容$2.48\times10^6m^3$，最大坝高21.8m，是一座以灌溉为主，兼顾养殖等综合开发利用的重点小（1）型水库。坝体填土质量差，填土不均匀，碾压不密实，砾（碎）石含量高，渗透系数为$10^{-3}\sim10^{-4}$数量级，存在较严重的渗透隐患。用特种黏土固化浆液对坝体进行灌浆建防渗帷幕，其使用的灌浆设备、工艺和方法与普通水泥或黏土浆液灌浆一样。为分析特种黏土固化浆液的灌浆防渗效果，分别对灌浆坝段和未灌浆坝段的坝体渗透系数进行了检测，检测结果见表7。

表7 特种黏土固化浆液灌浆坝段和未灌浆坝段的坝体渗透系数比较

检测孔编号	是否灌浆	检测位置	试段高程/m	试段长度/m	渗透系数/(cm·s^{-1})	备注
检1#孔	是	灌浆孔A14和C14中点	141.60～118.57	23.03	1.84×10^{-6}	设计渗透系数$k\leqslant2\times10^{-5}$cm/s 检1#孔、检2#孔、检3#孔为现场注水试验 检4#孔为钻取浆液灌浆后防渗体芯样室内渗透试验
检2#孔	是	灌浆孔A25和C25中点	141.50～119.00	22.50	5.37×10^{-6}	
检3#孔	否	未灌浆段，距检2#孔7m	142.50～126.08	16.42	$>1.74\times10^{-3}$	
检4#孔	是	灌浆孔C6	132.30～132.00	—	1.22×10^{-6}	
			127.20～127.00	—	2.40×10^{-7}	
			122.60～122.40	—	1.52×10^{-6}	

通过表7分析可知，特种黏土浆液对坝体进行灌浆后渗透系数较未灌浆段降低了3～4个数量级，灌浆防渗效果非常明显。

4 结语

特种黏土固化浆液与水泥浆液相比，是有以下特点：

（1）是一种较为稳定的灌注浆液。在水料比小于2∶1范围内皆可满足析水率小于5%的要求，且具有良好的流动性与可灌性。

（2）通过调整浆液的水料比及特种黏土固化剂的掺量，浆液的初始黏度及胶凝时间可调性较大。

（3）可以根据不同的灌注地层的水文地质特点，分别选用短凝型（胶凝时间短、初始黏度大）和长凝型（胶凝时间长、初始黏度小）的浆液达到良好的灌注效果。

（4）特种黏土固化浆液结石体早期强度上升较快且可控，标准养护28d抗压强度最大可达6～7MPa。

（5）特种黏土固化浆液结石体渗透系数较小，可达10^{-7}～10^{-9}cm/s量级。

（6）特种黏土固化浆液结石体具有明显的膨胀性。

（7）特种黏土固化浆液结石体软化系数较大，在水中具有较好的抗软化性能。

（8）利用特种黏土固化浆液在坝体中进行灌浆防渗，已灌浆段的土体渗透系数较未灌浆段土体的渗透系数降低了3～4个数量级，灌浆防渗效果非常明显，且施工方便、简单。

（9）特种黏土固化浆液成本不到现行普通水泥浆液的材料成本的1/3，具有良好的经济性。

（10）采用特种黏土固化浆液进行地层注浆加固，不会造成土壤及地下水、地表水的任何环境污染，具有良好的环保性。

综上所述，特种黏土固化浆液具有多项良好技术性能，优于现行普通水泥浆液、水泥黏土浆液等，经济性好、对环境无污染性，作为新一代黏土系注浆材料，能有效地解决注浆工程中产生的诸多问题，建议在江西省水利堤坝防渗加固工程中进行推广应用。

参考文献：

[1] 张景秀．坝基防渗及灌浆技术［M］．2版．北京：中国水利水电出版社，2002.

[2] 中华人民共和国国家经济贸易委员会．DL/T 5148—2001水工建筑物水泥灌浆施工技术规范［S］．北京：中国电力出版社，2002.

[3] 中国水利水电科学研究院，南京水利科学研究院．SL 352—2006水工混凝土试验规程［S］．北京：中国水利水电出版社，2006.

射水造墙工程质量钻孔取芯检测方法浅析

周永门[1,2]，彭志毅[3]

1. 河海大学水电学院；2. 江西省水利科学研究院；

3. 江西省安福县社上水库管理局

摘　要： 通过赣抚大堤加固配套工程射水造墙工程质量检测实践，提出了钻孔取芯检测方法的技术要点。

关键词： 赣抚大堤；射水造墙；钻孔取芯；质量检测

1　概述

赣抚大堤加固配套工程于 2000 年 1 月开工，至 2007 年 11 月工程陆续完工。工程主要项目有：堤基（身）防渗工程（包括射水造墙、深层搅拌）、堤身填（砌）筑工程（包括土方加高培厚、防浪墙和防洪墙浇筑）、护坡（岸）工程（包括混凝土护坡、干砌石护坡、抛石固脚等）、压浸平台工程、穿堤建筑物拆除重建及堤顶公路工程等。其中赣东大堤的新干段、樟树段、丰城段、南昌县段，抚西大堤的南昌县段，以及稂洲堤等 6 个堤段均有射水造混凝土防渗墙，总长 45972m，共分 18 个标段实施。

根据《堤防工程施工质量评定与验收规程》（试行）（SL 239—1999）的有关规定，工程竣工验收前，项目法人应对工程质量进行一次抽检。受项目法人的委托，江西省水利厅基本建设工程质量检测中心站对赣抚大堤加固配套工程进行验收前工程质量抽检。本文就射水造墙的工程质量检测谈几点体会。

2　射水造墙的检测方法

《射水法建造混凝土防渗墙施工技术规范》（DB 35/T538—2004）中规定，混凝土防渗墙的墙身质量检查应在成墙一个月后进行。检查的内容包括墙身的均匀性、墙段接缝以及可能存在的缺陷。检查的方法主要采用开挖检查，必要时也可采用钻孔取芯或其他无损检测等。《水电水利工程混凝土防渗墙施工规范》（DJ/T 5199—2004）中规定，混凝土防渗墙墙体质量检查应在成墙后 28d 进行，检查内容为墙体的物理力学指标、墙段接缝和可能存在的缺陷。检查可采用钻孔取芯、注水试验或其他检测等方法。

开挖检查、钻孔取芯和注水试验等检查方法的要求和目的：

（1）开挖检查。沿防渗墙轴线紧挨墙体背水侧布置若干检查坑，检查坑的开挖尺寸一

本文发表于 2008 年。

般为长 10m、宽 2m、深 3m。查看露出的墙体表面外观质量，有无蜂窝、探头和空洞现象，以及相邻墙体连接是否紧密均匀等。

（2）钻孔取芯。一般在墙体超过 28d 龄期后，对防渗墙墙体进行钻孔取芯，在钻孔的中部和底部（对应墙体的中段和底部）取样。一方面检查芯样中是否有裂缝、夹泥、混浆等质量问题；另一方面检测其渗透系数、抗压强度等是否符合设计要求。

（3）注水试验。根据要求，选择适当地点开挖试坑进行注水试验，以检查渗透系数是否满足设计要求。

根据检测委托协议的要求，赣抚大堤加固配套工程射水造墙检测的内容主要是墙体的渗透系数和抗压强度。因此本次射水造墙质量选用钻孔取芯法检测。

2.1 钻孔设备选择

由于射水造墙是按 C20 配合比拌制混凝土，成墙强度较大，据此，我们选用的钻孔设备为 100 型液压式高速回转钻机和金刚石钻头。

2.2 钻具选择

在地质钻探工作中，金刚石钻进用单动双管钻具能有效地保证岩矿芯采取率、提高钻进效率、延长钻头寿命、降低金刚石消耗，从而达到降低钻探成本的目的。因此选用单动双管钻具，以保证芯样完整、准确如实地反映墙体质量，节约钻孔取芯成本。

2.3 钻头直径选择

水利水电工程地质钻探，一般采用 ϕ91mm 钻头开孔、以 ϕ75mm 钻头穿透破碎带、ϕ59mm 钻头终孔。对于射水造墙墙体，采用 ϕ91mm 钻头钻进取芯，能保证获取芯样及观察到墙体介质的均匀性。

2.4 循环液选择

地质钻探中清水钻进的优点：易于取得而且便宜，黏度小，冲洗孔底时易成涡流，冲洗效果好，冷却能力强，比重低，有较高的机械钻速。缺点：在孔内循环过程中渗入地层量大，对于许多地层，易引起地层的膨胀、分散、坍塌或掉块；在水的冲蚀作用下，一些岩层易被冲蚀和溶解；循环停止时对孔内岩屑无悬浮能力。一般用于地层压力不大的稳定地层和非冲蚀岩层。混凝土钻进采用清水做循环液比较合适。

3 射水造墙的检测过程

钻孔取芯检测流程包括三个工序，即准备工序、钻孔工序和室内试验。

准备工序包括：确定检测部位，清平场地，剥离墙顶覆盖土层，找出混凝土墙的轴线；开挖循环池（沟），配置抽水电源。

钻孔工序包括：钻机就位，定位找平。用水平尺纵横两方向校准水平，以确定垂直度；启动钻机、钻取芯样。通过水平尺和吊线校正钻进时钻杆的垂直度，以保证钻进时不偏出混凝土墙体；采取混凝土芯样并做好芯样描述、记录、拍照；选取对应混凝土墙体中段和底部的混凝土芯样，送室内试验室。

室内试验：将选取的混凝土芯样切割加工，分别进行抗渗系数、抗压强度试验。每组抗渗系数试验需加工 6 个混凝土芯样，每组抗压强度试验需加工 3 个混凝土芯样。芯样加工及试验操作应符合有关规程、规范的要求。

4 检测成果

对射水造墙18个标段的施工质量均采取了钻孔取芯方法检测，其中芯样渗透系数检测45组，抗压强度检测52组。每标段抗渗、抗压试验均在2组以上。防渗墙平均每公里墙长渗透系数检测达0.98组、抗压强度检测达1.13组。检测频次合适。

45组混凝土芯样的渗透系数均小于设计值，满足设计要求；52组混凝土芯样的抗压强度有51组均大于设计值（10MPa），满足设计要求，仅有1组（桩号58+400.00，丰4-1标）渗透系数虽然满足设计要求，但抗压强度为5.2MPa，小于设计值。经水利部长江科学院工程质量检测中心在桩号58+400.00附近再一次抽检，认为：墙体混凝土连续，但混凝土骨料分布不很均匀，抗压强度满足设计要求。

5 结语

钻孔取芯检测表明：赣抚大堤射水造混凝土防渗墙，墙体连续性较好，芯样质重、完整，墙体抗渗系数和抗压强度均能满足设计要求。实施了射水造墙防渗工程的堤段，在近年的运行中未发现险情。可见，实际运行情况与钻孔取芯的检测结论是相吻合的，采取钻孔取芯方法检测能客观地反映工程质量。

采取钻孔取芯方法检测的要点是钻具选择和垂直度控制。为保证芯样完整、提高取芯率、准确如实反映墙体质量，应采用单动双管钻具。垂直度偏差过大，容易造成钻孔偏出墙体，从而无法判断墙体的质量。

参考文献：

[1] 黄志鹏，余强，董建军，等．射水法[M]．北京：中国水利水电出版社，2006.

土粒密度试验的图算法

谢海洋，刘祖斌，游文荪，张丽珍

江西省水利科学研究所

摘　要： 根据土工试验中颗粒密度试验计算的相关公式，制作出相应的诺模图算法，从而大大简化了计算工作，并保证了成果精度要求。

关键词： 颗粒密度；图算法；精度

1　概述

在土工试验中，土的颗粒密度（指土体内固体颗粒单位体积的质量）、土壤的密度（是指土的单位体积的质量）和含水量，往往被称为土壤的3项基本物理指标。通常是用试验的方法测定它们的数值后，就可以利用相关公式，通过计算求得土壤的孔隙度、孔隙比、饱和度以及含气率等其他指标。

本文根据颗粒密度试验计算的相关公式，制成相应的诺模图，提出用图算法快速地求得试验计算成果，并保证了试验规程所要求的精度标准。

2　理论依据

图1是比重瓶加水加土和瓶加水至一定体积的示意图。为了明显起见，将壶形比重瓶定为等径圆柱形。

如以 m_p 代表瓶的质量，则瓶、土、水总质量为 m_1，瓶、水总质量为 m_2，干土质量为 m_s，$V_{\omega T}$ 为水的体积，V_s 为土粒体积，$\rho_{\omega T}$ 为 T℃时水的密度，ρ_s 为土粒密度。则有：

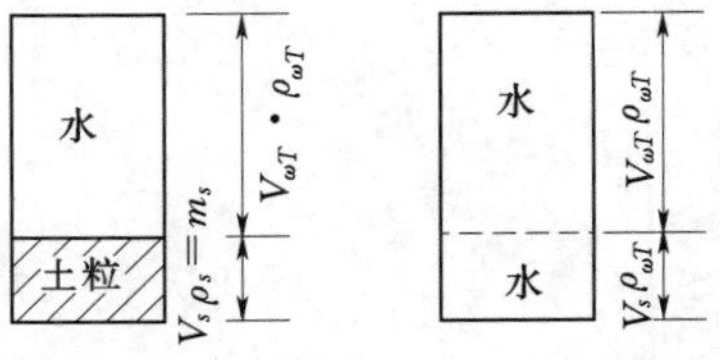

图1　体积示意图

$$m_1=m_p+V_{\omega T}\cdot\rho_{\omega T}+V_s\cdot\rho_s \tag{1}$$

$$m_2=m_p+V_{\omega T}\cdot\rho_{\omega T}+V_s\cdot\rho_{\omega T} \tag{2}$$

式（1）－式（2）得：

$$m=m_1-m_2=V_s\cdot(\rho_s-\rho_{\omega T})=\frac{m_s}{\rho_s}\cdot(\rho_s-\rho_{\omega T})=m_s-\frac{m_s\cdot\rho_{\omega T}}{\rho_s}$$

本文发表于1997年。

所以

$$\rho_s=\frac{m_s\cdot\rho_{\omega T}}{m_s-m} \tag{3}$$

如果固定干土质量 $m_s=15$g 或 12g（依规程容量 100mL 的比重瓶取干土质量 15g，若用容量 50mL 的比重瓶取干土质量 12g），则式（3）变为：

$$15-m=\frac{15\cdot\rho_{\omega T}}{\rho_s}\text{或}\ 12-m=\frac{12\cdot\rho_{\omega T}}{\rho_s} \tag{4}$$

令

$$X=\begin{cases}15\rho_{\omega T}\\12\rho_{\omega T}\end{cases}、Y=\rho_s、Z=\begin{cases}15-m\\12-m\end{cases}$$

则

$$Z=\frac{X}{Y} \tag{5}$$

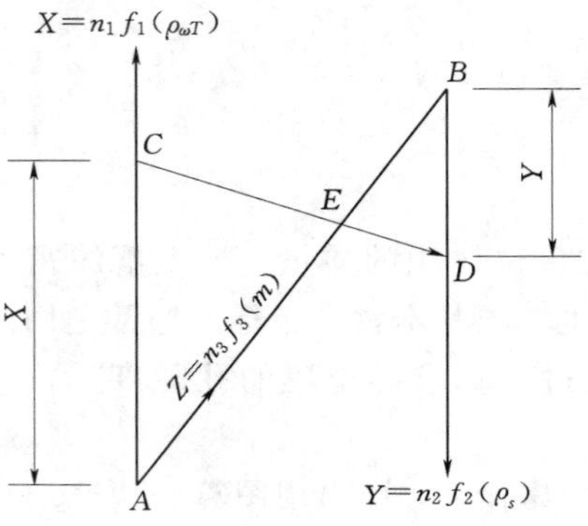

图 2　图算列线图

作列线图如图 2 所示，A、B 为二平行图尺的零点，AB 为对角线，CD 为指线。在三角形 ACE、BDE 中，由相似比例关系可得：

$$\frac{X}{Y}=\frac{AE}{BE}=\frac{Z}{K-Z} \tag{6}$$

式中：K 为 AB 对角线的长度。

如 AX 轴上载有 $\rho_{\omega T}$ 的图尺，BY 轴上载有 ρ_s 的图尺，AB 对角线上载有 m 的图尺，其方程式分别为

$$X=n_1f_1(\rho_{\omega T})$$
$$Y=n_2f_2(\rho_s)$$
$$Z=n_3f_3(m)$$

式中：n_1、n_2、n_3 分别为各图尺的比例。

代入式（6），并指定

$$\frac{n_1}{n_2\cdot n_3}=\frac{1}{K-n_3\cdot f_3(m)} \tag{7}$$

得

$$\frac{f_1(\rho_{\omega T})}{f_2(\rho_s)}=f_3(m) \tag{8}$$

又 $n_3=\dfrac{Z}{f_3\ (m)}$，代入式（7），得

得

$$Z=\frac{K\cdot n_1\cdot f_3(m)}{n_2+n_1\cdot f_3(m)} \tag{9}$$

综合以上论述以及数学表达式，可以作出颗粒密度试验的诺模图。

3　作图实例

以试样干土质量固定为 $m_s=15g$ 为例，设 AX 、BY 为二平行图尺，间距为 11cm，分别载有 n_1f_1（$\rho_{\omega T}$）、n_2f_2（ρ_s），图尺比例为 $n_1=100$，$n_2=25$。AB 对角线长 $K=\sqrt{(1500+60)^2+11^2}=1560.04$cm，$AB$ 线载有 Z 图尺，其方程为：

$$Z=\frac{Kn_1f_3(m)}{n_2+n_1f_3(m)}$$

$$=\frac{1560.04\times100\times(15-m)}{25+100\times(15-m)}$$

$$=\frac{2340060-15604m}{1525-100m}$$，计算值见表 1。

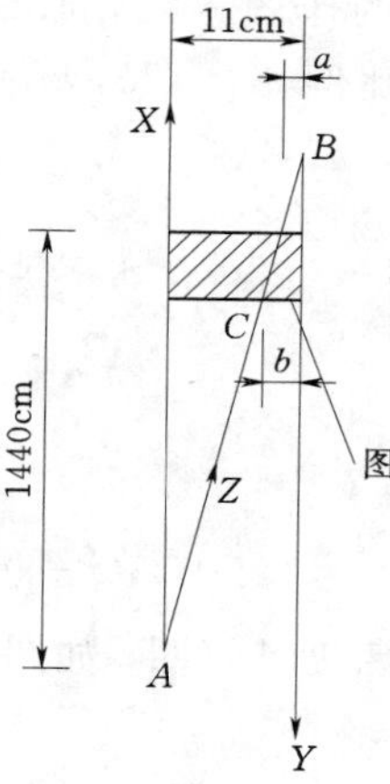

固定试样干土质量为 15g 时的列线示意图（见图 3）。

$$K=\overline{AB}=\sqrt{(1500+60)^2+11^2}=1560.04\text{cm}$$

$$\frac{a}{60}=\frac{11}{1500+60}$$

所以 $a=0.423\text{cm}$

$$\frac{b}{71}=\frac{11}{1500+60}$$

所以 $b=0.501\text{cm}$

$$\overline{AC}=\sqrt{(1500-11)^2+(11-0.501)^2}=1489.04\text{cm}$$

图 3　图算示意图

表 1　　**m—Z 关系计算表**

m /g	Z /cm	m /g	Z /cm	m /g	Z /cm	m /g	Z /cm
8.75	1500.04	9.00	1497.64	9.25	1495.04	9.50	1492.21
8.80	1499.57	9.05	1497.17	9.30	1494.49	9.55	1491.62
8.85	1499.10	9.10	1496.62	9.35	1493.94	9.60	1491.01
8.90	1498.62	9.15	1496.10	9.40	1493.37	9.65	1490.40
8.95	1498.13	9.20	1495.58	9.45	1492.80	9.70	1489.77

根据以上给定的条件和计算数据，AX 图尺按 $100\times15\rho_{\omega T}$ 标记水温 T(℃) 的数值，BY 图尺按 $25\rho_s$ 标记土粒密度的数值，AB 线按表 1 所列数据标记 m 的数值（g）。至此，诺模图全部完成（见图 4）。

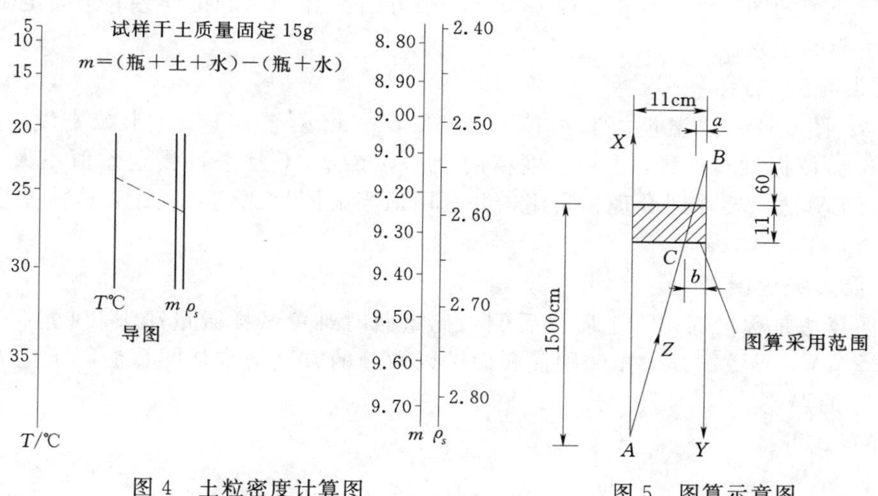

图 4　土粒密度计算图　　　　图 5　图算示意图

以同样的作图方法，取试样干土质量固定为 $m_s=12\text{g}$，AX、BY 两平行尺间距为 11cm，图尺比例 $n_1=120$，$n_2=25$，则固定试样干土质量 12g 列线示意图（见图 5）。

$$K=AB=\sqrt{(1440+60)^2+11^2}=1500.04$$

$$\frac{a}{60}=\frac{11}{1440+60}\quad a=0.44$$

$$\frac{b}{71}=\frac{11}{1440+60}\quad b=0.52$$

$$\overline{AC}=\sqrt{(1440-11)^2+(11-0.52)^2}=1429.04$$

故土粒密度计算图，如图 6 所示。

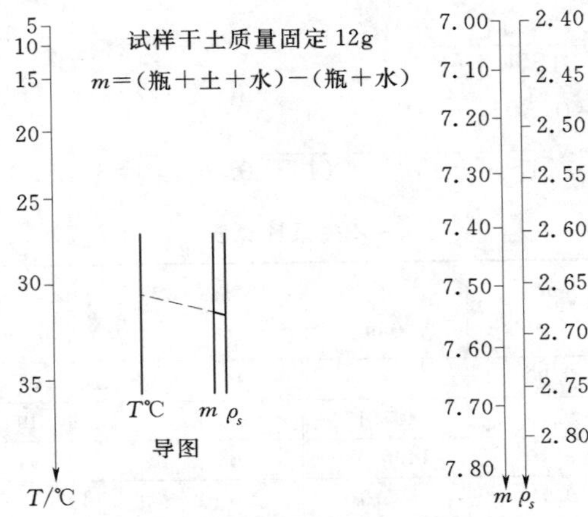

图 6　土粒密度计算图

4　精度探讨

本文所介绍的图算法，主要的误差包括两个方面：[1] 作图引起的误差；④固定干土质量称量失重引起的误差。

4.1　作图误差

如图 4、图 6 所示，温度 T℃ 可读至 0.5℃，m 可读至 0.01g，土粒密度 ρ_s 可读至 0.005g/cm^3。依据试验规程，土粒密度精确至 0.01g/cm^3，且平行测定差值不大于 0.02，由此可见，图算法只要作图合理、实用，并选用适当的图尺比例和间距，其精度是能满足要求的。

4.2　干土质量失重误差

由于图算法是称量固定干土质量后倒入比重瓶时难免试样微量遗失和吸潮（特别是南方多雨季节），导致试样失重。因而我们试以微分的方法来推估图算法因干土失重导致土粒密度 ρ_s 的误差。

由（3）式得：

$$d\rho_s=\frac{m_s\rho_{\omega T}}{(m_s-m)^2}dm=\frac{m_s\rho_{\omega T}}{(m_s-m)^2}\left(1-\frac{\rho_{\omega T}}{\rho_s}\right)dm_s \tag{10}$$

现将有关数据计算如表 2（表中 $dm_s=-0.01g$）。

表 2　　因干土失重引起土粒密度的误差估算表

干土质量 m_s/g	$m=m_1-m_2$	温度 T 及水的密度 $\rho_{\omega T}$/(g·cm^{-3})	土粒密度 $\rho_s=\frac{ms\cdot\rho_{\omega T}}{m_s-m}$ /(g·cm^{-3})	土粒密度误差值 $d\rho_s=\frac{m_s\cdot\rho_{\omega T}}{(m_s-m)^2}\left(1-\frac{\rho_{\omega T}}{\rho_s}\right)\cdot dm_s$
12.000	7.000	$T=5$℃ $\rho_{\omega T}=0.9999919$	2.400	−0.0028
		$T=35$℃ $\rho_{\omega T}=0.9940594$	2.386	−0.0028
15.000	7.800	$T=5$℃	2.857	−0.0044
		$T=35$℃	2.840	−0.0044
	8.800	$T=5$℃	2.419	−0.0023
		$T=35$℃	2.405	−0.0023
	9.700	$T=5$℃	2.830	−0.0034
		$T=35$℃	2.813	−0.0034

我们曾对 35 个土样进行试验计算对比，试验时干土质量固定 12g，土粒密度变化范围为 2.63～2.80g/cm^3，试样失重为 0.003～0.045g，平均失重 0.027g，图算法与规程规定计算法对比，有 11 个试样（占试样总数 31.4%）两者土粒密度成果完全吻合，有 20 个试样（占试样总数 57.1%）图算法误差值为－0.01g/cm，有 4 个试样（占试样总数 11.4%）误差值为 0.02g/cm^3，详见表 3。

另据江西省水利科学研究所 20 世纪 50 年代末的资料：在 60 多个试样中，比重瓶中实际干土质量均少于固定质量 15g，其误差最小值为－0.009g（少数），最大值为－0.038g（个别），平均值为－0.013g，多数为 0.01～0.02g。图算法土粒密度误差值多小于 0.01g/cm^3，个别达到 0.013g/cm^3。

为了进一步提高图算精度。我们将试样增重至 12.015g（或 15.015g），其中 0.015g 作为土粒散失和吸潮减重损失。并经 40 个试样试验验证，其图算成果几乎全部与规程规定的计算法一致。

表 3　　图算法与规程规定计算法成果对比

试样个数 /个	土粒密度变化范围 /(g·cm^{-2})	试样失重 /g	土粒密度图算法的误差值 /(g·cm^{-3})
3	2.70	0.003～0.009	0～－0.01
8	2.67～2.75	0.011～0.017	0～－0.01
7	2.63～2.72	0.020～0.029	0～－0.01
10	2.68～2.78	0.030～0.037	0～－0.02
7	2.64～2.80	0.040～0.045	0～－ 0.02

5 结语

(1) 提出的方法，计算简捷，精度可靠，不需特制的计算工具，只要复制数张列线图。唯在试验过程中，要求固定试样恒重，称量工作较繁杂。

(2) 因试样失重而引起土粒密度成果的误差虽不大，但我们提出加重（0.015g）措施，可供各地因地制宜参考，这将使图算成果更趋准确。

大塅水电站溢流坝段混凝土徐变试验研究

王淑敏

江西省水利科学研究所

摘　要： 本文在试验基础上对大塅溢流坝段混凝土的徐变、弹性模数、瞬时弹性变形、松弛系数、线膨胀系数进行了研究和探讨，并给出了弹性模数、徐变度及松弛系数计算公式，其试验研究成果可供溢流坝段进行应力分析之用。

关键词： 弹性模数；瞬时弹性变形；徐变度；相对徐变；松弛系数；线膨胀系数

1　引言

大塅水电站位于江西省修河，是修河梯级水电站的龙头电站。装机容量为 12800kW 保证出力 3030kW。主坝为浆砌石坝。

为了掌握溢流坝段 F_2 断层等部位在施工期间及运行过程中的实际应力情况，以达到校核设计和监护这些部位安全运行和科学研究的目的，在这些部位安装了量测变形的应变计等观测仪器。

为了配合原型观测的应力与计算，必须有实测的混凝土的徐变等资料。混凝土的徐变对混凝土及钢筋混凝土结构物的应力和变形状态有很大的影响。徐变变形比弹性变形大，有的可大 2～4 倍，因而能够改变静不定结构物的应力状态，特别是由于温度、干缩等变形所引起的应力。在某些情况下，徐变有利于防止结构物裂缝的形成，但在预应力结构物中徐变则引起预应力的损失。结构物弹性状态计算时，只反映荷载开始作用时结构的应力状态，如果不考虑徐变，就不能得到比较正确的设计。因此，考虑混凝土的徐变对结构物的有利和不利影响是十分必要的。

本试验研究在 1988 年 4 月由大塅工程指挥部委托并开始筹备工作，1988 年 9 月开始进行 150# 混凝土徐变试验，持荷时间为一年。

2　试验情况

2.1　试验材料

采用江西宜春地区袁州水泥厂的普通水泥，出厂标号 425#，施工单位定为 325#，水泥比重为 3.0g/cm³。骨料产地为大塅工地的猴弯。实测砂料细度模数为 2.82（中砂），片

参加本试验人员还有：刘越、熊春华；电算部分是王玢。

本文发表于 1992 年。

状多。石料为卵石，针片状多，5～20mm级石料超径较多，为34.1%，逊径为0.5%，20～40mm级石料全部过标准筛处理合格后方使用。

2.2 混凝土配合比

5～20mm及20～40mm粒径骨料各占50%比例，成型时配合比均按超逊径作了调整。配合比见表1。

表1 混凝土配合比

级配	设计要求 R_{28}	配合比参数			每立方米材料用量/(kg·m^{-3})						坍落度/cm
		W/C	W/kg	S/%	水	水泥	河砂	卵石/mm 5～20	卵石/mm 20～40	引气剂	
二级	150	0.45	154	29	154	342	535	665	665	0.57	4～7

注 表内数据及试验所用材料由大塅指挥部提供。

2.3 混凝土试验

本徐变试验龄期为7d、28d、90d、180d、360d，每个加荷龄期均成型一组（3块）加荷试件，并成型二组（5块）对比试件共用，试件尺寸为ϕ20cm×60cm。每组试件均成型一组混凝土抗压试件，尺寸为15cm×15cm×15cm。成型、养护和试验观测均按照《水工混凝土试验规程》（SD 105—82）中有关规定进行。

2.4 主要试验条件

2.4.1 温湿度情况

试验在室温度20±4℃，相对湿度80%～100%的情况下进行。

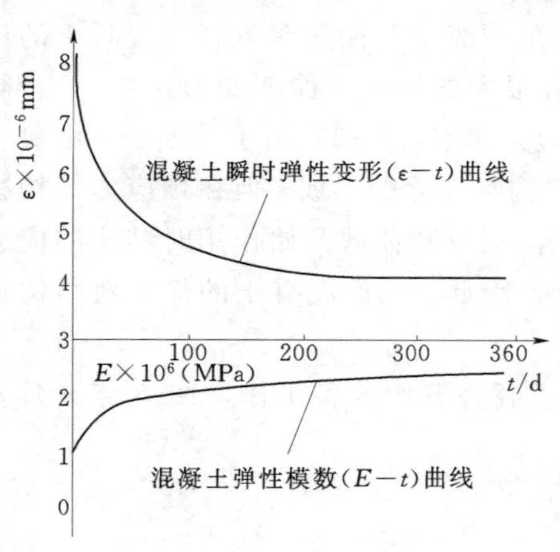

图1 混凝土弹性模数及瞬时弹性变形曲线

2.4.2 加荷设备

试验采用仪器是三轴单向弹簧式180kN压力徐变机。调荷设备采用320kN备有0.35级压力表的油压千斤顶，由手工操作进行。

2.4.3 观测设备

在混凝土试件内纵向埋设S—250型应变计一只，观测采用SBQ—2型水工比例电桥。

3 试验结果

3.1 混凝土的力学性能

混凝土的抗压强度值见表2。在徐变试件上求得的弹性模数值及瞬时弹性变形见图1。

表2 混凝土抗压强度

试验编号	抗压强度/MPa				
	7d	28d	90d	180d	360d
塅150	9.84	16.0	21.9	23.0	26.1

3.2　混凝土线膨胀系数

混凝土线膨胀系数见表 3。

表 3　　　　混凝土线膨胀系数

仪器编号	温度性质	初始	最大	温差	变形 $\varepsilon\times10^{-5}$/℃	系数 X_C /($\times10^{-6}$/℃)	平均 X_C /($\times10^{-6}$/℃)
		T/℃	T/℃	ΔT/℃			
77626	升温	17.2	56.9	39.7	448.61	11.3	11.11
77381	升温	17.4	57.2	39.8	449.70	11.3	
77025	升温	17.1	57.0	39.9	427.56	10.72	

3.3　徐变度试验值

当应力保持不变时，应变随着时间的延长而有所增加，这种现象称为混凝土的徐变。试验成果见图 2。

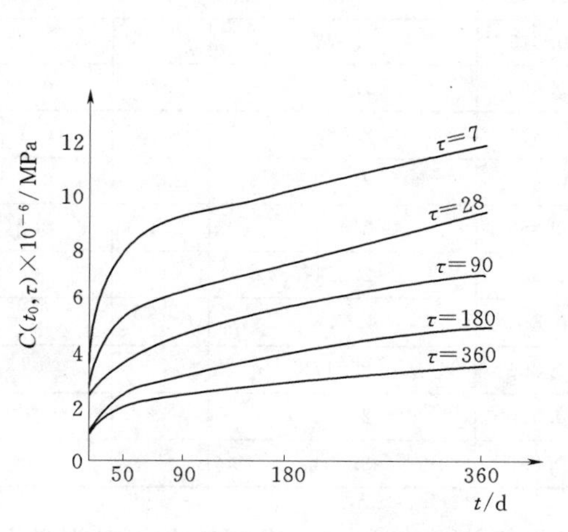

图 2　混凝土徐变度曲线（试验值）

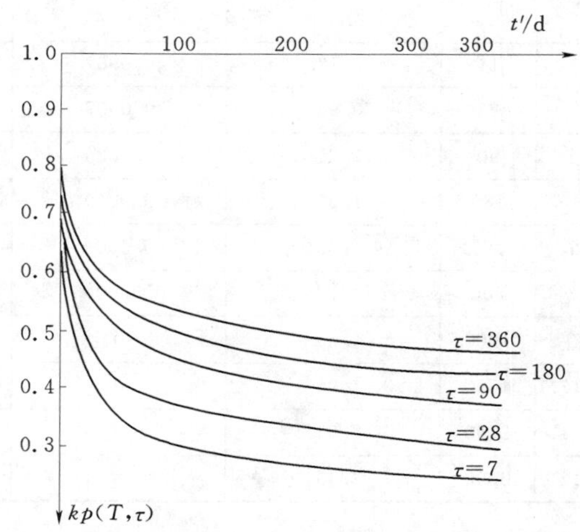

图 3　混凝土应力松弛系数（kp（t，τ）—t'）曲线

3.4　混凝土应力松弛系数

混凝土应力松弛系数结果见图 3 混凝土应力松弛系数（kp（t，τ）—t'）曲线。

4　成果分析

4.1　混凝土弹性模数

混凝土的弹性模数是随着混凝土的强度增长而增加的，而弹性变形则随着混凝土强度的增长而减少（见图 1）。混凝土的弹性模数不但随着强度增长而增长，而且遵循着几乎与混凝土强度的平方根成正比的规律。各龄期的比值（$\sqrt{R}/E$）基本为一个常数，与一般混凝土的变化规律相符合，从表 4 中可见各龄期的比值与平均值的差是很小的。

表 4　　各龄期$\sqrt{R}/E$比值（$\times 10^{-4}$）

龄期/d	7	28	90	180	360	平均值
$\sqrt{R}/E$	2.225	2.312	2.272	2.067	2.138	2.203

为了便于电算和在原型观测分析中的应用，根据弹性模数的试验值，推导了弹性模数的函数表达式如下：

$$E(\tau)=\frac{0.085\tau^{0.9}}{0.1\tau^{0.9}+[0.008e^{-0.01\tau/0.81}]}+0.269\ln(\tau+1) \tag{1}$$

式中：τ为设计加荷龄期，d；$E(\tau)$为任意龄期的弹性模数（$\times 10^4$MPa）；利用式（1）推导出弹性模数，见表 5。

表 5　　弹性模数试验值与按（1）式计算比较　　$\times 10^4$MPa

n	τ	$0.269\ln(\tau+1)$	$0.008e^{-0.01\tau\frac{1}{0.81}}$	$B(\tau)$	$E_{计}$ $B(\tau)+0.269\ln(\tau+1)$	$E_{试}$	相对误差/%
1	3	0.373	0.0077	0.826	1.199		
2	7	0.559	0.0073	0.839	1.398	1.41	0.9
3	14	0.728	0.0067	0.845	1.573		
4	28	0.906	0.0057	0.848	1.754	1.75	0.2
5	90	1.213	0.0026	0.850	2.063	2.06	0.1
6	180	1.398	0.0009	0.850	2.248	2.24	0.4
7	360	1.584	0.0009	0.850	2.434	2.43	0.2
8	600	1.721	0.000005	0.850	2.571		
9	1000	1.858	0	0.850	2.708		
10	1500	1.967	0	0.850	2.817		
11	2000	2.045	0	0.850	2.895		
12	3000	2.154	0	0.850	3.004		

从表 5 中可见，用公式计算和实测一年试验值相差非常小，其中最大相对误差只有 0.9%，说明式（1）精度是相当高的。

4.2　混凝土徐变与加荷龄期关系

混凝土徐变随着加荷龄期的增长而减小。在早龄期由于水泥水化正在进行，强度很低，故早龄期徐变较大。随着龄期的增长水泥不断水化，强度不断提高，故晚龄期的徐变较小。也就是说徐变与加荷龄期成递减函数关系。若以 28d 龄期加荷，持荷 360d 的徐变为标准，各龄期相对徐变见表 6。

表 6　　相对徐变与龄期关系（持荷 360d）

试验编号	加荷龄期/d				
	7	28	90	180	360
墩 150	1.28	1.00	0.76	0.56	0.41

4.3 混凝土徐变与持荷时间的关系

混凝土徐变随着持荷时间的增长而增大，但徐变速率随持荷时间的增长而降低。若以360d为基准（加荷龄期28d），各持荷时间的相对徐变见表7。

表7 相对徐变与持荷时间关系

试验编号	持荷时间/d					
	7	30	60	120	180	360
墩150	0.40	0.59	0.65	0.75	0.82	1.00

4.4 混凝土徐变与强度关系

试验证明，混凝土徐变与加荷时的强度有着密切的关系。一般情况下，混凝土的强度越高其徐变变形越小，强度低其徐变变形大。也就是说混凝土徐变与强度呈反比关系。

4.5 混凝土徐变与加荷荷载关系

加荷荷载与变形成正比的规律，即荷载大变形大。在试验中各龄期的徐变加荷荷载应尽量按同一百分比为加荷标准，本试验加荷百分数见表8。

表8 徐变试验加荷百分数

龄期/d	7	28	90	180	360
加荷百分数/%	30.3	30.0	29.9	30.1	29.6

从表8中可见加荷荷载百分数最大差0.7%，百分数很接近，均在30%左右，因此能得到相应一致的徐变曲线。

4.6 混凝土徐变度

$$c(t,'\tau)=10^{-5}\times\left[\frac{2.778\times10^{4}}{E(\tau)}-4.722\times10^{-3}\right]\left[151\ln(t'+1)+\frac{133(28-\tau)}{\tau+50}\right.$$
$$\times\sin0.438\ln(t',+1)-\frac{550t'\tau^{-\frac{1}{2}}}{320+(t'-4t'^{2.616\times10^{-7}})}+0.99^{\frac{1}{t}}\frac{33.5(t'+120)}{(t'-1.5)^{2}+121}$$
$$\left.\times\left(1+\frac{11.7}{\tau^{2}}\right)\right] \tag{2}$$

式中：t'为持荷时间，即$t-\tau$，d；τ为加荷时混凝土的龄期，d；$E(\tau)$为任意龄期的弹性模数，$\times10^{4}$MPa；$c(t',\tau)$为单位应力作用下产生的徐变，称为徐变度，$\times10^{-5}$/MPa。

本试验采用李承木同志提出的公式（2），利用此公式推算长期荷载下的混凝土徐变，精度较高，通过长期试验所得数据的检验，证明理论公式与试验是一致的，可在应力分析计算中应用。

4.7 应力松弛系救

混凝土结构物在荷载作用下，如果保持变形不变，则由于徐变的作用，应力将逐渐减小，这种现象称为应力松弛。应力松弛系数是指任意时刻应力与初始应力之比。用$k_p(t,\tau)$表示，$k_p(t,\tau)$越小，混凝土的应力松弛越大。

本试验混凝土应力松弛系数是用鲍罗克斯（BrooRS，J.J.）和内维尔（NeuiLLe，A.M）提出的经验公式（3）。对于最初期（持荷在1d之内）所得值有较明显误差，但该式相关性好，相关系数 γ 值为 0.97，高度显著，所以对其余推算值在工程应用范围内可以信赖。

$$k_p(t,\tau)=e^{-(0.09+0.686\varphi)} \tag{3}$$

其中

$$\varphi=c(t',\tau)\cdot E(\tau)$$

式中：$k_p(t,\tau)$ 为徐变系数。

由图 3 可见，混凝土的应力松弛系数随加荷龄期的增长而增加，随持荷时间的增长而减少。由于应力是连续减小的，因此松弛系数比徐变快。

4.8 电算成果说明

混凝土徐变观测资料有一年，为了满足原型观测和应力分析中徐变及松弛系数的需要，我们利用上述的弹性模数，徐变度及应力松弛系数推算公式，电算出 80 个龄期，每个龄期有 80 个持荷时间，每个加荷龄期持续时间为 2000d 的徐变及松弛系数，结果见电算成果附本（本文略）。

4.9 混凝土的线膨胀系数

混凝土的线膨胀系数，就是温度每变化 1℃相应的混凝土的变形量。线膨胀系数与水泥和骨料用量有关，水泥用量多，线膨胀系数一般较大，骨料用量多，线膨胀系数小。

本试验采用试件内埋设 S—250 型应变计，SBQ—2 型水工比例电桥观测。试件养护时间为 1 年，试验是在大恒温水箱中进行，试验时起始温度 17℃左右，最高温度 60℃左右，试验方法按《水工混凝土试验规程》（SD 105—82）进行。试验结果线膨胀系数为 11.11×10^{-6}/℃，普通混凝土的线膨胀系数为 10×10^{-6}/℃左右，变化范围大约是 $6\sim13\times10^{-6}$/℃，试验结果与一般规律符合。

5 结语

（1）混凝土瞬时弹性模数、瞬时弹性变形、徐变度、松弛系数及线膨胀系数等成果符合一般变化规律，可供大塅大坝 F_2 断层等部位原型观测的应力分析中应用。

（2）弹性模数推算式（1）、徐变度推算式（2）及松弛系数推算式（3），可用于计算大塅后断层等部位混凝土的任意龄期的弹性模数、徐变度和松弛系数。

（3）本所提供的徐变度均已换算成工地原型混凝土的徐变度值。

参考文献：

[1] 李承木，等．长期荷载下混凝土徐变度的性能研究及推算［J］．水电工程研究，1984，2.

[2] 惠荣炎，等．混凝土的徐变［M］．北京：中国铁道出版社，1988.

[3] 朱伯芳．水工混凝土结构物的温度应力与温度控制［M］．北京：水利出版社，1976.

[4] 水科院，等，译．混凝土的徐变问题［M］．北京：科学出版社，1962.

[5] 王淑敏．江西柘林水库主坝防渗混凝土徐变试验报告［R］．江西省水利科研所，1983.

室内岩石试验成果与岩体强度的相关性

黄幼民

江西省水利科学研究所

摘　要： 室内岩石力学试验和现场岩体的原型试验，是用以评价岩体强度的基本方法。本文在对具代表性的坚硬花岗岩、半坚硬大理岩和泥质灰岩强度试验成果资料分析归纳基础上，根据“岩石最低极限强度”理论，着重从岩石和岩体残余强度这一概念，去探讨岩体强度评价的新方法。提出了与岩体强度的评价关系密切的结构弱化系数的概念，同时通过对岩石试验强度和变形的莫尔应力分析，归纳并提出利用岩石和岩体结构弱化系数推算岩体强度的关系式，并推荐将此关系式用于工程岩体强度评价。

关键词： 试验；岩石；残余强度；弱化系数

1　引言

在对工程岩体强度及其稳定性评价中，所面临的最基本问题，仍然是如何预测各种复杂节理的岩体强度特性，并使所获结果具有可靠性。目前为国内外广泛采用的方法，多是通过室内岩块的三轴或单轴试验再结合现场原位静弹试验来对岩体强度进行评价。无疑，这类方法是最可靠的。但对于缺乏岩石露头，破裂严重的岩体，现场原位试验不仅成本高，有时甚至难以办到。笔者以为，如能将大型岩快试验强度特征值与小岩样试验强度值结合起来，对岩体强度进行综合评价，效果将会更理想。

2　主要依据

根据L· 穆勒的观点，“呈天然产状的断裂岩石的断块，是相对于破坏后某个阶段，由于大地构造力变形作用在最初抛出的样品。因此，在试验过程中，我们不妨把变形破坏后阶段的断裂岩样，看作是一个断裂模型，并通过模拟岩体形成和破坏过程，研究其力学特性。大量文献资料表明，这类过程是通过一台刚性材料试验机和一个三轴压力传感盒所组成的试验系统来实现的。这个系统能较完整地记录下岩石的全变形过程及其力学性质特征。

3　室内岩石试验成果与岩体强度的相关性

本文目的在于将部分具有代表意义的实例资料以探讨室内岩样试验成果与岩体强度的相关性，进而以此为基础探讨评价岩体强度的有效方法。

本文发表于1991年。

图1所示为不同侧限压力条件下，对现场制作的未扰动泥质灰岩（半坚硬未风化岩石）试件所做静载试验的应力—应变曲线。图中曲线簇的一个共同特征是：不论侧限压力如何变化，在该岩石破坏后的某一区间内，试件总具有一定的抗力稳定作用，这便是所谓“残余强度”的概念。

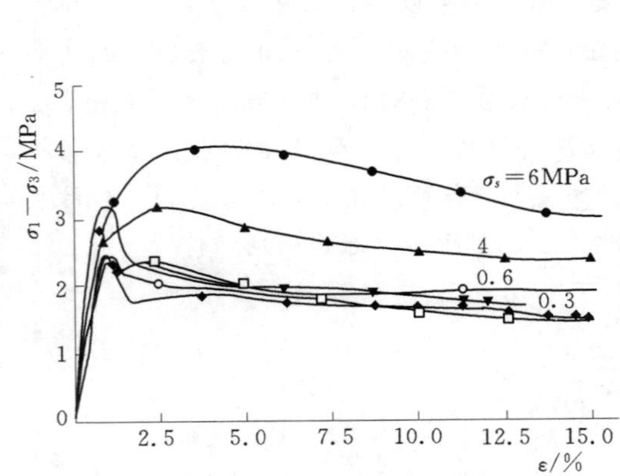

图1　未扰动泥质灰岩应力—应变曲线
（试件为 ϕ60mm，高径比为2.5∶1）

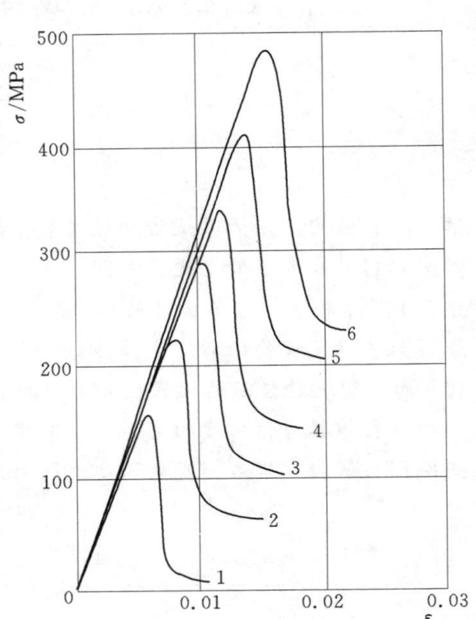

图2　花岗岩岩石应力—应变曲线
（试件尺寸：ϕ30mm×(60～65)mm）
1—$\sigma_r=0$；2—$\sigma_r=5$MPa；3—$\sigma_r=10$MPa；
4—$\sigma_r=20$MPa；5—$\sigma_r=30$MPa；6—$\sigma_r=40$MPa

图2为新鲜花岗岩（坚硬岩石）试件的应力—应变试验曲线，同样具有上述力学特性。这些曲线还反映出，即便是未经风化的同一岩性的岩石，达到峰值强度后，由于周向荷载（围压）的改变，其抗力值（残余强度）呈一定规律性变化，因此笔者以为，“残余强度”的概念对于具天然结构面的破裂岩体强度评价具重要意义，甚至可以用来作为一个评价岩体强度的重要参数。

Protopopov Ⅰ.Ⅰ等人通过原位试验成果分析，采用逆运算方法推测矿柱强度，在此基础上，将单轴应力状态下室内岩样的残余强度值与岩体强度评价值作对比，以此得出结论：在变形破坏后阶段，室内岩样的残余强度可以看作是未经风化岩体的最低极限强度（见表1）。

表1　室内岩样残余强度与岩体强度评价对比

岩性	单轴压力条件下坚硬岩样平均极限强度/MPa	单轴压力条件下坚硬岩样平均残余强度/MPa	单轴压力条件下岩体最低强度/MPa
花岗岩	158	5.10	4.90
大理岩	129	4.10	4.60

尽管表中岩体最低强度值是由试验结果分析和逆运算推定的，但它的意义在于，如果我们将室内岩样的平均单轴残余强度（用 R_r^0 表示）和平均单轴极限强度（用 R_u^0 表示）的比值（R_r^0/R_u^0）看作是岩石的结构弱化系数的话，同时就可以考虑存在一个岩体的结构弱化系数。不妨设岩体的结构弱化系数为“λ”，则“λ”可于工程最初设计阶段，通过现场大型岩块原型试验加以确定。如果考虑天然应力状态对岩体强度特征的影响，那么，由图 1 和图 2 可知，其岩样的结构弱化系数仍可用其单轴平均残余强度和单轴平均极限强度的比值（R_r^0/R_u^0）取代，这样便使问题更加简化。

笔者通过对部分岩石试验成果对比，在归纳、分析的基础上，依此提出一条在单轴或三轴应力状态下，评价岩体极限强度的经验关系曲线：

$$R_n=\frac{\lambda^2-R_r^0/R_u^0}{1-R_r^0/R_u^0}(R_u-R_r)+R_r$$

式中：R_n 为岩体极限强度；R_u 为岩样三轴（或单轴）应力状态下的极限强度；R_r 为岩样三轴（或单轴）应力状态下的残余强度；R_u^0 为岩样平均单轴极限强度；R_r^0 为岩样平均单轴残余强度；λ 为岩体结构弱化系数，可于工程初设阶段通过原型试验推定。

4 结语

图 3 所示为在利用图 2 的超出岩样极限强度的试验结果，采用上述关系式计算的基础上点绘的花岗岩极限包络线。

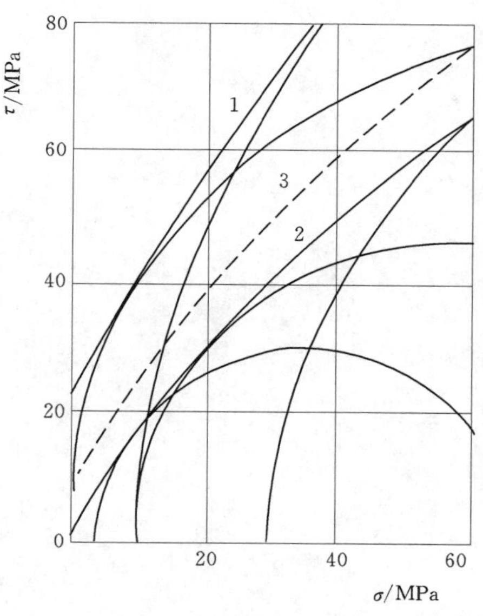

图 3 花岗岩极限包络线图

1—坚硬岩样包络线；2—残余强度包络线；3—推算岩体强度包络线

由图 3 可知，在三轴应力状态下，花岗岩的破坏遵循应力积累的规律，随着结构位移的增大，其内摩擦角的降低是明显的。因此，本文所涉及的评价岩体的方法，笔者认为是一个值得考虑的途径，企盼得到工程实践的检验，使之更加完善。

参考文献：

[1] 水利水电工程岩石试验规程（DLJ 204—81，SLJ 2—81）．北京：水利出版社，1982.

[2] 岩石脆性断裂机制．国际岩石力学和矿物科学，1967（4）．

[3] Profopopor I I，Pjskarev V K. Prognosie for rock mass dislocation on drill core for the assessment of stabiity of propecfing holes. Journal of Geotechnical Engineering，1981，No2（inEnglish）．

[4] 重庆建筑工程学院，同洛大学编．岩石力学．北京：建筑出版社，1979.

[5] 陶振宇，陆士强．高坝岩基的试验研究．北京：中国工业出版社，1985.

黏性土水平渗透变形初步研究*

赵淑敏

江西省水利科学研究所

摘　要：采用自制的有机玻璃水平渗透仪对黏性土渗透变形特征进行研究，重点探讨了影响黏性土抗渗强度的因素。试验表明：①黏性土的抗渗强度较高，工程中因为种种原因导致集中通道缩短了渗径，加大了局部坡降；②黏性土的渗透系数随时间变小，试验应连续进行，不宜间断，宜每一小时升高一级水头。

关键词：水平渗透变形；渗透系数；抗渗强度

1　引言

黏性土的渗透变形特性是水利工程技术中的一项重要研究课题。一方面，国内已建成的绝大多数土坝的防渗体是由黏性土建成，这些防渗体在渗流的作用下能否稳定，是土坝能否安全运用的关键。如江西省荷树峡水库、福建省梁山水库等土坝，由于分段施工的结合部位，有漏压的虚土区，水库蓄水后，下游出现集中渗漏，不久水色变浑，造成严重的险情；另一方面，黏性土渗透破坏和无黏性的砂类土有着明显不同的机理，它的破坏坡降基本不取决于其粒径组成情况，而是在极大程度上取决于它的黏土矿物成分、交换性阳离子数量和成分、孔隙流体的含盐浓度和成分等物理化学因素的影响，表现为其管涌性、依赖于各类土的分散性、渗透性、耐水性等水理性质[1]。由于上述原因，对黏性土的渗透破坏特性的研究还远没有达到砂类土那样规范化的程度。目前，不少有关单位结合具体工程，对黏性土的渗透破坏进行试验研究，但对黏性土渗透破坏的普遍规律，还研究得很不够。

江西省洪门水库，主坝为黏土心墙坝，最大坝高 35.8m，承受最大水头差约 27m。大坝建成蓄水后，一直存在漏水量较大和坝体浸润线偏高等问题。为切实查清心墙是否会发生渗透破坏，以便采取相应的加固处理措施，于 1981 年在心墙和下游坝壳开挖竖井，取坝体心墙原状土样进行了水平渗透变形试验。从心墙部位的两个检查竖井，均可看出防渗体有明显的分层现象。据竖井 1# 的描述，在从坝顶向下 12m 的深度范围内，明显的松黏土层有 7 层，厚度一般为 10cm，最厚的可达 20cm；2# 竖井在深度约 10m 处有一层未经压实的松黏土，厚度为 20～30cm。经分析认为心墙中松软黏土层和土层间明显的层面处是心墙抗渗的薄弱环节，存在着沿松软土层和层面发生渗透破坏的可能性。通过原状土样试验检查，心墙填土紧密程度相差很大，最大的干容重为 1.72g/cm^3，最小为 1.40g/cm^3，各

* 　本文由赵淑敏同志编写，试验及资料整理主要参加人员有赵淑敏、冯郭铭同志。

本文发表于 1984 年。

层的渗透系数相差可达百倍，水平与垂直方向的渗透系数相差更多。紧接心墙下游的坝壳，经开挖竖井检查，多是由未经压实的全风化料筑成，至今仍有架空现象，孔洞面积为 3～5cm^2，对心墙的渗透稳定也是很不利的因素。本研究通过六组（心墙）土样的水平渗透变形试验，为分析心墙渗透稳定提供了依据，同时对黏性土的渗透破坏特性有了些初步认识。

2 试验简述

2.1 试验仪器及土样安装

试验仪器为本所自制的有机玻璃水平渗透变形仪。仪器试验槽尺寸为 0.3m×0.3m×1.2m。试样段居中，上游段放卵石以滤气，试样四周用橡皮泥、重黏土等材料止水。仪器两侧是有机玻璃，并装有测压管，以便观察试样的变化和量测压力分布。仪器顶盖是活动的，并垫止水橡皮。试样上下游两端均设透水板。下游透水板的圆孔孔径为 10mm，孔净距 10mm，呈梅花形排列，以模拟下游坝壳架空现象。试样安装分直立和向下游倾斜的两种形式，倾斜坡度约为 10°（与垂直线夹角），便于在试验过程中观察土颗粒被带出的情况。上游水位靠悬吊式水箱调节和保持稳定。

试样置入仪器的同时做好三面止水。在平均坡降小于 1 的水头作用下，缓慢提高上游水位，使试样由下至上逐渐浸水排气饱和。当水位升到接近顶盖时，做好顶部止水，封闭顶盖，即可加压试验。试样饱和期历时 30d 左右，渗流量用容积法测定。

2.2 试验过程描述

2.2.1 原状土试验

（1）026 原状土（高程 96.90m）：为含砂黏质土（CHS），干容重 1.44g/cm^3，层面不清，比较松散，试样装入仪器后四周用重黏土止水，渗水面积 260cm^2，厚 12cm。在饱和过程中发现试样左下角 A_1 处有漏水迹象，在升高水头过程中有气泡逸出。当坡降增加到 5 时，经 5min 左右的时间，试样在 A_1 处即冒浑水，测压管水头下降，并在 A_1 处冲出孔洞，其最大直径为 1.5cm（参见图 1）。

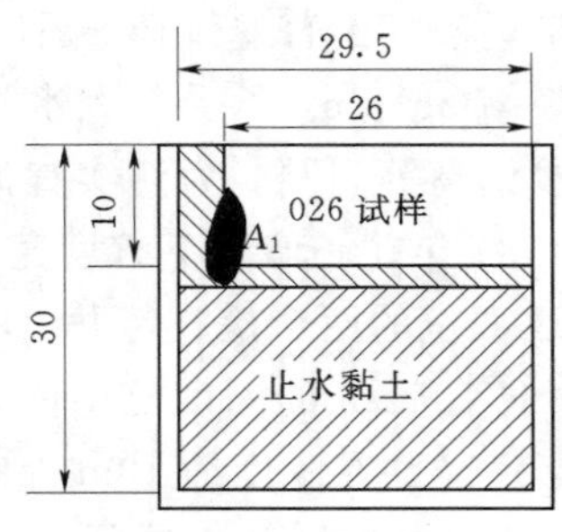

图 1 试样渗透破坏示意图一

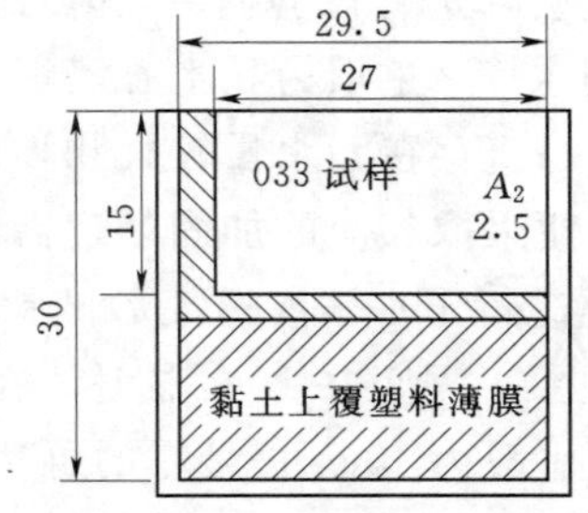

图 2 试样渗透破坏示意图二

（2）033 原状土（高程 91.70m）：为含黏质土砾（GC），干容重 1.65g/cm^3，层面不清。试样止水同前，并在原止水黏土上覆盖塑料薄膜。渗水面积 405cm^2，厚 10cm，在试验过程中有气泡逸出。当渗透破坏坡降 $J=13.01$ 时，开始在试样右下角 A_2 处（见图 2）有土带出（气泡逸出时带出的）。本试验持续时间最长，历时 9d，渗流量不易稳定，其 K

值变化很不规律，每升高一级水头，K 值突然增加，稳定一段时间后，K 值随时间而减少。当 $J=24.5$ 时，试样突然破坏（此值是估算出的，因仪器限制，水位测量不准）。

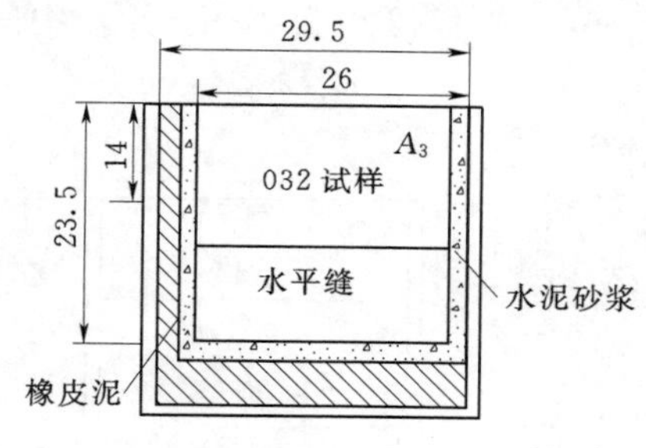

图 3　试样渗透破坏示意图三

(3) 032 原状土（高程 98.70m）：为含砂黏质土（CHS)，有清楚的层面，中部水平方向有一明显裂缝，将该试样分为上下两层。上层土干容重 $\gamma_d=1.40\text{g/cm}^3$，高 14cm，下层土 $\gamma_d=1.46\text{g/cm}^3$，高 9.5cm。两层土质无明显区别，层面为碾压时的分界面，且比较光滑，因试样在切削过程中已分为两块。为了装样方便，将两块土合在一起后，三边浇水泥砂浆，然后置于仪器中，与仪器接触部分用重黏土和橡皮泥止水。试样渗水面积为 611cm^2，厚 10cm。在试验过程中通过分界面的水平缝漏水严重，但是由于两层都是黏性土，层面上并无松散夹层，故仍具有较强的抗冲能力，直至坡降达 9.71 时，试样右上角 A_3 处（见图 3)，有间断的浑水冒出，3min 后停止冒浑水，稳定一个多小时，K 值减小，又继续抬高上游水位，当 $J=11.42$ 时，A_3 处继续冒浑水，上游水位不稳定，试验结束。

2.2.2　扰动土试验

由于原状土的试验组数不多，而所做接触冲刷试验的原状土（026、033）试样土质分层不明显，且试样各层干容重相差不多，甚至相等。据现场竖井描述，心墙分层不但明显，而且有的土层非常疏松。为了模拟心墙的疏松夹层现象，又补做了三组扰动土试验，其干容重系根据坝体质量检查资料采用。

(1) 扰Ⅰ：系采用做过接触冲刷试验的 032 原状土，经风干碾碎洒水拌匀，分层装填，上层土高 10cm，$\gamma_d=1.35\text{g/cm}^3$，渗水面积 295cm^2；下层土高 20cm，$\gamma_d=1.50\text{g/cm}^3$，渗水面积 590cm^2，厚均为 10cm，与仪器壁（有机玻璃）接触处用橡皮泥止水，试样顶部和底部均用重黏土止水。试验过程中 K 随时间而减小，当 $J=4.16$ 以后，试样下游不断有气泡逸出；当坡降升到 12.62 时气泡不断涌出，在试样 A_4 处有土粒带出；当坡降升到 20.1 时试样突然破坏，A_4 处冲出孔洞（见图 4)。

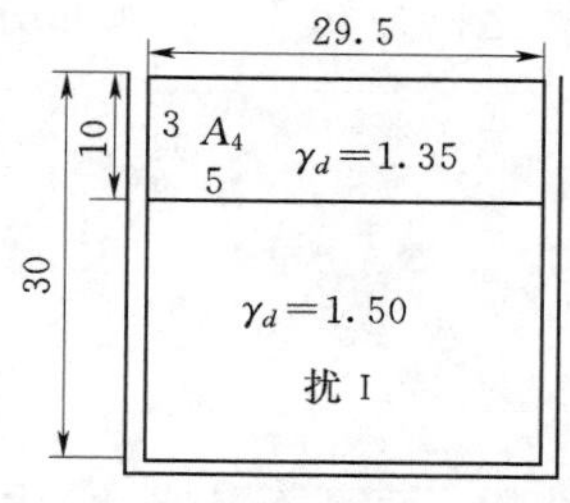

图 4　试样渗透破坏示意图四

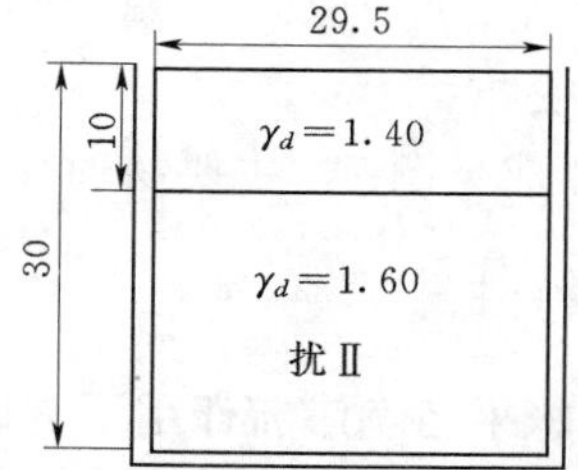

图 5　试样渗透破坏示意图五

(2) 扰Ⅱ：制备试样时取心墙混合土，风干碾碎，过 5mm 筛孔，洒水拌匀。上层土高 10cm，其干容重 $\gamma_d=1.4\text{g/cm}^3$；下层土高 20cm，其 $\gamma_d=1.6\text{g/cm}^3$（见图 5)。这次装样为直立，止水部分做得比较好，饱和时水位上升较慢，试验过程中气泡逸出较少，未出现其他异常现象。最后由于上游水头加不上去，而停止试验。渗透系数随时间变化不大。

(3) 扰Ⅲ：制备试样时取心墙混合土，风干碾碎，洒水拌匀，分层装填。上层高10cm（分两层装填），$\gamma_d=1.40g/cm^3$，渗水面积$259cm^2$；下层土过5mm筛孔，洒水拌匀，土样高20cm（分四层装），$\gamma_d=1.60g/cm^3$，渗水面积为$590cm^2$，土样厚均为8cm，并在中间4cm处，装一测压管以量测其中间压力的变化。

试样总高30cm，每5cm装一层，共6层，层面非常清楚。在饱和过程中，可看到沿层面有明显渗漏现象。

由于前面几个土样的试验，均在与侧壁止水接触处破坏（若两侧涂橡皮泥止水，则影响从两侧有机玻璃处观察），故在此试样上下游两侧各加一条厚3mm，宽10mm的有机玻璃齿条（见图6乙—乙断面），以延长其两侧的渗径，防止从两侧严重渗漏和破坏。

试样在饱和过程中，水位上升较慢，排气条件较好，在试验过程中有很少气泡逸出。由于侧壁加了齿条，故此次试验未从两侧破坏。当$J=8$时，试样中部，接触层面（甲—甲）以下5cm的部位有土粒带出，15min后顶部止水破坏（见图6），测压管水头下降。

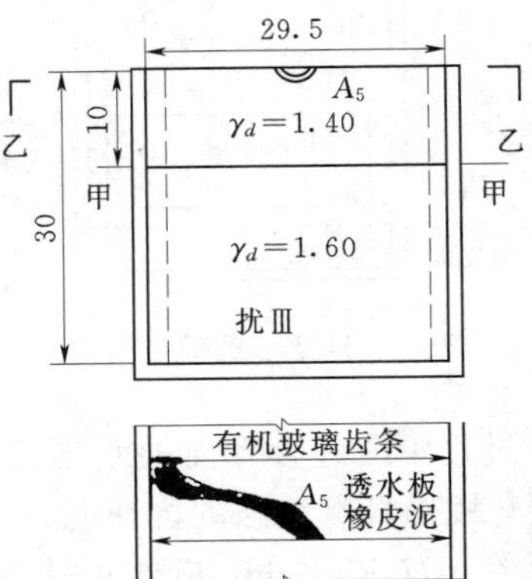

图6　试验渗透破坏示意图六

2.2.3　破坏标准的选定

本试验如发生如下任一种情况，即认为试样已经破坏。

(1) 试样有明显通道，大量土粒被带出，水浑浊。

(2) 渗流量突然增大，J—V曲线上有明显的拐点，应与气泡逸出时出现的拐点要分开。

(3) 上游测压管水位不稳定或突然下降。

3　土的基本性质

3.1　矿物与化学成分

土呈棕红色，层面光滑，黏土矿物为高岭石，是长石风化后的次生矿物。化学成分平均含量：二氧化硅为65.6%，三氧化物为22.6%，氧化钙为0.7%，属非分散性黏土。

3.2　物理力学性质

土的颗粒组成见图7，主要物理、力学指标见表1。

4　渗流变形特性

4.1　黏性土在水平方向渗流作用下的破坏特征

一般黏性土由于有黏聚力存在，细颗粒呈团粒结构，而且不易水化，因而在一定程度上具有均匀的粗粒土的特性，在渗流作用下不会出现土颗粒在孔隙中的移动和被带出，即不会出现管涌现象，其渗流破坏均是以接触冲刷或流土的方式出现，最后都是以沿水流方向穿洞而破坏。

(1) 接触流土：渗流作用下，黏性土与大孔隙材料接触处，发生的某一土体向粗粒材料孔隙中移动的现象。

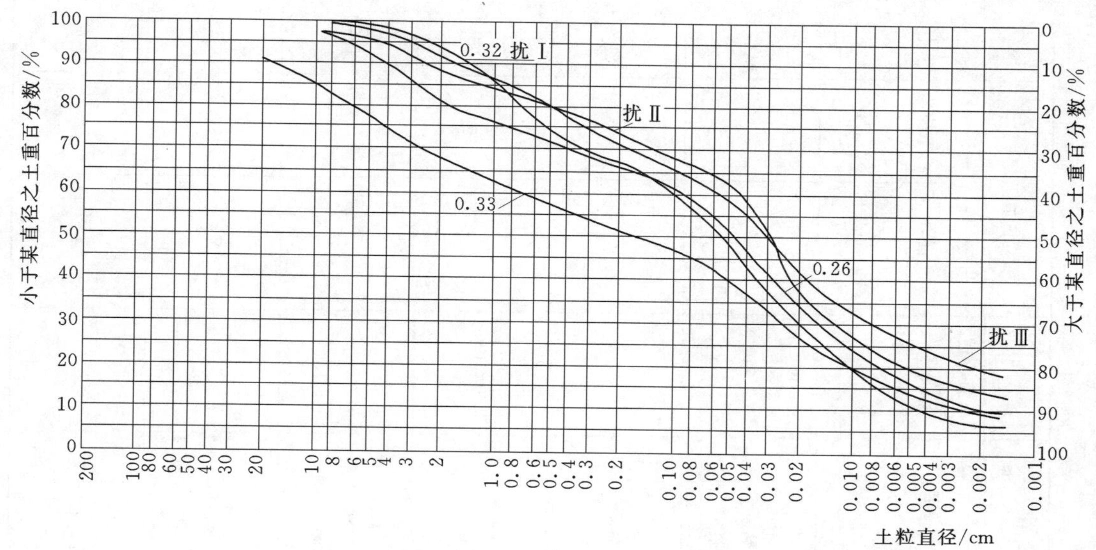

图 7 颗粒大小分配曲线

(2) 接触冲刷：当渗流沿着两种相邻渗透系数、不同的土层或缝隙中流动时，土的颗粒或团粒各自被渗流带动的现象。

在我们所进行的 6 组土样的试验中，4 组是冲刷破坏，2 组是流土破坏。

4.2 渗透破坏坡降的判别与确定

试样在发生渗透破坏之前，在不同梯度的渗流作用下，土体维持着原来的结构，或者只是微小的变化（如土体微小的压缩，渗流出口面局部的土体剥落等），其渗透系数应为常数，反映在双对数纸上的 J—V 曲线，应为接近 45°的斜直线。而当土样在渗流作用下发生破坏后，流速会突然增大，渗透坡降和渗透流速不再是线性关系，J—V 曲线转折，这个拐点就是发生渗透破坏的标志，相应的坡降值就是渗透变形坡降临界值。

我们在试验中发现，黏性土的渗透系数，在渗透坡降不变的情况下，不能维持稳定的数值。在试验过程中，每当增加一级水头时，渗透系数比前一级水头结束时明显增大。随着该级水头维持时间的延长，一般是渗透系数逐渐变小，或者先是少量增大继而逐渐变小。对于不同的土样和渗透坡降其渗透系数变化的幅度也不尽相同。J—V 曲线成为锯齿状，这就给准确地判定渗透破坏坡降造成了问题。为了探明渗透坡降—时间—渗透系数变化的规律性，我们取一个试样在垂直管涌仪上做了稳定不同时间的渗透试验。在每一级坡降时，每隔 10min 测量渗透流量一次，绘制相应的 J—V 曲线。

共作了如下三种情况的试验（J 值分别为 0.5、1、2、4、8、16）

(1) 每级稳定 50min：J 值由 0.5 逐级升至 16，然后从 16 逐级下降至 0.5。

(2) 每级稳定 2h：J 值由 0.5 逐级升至 16，然后降至 0.5。

(3) 每级稳定 24h；J 值由 0.5 逐级升至 16。

在每做完一种情况的试验后，土样在试验过程中排出的气泡，附着在出口透水板上，在进行另一种情况试验前均应清除干净，并在保持试样不承受水头差的情况下，重新对土样进行饱和，然后进行另一种情况的试验。

表 1　主要物理、力学指标

土样编号	含水量 ω /%	干容重 γ_d/(g·cm^{-3})	饱和度 G /%	土粒比重 Δs	液限 ω_L /%	塑性指数 I_p	土粒组成/%				分类定名	垂直渗透系数 K_v/(cm·s^{-1})	抗剪强度		备注
							>2mm	2～0.05mm	0.05～0.005mm	<0.005mm			黏聚力 C_q /(kg·cm^{-2})	内摩擦角 φ_q /(°)	
026	22.5	1.44	68	2.75	44.7	18	19.0	28.0	37.0	16.0	CHS—含砂黏质土（高液限）	7.07×10^{-6}	0.60	23.2	原状土
032	（上）23.3 （下）21.2	（上）1.40 （下）1.46	68 67	2.71	47.3	18	7.0	44.0	37.0	12.0	CHS—含砂黏质土（高液限）				原状土
033	19.7	1.65	81	2.75	41.9	17	31.5	27.0	27.5	14.0	GC—含黏质砾土	2.00×10^{-4}			原状土
扰Ⅰ	19.2	（上）1.35 （下）1.40	52 55	2.71	47.3	18	7.0	44.0	37.0	12.0	GHS—含砂黏质土（高液限）				制备土
扰Ⅱ	21.7	（上）1.40 （下）1.60	62 84	2.73			10.0	29.5	39.5	21.0	含砂黏质土				制备土
扰Ⅲ		（上）1.40 （下）1.60		2.71	36.4	15	8.0	34.0	31.5	26.5	CIH—含砂黏质土（中液限）	3.61×10^{-4} 2.62×10^{-5}			制备土

从 J—V 曲线（见图 8）可看出，每级稳定的时间越长，渗透系数减少得越多，且前一级渗透系数的结束值，影响后一级的起始值。这次试验选用的渗透坡降 J 最大值为 16，远小于其破坏坡降。因为对此种土（下游透水板 $\phi=3$mm），其渗透破坏坡降大于 50，也就是说试样并未发生渗透变形，而渗透系数变化很大（随时间而减小）。当重新饱和后，测得的第一个渗透系数又恢复原值（土颗粒并未移动），然后又随稳定时间的延长而减少。

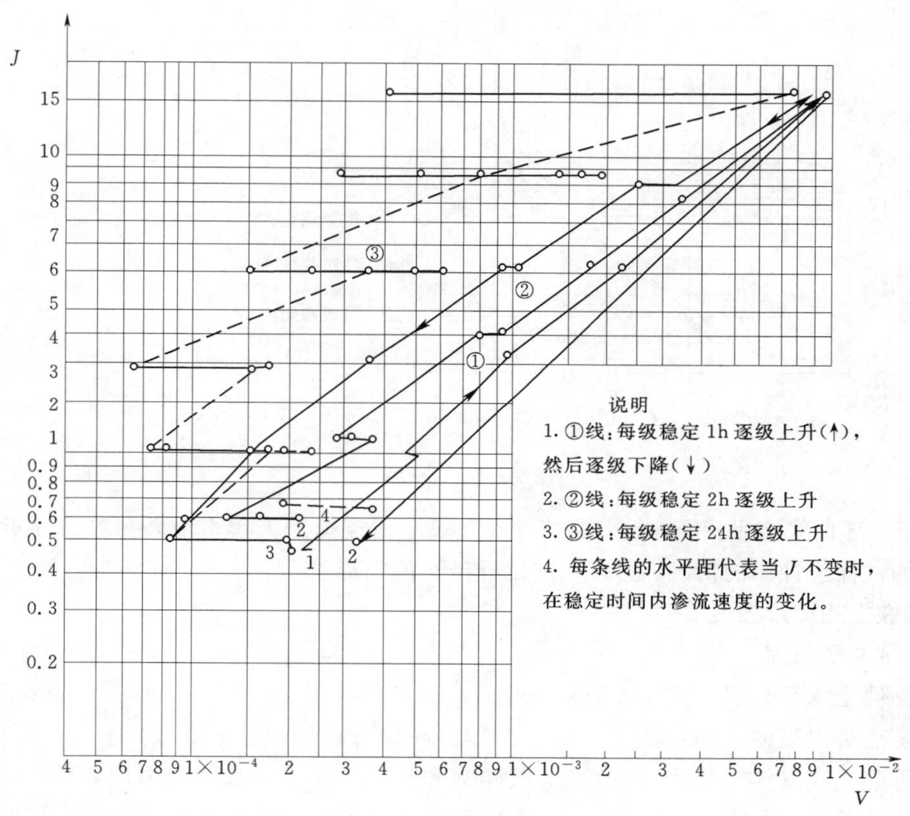

图 8　J—V 曲线一

分析其原因，我们认为主要是气体的影响：①土中气体未排净；②水中气体重新分离。若要避免气体对渗透系数的影响，要做到土样充分饱和，并且试验用无气水。试验用无气水很难办到，我们在试验时采用缩短每级稳定时间的办法。稳定的时间短，水中分泌出的气体也少，即使分泌出少量的气体，也会随着水头的抬高而压出。从另一组 J—V 曲线（见图 9）也可以看出，土样充分饱和后，每级稳定的时间不超过 1h，共测量了 3d，绘制了 3 条 J—V 曲线，其规律性较好。三条曲线基本一致，而且 3d 的渗透系数变化也不大。

在同一级水头作用下，渗透系数由大变小，取什么值合理呢？我们认为渗透系数减小是气泡堵塞了部分孔隙的结果，故应取大值。

由此看来，黏性土渗透系数的测定，还是渗透变形试验，时间均不宜拖得太长。

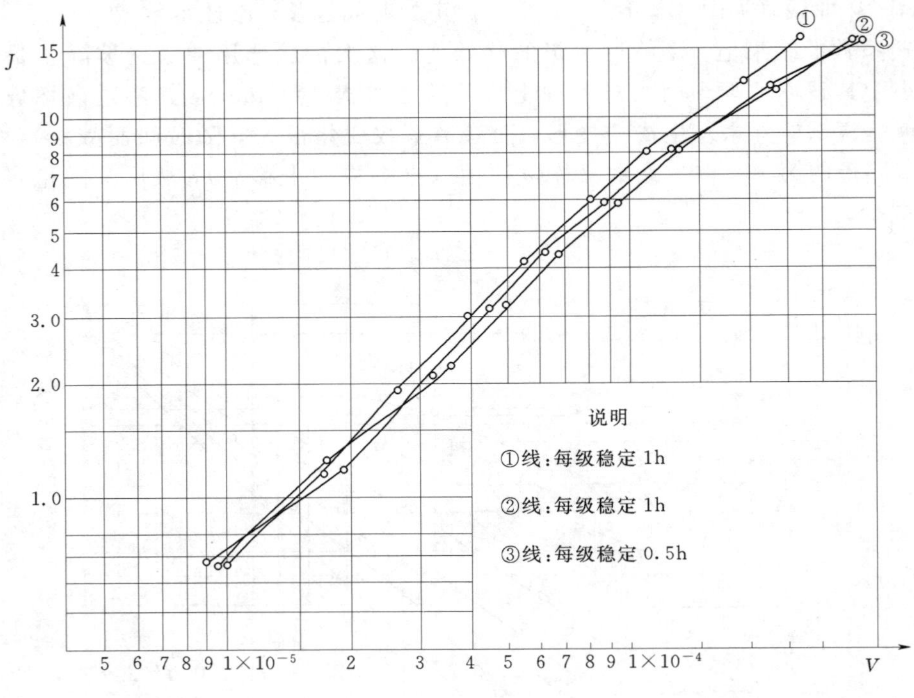

图 9　J—V 曲线二

当 J—V 曲线产生拐点，也就是当 J 值不变，而流速加大很多时，再结合试验过程中观察到的试样土冲刷的情况，可以确定试样破坏的临界值。

4.3　黏性土的抗渗强度

4.3.1　抗冲刷强度

当黏性土水平分层，且有水平裂缝通道，但其裂缝宽度很小时（小于 0.5mm），其抗冲刷强度还是很高的。如 032 号试样，试样已明显分成两块，上下截然分开，层面光滑，其干容重并不高（详见试验部分）。从试样饱和到试验结束，水平缝中均有集中渗流，漏水严重，但直到试样破坏，结合面一直未发现有冲刷迹象。由此看来，对于非分散性黏土，其结合面的抗冲强度还是比较高的（032 号试样 $J_{抗冲刷}>9.71$）。有的土样（如 026、033）由于切削和安装时在边角处造成了薄弱环节（松动、裂缝等），平均坡降分别为 3.14、13.0，其缝中流速大于抗冲刷流速，此时土样开始被冲刷而掉土，但并非一直冲刷破坏下去。维持水头不变时，冲刷可能停止。当继续抬高水头时，原被冲刷的缝隙又不断扩大。冲刷破坏反映在渗流量与渗压力的变化是比较缓慢、渐变的。

4.3.2　接触流土，黏性土试样下游有透水板保护，透水板的孔径为 1cm。对于没有裂缝的黏性土试样，一般都是流土破坏，其抗渗强度更高。如试样扰Ⅱ，其坡降达 20 而未见一点破坏征兆。在垂直渗变仪中，水流方向由上向下，透水板孔径为 3mm 时，其破坏坡降在 50 以上。在试验中可以看到，当渗透坡降一旦大于其流土坡降时，试样首先在下游面，抗渗强度薄弱处开始掉土，并迅速向上游发展，一般 1min 以内土样被穿孔破坏。流土破坏时间是很短暂的，比冲刷破坏的过程短得多，但破坏坡降也大得多。

表 2　　水平渗透变形指标

<table>
<tr><th rowspan="2">试样编号</th><th rowspan="2">干容重 /(g·cm⁻³)</th><th rowspan="2">出口形式</th><th colspan="3">整体破坏坡降 J</th><th rowspan="2">破前渗透系数 K /(cm·s⁻¹)</th><th rowspan="2">渗透仪测得渗透系数 K′ /(cm·s⁻¹)</th><th rowspan="2">备注</th></tr>
<tr><th>破前</th><th>破时</th><th>平均</th></tr>
<tr><td>026</td><td>1.44</td><td>倾斜</td><td>3.14</td><td>5</td><td>4.07</td><td>6.18×10^{-4}</td><td>5.00×10^{-6}</td><td></td></tr>
<tr><td>033</td><td>1.65</td><td>倾斜</td><td>21.35</td><td>24.50</td><td>22.92</td><td>5.9×10^{-4}</td><td>1.1×10^{-4}</td><td>开始冲刷的坡降为 13.01</td></tr>
<tr><td>032</td><td>1.40
1.46</td><td>倾斜</td><td>9.71</td><td>11.42</td><td>10.60</td><td>2.04×10^{-3}</td><td></td><td></td></tr>
<tr><td>扰Ⅰ</td><td>1.35
1.50</td><td>倾斜</td><td>16.76</td><td>20.10</td><td>18.43</td><td>1.57×10^{-3}</td><td></td><td></td></tr>
<tr><td>扰Ⅱ</td><td>1.40
1.60</td><td>直立</td><td>18.48</td><td>—</td><td>—</td><td>6.68×10^{-3}</td><td></td><td>未破坏</td></tr>
<tr><td>扰Ⅲ</td><td>1.40
1.60</td><td>直立</td><td>6.45
14.0</td><td>7.63
16.1</td><td>7.04
15.05</td><td>2.09×10^{-2}
4.93×10^{-3}</td><td>3.61×10^{-4}
(上层)
2.62×10^{-5}
(下层)</td><td>线上为未破坏第一次试验数值
线下为重新修补后试验数值</td></tr>
</table>

由试验得知，黏性土的抗渗强度较高（比一般现行规范规定选用值高得多），即使是有很窄的裂缝，其黏性土亦有一定的抗冲刷强度，特别是土体经长期固结，产生一种结构强度，所以原状土抗渗强度更高。3 组原状土试验无一组是原状土本身破坏的。然而在工程中，由于种种原因（如坝体裂缝、动物巢穴、坝体局部填筑质量差、下游出口保护未做好、两岸岩石坡度较陡、有倒坡与坝体接触不良或基岩破碎、处理不当等等），造成了集中通道缩短了渗径，加大了局部坡降，成了威胁坝体安全的关键。

5　影响抗渗强度的因素

5.1　试样下游面的保护及边界的影响

5.1.1　下游出口保护

黏性土抗渗强度与下游出口保护有密切关系。下游出口的透水板的孔径，用以模拟相邻土层的孔隙直径。下游出口透水板的孔径越小，土体受阻力越大，无应力面愈小，愈不易剥落，抗渗强度将相应提高。几组水平渗透变形试验透水板的孔洞直径均为 1cm，是梅花形布置的，孔与孔之间的净距也是 1cm，用以模拟心墙下游的保护条件。而实际上因心墙下游坝壳架空现象并不是连续的，因此工程上引用试验成果是偏于安全的。若下游透水板的孔径变小，或直接用砂卵石作反滤保护，无疑破坏坡降更会相应提高，故渗透变形试验应结合工程实际，选用试验边界条件。

5.1.2　两侧边界的影响

在 6 组试样中有 4 组试样是在与仪器壁的接触处破坏的。分析其原因：①试样在切削和安装时，边角处易扰动；②试样与仪器壁之间止水困难。总之试样与仪器光滑的侧面结合强度低，这些地方在渗流作用下易产生渗透破坏。实践证明，直立光滑的两岸，不易与坝体结合得好，容易出现变形裂缝，而成为抗渗强度的薄弱环节，故坝体与两岸结合处，要求有一定的坡度，而且要仔细处理。

5.2 试样饱和度的影响

试验表明，试样饱和得不均匀，也就是试样有的地方充分饱和了，其渗透系数较大，而有的地方未完全饱和，由于含气的影响，其渗透系数较小，甚至不透水，这就造成渗流比较集中，使试验所得破坏坡降值偏低。从渗透变形试验可清楚地看到，026 号试样饱和得较差，在试验过程中，不断有气泡逸出，同时带出土粒。这是因为气体的体积在渗水压力作用下，首先受到压缩，临近出口处，体积便膨胀，产生张力，当其足以断开土粒结构之间的关系时，土粒便随渗流带向下游。气泡带出的土粒越多，土的结构破坏的几率也就越大，所以破坏坡降就小。扰Ⅱ试样饱和得较好，在试验过程中，基本没有气泡逸出，故其破坏坡降较大。

5.3 水位上升速率和稳定时间

渗透变形试验的目的，是找出破坏坡降。在试验中根据坡降递增的原则：既要取得试样临发生变形的破坏坡降值，又要能准确地找到变形破坏坡降；既要节省时间，又不能增加误差。

在提高水头时应控制其水位上升的速率，做到缓慢匀速，这样压力容易稳定，否则将产生较大的冲力，而会影响土的抗渗强度。渗流坡降一般可按等比级数递增，开始坡降可为 0.5～0.6，接近破坏时增幅应适当减少。

试验证明，水头差建立后，渗流即开始。每抬高一级水头后，渗流量立刻加大，如随后逐渐变小，则说明试样仍有较好的抗渗能力，可施加下一级水头。根据黏性土的渗透系数有随时间变小的特点，试验亦应连续进行，不宜间断。而且当水头上升至破坏坡降时，黏性土试样在几分钟以内会突然穿洞破坏，渗流量骤增，测管水位下降。故一小时升高一级水头还是可靠的。

6 结语

大坝心墙黏性土的水平渗透变形试验，在我所还是第一次进行。我们这次就洪门水库大坝心墙黏性土的水平渗透变形试验，使用的是自制的有机玻璃槽——水平渗透变形仪和供水装置，可施加的最大水力坡降，不能超过 20。由于经验不足，试样安装与槽壁的接触止水都遇到一些困难，使试验结果不够理想。尽管如此，我们还是将试验资料进行了整理分析，并对有关问题做了初步探讨，用以抛砖引玉。错误之处，希望提出批评指正。

参考资料：

[1] 水利水电科学研究院．土的渗透变形特性及排水反滤层．

[2] 依斯托米娜．土的渗透稳定性．

[3] 土工试验规程 [S]．

[4] 南京水利科学研究所．江西洪门水库土坝渗透稳定分析．

[5] 长江水利水电科学研究院“科研成果选编”．渗流冲刷的概率分析．

[6] 长江水利水电科学研究院“科研成果选编”．泥化夹层渗透变形的试验研究．

[7] 陕西省石头河水利工程指挥部．土工渗透试验译文集．

[8] 南京水利科学研究所．渗流译文汇编第十辑．

运用回归分析快速预测混凝土强度及若干问题探讨

江懋功

江西省水利科学研究所

摘　要：对不同水泥品种、不同养护程度和不同骨料粒径对速凝强度与常规强度之间相互关系的影响和规律性进行了试验研究，并采用回归分析法分析混凝土强度精密度，提出预测公式。试验表明：采用快速测强法能及时掌握混凝土质量，且精密度较好，可在水利水电工地中推广应用。

关键词：快速测强法；回归分析法；混凝土质量；混凝土强度

1　概述

提高混凝土试件的养护温度，促成试件强度迅速增长，并借助数理统计学中回归分析方法建立速凝强度与28d常规强度之间的相互关系，在一天之内预测出28d标准常规强度，从而及时有效地控制混凝土质量，称为混凝土强度快速预测法。

该法在国外已有较成熟的经验，在英国、美国、日本、苏联等国家已被列入规范。我国也做过大量的工作，但系统地研究尚不多见。水电工地仍袭用7d、28d常规强度方法和采用水灰比强度曲线推测值。经验证明，前者不够及时，后者精确度欠佳。因此在水电工地迅速推广使用快速预测混凝土强度法势在必行。

最近国外报道了该法在应用中的若干问题：一是习惯上不易被接受；二是影响预测成果的若干因素尚未研究透彻，因而曾导致国内行业人员对其可靠性提出置疑。但是，迫于现代建筑速度的迅速提高，兼之计算机投入应用，对变异性的研究日趋全面，该法的推广应用在日益扩大。可以预言，若干年后快速预测法将取代现行的常规方法[8-9]。

本试验通过对江西省南昌厂矿渣400#、庐山厂纯硅525#和江西厂普硅525#三种水泥，采用温水法、沸水法和湿热法等三种养护程序进行了系统试验。以期选择试验方法，研究其变异性，从而达到推广应用的目的。

本文论证了不同水泥品种、不同养护程序和骨料最大粒径对速凝强度与常规强度之间相互关系的影响和规律性，提出预测计算公式。并就水灰比、配合比对速测强度与28d标准强度之间的相关性影响甚微提供解释和论证；文中还就经典回归分析方法用于预测混凝

本文发表于1982年。

张道炫、熊春华、万永辉、熊红发等同志参加了本文涉及的有关试验工作。

土强度的精密度问题提出探讨。

试验程序及其控制标准见表1。

表1

试验程序		代号	养护温度（t）×养护时间（T）/(℃×h)						参考依据
			预养	升温	恒温	冷却	测试	养护周期	
温水法	带模	W	20℃±3℃×5	20℃－55℃×1.0	55℃±3℃×16	55℃－20℃×2.0	10min	24h	英 ICE
温水法	带模加盖	W′	20℃±3℃×5	20℃－55℃×1.0	55℃±3℃×16	55℃－20℃×2.0	10min	24h	
沸水法	脱模	B	20℃±3℃×23	20℃－95℃×3.5	95℃－20℃×1.0	95℃－20℃×1.0	10min	28.5h	美 A—S—T—M C—864—76
沸水法	带模加盖	B′	20℃±3℃×23	20℃－95℃×3.5	95℃－20℃×1.0	95℃－20℃×1.0	10min	28.5h	
湿热法	按W干养护加40%蒸汽	MHW	20℃±3℃×5	20℃－55℃×1.0	55℃±3℃×16	55℃－20℃×2.0	10min	24h	
湿热法	按B干养护加40%蒸汽	MHW	20℃±3℃×23	20℃－95℃×0.5	95℃±3℃×3.5	95℃－20℃×1.0	10min	28h	
常规养护		O	—	—	20℃±3℃×28d	—	10min	28d	

快速养护设备简介：

（1）温水槽。120cm×60cm×60cm保温浴槽附加4000W内部加温管道和自动控温计。

（2）沸水箱。60cm×40cm×40cm镀锌铁皮箱附加3×2000W外部加热电炉和自动控温装置。

（3）湿热设备。DL_{302}调温调湿箱。

为了图表和叙述方便，除注明者外文中各种参数和随机变量采用下列代号或定义：

R表示混凝土抗压强度，单位为kg/cm^2。

R_s（Y_n）表示混凝土28d常规标准抗压强度，kg/cm^2。

R_c表示水泥标号，kg/cm^2。

R_a（X_n）表示混凝土速测抗压强度，kg/cm^2。

$\hat{R}_s$（$\hat{Y}_n$）表示预测的28d常规抗压强度值，可用下式表示：$R_s(\hat{Y}_n)=\beta R_a+a$

β表示回归系数。

α表示常数项（即回归线在y轴上之截距）。

ω/c表示水灰比。

σ^2表示总体方差，可用下式表示：

$$\sigma^2=\frac{1}{N}\sum_1^N(X_n-\overline{X})^2$$

σ_{N-1}表示总体标准差单位为kg/cm^2，可用下式表示：

$$\sigma_{N-1}=\sqrt{\frac{\sum_1^N(X_n-\overline{X})^2}{N-1}}$$

S 表示剩余标准差单位为 kg/cm^2，可用下式表示：

$$S = \sqrt{\frac{\sum_1^N (Y_n - \hat{Y}_n)^2}{N-2}}$$

ΔR 表示平均相对误差，可用下式表示：

$$\Delta R = \frac{1}{N} \cdot \sum_1^N \left(\frac{Y_n - \hat{Y}_n}{Y_n}\right) \cdot 100\%$$

γ 表示相关系数。

P 表示概率。

N 表示试件组数。

2　试验成果和特性分析

通过三种水泥和三种养护程序的试验结果，分别获得预测计算公式及预测精度，见表 2。

表 2　　三种水泥在三种养护程序下的预测计算公式及预测精度

养护程序	南昌矿渣 400#				庐山纯硅 525#				万年普硅 525#			
	计算公式	r	S/(kg·cm^{-2})	ΔR/%	计算公式	r	S/(kg·cm^{-2})	ΔR/%	计算公式	r	S/(kg·cm^{-2})	ΔR/%
W	$\hat{R}_s=2.093R_a+24.26$	0.984	19.96	8.74	$\hat{R}_s=1.684R_a+14$	0.990	11.69	4.36	$\hat{R}_s=1.786R_a+11.81$	0.995	15.13	4.4
W′	$\hat{R}_s=2.1R_a+21.5$	0.989	17.49	7.94	$\hat{R}_s=1.645R_a+12.44$	0.985	14.51	5.37	$\hat{R}_s=1.598R_a+20.2$	0.998	8.74	2.17
MHW	$\hat{R}_s=2.566R_a-2.14$	0.989	16.81	7.57	$\hat{R}_s=1.965R_a-15.06$	0.991	10.86	3.25	$\hat{R}_s=2.03R_a+3.9$	0.989	21.56	6.63
B	$\hat{R}_s=2.228R_a+4.5$	0.978	23.82	11.35	$\hat{R}_s=2.014R_a+9.08$	0.981	16.13	5.51	$\hat{R}_s=2.144R_a+7.18$	0.997	11.62	4.52
B′									$\hat{R}_s=2.071R_a-1.57$	0.993	12.68	4.68
MHB	$\hat{R}_s=2.977R_a-17.38$	0.968	28.23	12.24	$\hat{R}_s=2.362R_a-13.85$	0.999	15.19	5.30	$\hat{R}_s=2.041R_a+13.66$	0.990	20.23	6.53

经检验结果，表 2 诸回归方程充分显示出：$F=(N-2)\cdot U/Q \gg F_{a=0.01}=10(1,10)$[11]；所有相关系数 $\gamma > \gamma_{a=0.001}$，亦高度显著[11]。全部预测成果中，50%成果的平均相对误差（ΔR）在 5%以内，90%成果的 ΔR 在 10%以内，约 10%成果的 ΔR 超过 10%但小于 15%。以上充分说明，预测结果的精度是足够的。

现对有关主要试验特性分述如下。

2.1　不同养护程序的预测精度比较

图 1 表明，各种不同养护程序的 R_a—R_s 关系均为直线相关。就三种水泥而言，温水法（W）所得结果的精密度❶较高。如表 2 所示，多数的 $S_W < S_B$，$\Delta R_W < \Delta R_B$。温水法

❶　统计学上对精密度的定义说法不一。比较一致的意见是随机误差反映精密度，这里按高斯的定义精密度：$h=\frac{1}{\sqrt{2}\cdot S}$，以下同。

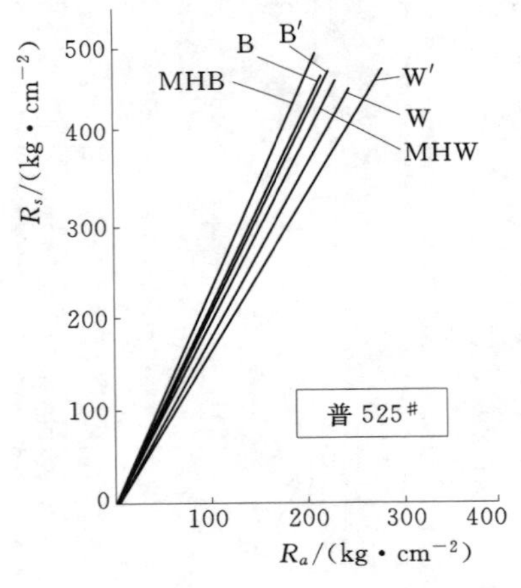

图 1　同一种水泥不同养护程序的比较

(W) 所获得的速测强度均高于沸水法 (B) 的速测值。且在同一种养护方法中，试件带盖者 (W′和 B′) R_a 值最高，不带盖次之、湿热养护 (MHW 和 MHB) 最低。因此，可以认为温水法提供了较好的热养护条件和预测结果，不失为一种较理想的快连养护法。

沸水法也是行之有效的。其优点是热养护时程短，设备简单，预测成果能够满足要求。表 2 反映出矿 400# 水泥的 S 值相对偏大，可能是因为其强度增长较快，对测试误差较敏感。如表 2 所示，同样反映普硅 525# 水泥的试验结果，由于注意了测试龄期，故 S_B 较 S_W 为低；所以在试验过程中应严格遵照表 1 规定。

湿热养护在 55℃ (MHW) 时所得结果较理想，在 95℃ (MHB) 时其精密度欠佳(见表 2)。其原因可能与湿度为 40%的蒸汽介质有关。在 95℃高温下养护介质的湿度偏低将导致试件急剧蒸发脱水，造成试件表面裂隙或内部微观缺陷，致使速测强度波动较大。表 2 中普硅 525# 水泥试件经过喷水提高养护湿度以后效果有所改善。

总之，以上三种养护方法均能满足快速测定强度的要求。从本试验结果来看，温水养护较稳定。无论哪种养护，带盖养护可以抑制试件的肿胀变形，因而对提高预测效果有利。

2.2　不同水泥品种对预测值的影响特性

图 2、图 3 表明三种水泥的 R_a—R_s 关系呈直线关系。R_a 随水泥标号提高而增加，且矿渣水泥有较好的高温适应性。图 3 表明矿 400# 与硅 525# 在沸水法中其速测值非常接近。

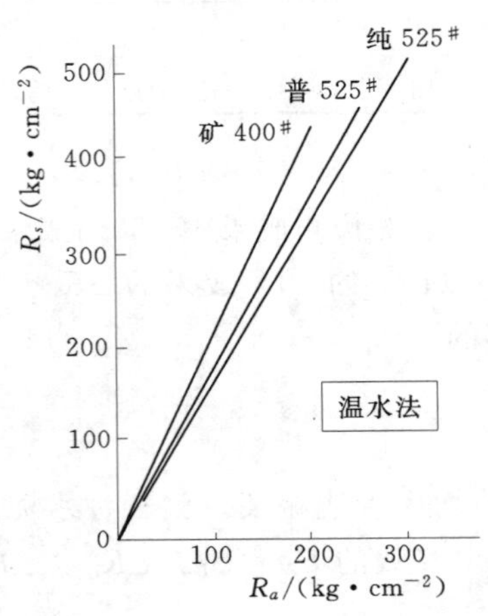

图 2　同一养护程序不同水泥品种的比较 (一)

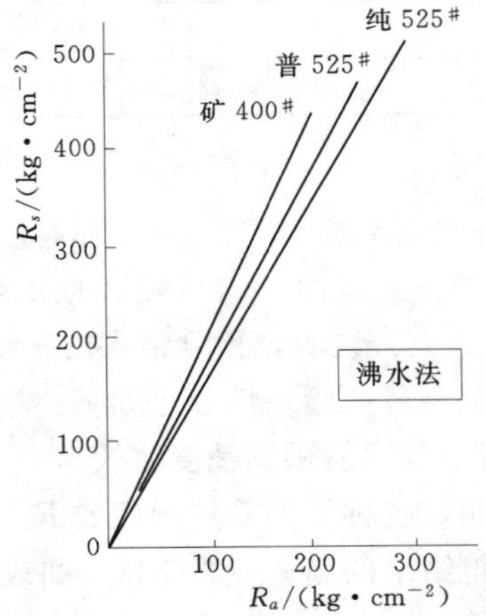

图 3　同一养护程序不同水泥品种的比较 (二)

图4、图5说明不同水泥在不同养护温度下其 R_a 随时间增长关系。从图中可以看出：矿400# 高温适应性较好，其 R_a/R_s 值比普硅525# 高（图4），图4还表明两种水泥在养护3.5h以后 R_a 值增长速率减缓。可见表1ASTM规定恒温养护3.5h是合理的。图5则表明两种水泥的速测强度在温水法中增长速率基本相同，且比较稳定。

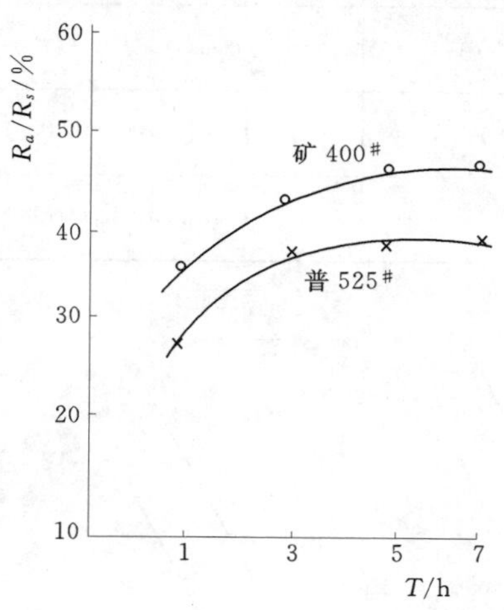

图4　沸水法的养护时间与速测值关系

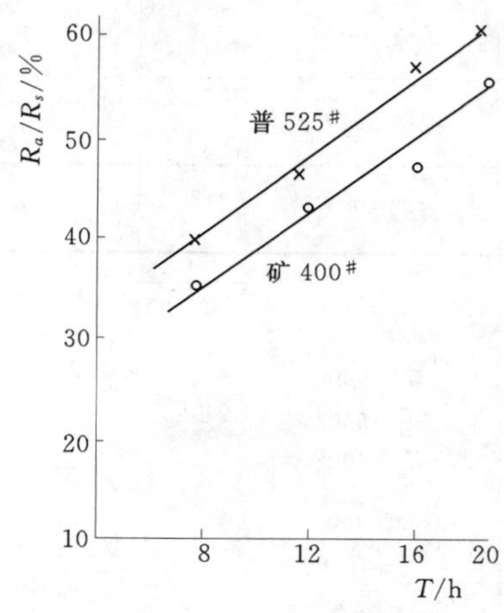

图5　温水法的养护时间与速测值关系

2.3　水灰比、配合比对 R_a—R_s 相关性的影响及论证

R. S. AL—Rawi 和 K. AL—Murshidi[3] 在他们的论文中得出结论：“水灰比对速测强度和对常规强度的影响相近似”，“配合比对速测强度与常规强度之间关系无重大影响”，但论证尚欠充分（详见参考文献[8]）。

图6证实，三种不同水泥在快速养护（W法）和常规养护条件下，其水灰比与强度之间是曲率基本相同的对数线性关系，其曲线方程见表3，把 $R—\frac{\omega}{c}$ 关系在双对数纸上图解，图7表明不同水泥、不同养护程序的 $R—\frac{\omega}{c}$ 关系是极规律的相互平行的三组直线，由此可见 R_a—R_s 之间不仅充分相关，重要的是水灰比 $\frac{\omega}{c}$ 对 R_a 和对 R_s 的影响为等效的。即对任

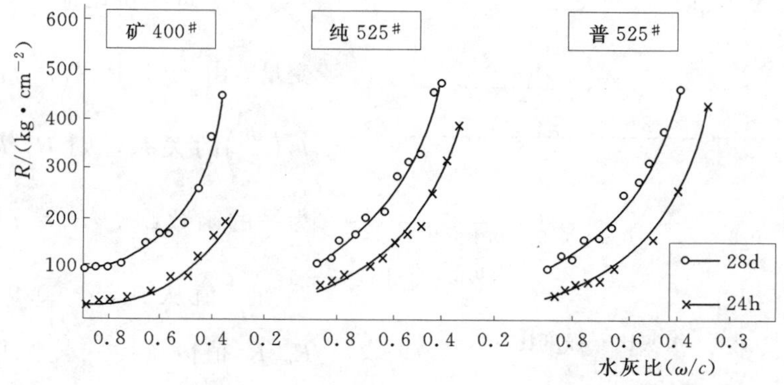

图6　不同水泥品种、养护方法的水灰比强度曲线

何一种水灰比来说，R_a—R_s 相关性维持不变（其他养护程序的结果类似，从略）。

表 3

水泥品种	R_s—$\left(\frac{\omega}{c}\right)$	R_a—$\left(\frac{\omega}{c}\right)$
矿渣 400#	$R_s=e^{4.296-1.633\ln\left(\frac{\omega}{c}\right)}$	$R_a=e^{3.3-1.801\ln\left(\frac{\omega}{c}\right)}$
纯硅 525#	$R_s=e^{4.67-1.745\ln\left(\frac{\omega}{c}\right)}$	$R_a=e^{4.034-1.871\ln\left(\frac{\omega}{c}\right)}$
普硅 525#	$R_s=e^{4.574-1.695\ln\left(\frac{\omega}{c}\right)}$	$R_a=e^{3.921-1.739\ln\left(\frac{\omega}{c}\right)}$

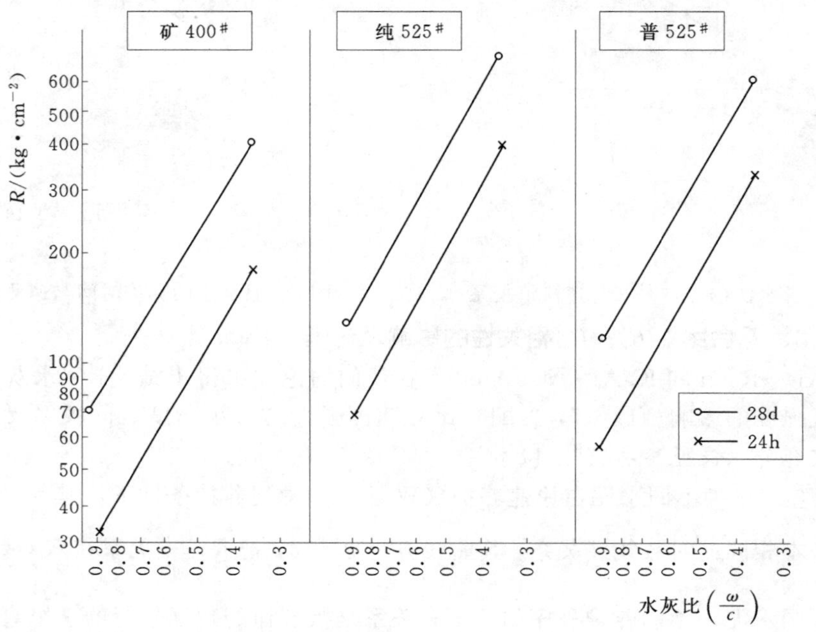

图 7　不同水泥品种、养护方法的水灰比强度曲线

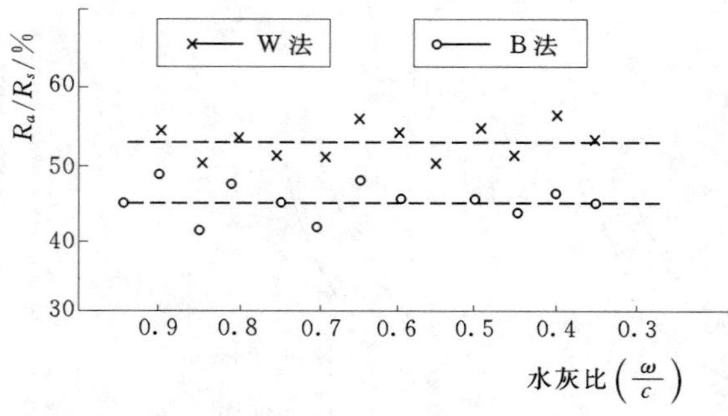

图 8　水灰比—强度比

为了进一步论证，设$\frac{\omega}{c}$为一列随机变量，由表 3 中 $R_a=f_1\left(\frac{\omega}{c}\right)$和 $R_s=f_2\left(\frac{\omega}{c}\right)$的关系，则 R_a/R_s，亦可表示为$\frac{\omega}{c}$的函数：$R_a/R_s=f\left(\frac{\omega}{c}\right)$。图 8 证明当$\frac{\omega}{c}$值从 0.35～0.9 之间变化时，$R_a/R_s$ 值恒在某一水平线上波动。表 4 则证实在各种不同养护程序条件下，R_a/R_s，值在 0.41～0.57 之间，按具塞尔公式计算的表示各自波动大小的标准差 σ_{n-1}，都很小。

表 4

试验程序	试件组数 N	$\left(\frac{\overline{R_a}}{R_s}\right)=\frac{1}{N}\cdot\sum_{1}^{N}\left(\frac{R_a}{R_s}\right)$	$\sqrt{\frac{\sum_{1}^{N}\left[\left(\frac{R_a}{R_s}\right)-\left(\frac{\overline{R_a}}{R_s}\right)\right]^2}{n-1}}$
W	12	0.5312	0.0285
W′	12	0.5655	0.0310
MHW	12	0.4914	0.0449
B	12	0.4524	0.0275
B′	8	0.4862	0.0284
MHB	12	0.4135	0.0327

本试验同样证明，配合比从 1：1：3 到 1：4：8 时，配合比与强度关系有水灰比与强度关系相类似的规律性（从略）。

此外，因本试验系通过变换水灰比和同时调整配合比来改变试件强度，从而满足回归分析运算中离散程度相同❶的要求，因此有必要对其相互作用作简要说明，特引用迄今广为采用的保罗米经验公式：

$$R_s=a\cdot R_c\left(\frac{c}{\omega}-b\right)$$

式中：a 为骨料系数；b 为水泥系数。

该式变换后，得：

$$R_s=\mathrm{e}^{\ln aR_c+\ln[(c/\omega)-b]}$$

当水泥标号固定，则 $R_s=\mathrm{e}^{K+\ln[(c/\omega)-b]}$，可见与表 3 各式类似，同属对数性关系。在保罗米公式中，灰水比$\left(\frac{c}{\omega}\right)$是影响混凝土强度的一个主要变量，配合比的影响则归结为骨料系数 a，由此可见灰水比和配合比，是相互独立的分量。

通过表 3、表 4 和图 6～图 8 及以上论述阐明了下述两个问题：

（1）速凝强度和常规强度的“水灰比强度曲线”都是对数线性关系，不同的水泥和养护程序只改变公式的常数项 b 和回归系数 a，而其函数关系与保罗米经验公式基本一致。因而本试验成果有一定的普遍性。

（2）水灰比和配合比对速测强度和 28d 标准强度的影响是等效的，一般不影响 R_a—R_s 相关性。

以上论点也为 R. S. AL—Mawi 等人的研究提供了更进一步的解释和论证。

2.4 骨料最大粒径和粉煤灰掺合料对 R_a—R_s 相关性的影响

骨料最大粒径对混凝土变形性能的影响是众所周知的，对强度的影响在国内尚缺少深入研究，对 R_a—R_s 关系的影响亦颇为少见。现从国外研究中举出一例[7]供参考。图 9 说明骨料最大粒径对 R_a—R_s 关系的影响是显著的。对同一速测值而言，$d_{\max}$从 40～10mm，

---

❶ 离散程度，按 $L_{XX}=\sum X^a-\frac{1}{N}(\sum X)^2$ 来定义，即表示 X 值的观测次数和取值范围，以下类同。

其预测值最高增加 15%。但笔者认为，由于参考文献［7］中 10mm 和 20mm 骨料采用同一试模，而 40mm 骨料的试模尺寸略有偏小，因而这种“影响”是否与混凝土抗压强度的尺寸效应，即试件强度随试件尺寸与骨料最大粒径之比（D/d）的增加而增加[10]的特性相互棍淆？因而有必要进一步研究。

图 10 为本所对不同粉煤灰、不同掺量试验中 7d 与 28d 常规强度之间的相互关系，其关系式 $R_s=1.413R_a+26.63$，$\gamma=0.98$，$S=17.4\text{kg/cm}^2$。回归方程和相关系数均在 1% 水平上显著。以上大体上可以说明采用粉煤灰掺合料对 $R_a—R_s$ 关系的影响也是不大的。

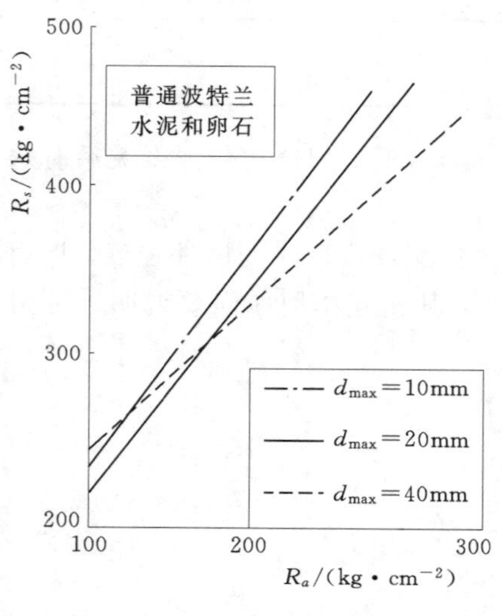

图 9 骨料最大粒径对 $R_a—R_s$ 关系的影响

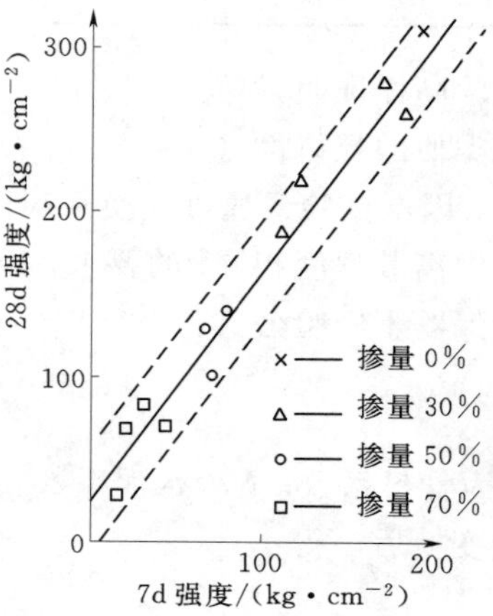

图 10 $R_7—R_{28}$

综上所述，影响 $R_a—R_s$ 相关性的主要因素是养护程序、水泥品种和骨料最大粒径。水灰比、配合比和掺合料的影响甚微。

3 经典回归分析法在快速测强应用中的若干问题的探讨

回归分析方法是一种定量分析方法，近 20 年来大量应用于工程实践，为工程测试技术提供数学论证，与此同时其本身又受到客观的检验，现对本试验中出现的若干实际问题分述如下。

3.1 回归线的校正和对离散程度的要求

迄今，各家均采用经典回归方法建立 $R_a—R_s$ 关系式，有时能满足要求，有时则悬殊较大；其根本原因是信息因素的传递与基本假定的矛盾，为了说明问题，扼要列举正规方程的推导。设已知函数式：

$$\hat{Y}_n=\alpha+\beta X_n$$

式中：X_n 为观测值；α 为常数项；$\hat{Y}_n$ 为估测值；β 为回归系数。

根据最小二乘原理其残差平方和为：

$$\sum_1^N U_n^2 = \sum_1^N (\hat{Y}_n-\alpha-\beta X_n)^2 = \min$$ [1]

根据极值原理分别对 α、β 求偏导，令其等于 0，则

$$\frac{\partial}{\partial \alpha}\sum_{1}^{N} \cup_n^2 = -2\sum_{1}^{N}(\hat{Y}_n - \alpha - \beta X_n) = 0$$

$$\frac{\partial}{\partial \beta}\sum_{1}^{N} \cup_n^2 = -2\sum_{1}^{N}(\hat{Y}_n - \alpha - \beta X_n)\cdot X_n = 0$$

求解得：

$$\beta = \frac{\sum_{1}^{N}(X_n - \overline{X})\cdot(Y_n - \overline{Y})}{\sum_{1}^{N}(X_n - \overline{X})^2}$$

$$\alpha = \overline{Y} - \beta\overline{X}$$

以上推导，X_n 被假定为常量，即无误差。实际并非如此，X_n 显然是随机变量，并不可避免地伴随有测量误差❶。只是在把 X_n 的误差控制在 $\sigma_x \ll \sigma_y$ 的条件下，X_n 的误差才可忽略。但如同混凝土抗压强度的测试似乎是无法满足上述控制条件的。因此，经 X_n 误差的传递势必扩大了 $X_n—Y_n$，即 $R_a—R_s$ 回归线的波动。尤其当 X_n 离散程度不大或做点预报的情况下，其误差是惊人的（见后文表 5）。

戴明（Deming）把经典回归作如下推广：把 $X_n—Y_n$ 的误差平方和合为下式[2]：

$$\sum_{1}^{N} \cup_n^2 = \sum_{1}^{N}[(X_n - \hat{X}_n)^2 + \lambda(Y_n - \hat{\alpha} - \hat{\beta}\hat{X}_n)^2] = \min$$

式中：X_n、Y_n 分别为观测值；$\hat{\alpha}$、$\hat{\beta}$、$\hat{X}_n$ 分别为估测值。

分别对 $\hat{\alpha}$、$\hat{\beta}$、$\hat{X}_n$ 求偏导，令其等于 0，则

$$\frac{\partial}{\partial \hat{\alpha}}\sum_{1}^{N} \cup_n^2 = \sum_{1}^{N}[-2\lambda(Y_n - \hat{\alpha} - \hat{\beta}\hat{X}_n)] = 0$$

$$\frac{\partial}{\partial \hat{\beta}}\sum_{1}^{N} \cup_n^2 = \sum_{1}^{N}[-2\lambda(Y_n - \hat{\alpha} - \hat{\beta}\hat{X}_n)\hat{X}_n] = 0$$

$$\frac{\partial}{\partial \hat{X}_n}\sum_{1}^{N} \cup_n^2 = \sum_{1}^{N}[-2(X_n - \hat{X}_n) - 2\lambda(Y_n - \hat{\alpha} - \hat{\beta}\hat{X}_n)\hat{\beta}] = 0$$

求解后：

$$\hat{\beta} = \frac{\lambda\sum_y - \sum_n + \sqrt{(\sum_x - \lambda\sum_y)^2 + 4\lambda(\sum_{xy})^2}}{2\cdot\lambda\cdot\sum_{xy}}$$

$$\hat{\alpha} = \hat{Y} - \hat{\beta}\overline{X}$$

其中

$$\sum_x = n\sum_{1}^{N}(X_n - \overline{X})^2$$

$$\sum_y = n\sum_{1}^{N}(Y_n - \overline{Y})^2$$

❶ 这里所指的测量误差也包括随机误差。

$$\sum_{xy} = n\sum_{1}^{N}(X_n - \overline{X})\cdot(Y_n - \overline{Y})$$

$$\overline{X} = \frac{1}{n}\sum_{1}^{N}X_n$$

$$\overline{Y} = \frac{1}{n}\sum_{1}^{N}Y_n$$

$\lambda=\dfrac{\sigma_x}{\sigma_y}$（表示 X_n，Y_n 数列的权值之比，等精密度测量时 $\lambda=1$）

显然，推广性回归方法考虑了建立正规方程时不仅应对 α、β 达到极小，对 X_n 也应达到极小，从而削减了 X_n 的误差信息的传递，用以上两种方法对照本试验计算见表 5。

表 5 说明，在离散程度大时，“经典”与“推广”计算结果比较一致，回归线几乎重叠，即趋近理想情况。但在离散程度小的情况下（如表 5，$N=6$），“经典”法的 β、α 值与理想情况偏离很大，而此时推广性回归的 β、α 值与理想情况相对地较接近。此外，表 5 的相关系数 γ 值的变化有如同以上相同的规律性。可见，采用推广性回归分析运算建立

表 5

参数 \ 程序 / 方法 / 离散程度	温水法（W）				沸水法（B）			
	经典		推广		经典		推广	
	$N=6$	$N=12$	$N=6$	$N=12$	$N=6$	$N=12$	$N=6$	$N=12$
β	1.651	1.786	1.754	1.801	1.849	2.144	2.066	2.155
α	19.26	11.81	11.10	9.66	24.39	7.18	9.66	5.89
r	0.96	0.995	0.998	0.995	0.93	0.997	0.996	0.997

R_a—R_s 相关线较稳妥。或者采用“经典”计算，然后以推广性公式校核，从而确定最理想的回归线。由于离散程度 L_{xx} 越大，β 值越准确，故设计回归线的测值区间和测次不宜太窄或太少。建议采用 100～400kg/cm^2 和 N 不少于 12。但过多的增加测次（N）并无很大的裨益。

3.2 经典理论置信界限在应用中的问题

统计学总是以一定的置信概率（p）和置信界限（$K\sigma$ 或 ks）表征某种可信程度（即置信度）。在混凝土实践中则根据两者制定某一概率的置信区间。因此，理论与实际的统一性直接关系到工程的可靠性。

最小二乘法系假定标准差 σ_{N-1} 为常数，作为最小二乘运算的特例——回归分析则假定剩余标准差（S）为常数，由此才有对最小平方和的分解而获得剩余标准差 $S=\sqrt{\dfrac{\sum_{1}^{N}(Y_n-\hat{Y}_n)^2}{N-2}}$ 的一系列推导。但实际又并非如此简单，对于一列由低强到高强的混凝土试件，σ_{N-1} 和 S 均随强度变化而变化（见图 11），σ_{N-1} 随 R 增加而增加业已为国内外大量试验资料所证明，而 S 随 R 增加而增加的规律性目前尚未被人们所重视。因此，对

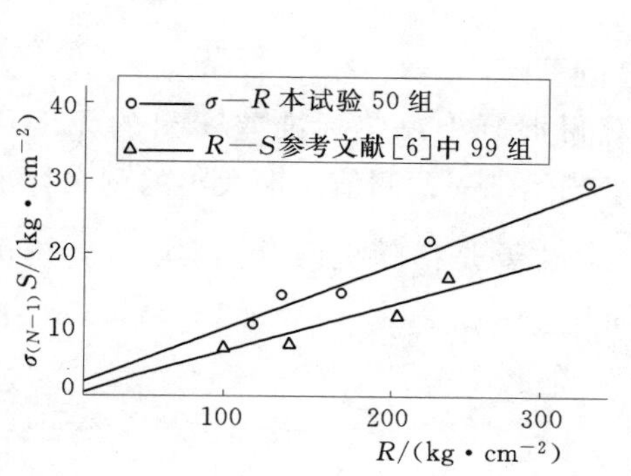

图 11　$R—\sigma_{N-1}$ 和 $R—S$

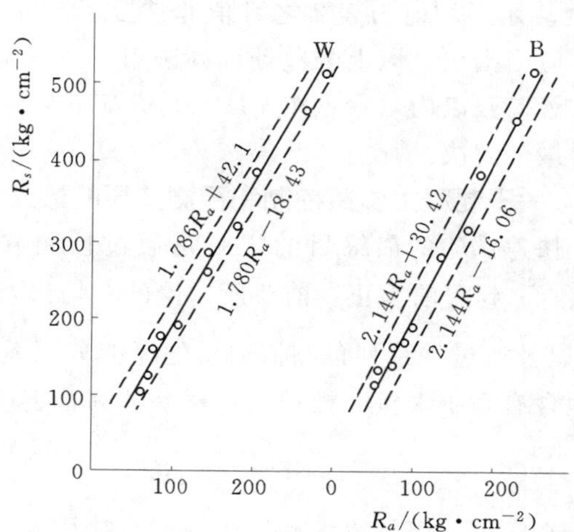

图 12　95%置信限（经典）

σ_{N-1}和 S 不等的回归方程如何检验，其置信界限如何决定，目前尚未解决。一般均按经典置信界限控制（参见图 12），这就在应用中出现：在高强时有利于提高置信度；在低强时将导致降低概率的危险。只有在回归线的重心处才是充分可信的。这对通常采用低标号的水工混凝土来说是极为不利的。

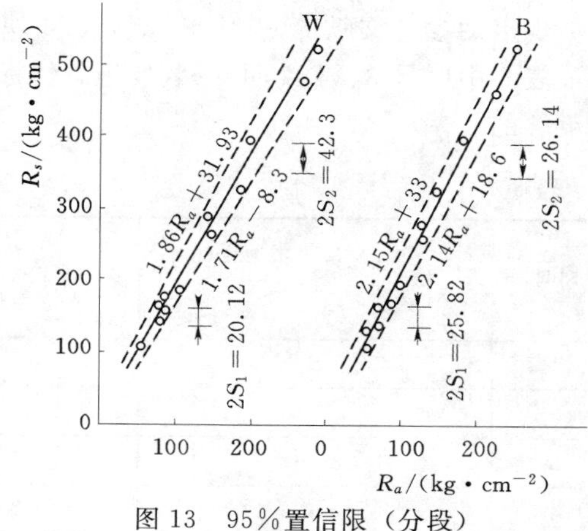

图 13　95%置信限（分段）

对此，笔者从实际出发，采用分段办法将一列残差平方和$[\sum_{1}^{n}(Y_n-\hat{Y})^2]$分成高强和低强两段，然后分别求其剩余标准差 S。于是有 S_1 和 S_2（如图 13）。并根据 S_1 和 S_2 修正回归系数从而确定 $R_a—R_s$ 回归线的上、下限：

$$\hat{R}_{上}=C_{上}\cdot\beta\cdot R_a+\alpha+KS_1$$

$$\hat{R}_{下}=C_{下}\cdot\beta\cdot R_a+\alpha-KS_1$$

回归系数修正值：

$$C_{上}=1+\frac{K\cdot(S_2-S_1)}{\gamma_S}$$

$$C_{下}=1-\frac{K\cdot(S_2-S_1)}{\gamma_s}$$

式中：K 为常数；γ_s 为回归线上下段重心处 R_s 值之差，或采用 R_s 最大测试区间，kg/cm^2。

取置信概率 95%，就本试验普硅 525$^{\#}$ 水泥实际强度用上式计算，结果见图 13（其他两种水泥情况类似，从略）。全部观测值 R_s 均落在该置信范围以内，而且图 13 中 S_1 和

S_2 之算术平均值与表 2 之 S 值非常接近。可见图 13 较之图 12 更为符合要求。

应当指出，以上分段处理办法用于本试验，验算结果虽能令人满意，全部观测值均落在该置信限以内（参见图 13）。但毕竟不是从严格的推导中所得，必须进一步研究，以期获得最佳解决。

3.3 关于混凝土质量控制和预测结果的最终误差问题

快速试验的最终目的之一是通过预测方法获得混凝土总体标准差 σ_{N-1} 的无偏估计 $[\sigma]_{N-1}$。到目前为止，前节所讨论的一切误差，如表示某一预测值波动大小的剩余标准差 S，以及通过一系列预测值取得的标准方根差 $\hat{\sigma}_{N-1}$，主要是指随机误差。实际上，不可避免地含有系统误差。根据随机误差的综合定律[2]：

$$[\sigma]_{N-1}^2 = \sum_1^m \left(\frac{\partial f}{\partial X_m}\right)^2 \cdot \sigma_m^2$$

在等列、等精密度测量中一般直接用 σ_{n-1} 和 S 迭合：

$$[\sigma]_{N-1} = \sqrt{\hat{\sigma}_{N-1}^2 + S^2}$$

现借助参考文献［6］中 99 组，594 块试件的原始数据对上式验算，结果见表 6。

表 6 中序号 3、4 说明 $[\sigma]_{N-1}$ 是总体标准 σ_{N-1} 的无偏估计值，对混凝土来说其精确度是足够的。

表 6　　验 算 结 果　　kg/cm²

序号	混凝土标号 \ 误差	100# (28 组)	150# (29 组)	200# (30 组)	250# (22 组)
1	S	6.14	7.48	11.13	15.77
2	$\hat{\sigma}_{N-1}$	6.33	9.08	9.89	17.07
3	σ_{N-1}	7.66	13.66	14.97	26.1
4	$[\sigma]_{N-1}$	8.82	11.76	14.89	23.24

注　表中 σ_{N-1} 系从约 90 块试件的 28d 强度实测值中求得，假定 σ_{N-1} 代表总体标准差。

表 6 中 $[\sigma]_{N-1}$ 略偏低于 σ_{N-1}，可能是通过几何叠加以后人为地削减了其中的系统误差信息（系统误差系按代数叠加其结果必然要大得多）。关于系统误差和随机误差同时存在于某一度量之中如何综合评定则相当复杂。必须着重指出，为了提高混凝土强度的速测精确度，除对误差合理地综合评定外，在全部试验过程中正确使用测试工具（包括热养护程序）以提高测试精度，严格控制配料称量以减少盘间误差，并遵循统计学上一贯强调的取样随机性、试验独立性、分布正态性以及统计数据综合分析的前后统一性等，都是非常重要的。

4 结语

本试验通过 1000 多块试件的系统测试取得以上预测成果。成果证明采用快速测强法预报混凝土 28d 标准常规强度的标准离差均低于目前国内外现行管理水平等级的优秀级标准：$\sigma \leqslant 25\text{kg/cm}^2$，因而其精密度是足够的。

由于快速测强法所需设备简单，技术并不复杂，能及时掌握混凝土质量，从而能迅速调整混凝土各种参数，使混凝土的质量控制由被动变主动。最终必将减少混凝土工程质量统计中总体标准差的波动。

在应用此法时注意按当地不同水泥品种、不同养护程序、不同骨料粒径以及外加剂等分别建立预测公式，一般不宜套用现成公式。初始阶段可预留 28d 强度的试件以便校核。

参考文献：

[1] 中国科学院数学研究所数理统计组．回归分析方法［M]．北京：科学出版社，1974.

[2] 张世箕．测量误差及数据处理［M]．北京：科学出版社，1979.

[3] 何国伟．误差分析方法［M]．北京：国防工业出版社，1978.

[4] F S 梅里特．工程技术常用数学［M]．北京：科学出版社，1976.

[5] 铁道部建筑科学研究所．混凝土蒸汽养护．（略）

[6] 北京市东城区建筑公司，北京市建筑工程研究所．温水养护预测混凝土强度的初步试验［J］．科技情报，1979，3.

[7] Effects of maximum size and surface texture of aggregate in accel-erated testing of concrete［J]．Cememt and concrete research，1978，8（2）．

[8] Effects of W/C ratio and mix proportions in accelerated testing of concrete［J］．Cememt and concrete rosearch，1978，8（8）．

[9] Utilization of accel erated strength testing methods［J］．Cememt and concrete research，1979，9（1）．

[10] Size effect in pressions strngth of concrete［J］．Cement and concrete research，1978，3（2）．

[11] 中国科学院数学研究所概率统计室．常用数理统计表．（略）

三、试验仪器研制与应用

SHUILISHIYANYUYANJIU

高精度蒸发自动测试仪的研制

杨　楠，樊　宜，李昌垣，万浩平

江西省水利科学研究院

摘　要： 本文介绍了综合运用水文学、机械工程学以及现代电子学技术，成功研制的一种能满足有关国家测量规范精度要求的高精度蒸发自动测试仪器。现场试用后，通过对自动测量数据和人工测量数据进行的对比分析证明，该蒸发仪能够实现蒸发量的高精度自动测量。

关键词： 蒸发自动测试仪；硬件；软件；测量精度

水面蒸发是水资源评价、水文研究、水利工程设计和气候区划中基本要素之一，也是研究陆面蒸发的基本参证资料。水面蒸发观测主要是为了探索水体的水面蒸发及蒸发能力在不同地区和时间上的变化规律，为水文气象预报和水文科学研究提供科学依据，以便合理利用水资源。目前国内外蒸发测量仪器类型较多，但基本上还是用测针进行人工测读水面蒸发皿内液面的高度，测量的数据带有很大的人为性，准确度将因人而异。大多数自动蒸发测试仪虽然在设计和原理上各有特点，但量测精度和分辨率都在 0.5～0.3mm[1-3]，不能满足国家《水面蒸发观测规范》[4]（SD 256—1988）要求测针 0.1 mm 的精度，因此开展蒸发自动测试仪器的研制和应用研究是非常必要的。为了准确地测定蒸发量和满足水文自动测报系统和自动气象站的需要，根据 SD 256—1988 而研制开发了“高精度蒸发自动测试仪”，其测量精度能满足国家规范要求。

1　方案设计及其工作原理

参照 SD 256—1988 的观测要求，水面蒸发量由 E—601 型蒸发器内水面高度的变化表示，若有降雨和溢流则根据降雨量和溢流量进行相应计算，在考虑降雨和溢流因素时，蒸发量计算公式如下：蒸发量＝ 蒸发桶水位变化量＋ 降雨量－ 溢流量。用公式表示为：

$$E=(H_1-H_2)+P-Y$$

式中：E 为时段内的蒸发量，mm；P 为时段内的降雨量，mm；Y 为时段内的溢流量，mm；H_1、H_2 为时段前后蒸发皿的水面高度，mm。

按照水文测报原理，时段降雨量和溢流量，可以从降雨手册及其他方法得到，因而，水面蒸发量的测定，实际上就是测定蒸发皿水面的高度变化[5]。

蒸发自动测试仪由传感器、蒸发仪主机、电源三部分所组成（见图 1）。蒸发仪主机

本文发表于 2011 年。

以 MSP430 单片机作为主控芯片控制步进电机，以步进电机旋转通过滑块带动精密丝杆和测针作上、下运动。步进电机每走一步，带动精密丝杆和测针直线上下运行 0.001mm。步进电机正转，测针上行，步进电机反转，测针下行，以某一定点为基准，测针向下寻找蒸发皿的水面，测针触水，立刻上行，脱水后又下行，以基准点减去步进电机测针的行程，得到蒸发皿水面高度 H。公式表示为：

$$H=A-X$$

式中：H 为蒸发皿的水面高度，mm；A 为设定的基准点高程，mm；X 为步进电机测针的行程，mm 。

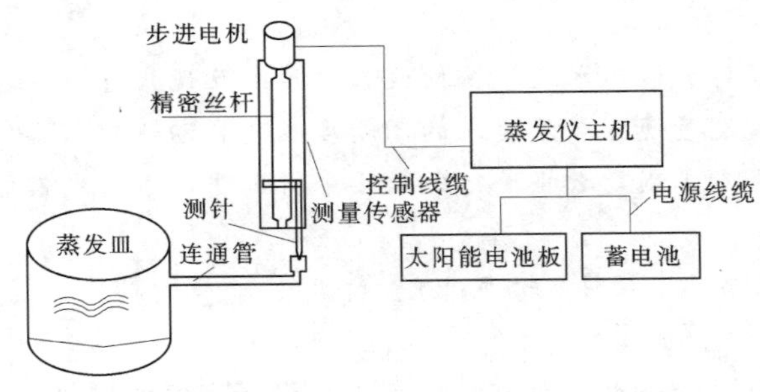

图 1　蒸发自动测试仪构成图

仪器将检测到的蒸发皿水面高度和当前时间自动贮存。仪器具有标准时钟，定时自动测试，同时将测试结果通过 RS—232/RS—485 串口传送给系统机，做进一步的资料分析。

2　系统设计

仪器具有标准时钟，按设定的时间自动测试，并将检测到的蒸发皿水面高度和当前时间一并自动贮存到存储器中。由于仪器是在规定的时间进行测量，步进电机绝大部分时间是处于不工作状态，而步进电机在不工作时，其绕组是不能长时间通电的。我们在电路设计中采用继电器来控制：在步进电机不工作时，继电器触点断开，步进电机不通电，处于自由状态；在测量时间到后，首先令继电器闭合，给步进电机上电，并延时一段时间，在步进电机的工作电源稳定后，再控制步进电机测针开始测量。

下面就系统软件和硬件两方面分别加以简单介绍。

2.1　硬件设计

蒸发自动测试仪设备由低功耗单片机 MSP430F149 单片机、看门狗复位电路、步进电机及其驱动电路、入水信号检测电路、键盘输入、电源电路、lcd 液晶显示、DS12887 标准时钟、AT24C512 大容量存储器、RS232/485 通信口，无线传输电路等组成。硬件构成框图如图 2 所示。

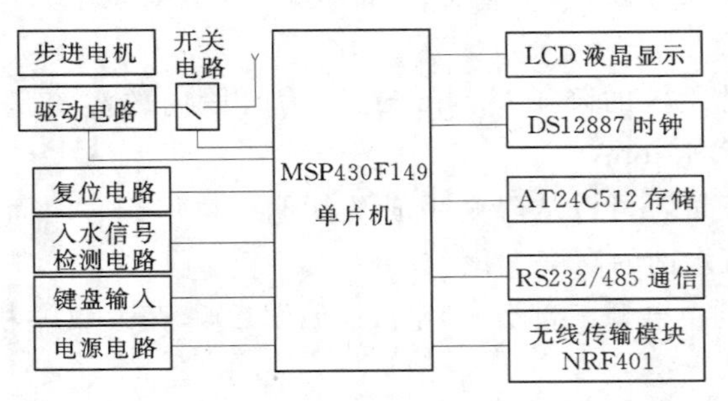

图 2　蒸发自动测试仪硬件框图

2.2　软件设计

计算机数据采集软件采用 VB.NET 开发工具。基于 Windows XP 开发平台，结合 Visual Accese 2000 与 Excel 2003，

将下位机（高精度蒸发自动测试仪）的数据采集上来。最后生成 Excel 文件格式的报表。便于数据后处理、统计计算分析和数据管理。

3　试验与应用

通常数据分析的指标主要有系统误差、标准差、随机不确定度。在对本课题的研究中，采用以上指标对高精度自动蒸发仪自动测试的蒸发量和人工测量的蒸发量进行数理分析，以系统误差、标准差、随机不确定度等数据来得出仪器蒸发量对比的相关性[6-7]，从而进一步验证仪器系统的稳定和高精度。

以进贤县李家渡水文站 2009 年 5 月用高精度蒸发自动测试仪得到的蒸发量与人工测量得到的蒸发量统计数据为例。图 3 为该月份人工与自记蒸发量对比曲线，图 4 为人工观测与自动观测的相关性图。

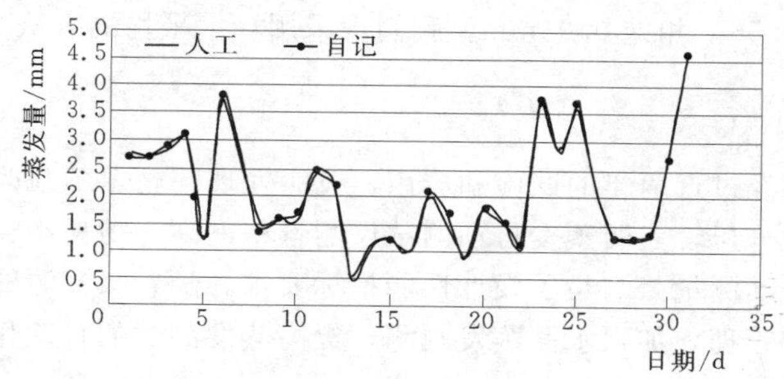

图 3　蒸发量对比曲线

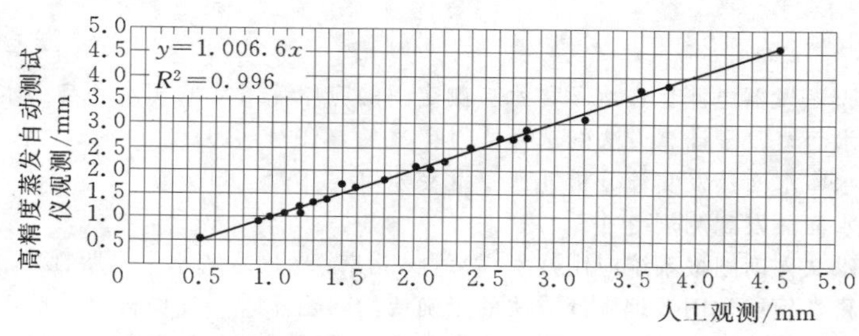

图 4　蒸发量相关性

统计分析结果显示，测试仪器的系统误差为 0.00（人工 Y 和自记 X 所得差值的中值）；标准差为 0.06；随机不确定度为 0.13。表明高精度蒸发自动测试仪能完全替代人工进行每日蒸发量的测量。

4　仪器采用的提高测量准确度的措施

该蒸发自动测试仪器本身具有较高的测量精度，但考虑到有时候一次蒸发量的测量难免存在偏差，为了进一步提高蒸发量测量准确度，本文研制的蒸发自动测试仪还采用了以下两条措施来保证蒸发量测量的准确。

4.1　设定测量基准

在每次测量时，步进电机首先向上运行，寻找基准。硬件上采用极灵敏和极精密的限位开关为基准（触点误差在 0.002mm），保证每次测量都以相同的基准位置作起点往下寻找水面，消除了系统的测量误差。

4.2 取算术平均数

由于测针下行第一次触水行程较以后几次测量情况不一样，存在较大惯性，以致触水读数较后测的几次偏小，平均数受其影响很大。例如，实测 10 次，得如下数据：246.35、246.56、246.56、246.55、246.56、246.55、246.56、246.57、246.56、246.56，若取平均为 246.53，而经验告诉我们，平均数应是 246.56。第一次是测针运行的惯性与后面 N 次不一致，所以触水会更深。解决的办法一是降低测针运行的速度，尽量减小惯性，二是采用算术平均的方法，将最大值剔除后取平均，即每次测量 11 次，将第一次的读数剔除，取后 10 次数的平均数为测量结果。例如，实测 11 次，得如下数据：246.35、246.56、246.56、246.55、246.56、246.55、246.56、246.57、246.56、246.56、246.57，取后 10 次，平均数为 246.56，相差 0.03mm。我们现采用算术平均的方法[8]。

5 结语

蒸发自动测试仪经过近两年的试验和应用，及时发现问题，不断改进和完善，通过试验和应用测试数据的分析，表明蒸发自动测试仪测量精度高、功耗小、存储可靠、性能稳定、实现了蒸发的自动测量，满足了设计性能指标要求。随着水资源的开发利用，实现水资源优化配置和科学管理，加强水面蒸发观测，提高蒸发测试的自动化水平大势所趋，蒸发自动测试仪将具有广泛的应用前景。

参考文献：

[1] 李远华．ZHD 型蒸发器电测针在水稻需水量测定中的应用［J］．农田水利与小水电，1985（5）．
[2] 闵骞．短时段水面蒸发量计算方法的选择［J］．气象，1994（10）．
[3] 陈星银．官厅水库水面蒸发实验分析［J］．北京水利，1997（4）．
[4] SD 256—88，水面蒸发观测规范［S］．
[5] 张建云，等．水文自动测报系统应用技术［M］．北京：中国水利水电出版社，2005.
[6] 张利田．环境科学领域常用数理统计方法的正确使用问题［J］．环境科学学报，2009（5）．
[7] 任之花，等．自动与人工观测降雨量的差异及相关性［J］．应用气象学报，2007（3）．
[8] 樊宜，易建州．JS—B 型智能水位仪设计［J］．江西水利科技，1996（9）．

无线智能流速采集仪及系统

杨　楠，李昌垣，万浩平，傅　群

江西省水利科学研究所

摘　要： 针对国内大型物理模型流速测量需要，开发了一种适用于现代水工、河工模型试验的新型无线智能流速采集仪，本文从硬件和软件两方面对该流速采集仪器的研制进行了阐述。实践表明，流速采集仪设计合理，使用方便，各项功能都达到了设计要求，具有应用前景。

关键词： 流速测量；无线；硬件；软件；流速仪

在现代水工、河工模型试验中，流速测量是模型试验一个非常重要的内容，所以流速仪也是河工模型试验中使用最多的检测仪器之一。随着电子计算机技术的迅速发展，一些智能流速仪等新型测试仪器，已逐步应用于水工模型试验，但是部分仪器的设计，系统组成复杂，通道扩展数量有限，实际使用过程中要架设大量的测桥和连接线缆，跨度大，工作量大，费时费力，已不能适应现代水工、河工物理模型的大型化趋势流速测量要求。为了满足目前国内大型物理模型流速测量需要，提高测试效率，加快测试速度的要求，我们进行了无线智能流速采集仪的研制。该仪器以光电转子式旋桨流速传感器电路为基础，以MSP430低功耗单片机为主处理器，配以无线发送接收模块，LCD显示模块等集成电路。结构上设计为一体化的紧凑模式，电路板PCB板采用双面设计，芯片采用贴片封装，仪器电源选用大容量的可充电锂电池。其便携式结构化的设计使得流速测点数的布置可以任意扩展，组成无线智能流速测量系统。

1　系统硬件设计

光电转子旋桨流速测量的原理：单位时间内采样光电转子式旋桨流速传感器旋桨的转动次数，便可求出相应的流速。旋桨在动水压力作用下产生的转动角速度与此动水的线速度之间有下式关系：

$$V=Kn+C=KN/T+C$$

式中：V 为流速；n 为旋桨转动的频率；K 为传感器的比例系数；C 为旋桨的修正值；T 为计测旋转转数所用的时间；N 为在 T 时段内的旋桨转数[1]。

图1为无线智能流速采集仪的硬件原理框图。光电旋桨传感器发出光电脉冲信号，经信号调理电路整形为等幅脉冲波输入单片机，单片机对脉冲波进行计数。设定的测流时间

本文发表于2011年。

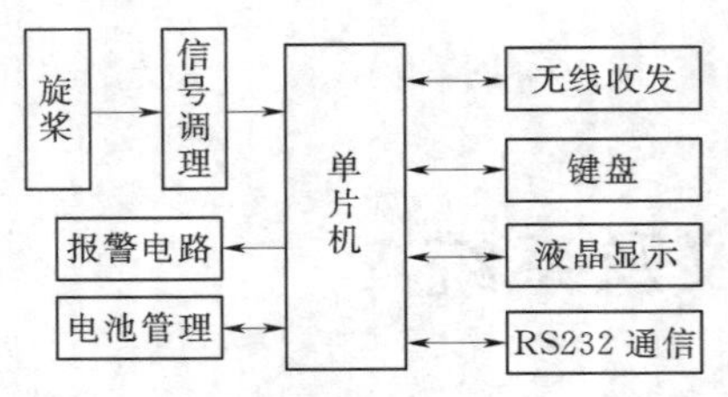

图 1　无线智能流速采集仪硬件框图

到后，单片机计算出流速，并将流速数据和仪器的地址码组合，同时通过无线收发模块接口将数据上传给上位机，做进一步的资料分析。

1.1　单片机选型

MSP430[2] 16 位高速处理单片机多应用于需要电池供电的便携式仪器仪表中。该单片机采用精简指令集（RISC），系统工作相对稳定，处理能力强；运算数度快，具有丰富的外围模块，可减少外设空间体积；开发环境方便高效；并将国际上先进的 JTAG 技术和 Flash 在线编程技术引入 MSP430。这种以 Flash 技术与 FET 开发工具组合的开发方式，具有方便、廉价、实用等优点。MSP430 单片机具有的超低功耗和处理数据功能强大的特点；考虑到仪器采用电池供电方式需降低功耗而且开发方便等特点，选择 MSP430 系列的 MSP430F149 单片机。

1.2　信号调理电路

光电式旋桨流速仪的旋桨叶片边缘上电镀了反光镜片，传感器上端安装一发光源，经光导纤维传至旋桨处，旋桨转动时，反光镜片产生反射光，经另一组光导纤维传送至光敏三极管，转换成电脉冲信号；光敏管在受到一定的光照强度后，由截止改为导通；由于旋桨的制造工艺和外界杂光的影响，光敏管输出的信号是有真有伪极不规则的，必须加以辨别和整形为等幅的脉冲方波[3]。信号调理电路如图 2 所示。来自传感器的输入信号通过三极管电路和反相器变成 0V 或者 5V 的高低脉冲电平信号，可直接送入单片机进行计数。通过 LED 发光二极管的指示可以知道旋桨的转动情况。

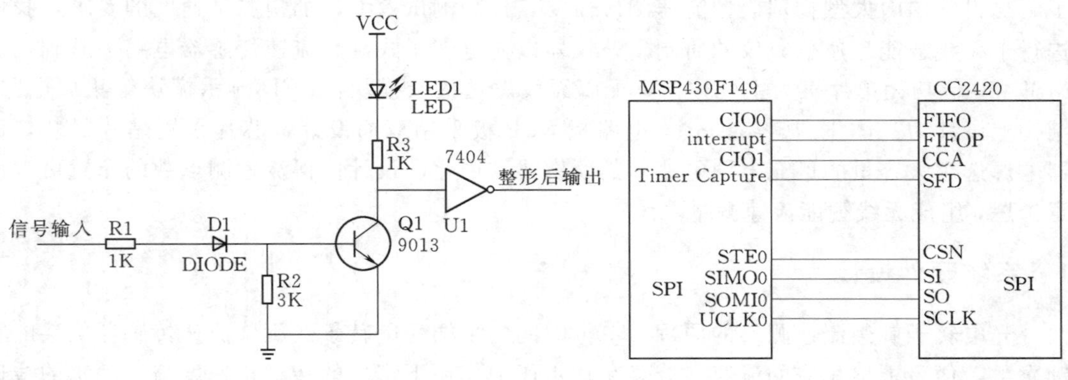

图 2　信号调理电路

图 3　MSP430 与 CC2420 接口电路示意图

1.3　无线收发模块

随着水工、河工物理模型向大型化发展，传统流速采集通常通过 RS—485、CAN 总线通信方式传输至上位机，但这种方式维护较困难，不利于工业现场生产；而无线通信 GPRS 技术传输距离长，通信可靠稳定，但设计复杂、成本高、后期运转成本也高。所以在设计上采用 CC2420 无线收发模块。CC2420 是 2.4GHz IEEE802.15.4 标准的射频收发器，体积小，只需极少外部元器件，性能稳定且功耗极低。非常适合工业监控等应用系统。MSP430F149 单片机与 CC2420 的硬件接口电路示意图如图 3 所示。

MSP430F149 单片机的 SPI 功能口与 CC2420 的 SPI 功能口相连接，通过 SPI 功能口与 CC2420 实现数据的交换和命令的发送等功能。CC2420 的 SFD、CCA、FIFO 和 FIFOP 四个引脚表示收发数据的状态。

1.4 其他功能模块

其他功能模块包括报警电路模块、电池管理模块、键盘输入模块、液晶显示模块、RS—232 异步串行通信模块等。报警电路模块由 LED 灯实现，用于电池低压报警，提醒充电或者更换电池。电池管理模块用于电池的充放电管理及电压监控。键盘输入模块电路功能设计为四个功能键，用于采集仪地址、旋桨 K 值和 C 值系数等设置。液晶显示模块电路设计上采用低功耗的方式，当用户超过 3s 时间没有进行按键操作时，便关掉液晶显示。RS—232 异步串行通信模块用于与 PC 机的通信，方便于无线智能流速采集仪的标定。

2 系统软件设计

无线智能流速采集仪软件包括仪器系统软件和上位机数据处理软件两部分。

2.1 仪器系统软件

仪器系统软件用 IAR 公司的 IAR Embedded Workbench IDE 作为开发平台。采用 C 语言编写代码。采取模块化编程思想，将系统所要完成的功能分为几个核心任务，由主程序进行任务调用，系统的可靠性和实时性得到大幅度的提高。按系统要实现的功能，整个系统被划分为 6 个功能子模块，分别是流速测量模块、无线通信模块、电池电压管理模块及报警模块、键盘输入模块、数据显示模块、RS—232 通信模块。系统主程序流程图如图 4 所示。

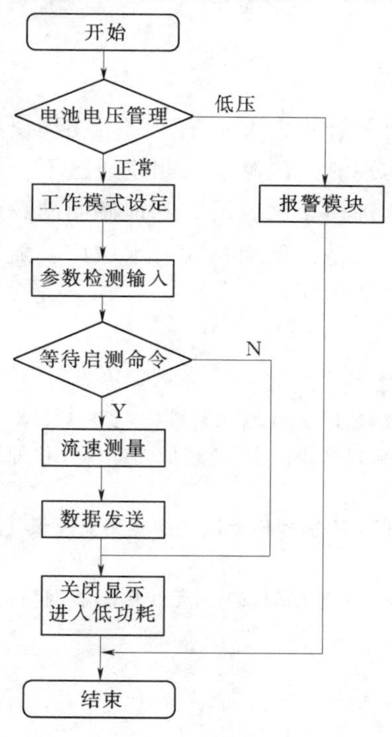

图 4　系统主程序流程图

2.2 上位机软件

上位机软件主要实现功能流速的召测，控制参数设置，数据后处理、统计计算分析和数据管理。采用 VB.NET 编写，基于 Windows XP 开发平台，结合 Visual Acceses 2000 与 Excel 2003。建立无线智能流速测量系统平台。图 5 为上位机软件工作界面截图。

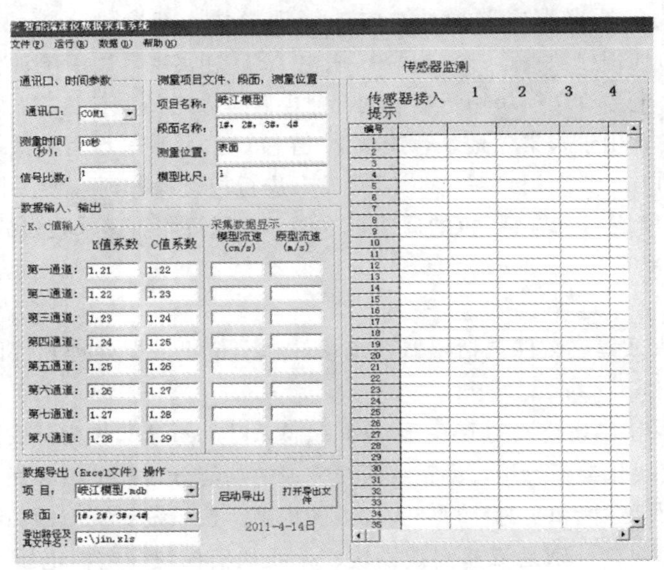

图 5　上位机软件工作界面截图

3　结语

无线智能流速采集仪主要是针对大型水工、河工物理模型试验流速测量设计，无需建设测桥和连接线缆就能快速实现流速的测量。测量通道不受限制，可任意扩展。我国第一个大湖物理模型——鄱阳湖物理模型试验研究基地鄱阳湖湖区模型已建成启用，鄱阳湖物理模型是一个露天模型，其特点是模型面积大，水域广。随着该基地相关课题研究的逐步开展，该仪器也将投入广泛的使用。

参考文献：

[1]　樊宜．八线智能流速仪的研制［J］．江西水利科技，2000（1）：22-25.

[2]　沈建华，杨艳琴．MSP430 系列单片机 16 位超低功耗单片机原理与实践［M］．北京：北京航空航天大学出版社，2008.

[3]　蔡守允，李恩宝．应用于水利工程物理模型试验的旋桨流速仪［J］．水利技术监督，2008（2）：11-13.

[4]　吴新峰，杨瑞峰．基于 MSP430 与 CC2420 的无线传感器网络的硬件节点设计［J］．电子设计应用，2007（7）：117-118.

一种智能化的流速仪率定系统

曾　瑄[1]，陈云翔[2]，樊　宜[1]

1. 江西省水利科学研究所；2. 江西省水利厅

摘　要： 介绍了一种对流速仪传感器——旋桨的自动率定系统，该系统以 80C31 为 CPU，控制异步电机和流速仪，完成对旋桨主要参数的率定。

关键词： 流速仪；传感器；率定

在河、港、水工模型试验，以及某些低流速的原型中，对于流速，尤其是较小流速的测量，微型旋桨式流速仪已获得广泛的应用。而这种流速仪的主要误差来源，就在于其传感器——旋桨。要保持测量的准确性，就必须定期对旋桨进行率定。传统的率定方法（如喇叭口率定法）耗电、费时、且精度较低，已不能满足现代测量的需要。这里介绍一种智能化的流速率定系统，其运用先进的单片计算机技术，克服了传统方法的诸多缺点，具有较明显的实用价值。

这种智能化的流速率定系统设计要求：在一长 17m，宽 1m 的玻璃水槽上，平行固定 2 条等长的铁轨，测量车以手动和遥控两种控制方式在规定区间以规定速度运行，同时启动八线流速仪进行测量，将车速 V 和测量结果 N/T（旋桨的转速）代入公式 $V=KN/T+C$，即可率定出旋桨的参数 K 值（斜率）和 C 值（截距）。由于测车的运行速度的准确性是整个测量的关键，故该系统必有一速度自率定系统。

1　硬件设计

1.1　系统硬件原理

系统硬件原理图如图 1 所示，本系统采用 80C31 作 CPU，根据需要扩展一片 2764 和一片 6264 作为程序存储器和数据存储器。设有四位动态 LED 显示，用以显示测量车运行状况和参数。键盘扫描采用外部中断方式，用以输入运行速度。另外根据需要，可附加掉电保护电路，运行方向开关控制电路，八线流速仪的启动电路（由 74LS138 的输出以外部中断方式控制流速仪的启动）和区间报警电路等。

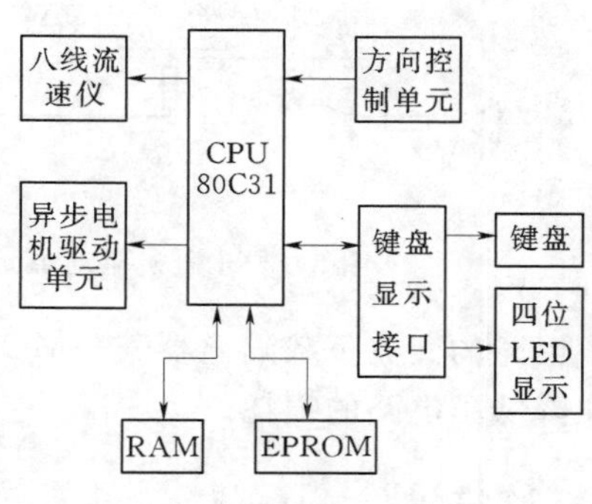

图 1　系统硬件原理图

本文发表于 2000 年。

1.2 运行状况控制单元

运行状况控制单元如图 2 所示，测量车在不同的区间以不同的状态运动，前 3.5m 为加速区，中间 10m 为标准匀速区，也即为测量区，后 3.5m 为减速区。非匀速区速度由系统内定，标准匀速由键盘输入，备区间分界点设置一金属标志，测量车上固定一接近开关 S，当 S 接近界标时（4mm 内），输出电流经光耦给反相器，触发 D 触发器，$\overline{Q}$端输出一低电平，申请中断，中断响应后，由 74LS138 的 Y2 输出低电平至 D 触发器的清除端，Q 恢复高电平，为下次中断准备。启动采用遥控和手动均可的方式。红外接收器 TWH9236 在收到发射器发出的信号后，发出一正脉冲，驱动光耦，经反相后触发 D 触发器。

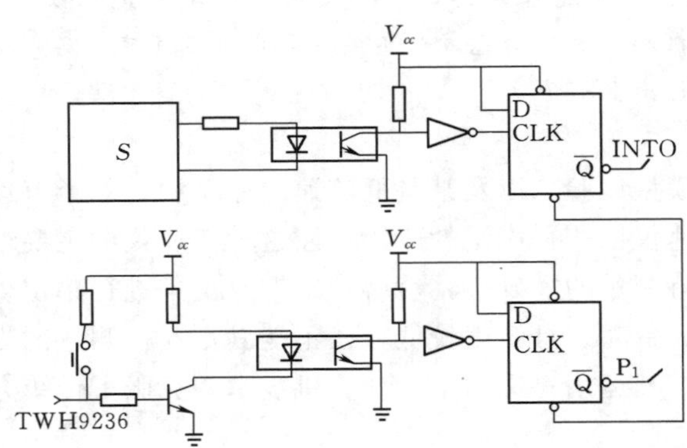

图 2 运行状态控制单元

1.3 异步电机驱动单元

异步电机驱动单元如图 3 所示，测量车由步进电机带动运行，电机的驱动器采用的是与电机配套出厂的 BQH—300 型步进电机驱动器。它采用高压恒流斩波驱动方式，具有高频特性好、输出转矩大、功耗低和运行平稳、噪声小等特点，内部还设有过流和短路保护电路，故不需另设太多的外围电路。唯一的问题在于电机处于暂停状态时，电机的一相或两相始终通电，易烧坏电机，故采用了常用的具有过零检测电路的交流负载隔离器——MOC3041 双相晶闸管隔离器。这样一来，既保护了电机，又降低了电路的损耗。

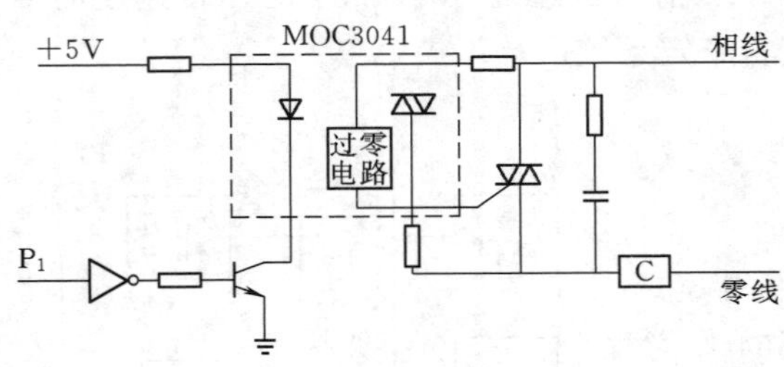

图 3 异步电机驱动单元

2 软件设计

主程序流程如图 4 所示。

在软件设计时，由于测量车的行程的限制，所以它的运行方向的判断就尤为重要，否则测量车出轨，后果就严重了。因此，测量车运行前，软件的开始部分先对方向值进行检查判断是很有必要的。

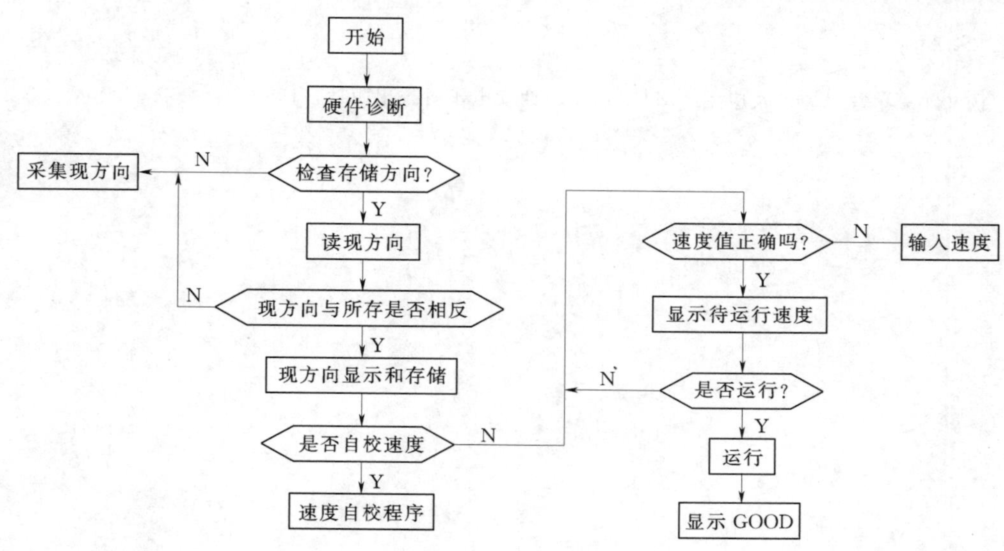

图 4　主程序流程图

3　试运行结果

一般旋桨的率定均需取采样点 8 点以上，故在 2～200cm/s 的速度区间选取了 10 个速度点进行对比测试，将实测速度与理想速度对比后，找出平均误差，然后加以修正，使修正后的速度与设定速度的误差控制在 1%的范围内（见表 1）。

本流速率定系统配合我所研制生产的八线智能流速仪，具有良好的可靠性和稳定性。并经过多次实际运行和反复修正完善，已达到系统误差小，使用简单可靠的设计目标。在水利工程测量领域具有一定的推广应用价值。

表 1　　试验运行与结果修正表

$f_{设}$/Hz	$V_{设}$/(cm·s^{-1})	$V_{测}$/(cm·s^{-1})	$f_{修正}$/Hz	$V_{修正}$/(cm·s^{-1})
40	2.00	1.85	43	2.01
80	4.00	3.72	86	4.02
240	12.00	11.51	250	12.04
400	20.00	19.08	418	12.04
800	40.00	38.64	827	40.08
1200	60.00	58.42	1232	60.12
1600	80.00	77.38	1653	80.14
2000	100.00	96.52	2070	100.5
3000	150.00	144.25	3115	150.8
4000	200.02	192.60	4148	200.8

注　$f_{设}$ 为设定频率；$V_{设}$ 电机频率＝$f_{设}$ 时的理想车速；$V_{测}$ 为电机频率＝$f_{设}$ 时的实测车速；$f_{修正}$为修正后的电机频率；$V_{修正}$为电机频率＝$f_{修正}$时的实测车速。

参考文献：

[1] 杨文龙．单片机原理及应用［M］．西安：西安电子科技出版社，1993.

八线智能流速仪的研制

樊　宜

江西省水利科学研究所

摘　要：详细介绍了八线智能流速仪的设计原理、硬件结构、软件结构及特点。

关键词：多线；单片机；流速仪

多年来，由于受到测验设备的限制，流速场的测定多是采用单点或多点的非同步检测，检测结果经人工整理后再绘制出流速图，这不仅费时费力，且当流速随时间变化时，更得不到真实合理的测量结果。随着电子技术和计算机技术的日益发展，单片计算机这一高新技术的应用已进入各行各业。为了满足目前国内流速测量的需要，提高测试精度，加快测试速度，我们进行了智能流速仪的研制。该仪器以单片计算机为主处理器，配以LCD显示模块等大规模集成电路和光电转子流速传感器，能够自动完成8个通道流速数据的自动处理，通信传输和打印。经现场试验表明，该仪器性能可靠，测试精度高，操作简单，体积小，功耗低，适用性广泛，性能价格比高，不失为流速测量中的有效设备。

1　设计原理及要点

1.1　设计原理

旋桨式光电传感器是一种线速度—角度的传感器，旋桨在动水压力作用下产生的转动角速度与此动水的线速度之间有下式关系：

$$V=Kn+C=KN/T+C$$

式中：V 为流速；n 为旋桨转动的频率；K 为传感器的比例系数；C 为旋桨的修正值；T 为计测旋转转数所用的时间；N 为在 T 时段内的旋桨转数。

所以，只要在一定时间内，测到旋桨的转动次数，便可求出相应的流速。

1.2　时间修正

由上式可知，在启动计时器闸门的瞬间，旋桨的转动周期恰好来临，以及关闭计时器闸门的瞬间，转动周期恰好结束，即 N 与 T 恰好对应，这时，计算出的流速比较精确。但是由于流速仪旋桨的转动是随机的，实际测量中不大可能在启动计时器闸门时，信号有效。通常会出现一个脉冲信号的绝对误差，如图1所示。

这一信号的误差，从 $V=K/T\cdot N+C$ 可知。在 K 值较小，T 值又较大时，对流速的影响不大。但实际上，大多数流速传感器的 K 值范围在（1.2～5.3），测流历时 T 为5～

本文发表于2000年。

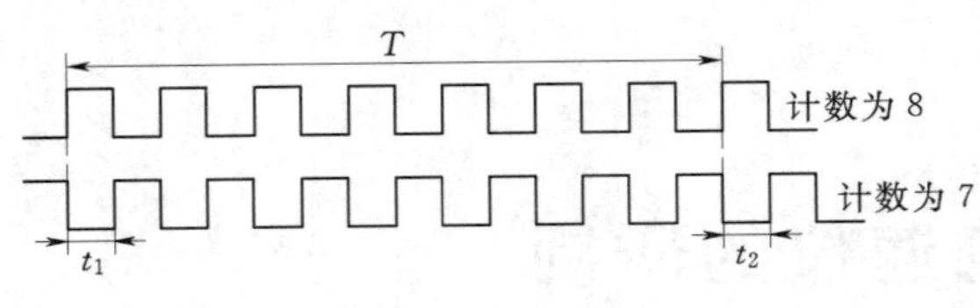

图 1　脉冲信号

10s，这样，一个信号引起流速的误差就存在一定的影响。为了避免计数法在实测中存在的这一固有误差，在设计中对测量时间 T 进行了修正。即从启动计时器闸门始至出现的流速脉冲信号前沿之间的时间为 t_1，关闭计时器闸门后出现的流速脉冲信号前沿之间的时间为 t_2。则取测流历时 $T_s=T-t_1+t_2$。这时，测流历时为流速传感器转动周期的整数倍，消除计数法测流速中的一个信号之差所造成的误差，提高了测量精度。

1.3　计数原理

通常的计数大都是采用专门的计数电路来完成。八路计数就得用 8 套计数电路来完成，这显然是不现实的，不仅增加了成本，而且提高了仪器的故障率。采用查询 8 路流速仪传感器电位的方式来进行计算，即将 8 路流速仪传感器的电位同时一次采入，逐点与上次采入的电位进行比较，查询到电位是从低电平到高电平，则计加一次。流速仪对全通道的测试要完成选通、采样、电位比较，存储、计数等，完成这么一个循环所需的时间为巡测周期。这个时间的大小是由上述指令的长短以及 CPU 的速度（机器周期）所决定，只要巡测周期远远小于最大流速状况下信号脉冲的脉宽，就可保证测计信号的可靠性和准确性。

2　硬件设计

在硬件电路的设计时，本着可行、可靠，能由软件完成的就尽量由软件来替代硬件的原则，为此，仪器的硬件结构简单，这不仅仅是节省了成本开支，更主要的是提高了仪器的可靠性。

图 2 为智能流速仪的硬件方框原理图。它由 80C31 为核心的单片微机最小系统：流速的转数采集电路；数据掉电保护电路；显示和键盘；RS—232 串行通信电路；打印机接口等所组成。仪器的测流过程根据设置分为 2 种：

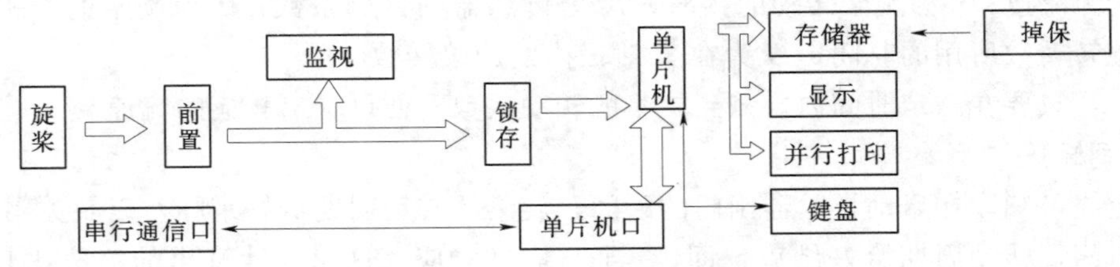

图 2　智能流速仪硬件框图

（1）光电旋桨传感器发出光电脉冲信号，经前置整形电路整形为等幅脉冲波，经转数采集接口读入单片机，单片机根据设置的测流命令而不断地读入传感器的信号，并分析、处理，直到测量时间停止，然后进行计算，并将结果存储、显示、输出打印。

（2）单片机在设置的测流时间内，不断地采入传感器的转数，测流时间到后，即将采入的转数传送至单片机Ⅱ内存放（以供计算机随机读入），尔后，又进入下一个测流，周而复始，直到测流结束。

2.1　80C31 单片微机最小系数

智能流速仪的单片微机最小系统由 80C31 单片机、27C64 程序存储器、74HC373 八 D 锁存器所组成。由于在可能最大流速的条件下，旋桨叶轮反光面产生脉冲的宽度只有 1.2ms，为了保证仪器对八路传感器巡回扫描一次所用的时间小于 1.2ms，所以，仪器采用了 12MHz 的石英晶体，以提高 CPU 的工作速度，这时的机器周期为 1μs。

2.2　数据掉电保护电路

由于每路流速传感器的 K 值和 C 值均不同，在一段时间内，如果在每路流速仪传感器不变动的前提下，为方便操作，希望将各传感器的 K 值、C 值和设备的测量参数存储在仪器内，以便下一次测量流速时不需要再重新输入设置。而且，还希望能将测量的结果存储在仪器内，以便作进一步分析处理。单片机的内部虽有 RAM，但容量很小。只有 128 个字节，无法存储这么多的参数。所以，仪器需要存储和掉电保护电路。

2.3　点阵液晶显示器

作为人机对话之一的显示器，是反映仪器工作现状的窗口，以往大都采用 LED（LCD）笔划式显示器。它只能显示数字和极少量的字符（字符形状也很难看）。随着仪器智能化程度的提高，需要显示的内容更为丰富。点阵式 LCD 显示器是新一代的显示器。它通过液晶点阵的组合，能显示出大量的字符。采用了 DMC1601 字符式点阵模块，它由点液晶，字符存储器，点阵驱动器及控制电路构成。通过 LCD 显示器，完整的显示出仪器工作现状和操作说明，极大地方便操作者的操作。

2.4　流速的转数采集电路

流速的转数采集电路由图 2 可知，主要由前置整形、信号监视和采样保持等电路所组成。

2.4.1　前置整形和信号监视电路

流速仪传感器为光电传感器，光敏管在受到一定的光照强度后，由截止改为导通，由于旋桨的制造工艺和外界杂光的影响，光敏管输出的信号是有真有伪极不规则的，必须加以辨别和整形为等幅的脉冲方波。前置整形电路的输出送到 3DG 晶体管和 LED 发光管组成的信号监示电路。通过 LED 的显示，可知相对应的通道工作情况。

2.4.2　转数采集接口

对于脉冲信号而言，都存在一个上升时间和下降时间，对该脉冲进行测试，若测试频率比较低，则可不考虑这一因素，但若测试频率比较高，对此上升沿和下降沿必须加以考虑。用软件来查询输入的脉冲信号状态，若采入信号的瞬间恰好处于脉冲信号的上升或下降沿之中，即输入端输入的电位不确定，计算机便不能做出正确的判断。为此，我们采用先对要采入的信号进行锁存、输入信号是“0”还是“1”，由硬件电路来完成，锁存以后，计算机再采入。

2.4.3　恒流源电路

目前所用的流速仪，大多采用稳压源来提供给传感器发光器件的电能，这样，在改变传感器至仪器之间传输线的长度后，传感器端的电压就会发生变化，从而改变了传感器的信号强度，需要重新调整，特别是对多通道的仪器来说，若每个通道的供电电压都要调整，则仪器的使用不方便。为此，不是采用稳压源而是采用恒流源，这样，不管仪器至传感器之间的传输连接如何变动，发光器件的电流是恒定的，从而其发光强度不变，传感器的工作特性就不会发生变化。

3　软件设计

硬件只是仪器的骨骼，而软件则是血肉。所以仪器设计是否卓越，性能如何，除受硬件的影响外，在很大部分取决于软件的设计。鉴于本仪器的关键之处是在设定的时间内，准确地记录出流速仪传感器在水流的冲击下所产生的脉冲数。其次，再根据一些具体的参数，计算出相应的流速。为此，在编制软件中，力求测量时准确可靠、性能功能齐全、操作简单。其主要有如下特点：

（1）硬件软化：用最精简的硬件结构与面板操作、最大限度地完成各种输入和输出、数据的采集、处理、存储和通信。

（2）具有对仪器本身的硬件进行自诊断，增强了对仪器的可信度。

（3）整个软件采用模块拼接法，各主要的执行模块独立编写成一个程序库，各模块之间设有软件陷阱，并在关键之处，采用指令冗余措施，进一步增强仪器的抗干扰特性。

（4）灵活地运用子程序嵌套调用及位处理技术。

由此可知，整个软件为主干程序、前期程序、测流程序、后期程序 4 个部分。

3.1　主干程序

仪器上电后，首先对 80C31 的各种功能和存储器 62C64 等硬件进行自检，若自检未通过，显示器便显示出“!!! ERROR!!!”（自检报错）等待排除，自检通过便显示出“Welcome use”（欢迎使用），此时，仪器处于等待命令状态，在操作者发布命令后，仪器进入相应的程序模块执行命令。命令执行完后，仪器会显示出“Please next work”（请输入下一步工作命令），仪器又回到等待命令状态。

3.2　前期程序

所谓前期程序，是指仪器要完成各项任务时应先做的前期工作。就本仪器而言，要完成 $V=KN/T+C$ 这项任务，必须先将 K 值、C 值、测量时间、测量次数以及测次的间隔时间、传感器的信号比数，模型比尺等参数设置在仪器指定的区域，以便 80C31 调用。同时，由于仪器具有掉电保护功能，前次预置的各项测验参数仍然保留在仪器内，若本次测验参数与前次一致，则只要对仪器内的参数逐一进行检查，看其是否发生变动，如未发生变动，则不用重新输入，所以，前期程序为预置和检查这些参数的子程序。

3.3　测流程序

从设计原理中可知，在对测量时间进行修正以后，测流的关键取决于计时和计数软件的准确性和可靠性。该部分所做的工作主要有：

（1）测流期间，显示器以“work in* ”显示出当前的测次，以使操作人员知道仪器当前工作的情况。

（2）采集输入信号之前，先将输入信号进行保持，以免采入信号过渡期的电平信号；采集输入信号之后，释放输入端口，为下一次采集做好准备。

（3）准确地判断输入信号的真伪，真信号为 2 个条件：不仅信号电平发生变化，且信号电平是从“0”跳变为“1”。只有真信号，计数器才计加一次。

(4) 各个测流通道均从启动测流的瞬时即计时闸门打开后开始，到收到第一个真信号的瞬间止为 t_1，并存放到相对应的存贮区。

(5) 在每次测流结束后，公式 $T_s=T+t_2-t_1$ 计算出各通道本次测流的实际时间。

(6) 在规定的测量次数结束以后，按公式 $V=K\cdot N/T+C$ 计算出每次各通道的流速、运算误差 $<0.1\%$。

(7) 与计算机的串口通信，采用全双工的通信方式，主动权在计算机方。首先由计算机发出呼叫号、仪器采用中断方式，接收到呼叫号、判断该呼叫号是否呼叫本机通道，是则将本机通道采入的转数送出，否则退出。

3.4 后期程序

所谓后期程序，即测流以后的一些工作。主要为测流结果的显示、打印、原型流速的计算等。

3.4.1 显示模块

在测流结束后，测流的结果一是可采用打印输出的方式，另外，就是通过显示器来逐点显示，以便笔记。由于显示器采用的是 16 位点阵式液晶显示器，从而可同时显示出某个通道某一次的转数和流速。显示的格式为#：$Nn=\times\times\times$ $V=\times\times.\times\times$（#为流速仪道号 1～8；$n$ 为测次序号；N 为转数；V 为流速。）

在显示模块中，通过（↑）上升键，（↓）下降键，（*）测次/通道转换键，可随意选择显示某通道中某一次的转数和流速。

3.4.2 打印输出模块

TPUP - T16 打印机，一行可打印 16 个字符，恰好与显示的格式相一致。程序比较简单，只要按顺序将通道号、测次号以及对应的测量结果送入打印机即可。

3.4.3 原型流速显示模块

在试验中，有时需要将测到的模型流速以原型流速表现出来，以便直观，可及时验证模型参数，为此在仪器内设置有原型流速显示模块。

该流速仪为八路低功耗智能流速仪，具有同步采集和自动处理、显示功能，并能根据被采信号对采集时间自动进行修正，进一步提高测试结果的精度。该仪器除用于流速测量外，还可作为低频的通用计数器和频率计用于其他场合，且该仪器若外接 V/F 转换器，也可用于模拟量的数据采集。

参考文献：

[1] 周航慈．单片机应用程序设计技术 [M]．北京：北京航空航天大学出版社，1991.
[2] 何为民．低功耗单片微机系统设计 [M]．北京：北京航空航天大学出版社，1989.

测定土的双向渗透系数的仪器装置和方法

冯郭铭，付琼华

江西省水利科学研究所

摘　要： 天然层状土或土坝中的水平成层填土的渗透具有各向异性，针对目前测量土的渗透系数的试验仪器的局限性，笔者研制了一种能测定土的双向渗透系数的仪器装置；经过试验比较，该仪器能较准确地测量同一土样水平及垂直向的渗透系数，并能在各种渗透坡降下测量。此方法简便，设备简单，能满足目前土工试验规程的要求。

关键词： 土的各向异性；双向渗透仪；水平渗透系数；垂直渗透系数

1　引言

天然层状土的层状结构，是有规律的沉积层，一般是水平成层的；碾压土坝中，土体的分层填筑形成水平分层；因此，土的渗透具有各向异性，这种各向异性性质对黏性土的渗透固结和土坝的渗流分析都有很大影响。

过去对九江等地几批试样测定土的各向异性渗透，是采用环刀切取水平向与垂直向的试样来测得，由于送来试样是钻孔取样，切取的试样不在同一层面，土层的结构不同，使得有些试验成果异常，垂直渗透系数大于水平渗透系数，致使对资料分析、应用带来困难。为此笔者设计了一种能排除各种试验误差，测定土的垂直与水平渗透系数的试验仪器，这种仪器能满足下列要求：

（1）能用同一试样测定土的水平与垂直向渗透系数，以确定渗透比值。

（2）整个系统是密闭的，测流测压都不受蒸发的影响。

（3）能保持常水头，并能在小比降下进行试验。

（4）能施加反压力，以使试样得到充分饱和。

（5）试样与仪器接触界面之间不漏水。

2　仪器设备与测试方法

2.1　仪器设备

根据试验要求，在三轴仪上进行了一些改装，成为能测定土的双向渗透系数的仪器，其装置线路如图1所示。整个系统由压力室、渗透压力装置、反压力装置、孔隙水压力与周压力装置、测流与测压装置以及切土器、饱和器、承膜盒等组成，现分别叙述如下。

本文发表于1997年。

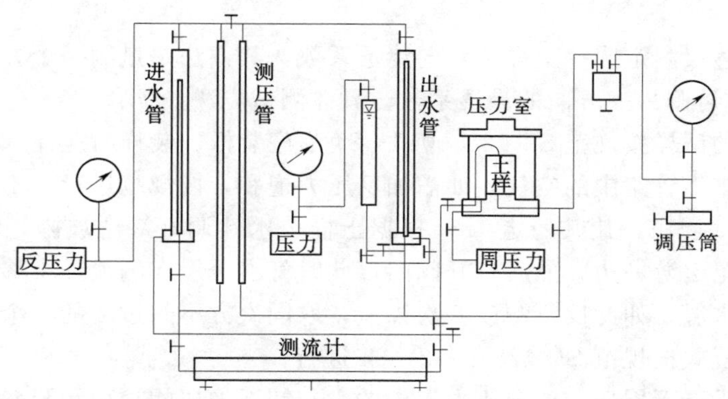

图1　测定土的双向渗透系数的仪器装置

(1) 压力室：利用三轴仪的压力室，土样置于其中，尺寸为50mm×50mm×50mm的立方体，试样底座为50mm×50mm正方形，透水石、加压帽与底座相同均为方形。

(2) 渗透压力装置：由出水管与进水管组成，出水管固定，进水管能上下移动，以便调节所需的渗透坡降。

出水管是由100cm^{3}量管与有机玻璃组成，量管置于有机玻璃筒内，中间用橡皮密封。出水管下端有二孔：一孔连接供水筒，以保持量管中水位，供水筒的另一端与压力调节阀连接，使供水筒内水压力大于出水管。供水量大小根据土的透水性由压力调节阀调节，并与孔隙水压力装置连接，作为上游水头；另一孔是排放量管中溢出的水，该孔与供水筒连接，作为补充供水筒的水源。

进水管采用三轴仪中体变管，安置在上下能移动的板上，用来控制渗透坡降。进、出水管均与反压力装置连接。该装置能保持常水头，能在小比降下进行试验，又能在大比降下进行试验。

(3) 测流与测压装置：由测流计与测压管组成，测流计采用长50cm，断面积分别为0.113cm^{2}和0.03cm^{2}两种规格的塑胶管，两管之间安有一刻度尺，用以测读测流计读数。测压管采用直径3mm的透明塑胶管，上游水位测压管与出水管连接，下游水位测压管与进水管连接。

(4) 反压力装置、测孔隙水压力装置、周压力装置均是利用三轴仪的装置。

(5) 切土器：由底板上安有2块可在底板上移动、宽50mm夹板和中间可旋转的50mm×50mm方形钉板组成，切土时将土样置于钉板上用夹板夹住，切削时必须保护土样的四个角，切成50mm×50mm×50mm的立方体后，取出置于饱和器中。

(6) 饱和器：由4块内直外有斜度的边板和套圈组成，装样时将土样置于一块平板上，四块边板贴在土样四周，注意所测的渗透方向应与边板上标明的渗透方向一致，将套圈向下压紧，削去两头多余的土，垫上滤纸透水石，用夹板夹紧即可进行饱和。

(7) 承膜盒：承膜盒尺寸为53mm×53mm×50mm，两头无盖，内壁有纵横连通宽3mm深0.5mm的槽，四角有深2mm的凹槽，一侧装有抽气孔与槽相通，用以排除橡皮膜与盒之间的空气。

2.2 测试方法

用该双向渗透仪测定同一土样的双向渗透系数，其方法是量测一个方向的渗透系数值后，转动试样90°再测另一方向的渗透系数。具体测试方法如下：

（1）将饱和的试样按规范SD 128—016—84程序装样，装样时应注意测试方向，防止搞错，装好样后排出管路中的空气，如需加反压力饱和，按规范进行。不加反压，先对试样施加10～20kPa周压，让其稳定1h，根据土样透水性调好渗透坡降，调平测流计，将测流计中气泡移至上游一边，然后打开阀门，此时气泡缓缓在测流计中移动，即可开始进行试验，并测记水温，如此反复测读6次以上，取同次方不超过2的4个数值，求其平均渗透系数，计算公式按规范SD 128—012—84进行。

（2）测试完后降下周压，放掉压力室中的水，卸下加压帽，用承膜盒使橡皮膜与土样分离，然后将土样连同透水石一起拿起转动90°，此时的方向应与所测方向一致，重换橡皮膜（如测同一方向，土样不动，但必须重换橡皮膜），操作时必须细心，橡皮膜必须紧贴承膜盒（尤其是四个角）以减少对土样扰动，再按上述方法进行试验。

2.3 试验值的校正

由于土样的装卸、测试次数的重复以及周压力的影响，使土样的孔隙减小，渗透系数也逐渐减小，因此必须进行校正，假定土样测试次数与测试值之间是直线关系，按下列方法进行校正：

（1）先测垂直渗透系数 K_y，将土样转动90°后测水平渗透系数 K_x；然后再测一次水平渗透系数，将水平向二点的连线延伸到 y 轴上，其交点即为校正后的水平向渗透系数，参见图2。

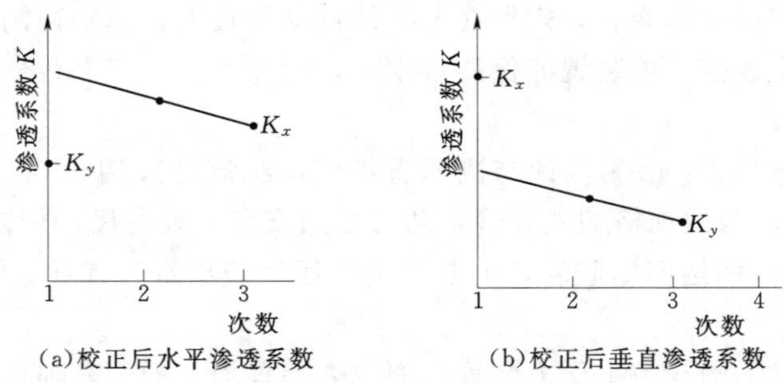

图2 渗透系数-土样测试次数图

（2）先测水平渗透系数 K_x，再测 K_y，原理同（1），可得校正后的垂直渗透系数。

为验证这种方法是否正确，笔者进行了两种不同方法试验比较，取试样干密度为1.54g/cm^3。第1种方法是同一方向连测4次数值，第2种方法是先测水平向渗透系数 K_x，转动90°后连测2次垂直向渗透系数，再转回测2次水平向渗透系数，试验结果如图3所示。从图中可看出，第1种方法2、3、4三点的连线交于 y 轴上渗透系数为 1.69×10^{-5}cm/s，与测点1的渗透系数 1.57×10^{-5} 只差0.11，且三点基本在一直线上，第2种方法将4、5两点的连线交于 y 轴，得到渗透系数为 1.20×10^{-5}cm/s，与测点1的渗透系数相差0.23。可见，两种方法校正后的值与第1次测的值相差很小，均在规范允许误差范围内。第 2 种方法垂直向渗透系数差值为 1.69，水平向差值为 1.67，这证明不管是先测垂直渗透系数，还是先测水平渗透系数，再固结对渗透系数的影响是相等的，也说明这种假定关系成立，用这种校正方法是可行的。

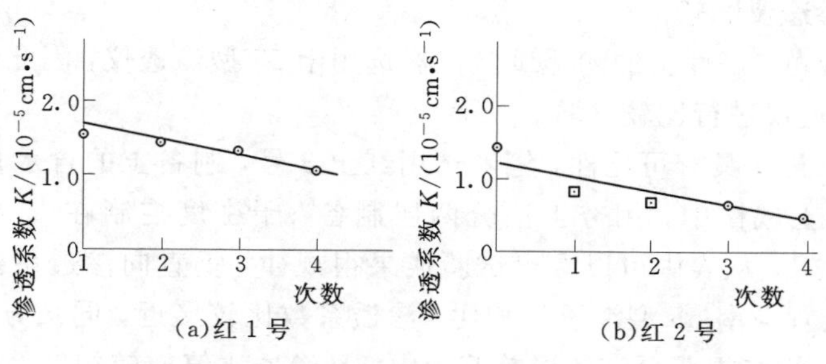

图 3　两种不同方法试验结果

3　仪器校验

为验证设计的仪器装置的可靠性，进行了一系列试验，现分述如下。

3.1　土样制备

用压样法制备土样，干密度控制为 1.60g/cm³ 和 1.65g/cm³ 两种，然后按规范进行饱和。

3.2　试验方法

试验分加反压和不加反压两种，先进行不加反压渗透试验，干密度为 1.60g/cm³ 的土样，渗透坡降控制为 0.5、1.0、2.0、3.0、4.0，干密度为 1.65g/cm³ 的土样，渗透坡降控制在 0.5、1.0、2.0、3.0、4.0、6.0、8.0、10.0 下进行试验，然后下降渗透坡降至 0，按规范 SD 128—016—84 进行加反压饱和，再进行试验，所测成果以渗透流速为纵坐标，以渗透坡降为横坐标绘制图 4，从图中看出，大多数点都呈线性关系，只有少数点略有偏离，说明仪器的精度还是令人满意的。同时还可看出，对土样施加反压力后，可以在较低的渗透坡降下测得稳定的试验成果，$V-i$ 曲线由原来有起始比降变为通过原点，且起始比降随干密度增大而增大。此外也可看出，干密度为 1.60g/cm³ 的土，由于易饱和，

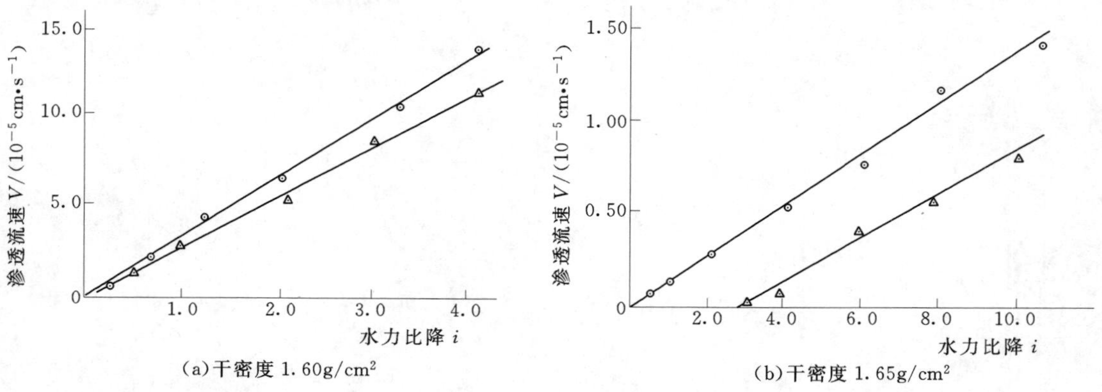

图 4　渗透流速与渗透坡降关系图

○—加反压力 20kPa；△—未加反压力

所以加反压与不加反压的渗透系数很接近，两者最大值与最小值相比为1.64。干密度为1.65g/cm^{3}的土，由于抽气法不易饱和，最大值与最小值之比为21.2倍，饱和度对土的渗透系数影响很大，也证明该装置测的成果合理且规律。

3.3 与南55型渗透仪比较

按目前试验规范，黏性土的渗透试验仪器选用南55型渗透仪，因此将设计的双向渗透仪器与南55型渗透仪进行比较试验。

为使试验成果规律具有可比性，笔者选用红土3号，制备土的含水量为20%，试样在15cm×15cm混凝土试模中，用夯击法分两层制备，干密度控制在1.55、1.60、1.65三种。试验成果见表1，从表中可以看出试验成果很规律，垂直向渗透系数均小于水平向渗透系数，本仪器装置与南55型渗透仪相比，渗透系数比较接近，同次方最大差值为1.86，最小差值为0.52，均在规范允许的误差范围内，且渗透比值亦较规律，所以认为本仪器装置测土的双向渗透系数值可靠，精度亦令人满意。

表1　　红土3号试验渗透系数成果　　cm/s

干密度/(g·cm^{-3})		1.55	1.60	1.65
K_y	南55型	1.11×10^{-4}	3.50×10^{-5}	4.75×10^{-6}
	本装置	1.63×10^{-4}	4.71×10^{-5}	6.29×10^{-6}
K_x	南55型	4.19×10^{-4}	2.65×10^{-4}	1.69×10^{-5}
	本装置	3.14×10^{-4}	1.90×10^{-4}	3.44×10^{-5}
渗透比 K_x/K_y	南55型	3.77	5.57	3.56
	本装置	1.93	4.03	5.47

4 结语

用本仪器装置和测试方法能测定土的双向渗透系数，试验成果比较精确、合理，仪器操作也比较方便，整个试验过程在密闭系统中进行，避免蒸发，同时能施加反压力使土样中残留气体溶解于水，有利土样饱和。而且能在大渗透坡降和小的渗透坡降下进行试验，测试范围广，但不适用于含水量较大的软黏土。

JS—B 型精密水位仪的研制

樊　宜

江西省水利科学研究所

摘　要： JS—B 型精密水位仪，以单片计算机为核心；在保持测量分辨率为 0.01mm 的同时，能在测量过程中，提供最高水位、最低水位、时段平均水位、瞬时水位以及根据模型比尺提供出原型水位；并具有标准的 RS—232C 接口，是水工、河工、港工模型试验中水位、潮位测量的“智能”型仪器。同时，为单片机的应用拓宽了道路。

关键词： 水位；多功能；计算机

1　引言

我所原研制的 JS—A 型精密数字水位仪，设计新颖、结构简单、灵敏度高、抗干扰能力强，尤其测量精度比国内现有同类产品提高了一个数量级、分辨率和重复性达 0.01mm。

但由于该机研制时间比较早，计算机技术在仪器中的应用还不普及，因而 JS—A 型水位仪选用的是 PMOS 元器件，其输出电平不能直接于微机传输，以致在微机蓬勃发展的今天，给联机带来不便。

为此，我们在 JS—A 型水位仪的基础上，应用 MCS—51 系列的单片机作为控制器件，使仪器在保持原有优点及精度的基础上，性能又有了进一步的提高。同时，仪器还具有判断、存储、处理等功能；能在一次测量过程中，自动提供最高水位、最低水位、时段平均水位和瞬时水位；且能根据所提供的模型比尺，自动计算出原型水位数据；并具有标准的 RS—232C 接口，能将测量的数据直接传送至 IBM—PC 机存储，以便处理、分析。

2　硬件设计部分

本仪器主要由单片机、存储器、输入电路、键盘、显示器和电机控制电路等组成，如图 1 所示。

2.1　扩展 EPROM 的接口

单片机的程序存储器一般采用 ROM 芯片，程序一旦写入，不能随意改变，掉电后程

参加本仪器研制的人员还有：易建州、曾煊、程光生、刘惠芳。

本仪器在水工功能开发方面，得到江西省水利科学研究所水工室高级工程师毛孝玉同志的指导，在此表示感谢！

本文发表于 1992 年。

序信息也不会丢失。而 8031 内部无 ROM，需在外部扩展程序存储器。根据程序的大小，选用了 2732，其为 4KB 的 EPROM，74LS373 作地址锁存器，接口如图 2 所示。

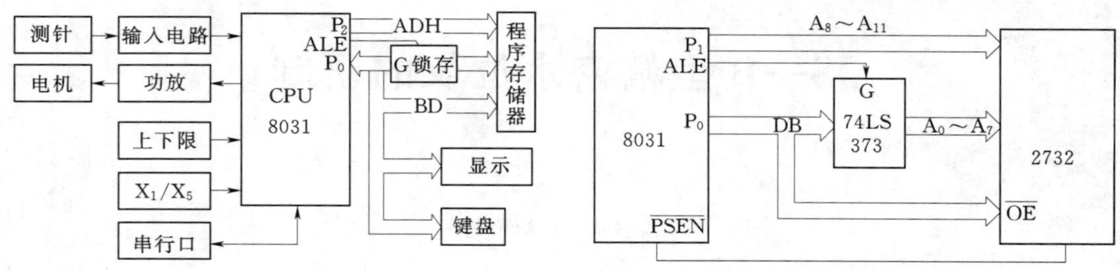

图 1　JS—B 型水位仪电路框图　　　　图 2　EPROM 接口原理图

根据单片机的时序可知，有效的地址信号是在 ALE 信号为高电平时，同时出现在 P_0 口和 P_2 口的信号。锁存器 LS373 的使能端（G）的控制由 ALE 掌握，在 ALE 为“1”时，P_0 口输出有效的地址信号，74LS373 的输出跟随输入变化，在 ALE 为“0”时，74LS373 将输入状态锁存，保持输出不变。在 $\overline{PSEN}$ 有效时，选通 2732 程序存储器，取出相应地址单元的指令。

2.2　键盘/显示接口

在微计算机的应用系统中，一般都要利用键盘接收数据和命令，用键盘控制、管理系统的运行，利用显示器来显示运行的情况及结果。因此，显示器、键盘通常是必不可少的部分。键盘/显示电路所采用的方式方法比较多，既有静态输出的，也有动态扫描的，还有专用的键盘/显示芯片（8279）。本仪器采用了动态显示和键盘扫描电路，使仪器在结构上比较简单，且应用上却十分方便。电路如图 3 所示。

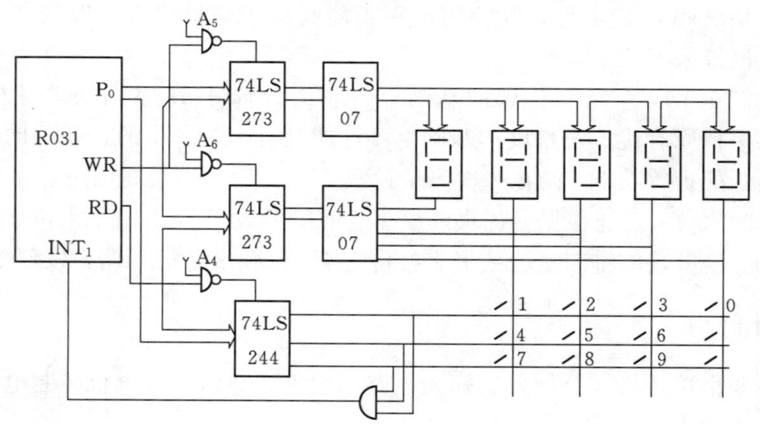

图 3　键盘/显示接口电路图

其中两片 74LS273 用作扩展 P_0 输出口，一个输出段选码，一个输出位选码；74LS07 是集电极开路芯片，用来增强负载能力，而且输出的位选码同时还作为扫描键盘的列信号；74LS244 是作为行信号的输入口。8031 单片机根据不同的行、列信号，就可知道有无键合上以及哪个键合上，与键值对应的权码是唯一的，只与键盘的位置相关，仪器键盘排列所对应的权码见表 1。

表 1　　权码表

键盘上的符号	0	1	2	3	4	5	6	7	8	9
特征字	18	11	12	14	21	22	24	41	42	44

8031 单片机对显示/键盘的管理工作，采用的是对外部数据读和写的方式。显示器的段码输出和位码输出是写的过程，由单片机的时序可知，当有效的$\overline{WR}$信号和锁存在 74LS373 中的地址信号 A_5（A_6）与非后，选通 74LS273，将段码和位码输出；取出键盘的行信号，则是读的过程，同样，当有效的 RD 信号和锁存在 74LS373 中的地址信号 A_4 与非后，选通 74LS244，将键盘的行值信号输入到单片机的 CPU 中。

2.3　步进电机的接口

这是将来自单片机的脉冲信号转变为电机的旋转信号，从而带动测针上下直线运动。对这部分电路的要求应是运行平稳、可靠，同时应有足够的功率；只有这样，才能保证电机运行时不丢步。由于选用了自激式步进电机和新型功率管，使仪器的传感器部分尺寸小，功耗低，电路简单。整个接口电路如图 4 所示。

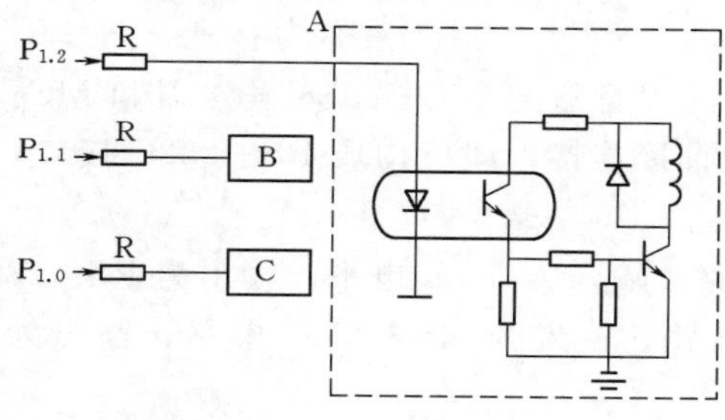

图 4　接口电路图

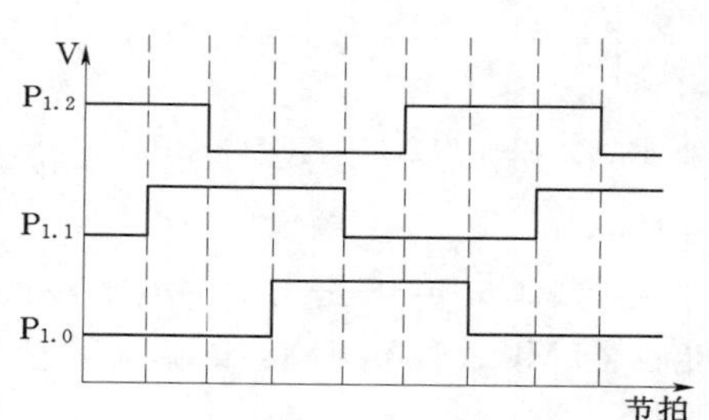

图 5　$P_{1.0}$、$P_{1.1}$、$P_{1.2}$输出波形图

电机的控制信号由 P_1 口输出至光电隔离器，通过光电耦合，使步进电机的强电部分与微机系统的弱电完全隔离开，这是保证系统工作可靠的关键环节。驱动信号经电流放大后，驱动步进电机工作。

根据三相六拍的环路分配规律，电流放大部分应按下面顺序循环工作：A→AB→B→BC→C→CA→A。这里设定 $P_{1.2}$ 口输出为 A 相，$P_{1.1}$ 口输出为 B 相，$P_{1.0}$ 口输出为 C 相。$P_{1.0}$、$P_{1.1}$、$P_{1.2}$ 输出的波形如图 5 所示。步进电机工作状态真值表及相应数字量的对应关系见表 2。

表 2　　步进电机工作状态真值表

循环状态	二进制码								十六进制码
	P_1								
	7	6	5	4	3	2	1	0	
A	×	×	×	×	×	1	0	0	FCH
AB	×	×	×	×	×	1	1	0	FEH
B	×	×	×	×	×	0	1	0	FAH
BC	×	×	×	×	×	0	1	1	FBH
C	×	×	×	×	×	0	0	1	F9H
CA	×	×	×	×	×	1	0	1	FHD

步进速度是由每输出一种状态后的延时时间决定的，在需要改变速度时，只要改变延时时间常数。该延时时间常数由键盘设置，仪器速度分为10挡（见表3），实际上可无级调速，现受键盘控制。

2.4 输入变换电路

输入电路是将传感器感知的水面非电信号，转变为电控制信号的电路，是决定仪器性能的关键部分。为了准确地、及时地反映水面信号，要求输入电路具有避免测针极化，抗干扰能力强，灵敏度高。利用文氏振荡电路可达到上述要求，并将水与测计间电阻值的变化，转换为“0”、“1”数字量送至 $P_{1.3}$ 口。CPU通过查询 $P_{1.3}$ 口的状态，便知测针是否触水，而决定测针运行的方向。

2.5 RS—232C串行接口

RS—232C串行接口，是微机系统中常用的外部总线标准接口，以串行的方式传送信息，传送的距离不大于15m，传输速率不大于20kb/s。采用的是负逻辑，信号电平在－15～3V之间为逻辑“1”，又称为断开；信号电平在＋3～＋15V之间为逻辑“0”，又称为接通。将MCS—51单片机的串行口与MC—1488发送器和MC—1489接收器直接连接，即可构成RS—232C接口。电路如图6所示。

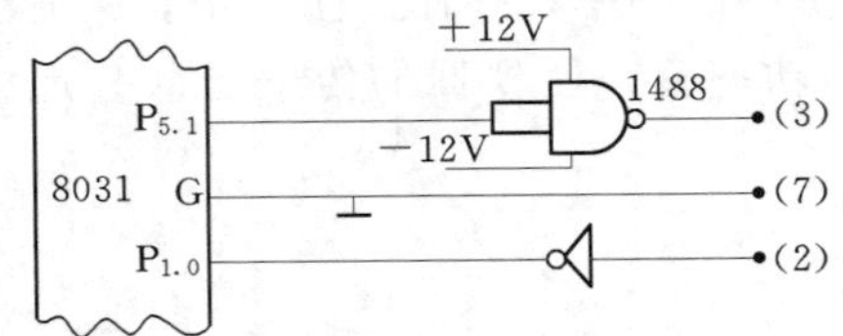

图6 RS—232C串行接口

发送器MC—1488是发送端电平转换电路，输入为TTL电平，输出为RS—232C电平；接收器MC—1489是接收端电平转换电路，输入为RS—232C电平，输出为TTL电平。

3 软件设计部分

软件设计的主要任务是编制一个监控程序，由它根据各个外部设备输入的信息，而发出不同的机器控制指令来协调，控制各个单元电路的工作。

整个监控程序由4.0KB组成，分为监控主程序、多功能程序、中断服务程序。

3.1 监控主程序

监控主程序实际上是仪器的流程程序，它要控制传感器自动地跟踪水面，进行测量，并把测量的数据通过LED显示器显示出来。它主要由初始化、寻找基准、跟踪水面测量、显示等子程序构成，程序框图如图7所示。

3.1.1 初始化子程序

开机后首先执行初始化程序，包括设置中断入口、刷新有关寄存器、各标志位置位，接着进入数据预置，可顶置基准高程、测量跟踪速度、显示时间、模比系数等。由于测量速度和显示时间是最基本的参数之一，因此，在初始化程序内，将测量速度设置为2.70mm/s，显示时间设置为0.75s。

3.1.2 寻找基准点

测量都是相对于某一个基准而言，在初始化时，就需将这一基准设置进去。仪器一开始工作，不论测针在何处，都将自动上行，寻找这一基准点。找到后，将预置的基准高程

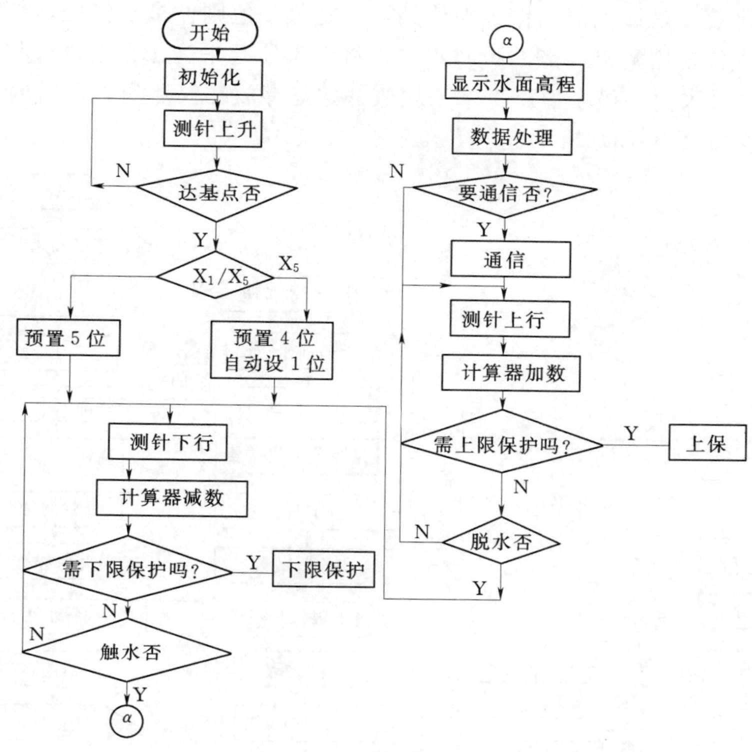

图7 监控主程序框图

送入内存，只要不关机，该基准高程一直保留在内存中。

3.1.3 跟踪水面测量

测针从基准处开始向下行走，寻找水面，刚接触到水面就立即停止行走、并显示出此时真实的水面高程。显示过后，测针又向上行，在脱离水面后又立即向下寻找水面，就这样不停地跟踪水面，且都是在接触水面时显示高程，有效地消除了水面张力引起的误差，保证了测量精度。

3.1.4 数据处理

仪器能根据选用的不同型号传感器，自动地调用各自的运算子程序，从基准高程开始计算测针所行的距离，真实地反映液面高程。同时，人们习惯于十进制的计数方式，而计算机为二进制的计数方式，仪器能自动将两种数码互转换，以实现人机间的对话。

3.2 多功能子程序

JS—B型精密水位仪，之所以能称为“智能”型仪器，是因为仪器具有在有线状态下，接受来自键盘的操作命令，并能解释命令和执行命令；同时，仪器能根据实验要求来判断和处理数据；还能根据实验情况进入各自的工作状态。

3.2.1 特征水位

在水工模型试验中，为了确定陡槽、消力池边墙的高度，调压井涌浪的变幅；在河工模型试验中，为了确定航道的最低通航水位，都需测量出模型水位的最大值和最小值。

仪器利用单片机所具有的运行、储存功能，采用比较、判断的方法，将所测得的每点瞬时水位逐一比较，是最大值则作最大值处理，是最小值则作最小值处理，处理后储存起来。时段平均水位采用测出 n 点的瞬时水位，将其累加起来为 $\sum N$，再取其算术平均值 $\overline{N}=\sum N/n$。上述最大值、最小值、算术平均值都始终存放在仪器的寄存器内、可供需要时调出。程序框图如图 8（a）所示。

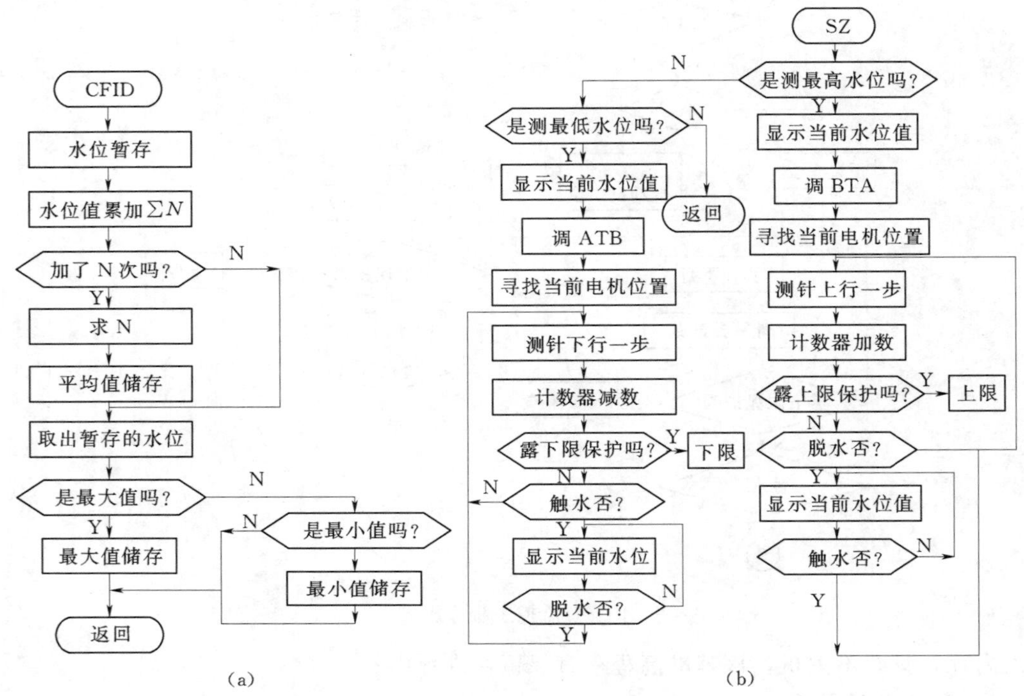

图 8　特征水位框图

如果水位的涨落率大于仪器的跟踪速度（Ⅰ型为 5mm/s，Ⅱ型为 25mm/s），则仪器采用自动跟踪最高水位或最低水位的方法，走一步，判断一次，判断以后再运行，以是否触水来决定是最高水位还是最低水位。程序框图如图 8（b）所示。

3.2.2　模型水位转换成原型水位

在试验中，有时需要将测出的数据以原型水位的形式表现出来，以便直观、明晰，并及时验证模型参数等。为此，在仪器内设置了模型水位与原型水位的转换计算，显示器直接显示出原型水位。根据公式：

$$原型水位=测针零点高程+测针读数\times模型比尺$$

式中，测针零点高程的单位为 m；测针读数的单位数为 mm；模型比尺为三位数。

单片机要计算这一公式并不复杂，关键是计算结果的单位如何统一；如何在不增加硬件的基础上使得两种水位都能正确地显示出来。模型水位的读数精度为×××.××mm，而原型水位的最小单位为 cm，即×××.××m。根据公式，用三者的最大值计算，结果是个 9 位数×××××××.××mm，若取前 6 位，则单位应为 cm，也就是××××.××m。仪器显示器只有 5 位，为了和测针读数相一致，考虑到原型读数的千位是进位，是 0 还是 1，取决于测针零点高程和模型比尺、测针读数的大小，如果千位不显示出来，保存在仪器内，就可以和测针读数相一致。将小数点固定在第三位上，测针读数为×××.××，单位为mm；原型读数×××.××，单位为m。是否有进位，试验人员根据数据大小，略为判断即可知道。程序框图如图9所示。

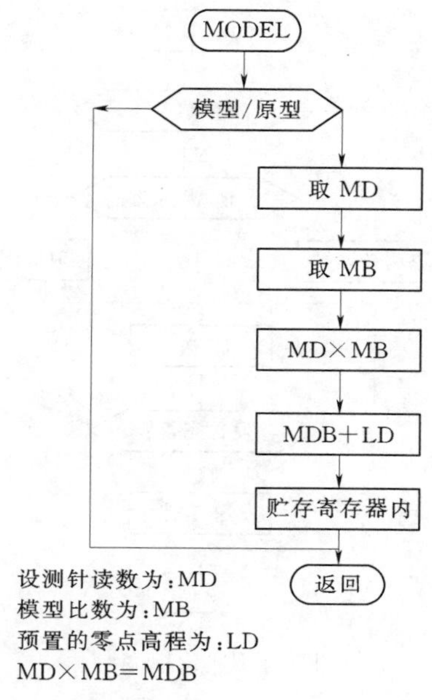

图9 模型水位与原型水位转换框图

3.2.3 上下限保护

在实验中，若遇到测针已经降到下限位置，但尚未接触到水面，这时，若不加以控制，测针将继续下行，势必损坏下限开关，并引起电机失步；同样，若遇到测针已升到了上限位置，但测针尚未脱水，测针将继续上行，损坏上限开关，并引起电机失步。为了避免上述情况发生，在软件中编制了保护程序。程序框图如图10所示。

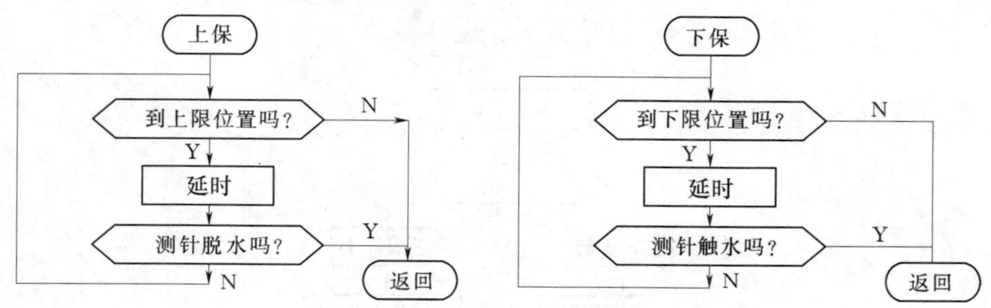

图10 上、下保护框图

3.2.4 联机通信

联机通信是将仪器采集到的瞬时水位数据送出给IBM—PC/XT微机，从而可进行直观数据、曲线显示和随时存盘。这样，大量的实验数据可保存在磁盘上，以便进行各种分析。通信软件的设计，除必要的通信参数设置外，还考虑了两点：

(1) 查询仪器是否联有IBM—PC/XT系统机。若有，则将数据送出；没有，则退出通信状态。这样，有利于提高运行的速度。

(2) 在每组数据完毕后，都发送一个告别符，使每组数据完整地分开。程序框图如图11所示。

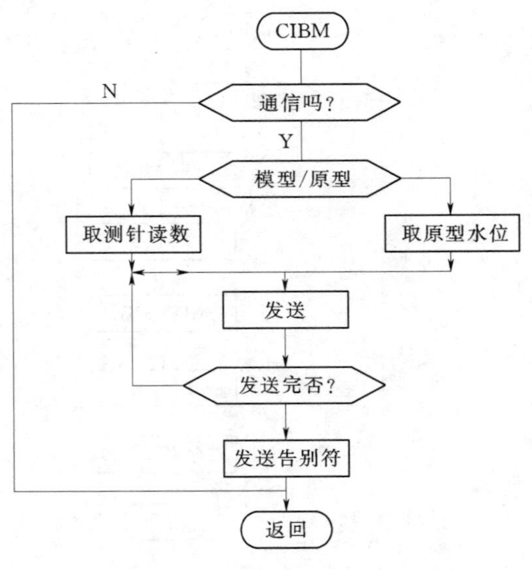

图11 通信框图

3.2.5 自校

仪器在测量过程中，电机有无失步，计数器有无因外界干扰误计数。测量数据的可靠性可由仪器的自校来发现。自校是测针自动向上寻找基准点，找到后，测针停下来，这时显示的数据是测量以后的基准高程，将它和预置的基准高程进行比较，便可知道仪器是否失步。进而可知测量数据的可靠性。程序框图如图12所示。

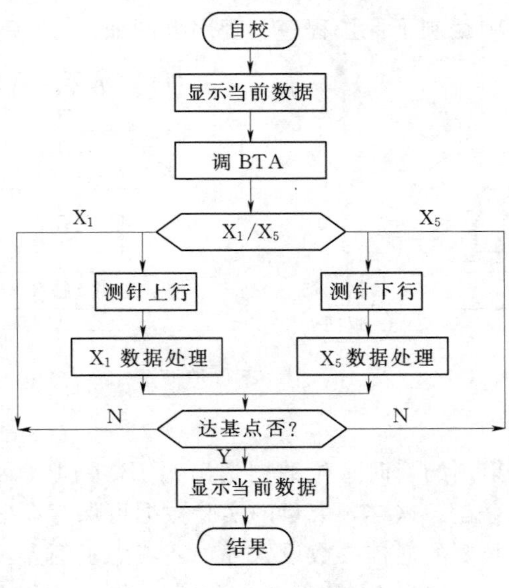

图12 自校框图

3.3 中断服务程序

中断服务程序由一个主程序和两个子程序所组成。

3.3.1 中断服务主程序

中断服务程序，实际是键盘的监控程序。为了使仪器能及时地响应外部命令，采用了中断与查询相结合的方式，若有外部命令，则立即进行中断，接受外部命令。至于具体的命令，则用查询的方式来进行。从而，可在只用一个中断源的情况下，区分出各种外部命令。程序框图如图 13 所示。

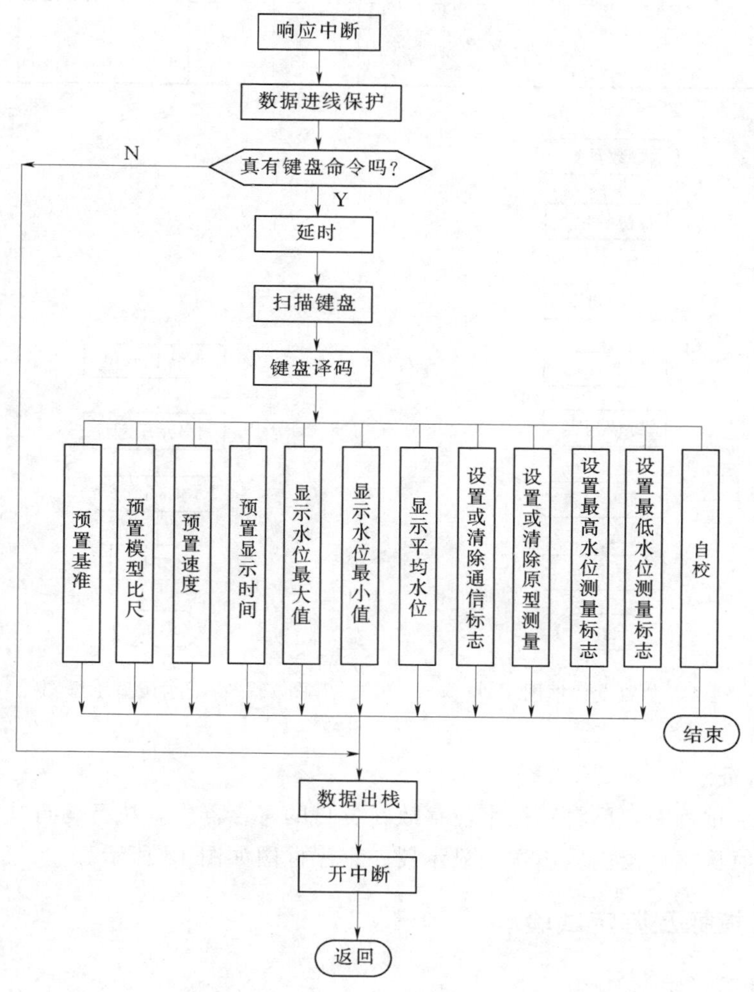

图 13　键盘监控框图

3.3.2 参数预置

仪器在开机后，要预置传感器基准点的高程，以及按实验需要选择测针运行速度和显示时间。基准高程按五位数设定：×××.××，单位为 mm。运行速度和显示时间分为 10 挡，见表 3。预置时只需各预置一位。参数预置的程序，也类似于键盘管理，程序框图如图 14 所示。

表 3　速度与显示时间的权码表

功能 \ 数码	1	2	3	4	5	6	7	8	9	0
Ⅰ型速度 /(mm·s^{-1})	5.32	4.02	3.24	2.70	2.32	2.04	1.63	1.02	0.51	0.06
Ⅱ型速度 /(mm·s^{-1})	26.6	20.1	16.2	13.5	11.6	10.2	8.15	5.10	2.55	0.30
显示时间 /s	0.22	0.30	0.37	0.45	0.52	0.75	1.50	2.25	4.25	8.25

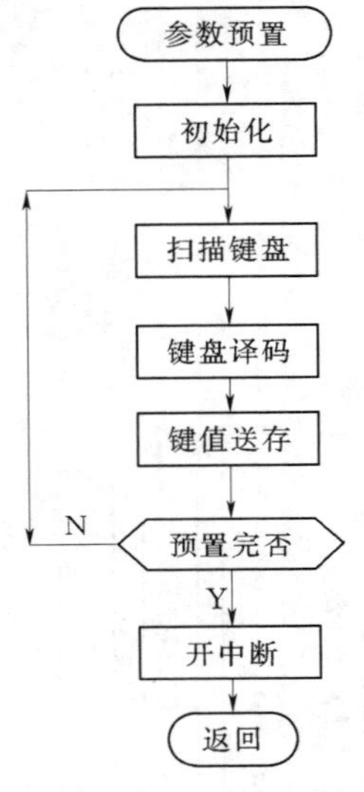

图 14　参数设置框图

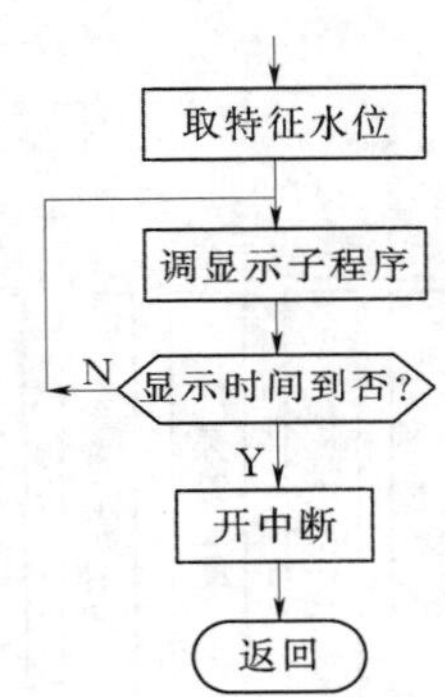

图 15　特征水位显示框图

3.3.3　显示特征水位

仪器在测量过程中，已将特征水位存放在各自的寄存器内，执行运行功能，只是将所需的特征水位值从寄存器内取出送到显示器。程序框图如图 15 所示。

4　仪器性能指标及鉴定试验

4.1　全行程精度试验

仪器精度的试验，通常是采用水位测针来检定。由于该仪器的精度高于水位测针的精度，为此，制作了专用检定装置，并由深度尺读出。我们用的是瑞士的精度游标深度尺，行程 50cm 时仍有 0.02mm 精度，并带有微调装置，以保证位置精确。传感器选用Ⅰ型传感器，读数精度为 0.01mm，室温 11℃。试验用水为纯净自来水，仪器选用速度是 2.70mm/s，显示时间 0.75s。测量结果见表 4。仪器全行程的最大读数误差为 0.01m，最大相对误差为 0.006%。说明仪器的重复性与读数精度完全适应。

表 4　　水位仪全行程精度试验表

游保深度尺读数 /mm	水位仪读数 /mm	深度尺读数反映水面位移值/mm	水位仪读数反映的水面位移值/mm	绝对误差 /mm	相对误差 /%
125.00	272.87	0	0		
175.00	322.87	50.00	50.00	0	0
225.00	372.88	100.00	100.01	0.01	0.0
275.00	422.88	150.00	150.01	0.01	0.006
325.00	472.88	200.00	200.01	0.01	0.005
375.00	522.88	250.00	250.01	0.01	0.004
425.00	572.87	300.00	300.00	0	0

4.2 分辨率试验

为进一步测定仪器在水面只有微小变动时的分辨率，使用千分表（10^{-3}mm）来测定。仍采用上述装置靠深度尺上的微动装置移动盛水小杯，变动水面位置，但位移量不由深度尺，而由千分表读出。千分表的读数与仪器读数相比较，测得数据见表 5，最大的绝对误差为＋0.006mm，且仪器的重复性极好。因此，认为仪器的分辨率和重复性达 0.01mm，与读数精度相称没有问题。

表 5　　分 辨 率 试 验 表　　mm

千分表测量		水位仪测量		绝对误差
实际读数	相对读数	实际读数	相对读数	
0.068	0.000	353.68	0.00	0.000
0.063	0.005	353.68	0	－0.005
0.057	0.011	353.69	0.01	－0.001
0.052	0.016	353.70	0.02	＋0.004
0.047	0.021	353.70	0.02	－0.001
0.040	0.028	353.71	0.03	＋0.002
0.034	0.034	353.72	0.04	＋0.006
0.028	0.040	353.72	0.04	0.000
0.020	0.048	353.73	0.05	＋0.002
0.014	0.054	353.73	0.05	－0.004

4.3 水质水温的影响

水质、水温对仪器的影响，实际上是水的电导率发生变化后对仪器测量精度的影响，从而反映出仪器测量对象的条件。试验的结果：水温在 2～50℃，水的电导率在 80×10^{-5} $\mu\Omega$/cm 的条件下，仪器测量不受水质水温变化的影响。

4.4 长线及抗干扰试验

抗干扰能力是仪器一项重要的技术指标，由于设备有限，这一试验只做了定性试验。以 100m 胶质线（易受干扰）串接 100m 屏蔽线（非高频电缆，接线电容大）作为传感器与仪器间的信号传输线，仪器照常工作，用手摸传输线裸露部分以直接引入干扰，仍不致引起误动作和错数。另外，在试验过程中，反复以电钻造成火花干扰，仪器仍能正常工作丝毫不受影响。

4.5 电压波动试验

以调压器来改变仪器的电源电压，看其对仪器的影响情况，试验数据见表6。

表6　　电压波动试验表

电源电压	AC220V	AC240V	AC250V	AC220V	AC185V	AC180V
水位仪读数/mm	526.02	526.02	526.02	526.02	526.02	工作不正常

从表6可知，仪器在电源电压变动±15%的范围内能正常工作。

4.6 环境温度试验

因为电子仪器工作时本身会发热，在温度高到一定时，元器件性能会受到影响，从而导致仪器工作不正常。电子仪器通常要作高温试验。我们将仪器放进恒温箱中，保持温度在40℃以上，仪器连读工作8h，仪器工作正常。

4.7 模型/原型转换试验

由公式：

原型水位＝基准高程＋测读针数×模型比尺

设置不同的模型比尺和基准高程验证转换是否正确。设置了100m、500m和800m三种基准高程和六种模比系数，在同一水位情况下，测出15个原型水位，并与计算值作了对比。通过表7可知，仪器根据不同的模型比数和基准高程，由测针读数转换成的原型水位是正确的。

表7　　模型水位转换原型水位试验表

项目 序号	基准高程/m	模型比数	测针读数/mm	原型水位/m	
				计算值①	仪器显示值
1	100.000	20	339.14	106.7828	106.78
2	100.000	50	339.14	116.957	116.95
3	100.000	100	339.14	133.914	133.91
4	100.000	200	339.14	167.828	167.82
5	100.000	500	339.14	269.57	269.57
6	100.000	800	339.14	371.312	371.31
7	500.000	20	339.14	506.7828	506.78
8	500.000	50	339.14	516.957	516.95
9	500.000	200	339.14	567.828	567.82
10	500.000	800	339.14	771.312	771.31
11	800.999	20	339.14	806.7828	806.78
12	800.000	100	339.13	833.913	833.91
13	800.000	500	339.13	969.565	969.56
14	800.000	800	339.13	1071.304	1071.30
15	800.000	900	330.13	1105.217	1105.21

① 计算值＝基准高程＋测针数×模型比尺/1000（将mm转换为m）。

4.8 串行接口通信试验

串行接口通信试验是在江西省水利科学研究所“焦石动床模型”上进行的。传感器安装在下游断面，仪器至传感器的连线为 15m，至计算机的连线为 2m。仪器测量了这次试验中下游水位的全过程，采集一个数据后，就自动送入计算机，计算机以屏幕显示出数值和曲线，并储存。试验历时 3.6h，测得数量 3580 多个。在测量同时，仪器附近的尾门电动闸阀时启时闭，试验中未受到中断，仪器至计算机之间的数据传送无差错。

5 结语

5.1 新增功能

JS—B 型精密数字水位仪，在保持 JS—A 型精密数字水位仪的优点及精度的基础上，新增加了下述功能：

(1) 具有标准的 RS—232C 口，用户不需增加任何元器件，就能将测量的大量原始数据储存于计算机的磁盘内，以便进行深入的分析。

(2) 在测量过程中，能根据键盘命令，将当前的最高水位、最低水位、时段平均水位显示出来；并能直接将测针读数以原型水位的形式显示出来。

(3) 在水位变幅超过测针的运行速度时，能根据试验要求作最高水位测量和最低水位测量。

(4) 采用了标准机箱和先进的薄膜开关，集按键、元件、面板于一体。进一步提高了仪器的可靠性，维修方便。而且仪器外型也美观新颖。

5.2 主要技术指标

(1) 读数精度、分辨率、重复性Ⅰ型为 0.01mm，Ⅱ型为 0.05mm。

(2) 综合误差：Ⅰ型为±0.01mm+Δ；Ⅱ型为±0.05mm+Δ。

Δ为丝杆螺距误差，其标准为：每 30cm 螺矩对六级丝杆累计误差为 0.009mm；对七级螺杆累计误差为 0.018mm；八级螺杆误差为 0.035mm。

(3) 最大运行速度Ⅰ型为 5mm/s，Ⅱ型为 25mm/s。

(4) 测量范围：Ⅰ型≤40cm，Ⅱ型≤30cm。

(5) 电源电压：220V±10%，功率 35W。

(6) 水温不影响测量精度。

(7) 水电导率 $80\times10^{-6}3\mu\Omega/cm$，要适应更低的电导率时，可通改变输入变压器变比，高端仍然不受限制。

(8) 环境温度 0～40℃。

(9) 具有 RS—232C 串行口。

(10) 外型尺寸：300mm×260mm×120mm。

参考文献：

[1] 江大杰．JS—A 型精密数字水位仪器的研制［J］．江西水利科技，1983，3.

[2] 鄢定明．单片计算机应用技术［M］．北京：人民邮电出版社，1988，3.

[3] 赵依军，胡戒．单片微机接口技术［M］．北京：人民邮电出版社，1989.

［4］ 华东水利学院．模型试验量测技术［M］．北京：水利电力出版社，1984.
［5］ 张训时．水力电测技术［M］．北京：清华大学出版社，1986.
［6］ 中科院成都计算机应用研究所．IBM—PC使用手册．

多用途水位测针

江大杰

江西省水利科学研究所

摘　要：为适应水工模型试验恒定流时水面波动较大状况，研制了三种小型简单电子仪器：平均水位计、高水位计数器、最高水位测针，并简要介绍了三种仪器的工作原理及电路设计原理。

关键词：水位测针；电子仪器；水位；平均水位计；高水位计数器；最高水位测针

水工模型试验测非恒定流水面高程时（例如调压井水面），可采用浪高仪配示波器观测。测恒定流水面一般采用水位测针，测针精度可达0.1mm，使用也很简便。但针对虽为恒定流而水面波动较大的情况，水位测针就显得不适应了。为此，试作了几种用小电池供电的小型简易电子仪器，可直接套在水位测针头上，直接观测波动水面，并获得多种用途，而仍保持其使用简便的优点。

水位计有平均水位计、高水位计数器、最高水位测针。经江西省水利科学研究所试验部门使用证实，仪器虽极简易但相当实用，几年来常有外省水科所索取资料并仿制。两次油印资料均已发完。

1　平均水位计

水工模型试验时常需测平均水面线。用测针决定平均水面高程时，若水面波动较大，仅凭目测判断针尖是否位于波动水面中央是很难准确的，且会因人而异。如采用浪高仪、示波器测出随时间变化的水面过程线，再来决定平均水位，显然很费事，且将消耗大量示波纸。为此，我们试制了直接用电表表针显示的平均水位计，只用简单的晶体管开关电路配上水位测针，即可决定平均水位。仪器很小，用小电池供电，直接套在测针头上，其线路如图1所示。使用时图中A点引一根电线，线头剥去一点放入模型水中任意处。B点用一根电线连接到测针顶上螺旋处。测针入水时，电路即通过水阻导电，并使晶体管处于深度饱和。测针未入水时，由子硅管穿透电流极小，表针指零。测针架一般都装在木架上，是绝缘的，如有点漏电，例如使A、B两点间绝缘电阻只有几兆欧，则由于R_1的存在起分压作用，b点与e点间电压仍然小于硅管正向阀电压，指针仍指零；否则表明晶体管损坏或木架漏电严重，应予处理。使用时先将测针提起远离水面，检验电表是否指零。如指零说明正常。再将测针放低到针尖始终没于波动水面之下，此时指针偏转，（由于电

本文发表于1983年。

容须充电，指针偏转须一段时间才稳定），至稳定值后调节图中电位器 R_w，使指针稳定在满刻度。然后调节测针，使针尖处于水面波动范围之内，选择波段开关 S_1 的位置（即改变电容值），使指针不乱动，再调节测针位置使电表指针稳定在满刻度的 50%处，此时针尖决定的水面即为平均水面。

为了便于说明其原理，先看图 2 的简单 RC 电路。假设开关 S，时而投入 a 点（此时电容 c 充电），时而投入 b 点（此时电容放电），并作有规律的重复，设重复周期为 T，其中充电时间为 δT（δ 为充电时间占全部时间的比值），则放电时间为（$1-\delta$）T。如果电路时间常数 τ 远大于 T，则不论电容 C 上的电压 $U_{C(0)}$ 是多少，在每次变动 δ 值后，经过几个 τ 的时间以后，U_C 将稳定在一定值，此值为：

$$U_C=\delta E\frac{R_b}{R_a+R_b}$$

式中 $E\dfrac{R_b}{R_b+R_b}$ 为开关 S 始终接在 a 点时，电容 C 上的稳态电压 U_{Cm}，故 $U_C=\delta U_{Cm}$ 说明电容上电压的百分值，将反映充电时间占全部时间的百分比。

上述结论证明如下：

我们知道电容上的电压 $U_C=U_{C(0)}+\dfrac{1}{C}\int_0^t i_c\mathrm{d}t$，如果在一周期内电容得到的充电电荷量大于放电电荷量，则从上式可知 $\dfrac{1}{C}\int_0^t i_c\mathrm{d}t$ 将是正值，而 U_C 将增加，反之则 U_C 下降，如相等则 U_C 将稳定不变，故 U_C 的稳定值可由充电量等于放电量来决定。由于假定 $\tau\gg T$ 可认为在一周期 T 内，U_C 基本不变，因此充电电流和放电电流也不变，且可得：

$$I_{充}=\frac{E-U_C}{R_a}-\frac{U_C}{R_b},I_{放}=\frac{U_C}{R_b}+\frac{U_C}{R_a}$$

一个周期内充电量

$$Q_{充}=I_{充}\cdot\delta T=\delta T\left(\frac{E-U_C}{R_a}-\frac{U_C}{R_b}\right)$$

一个周期内放电量

$$Q_{放}=I_{放}(1-\delta)T=(1-\delta)T\left(\frac{U_C}{R_b}+\frac{U_C}{R_a}\right)$$

当充电量等于放电量时

$$\delta T\left(\frac{E-U_C}{R_a}-\frac{U_C}{R_b}\right)=(1-\delta)T\left(\frac{U_C}{R_b}+\frac{U_C}{R_a}\right)$$

解上式即得 $U_C=\dfrac{\delta ER_b}{R_a+R_b}=\delta U_{Cm}$，证明了上述结论。

现在还要看图 1 的实际线路能否和图 2 的线路等效。图 1 是以晶体管作开关，并以水启闭之。图 1 中电表内阻 R_A 就相当于图 2 中的 R_b，电位器的阻值 R_W 加上 R_4 相当于图 2 中的 R_a。由于晶体管集电极电流选得很小，其值不可能超过 $\dfrac{6\mathrm{V}}{R_2/\!/(R_W+R_4+R_A)}\approx\dfrac{6\mathrm{V}}{9\mathrm{k}\Omega}\approx0.7\mathrm{mA}$，而通过水阻供给基极的电流，随测针入水深度不同，实测约 50～120μA，最小值和集电极电流相差不过十多倍。选用的晶体管 β 值较大，在七八十以上，因此测针一经没于水中，不论深浅，晶体管均处于深度饱和，因而图 1 中 A 点和 C 点间的电压 U_{AC} 将是恒定的，此值等于电池电压减去硅管饱和电压。既然 U_{AC} 在测针入水时是恒定的，也就相当于图 2 中的 E。图 1 中的 R_2 并联在恒定的 U_{AC} 上，对电容充电不起影响，故当测针入水时，图 1 的线路就和图 2 当开关 S 投入 a 点时（即电容处于充电状态时）等效。当测针出水时图 1 中 A、B 两点间断开，晶体管截止，电容放电。如果图 1 的 R_2 阻值为零，则图 1 线路将与开关投入 b 点时的图 2 线路等效。但现 R_2 须有一定数值，因如 R_2 太小，则集电极电流将过大，测针入水时晶体管不能处于饱和状态，同时我们希望电池电压在量测过程中保持不变，须使晶体管导通时集电极电流尽量小，故图中 R_2 值为 10kΩ。前已论述过只有 R_2 阻值为零时，两图的放电电路才能等效。现 R_2 不为零，放电电流将减小，引起误差，但只要使 R_2 和 R_A 都满足远小于 R_4+R_W，这一减小将很有限。现 R_4+R_W 约为 100kΩ 左右，放电电流的 $\frac{22}{23}\left(即\frac{R_4+R_W+R_2}{R_A+R_4+R_W+R_2}\right)$ 通过电表，只有 $\frac{1}{23}$ 需要通过 R_4、R_W、R_2 组成的支路放电，而 R_2 电阻由零变为 10kΩ，只使本支路放电电流减小约1/10，也即总放电电流不过减小约 0.5%，已在一般仪表误差范围之内是可以允许的。因此，可以认为图 1 的线路是和图 2 等效的，因此图 1 电容上电压的百分值（此值由与电容并联的电表反映出来）即代表了测针浸入水中时间的百分比，就是水位的频率（水文意义上的频率，不是电子学的频率）。如频率为 50%，即可视为平均水面。要测其他频率的水面线当然也是可以的。

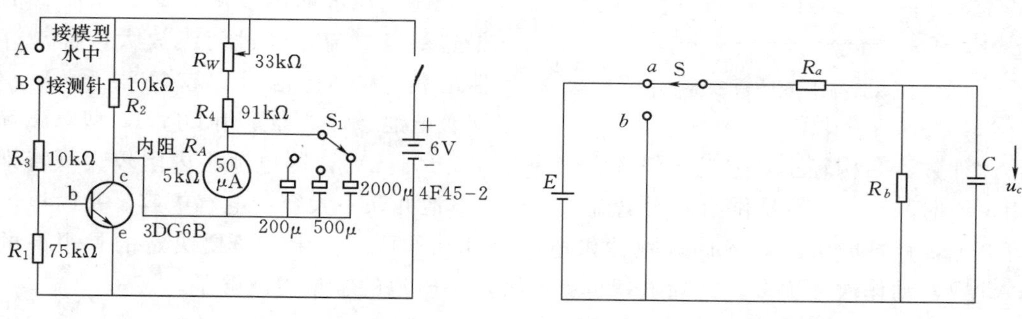

图 1　平均水位计线路图

图 2　平均水位计等效线路图

此外，对此项平均水位计测平均水位时还有下列误差因素，探讨如下：

(1) 电池电压及硅管饱和电压的变动。电池电压是会变动的，如加稳压装置，将导致增加零件和耗电多（现耗电极省），故仅设置电位器 R_W。使用时先将测针一直浸入水中，当电容充饱电时，指针即稳定在一定数值，调节 R_W 使指针指于满刻度，这就补偿了电池电压的变动，也补偿了硅管饱和电压随季节温度的变动。至于测试过程中电池电压也会有一点变动，线路中考虑及此，取电不到 1mA，并采用容量不太小的层叠电池 4F45—2 或 4 只 5 号电池，可认为测试过程中电池电压变动甚微。至于硅管饱和电压随温度的变动也会引起误差，但因测试开始时的调节已补偿了季节温度变动，而在测试过程中（一般为半天）气温的变化虽未补偿，但只不过相差几度，由于集电极电流很小，饱和电压也就相应很低，实测在深度饱和时，只略大于 0.1V，占总电压很小比例，几度的温度变动引起的变化又只是0.1V中的小部分，也就可以忽略不计了。

(2) 水面波动到刚低于针尖时，由于表面张力，测针尖还会连着水面，要离开一定距离时才会断开，这就等于增加了通水时间引起误差，此距离实测在针尖很钝时可达0.4mm，但如作得尖锐，可仅为0.1mm，误差就很小了，同时测针宜作得细而光滑，除可减小阻水作用外，并避免针尖脱水后还挂着水珠（如测针锈蚀表面粗糙就会有此现象），等于延伸了针尖而引起误差。

2 高水位计数器

水工模型试验有时需要知道超过某一高度水位的概率（例如决定溢洪道边墙高度时）由于即使是恒定流，其波动也不是严格重复的，需要较长时间（例如4h）观察水面高出边墙溅出墙外的机会有多少，这时如采用浪高仪和示波器观测长时间水面过程线，将消耗大量示波纸，如用慢速的自记水位计，又记不到瞬时高水位。为此，试制了高水位计数器。由于利用电容储能，可用小电池供电，这样仪器就很小，可以直接套在水位测针头上，水面触及测针时，通过晶体管放大，记数器自动计数。这样，不用人观测，也不消耗示波纸，就可以知道长时间内水面超过测针尖所决定的某一高度水位的次数。

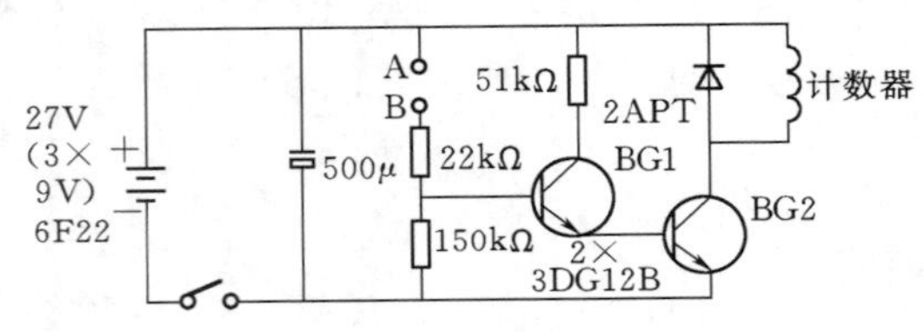

图3 高水位计数器线路图

仪器线路如图3所示。使用时也是A点连一根线，剥去线头绝缘，放入模型水中任何处；B点用一根电线连接在测针顶上螺旋处，当水面触及测针时，晶体管BG1得到基极电流，经过两级放大，推动计数器记数一次。电池用3节6F22型9V小型层叠电池。计数器采用DJ—15型电磁计数器，此计数器结构轻小，但耗电仍较大（为24V，108mA），因电池小内阻较大（特别是使用一段时间后），不易供给此大电流，为此与电池并联一大容量电解电容。平时电池向电容充电，计数时电解电容向计数器供电，使其动作可靠。由于所要决定的是很高的水位，计数器动作次数不多，总耗电量也就不大，小电池的容量也就够了。

3 最高水位测针

线路图如图4所示。仪器轻小，仅由晶体管电路与指示灯组成，也是套在水位测针头上。使用时A点接一根线通水，B点接测针，特点是其中采用了简单实用的由一般晶体管复合做成的简易微电流触发可控硅装置。当图4中的开关S合上时，仪器第一级NPN和PNP复合硅管具有可控硅特性，波动的水面一触及测针尖，复合管即导通，并保持导通状态，而使导通锗管，使指示灯一直亮着，这是用来判断水面在较长时间波动中，能否超过由测针决定的水位的，由此定出最高水

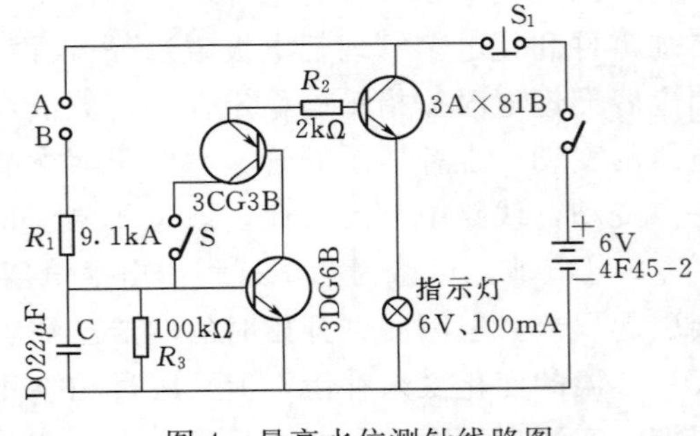

图4 最高水位测针线路图

位。使指示灯一经导通后一直亮着，是为了使测试人员在上述较长的试验时段中，不用老看着指示灯。而若需灯熄，按一下按钮 S_1 即可，此时在 S_1 恢复闭合后，因复合管已阻断，灯不会复亮。待下次水面触及测针时才亮。如果希望在水触测针时亮、离开就熄，则只要将图中开关 S 断开即可，此时仪器第一级已不具可控硅特性了。

仪器第一级复合管如何会起可控硅作用，而且可以微电流触发很灵敏？在试制一些水工试验仪器时常常碰到利用通过水阻的电流作触发信号的情况，此电流在很干净的水中，有时只数十微安。因此我们希望能有微安级电流触发的高灵敏可控硅。考虑到可控硅实际相当于一个 NPN 管和一个 PNP 管在内部复合。因此就用一个 NPN 管一个 PNP 管在外部接成如图 4 所示复合管。开始它不能起控制作用，因硅管虽穿透电流极小，但复合管的电流放大系数（$\beta_1 \cdot \beta_2$）在极小电流下仍可大于 1，因此仍会形成正反馈而自行导通，为此接上图 4 中的 R_3，虽其值有 100kΩ，但其引走的电流已足使复合管不形成正反馈而阻断，只在有外触发时导通并维持。但当合上开关时，由于瞬变过渡过程，仍会使其自行导通，为此又加上图中的电容 C，解决了此问题，并有助于抗干扰。这样会降低交流输入阻抗，但对低频和直流是不要紧的。加上 R 和 C 后，复合管就成了可靠的微电流触发可控硅了。实测触发电流仅 6μA，触发电压仅 0.5V，成为高灵敏的可控硅。测针入水时通过水阻电流远大于 6μA，触发可靠。同时考虑到温度对硅管穿透电流的影响，可能引起自导通，故我们对 R_3 取 100kΩ，已是留有裕度的，曾放入恒温箱中试验，温度为 70℃，此灵敏可控硅仍很好地起控制作用，并未自行导通。

JS—A 型精密数字水位仪

江大杰

江西省水利科学研究所

摘　要：JS—A 型精密数字水位仪，采用新型电路设计，配以高精度传感器，解决了众多因素可能引起的水位测量误差。经鉴定试验及广东水科所试验人员考核试用，仪器运行稳定、可靠，精度较高。

关键词：水位；电路设计；精度

1　引言

在国民经济各部门中，在很多场合下需要测量液位，尤其是水位。古老的测量方法是用水尺和水位测针；但它们不能给出电信号，无法进行远传、控制和数据处理。由于电子技术的高速发展，因此，现代采用电子技术的各种型式的液位计种类不少。但纵观国家产品样本所列各种液位计，其精度最高的包括数字式的在内，也只是毫米级。作为一般用途是可以的，但在科研试验中，例如水力模型试验（水工、河工、港工、水力机械模型等）中，由于原型的绝对误差将随模型的测量误差而作数十倍、数百倍的放大，毫米级精度显然是不够的。因此，近年来我国各水利科研单位试制了和正在试制几种适合水力模型试验用的新型电子水位仪，应用于不同场合。读数精度为 0.1mm。根据 1979 年部科技司组织的“三工”试验仪器协调会议的协调安排，并作为江西省重点科研课题之一，江西省水利科学研究所进行了精密数字水位仪的研制工作。着眼于消除各种误差因素影响，提高实际测量精度。1980 年底江西省水利科学研究所制出第一台样机，投入水工模型试验中应用，读数精度为 0.01mm，并有极好的相应的重复性。行程为 30cm，跟踪速度 3mm/s。此后又增加行程为 40cm，并提高了抗干扰抗极化性能，定名为 JS—A 型，在江西省水利科学研究所和广东省水利科学研究所（以下简称广东水科所）使用。1982 年 5 月郑州“三工”会议展览本仪器时，与会同志提出，针对港工模型，跟踪速度尚需提高而精度与行程要求可予放宽。为此又制成了乙式传感器，读数精度和重复精度仍相当高，均为 0.05mm，而跟踪速度为 30mm/s。约为目前水力模型中应用的跟踪式水位仪速度（5.5mm/s）的 5 倍。而结构与原来的甲式传感器相同，没有任何变速机构和计数装置，极为简单。步进电机相电流由 0.2A 增为 0.4A，仍然很小。仪器对两种传感器是通用的。

参加研制人员：陈昌华、柏树、魏一新、程光生、徐祖煌、颜森林、李德龙、胡长华。

本文发表于 1983 年。

水位的电测看似简单，但当要求精度在 0.1mm 以内甚至更高时，原来允许忽略的难以克服的误差因素就会突出起来。这是电子液位计在精度上超不过古老的水位测针的原因，以致读数精度为 0.1mm 的水位计也只能以水位测针作检定装置。尽管水位测针测读不便，一些要求精度高的静态测量也仍然采用。这种不正常情况在国外也可见到。1981 年英国杂志《water power》发表瑞士最新型流量计研究成果（见参考文献［4］），其流量测量精座超过其他各种流量计，并完全满足了水力机械模型试验所需的重复性在 10^{-3} 以内的要求。但具有讽刺意味的是：在检定如此精确的现代化仪器时，水位测量仍然采用人工读数的古老水位测针（Hook and Point Guage）。仅仅是配上了光学系统测读，使其读数能真正精确到 0.1mm 而已。

提高水位仪电测精度，不仅是作为检定装置所需，而且在其他科研试验中同样具有重大意义。

中国科学院地理研究所要求提供高精度水位仪，分辨率 0.01mm 以自动连续测量水面的蒸发量。这些都说明了研制具有稳定的高精度的电测水位仪的必要性。

2 水位测量误差因素分析与对策

要研制高精度水位仪，首先需要确定有利的形式。

(1) 电容式液位计。谐振式液位计由于非线性，误差较大；脉冲电容式较为准确，但因与模拟量有关，有温度漂移，介质层的均匀性、稳定性也会成为问题。要做到十微米级的精度是不现实的。

(2) 超声波液位计。由于波速的温度误差很大，超声波液位计须要加校正装置，导致传感部分非常复杂；且加校正装置后，相对精度虽可提得很高（见参考文献［6］），但绝对精度和分辨率依然受到超声波波长的限制（与光学显微镜分辨率受光波波长限制而提不高是同理的），要做到十微米级也不现实。事实上市售昂贵的数字式超声波液位计，量程很大，精度则不过厘米级。

(3) 测针式液位计，其测量范围虽难以和超声式相比，但科研试验主要是室内模型试验，数十厘米的行程也就够了。因此，采用测针形式。

主要分析测针式水位仪的误差因素和本仪器为此采取的对策。

2.1 极化问题

不论何种形式测针式水位仪，为了感知水位，测针必须通过电流；故在测针入水时就存在针尖极化问题，引起误差，甚至不能工作。现有的各种水位仪，测针与水间通的是直流或工频交流。单向电流会引起极化，工频交流对一般水质尚可，但因频率低，对于较硬的水（如北京地区的水），实践表明仍会很快发生极化。在水中通的如是高音频交流，则可有利于抗极化。本仪器的输入电路中，测针上通的是 10kHz 音频交流，更主要的是由于电路设计，测针在水中是不通电的。测针一经触水即使在不易产生极化的低电导率模型水中，也只需经 0.001s 音频电流即完全消失。如遇会产生极化的高电导率含盐的水，则电流几乎立即消失，这就较彻底地解决了极化问题，即使盐水模型亦可使用。

2.2 表面张力问题

由于水表面和测针间有附着力，当测针向上和向下时，针与水面的相交位置将有不同数值。此值与针尖粗细有关，一般约在0.1～0.6mm，引起的误差很大。为此，本仪器电路设计得使测针在跟踪水面时，不论水面是上升还是下降，总使测针在向下运动刚一接触水面时，仪器立即显示读数，反映水面此时位置。（水面上升时，测针追出水面再向下），这就消除了这一误差。

2.3 水电导率的影响

水电导率会影响测针尖与水面的相对位置，而水电导率随水质不同可成十倍地变化。水温对水电导率的影响小一些，但仍是可观的。根据南科所资料（见参考文献［1］），水温自0℃变化到40℃时，可使测针与水面相对位置变动1mm多（水膨胀影响已修正后）。这是因为输入电路为桥路，水电导率改变时，测针必须相应地改变入水深度才能使桥路平衡的缘故。为此现在研制的水位仪多采取测针触及水面时形成的电阻使门电路翻转的方式。这种方式没有桥路，似乎精度不受水电导率影响。其实不然，以有些水位仪及我们早先也曾试过的直流输入电路为例，为了对低电导率的模型水，也能要求测针刚接触水面未作任何深入时，其所形成的电阻就足以使门电路翻转（否则就会有水质误差）；则输入电路必须有很高的灵敏度，这就带来抗干扰问题。一般情况是在输入端并联不小的电容，这就增大了电路的时间常数，从而增大了信号反应时间（指的是测针刚触水面至门电路翻转使位置计数器停止减数为止的总时间）。这段时间内，测针仍会继续深入水中。计数器反映的将是这时测针的位置而非水面位置，这就形成误差。以200kΩ的不算大的水电阻，0.47μF的电容为例，时间常数达0.1s，信号反应时间将为同一数量级，对不同电导率的水此时间又是变化的，因此对高精度水位仪来说，会导致显著的误差（如将此抗干扰电容改用不大的电阻则又将影响灵敏度并增加水中电流引起极化）。为此本仪器的输入电路是创新的，较好地解决了反应时间，灵敏度和抗干扰能力三者的矛盾（详见4.2）。

2.4 机械间隙与磨损的影响

机械间隙易造成误差，为此本仪器的甲、乙两种传感器都不采用变速装置而由电机直连以减少机械间隙。电机直连丝杆，旋转时带动装有测针的螺母上下移动。螺母与丝杆间是有螺纹间隙的。计数器感知的是电机也即丝杆的转角，反映的则是螺母也即测针的位移，两者必须严格对应。由于本仪器只是在螺母向下运动时读数，而且螺纹上的压力又是常数（螺母和测针重量），这一情况和采用了打滑装置的螺旋千分卡相同，因此同样可以消除螺纹间隙误差，使丝杆转角与测针位移有完全确定的对应关系。至于螺纹磨损问题，一般接触式水位计取样一次即重新对零一次，磨损较大。为了更好地跟踪水位，也为了减小磨损，本仪器只在开机时对零，而测量时每取样一次，螺母带测针只移动1mm多（包括来回），这就大大减小了磨损。而且移动的是螺母而不是丝杆，减轻了螺纹压力，也有助于减小磨损。因为负载很轻，只是螺母和测针，转速又低，磨损不大。事实上，精密机床（例如高精度螺纹磨床）同样存在精度的丝杆与传动刀架的螺母间磨损问题，但并不妨碍它加工出精度10^{-3}mm的工件，而机床的负载显然比仪器的丝杆、螺母重得多。当然应尽可能减小螺纹磨损；尤其应避免其产生明显的误差。我们知道测针的位移，决定于丝杆螺距的精确性，而非螺母。且由于工作位置不定，丝杆沿全程的磨损将是不均匀的，而螺母磨损是均匀的。因此，本仪器与机床一样，丝杆用硬材料，螺母则用较软的材料。丝杆用硬质工具钢或不锈钢表面淬硬处理。螺母，磨损后间隙增大，虽如上述不引起误差，可是如磨损太大会使测针在反复运动时摆动，也是不希望的，因此采用较耐磨而本身硬度不高的铸铝铁青铜 ZQAL 9—4 制造。同时考虑到如用有记忆的计数方式，螺母磨损后会引起测针零点变动，故本仪器采取用零点装置开机自动对零的方式计数。测针零点位置只由零点装置位置与测针长度决定，与螺纹无直接关系。当然这就要求零点装置稳定不变，我们用的是高质量航空用微动开关，接触头是金属的，内部弹性好，经测试反复动作数千次后，零点位置不变（测试方法见下文）。此外丝杆螺距制造误差与水位测量精度也有很大关系，但这可根据所需精度要求选择适当级别的丝杆来满足。一般采用二级精度（新七级）即可，400mm 全行程总误差在 0.02mm 左右，且这一误差是固定值，必要时可以修正。

2.5 材料因温度而膨胀引起的误差

前已述及水温误差可从电路设计上消除，但材料本身温度膨胀问题，即使精密机床也存在。丝杆和测针是钢材，温度膨胀系数为 12×10^{-6}/℃相对误差很小，更主要的是它不是随机误差而是规律的系统误差，必要时完全可以经计算修正。对要求特高的场合，例如使用本仪器作为较高精度的液位计的检定仪器时，可在接近标准室温的环境下进行，事实上计量部门就是如此。

3 传感器结构

为提高精度和可靠性，本仪器的传感器结构极为简单，无任何变速装置，零件也减至最少，以简化加工。主要部件就是步进电机直接带动的丝杆和连着测针的传动螺母，螺母的旋转受到机架上导槽的限制，故丝杆旋转时，螺母不能旋转而带着测针向上或向下运动(取决于电机转向)。甲、乙型传感器结构相同，但螺纹导程不同，甲式为 2.4mm，步进电机步距角为 1.5°，每转 240 步，测针移动一个导程 2.4mm，故每步为 0.01mm。乙式传感器为提高跟踪速度，螺纹导程为 12mm，三线螺纹，螺距 4mm，每转 240 步，位移 12mm，故每步为 0.05mm。甲式采用 45BF3/3A 自激步进电机（24V、0.2A，空载起动频率 500Hz。虽负载和惯量都不大，但为保证可靠，取工作频率 300Hz，故跟踪速度为 3mm/s。乙式采用 45BF3/3B 自激步进电机（12V、0.4A），但加 30Ω 电阻，电源仍为 24V。运用频率提高到 600Hz，故跟踪速度提高到 30mm/s，为甲式的 10 倍（频率为 2 倍，导程为 5 倍）。所有电子元件都在仪器上，传感器上既无计数装置又无前置放大器，仅有一个 $\phi26$ 的小磁芯变压器和一个很小的微动开关，乙式则加有几个小型电阻。

4 电路设计

消除误差，提高电测精度取决于电路的特殊设计。本仪器电路设计的原则是：首先尽可能使仪器性能完善，其次在同样能满足要求的情况下，避免使用复杂而实际并非必要的电路，力求电路性能良好而又比较简单，以使其工作可靠，调试容易。并使仪器造价较低，从而不仅适用于高精度测量也可广泛用于一般精度的测量场合。

全部电路由 17 块集成电路和部分晶体管组成，因频率较低，采用价格较廉的 P—MOS 电路，所需电源电压正好与步进电机一致，简化了电源。当然本电路也可以改成用同类 C—MOS 电路组成，而无需对电路作任何原理性的改变。

电路中一部分通用电路是典型的，如稳压电源、译码、显示电路等。但决定仪器性能的主要电路则全部为新的设计，并未套用其他水位仪的任何电路。下面对电路设计意图作一些必要的说明。

4.1 控制电路

设计时考虑满足下列功能：

(1) 工作时测针应能以高精度自动追踪水面，在测针向下触及水面时数字应停止片刻(0.01s 及以上，可调）以备观察和打印。

(2) 开机时，不论测针是否在水中，应总是先向下寻找零位微动开关。碰触后数字清零，并显示片刻以便观察是否正确复零，然后自动返回跟踪水面。

(3) 应能自校以检查工作中有无错数（电机失步，计数器误跳）。具体地是：拨动自校开关时，测针应自动向下寻找零位，找到后不清零而是停顿片刻显示当时实际数字是否真是零，即知开机后运用至此时曾否错数（作为数字测量电路差一个字是正常的，对甲式可为 00.000，00.001 和 99.999。对乙式可为 00.000，00.005，99.995)。这里的困难是：即使用的是高质量微动开关，其闭合位置和断开位置也不可能完全一致。两者相距约 0.06mm。对于其他水位仪原不成问题，但本仪器精度为 0.01mm 就成为问题了。这样电路必须在开关闭合瞬间发出微分清零脉冲，而不能通过开关的接点用稳定的电位来清零，否则清零电位将维持到开关断开时，这样计数就将从开关断开处而非闭合处开始，不能精确到 0.01mm。且自校时在零位就会显示 99.994 左右，而不是 00.000。但这又带来另一问题，即如在无水时关机，开机时测针原来就处于零位开关闭合处，没有闭合时的微分脉冲，也就不能自动清零了，这就带来第（4）点要求。

(4) 开机时如测针恰好位于零点，测针也应自动完成下列动作：先向上走，使零位微动开关断开，随即向下又使其闭合，通过电路发出微分脉冲清零，然后向上追踪水面。

(5) 工作中如水低于零点，测针降到零点时，步进脉冲应予闭锁，以免损坏零位开关和引起电机失步，但水一升上来，又能自行释放继续跟踪而不错数。

(6) 为简化传感器结构和传输线数，传感器上应不设计数装置，而以步进脉冲直接计数，但这就要求步进电机实际步数与计数器完全一致，这样后者才能正确反映水面的位置。不一致可由下列因素产生：

1）电机失步。

2）计数器因外界干扰误跳数。

3）计数时是加是减由转向门控制，而触水引起转向时间是随机的。设计时必须考虑转向门翻转时，不应引起计数器误跳数。

显然，上述 1)、3）两点最易发生在步进电机改变转向时。一般数控机床加工一个工件，全过程中步进电机反向次数有限。而水位仪每取样 1 次即反转 2 次，以 1s 取样 1 次计，则每个试验过程中可反转万次以上。因此要保证一个试验全过程毫不错数，一步不失是比较困难的，然而却必须解决。

本仪器虽然控制电路相当简单但却能满足上述要求。性能试验和使用过程也均表明是符合了上述所有要求的。自 1980 年年底第一台样机开始使用以来，各台仪器未发现错数现象。另需指出的是：现有使用步进电机的水位仪，均系采用强激步进电机，功耗很大，导致仪器笨重，价格高，本仪器则采用自激步进电机，相电流仅为 0.2A（甲式传感器)

和0.4A，约降低了10倍，使仪器尺寸小、价格低，可与一般采用可逆电机的跟踪式水位仪相当，而其精度较高、速度较快。自激步进电机力矩小，但电路设计却能保证其反复换向而一步不失。仪器配甲式传感器时每个脉冲加减1个尾数（0.01mm），配乙式传感器时每个脉冲跳5个数（0.05mm），前者和一般计数器一样，后者虽可用五倍频电路，但嫌复杂。为此新设计了一个电路，只加一个D触发器，即能完成跳五功能，并能可逆进、借位。为使换向脉冲不引起误跳数，跳五电路中加了微分电容削窄计数脉冲。

4.2 输入变换电路

这是将传感器感知的水面非电信号，转变为电控制信号的电路，是非电量测仪器的关键电路。对高精度水位仪来说为满足下列要求而设计：

（1）避免测针因信号电流而极化。

（2）应能适应以百米计的信号传输线，以满足大型试验室集中控制的要求。

（3）有很强的抗干扰能力，做到可不用屏蔽线、用手摸传输线裸露处由人体直接引入干扰而仍不误动作和错数。

（4）有足够的灵敏度使测针刚一触水，未作任何深入，即能使控制电路翻转。

（5）有足够快的信号反应速度，测针触水至电路翻转的时间小于一个最快的步进脉冲周期（1/600s），使步进电机触水后不会再进一步。

（6）不依靠在传感器上加装前置放大器来满足上述要求以简化传感器。

本仪器设计的输入电路虽较简单，但却满足了上述要求，可由下文一系列性能试验证明（又可见广东水科所使用报告）。

测针上通的是10000Hz的音频电流，触水后水阻虽大，但经输入变压器变换阻抗，等效电阻大大减小引起振荡电路迅速停振。停振时，振荡变压器次级原是按常规接检波电路，检取停振信号使后面电路翻转的。但检波电路时间常数比振荡周期长得多，反应速度不理想。后来设计了新的电路，与电容并联的晶体管被振荡电流周期性地导通，使电容一充电就被短接放电，始终维持低电平。停振时，该管失去基极电流而截止，电容在高的电源电压作用下，只经几个振荡周期即充电至翻转电平，使后面电路翻转。仪器中文氏振荡器的参数选择与调试与典型电路很不相同，不要求稳频稳幅，相反其振幅应对负载电阻（水、针间电阻）敏感，而传输线电容则只使其频率略变，而不致引起振幅的显著变动。外界干扰也不足以使其振幅剧变而误动作。曾了解各地模型水最低140$\mu\Omega$/cm，认为最低考虑80$\mu\Omega$/cm即可，高电导率有利于停振不受限制，实测对80$\mu\Omega$/cm的水停振时间仅1ms，高电导率时极快。如要求用于更低电导率的水，则增大输入变压器变比即可。由于上述情况，总的信号反应时间就小于1/600s，这样水质水温引起的电导率变化就不会导致误差了。

5 仪器性能指标及鉴定试验

仪器配用甲式或乙式传感器时精度指标有所不同。以下各项试验均在各自最大的跟踪速度时进行。（此时条件最不利）。

5.1 全行程精度

由于采用了一系列消除误差的措施，仪器达到了现有各种液位计不曾达到的高精度，约提高了一个数量级。表1列出了测定数据，全行程最大绝对误差仅0.02mm，约与二级丝杆制造误差相当，说明电气部分基本上没有附加误差。从表中还可看出重复性极好。事实上一年多来使用证明：只要水面不动，仪器最大最小读数最多差 0.01mm。说明重复性与读数精度完全适应。由于仪器的工作方式，死区是不存在的。一般水位仪系用水位测针检定。本仪器精度高于水位测针，为此制作了专用的检定装置。用游标深度尺托住盛水小杯，上下移动深度尺即可变动水面位置，并由深度尺读出。我们用的是瑞士制的精密游标深度尺，行程 50cm 时仍有 0.02mm 精度。并带有微调装置，以保证位置精确。为避免人为影响，调节深度尺位置人员是看不见仪器读数的。试验在阴天进行，否则水面蒸发会影响检定的精确性。室温 18℃，试验用水是纯净自来水加入适量蒸馏水，使电导率降为 80μΩ/cm 以得到模型试验中可能的最不利条件。须指出，检定用的精度 0.02mm 的深度尺还嫌不足，但无法找到满足行程要求而精度更高的装置，考虑到仪器分辨率、重复性等虽达 0.01mm，但总行程误差要大一些，因此作全行程误差测定时采用总误差 0.02mm 的检定装置还是说得过去的。其他性能试验是另想办法的，好在其他试验无需长行程。

表 1　　高精度水位仪全行程精度试验（配甲式传感器，跟踪速度 3mm/s）

游标深度尺读数/cm	水位仪读数/cm（平均值亦取 5 位有效数字）						深度尺读数反映的水面位移值/cm	水位仪读数反映的水面位移值/cm	绝对误差/mm	相对误差/%
	1	2	3	4	5	平均				
3.500	00.244	00.244	00.244	00.244	00.244	00.244	0	0		
8.500	05.244	05.244	05.244	05.244	05.244	05.244	5.000	5.000	0	0
13.500	10.244	10.244	10.244	10.244	10.244	10.244	10.000	10.000	0	0
18.500	15.244	15.244	15.244	15.244	15.244	15.244	15.000	15.000	0	0
23.500	20.244	20.243	20.243	20.243	20.244	20.243	20.000	19.999	0.01	0.005
28.500	25.243	25.243	25.243	25.243	25.243	25.243	25.000	24.999	0.01	0.004
33.500	30.243	30.243	30.243	30.243	30.243	30.243	30.000	29.999	0.01	0.0033
38.500	35.242	35.242	35.242	35.242	35.243	35.242	35.000	34.998	0.02	0.0057
43.500	40.244	40.244	40.244	40.243	40.244	40.244	40.000	40.000	0	0

5.2　分辨率试验

为进一步测定仪器在水面只有微小变动时的分辨率，使用了千分表（10^{-3}mm），仍采用上述装置靠深度尺上的微动装置移动盛水小杯以变动水面。但位移不由深度尺，而由千分表读出。与仪器读数变动相比较，测得数据见表 2，可看出水面微动 0.005mm 仪器读数一般即能正确反映，只有第七点，动 0.005mm 后，读数不变，但水面再加动 0.005mm 后仪器读数就正确地变动了 0.01mm，因此认为仪器分辨率和重复性达 0.01mm 与读数精度相称是没有问题的。

表 2　　高精度水位仪分辨率试验数据表

千分表读数/cm		水位仪读数/cm					
		1	2	3	4	5	6
1	0.0000	12.237	12.237	12.237	12.236	12.237	12.237
2	0.0005	12.237	12.237	12.237	12.237	12.237	12.237

续表

千分表读数/cm		水位仪读数/cm					
		1	2	3	4	5	6
3	0.0010	12.238	12.237	12.238	12.237	12.238	12.237
4	0.0015	12.238	12.238	12.238	12.238	12.238	12.238
5	0.0020	12.239	12.238	12.239	12.238	12.239	12.238
6	0.0025	12.239	12.239	12.239	12.239	12.239	12.239
7	0.0030	12.239	12.239	12.239	12.239	12.239	12.239
8	0.0035	12.240	12.240	12.240	12.240	12.240	12.240

5.3 水质水温影响试验

由于变动水质改变水温都会引起盛水小杯中水容积的变化（前者因加食盐，后者因膨胀，还有难以计算的蒸发影响尤其是在温度较高时）。由此引起的水面变化是算不精确的，达不到0.01mm的要求。这时仪器的读数变化，其中多少属于水面实际变动，多少是误差就无法判断了。为此我们是将盛水小杯仍放在微动装置上，杯中水面处安装一根参考针定位。水质或水温变化引起水面变动时，旋动微动装置使水面仍刚好接触定位针尖，以保持水面不变。看仪器读数有无变化，变化即是误差，微动水面接触针尖的动作要自下而上作，并反复数次，看每次位置是否重复。调节时靠旁边的百分表判断是否即将接触水面，此时极慢地旋动微动装置，使水面极慢地上升触及水面，以保证水面位置的精确性。试验数据见表3及表4，可看出最大只差0.01mm，在仪器的读数误差范围之内。说明仪器测量值不受水质水温变化的影响。含盐5%的水，含盐度已高于海水，电导率超过江西省水利科学研究所电导仪测量值$10^4\mu\Omega/cm$。说明仪器对淡水、盐水模型，冷热水交替模型均可正确测量水位。

表3　　水质变化对水位仪测量值的影响试脸数据表

水电导率 /($\mu\Omega\cdot cm^{-1}$)	高精度水位仪读数				
	1	2	3	4	5
80	12.447	12.447	12.447	12.447	12.447
2000	12.447	12.448	12.447	12.448	12.447
$>10^4$（含盐5%）	12.447	12.447	12.447	12.447	12.447

表4　　水温变化对水位仪测最值的影响试验数据表

水温/℃	高精度水位仪读数				
	1	2	3	4	5
2	13.661	13.660	13.661	13.660	13.661
10	13.661	13.661	13.661	13.661	13.661
20	13.661	13.661	13.661	13.661	13.661
30	13.661	13.661	13.661	13.661	13.661
40	13.661	13.660	13.661	13.660	13.661
50	13.660	13.660	13.660	13.660	13.660

5.4 乙式传感器全行程精度试验

方法同甲式传感器全行程精度试验，结果见表5，说明精度仍是相当高的，总误差低于其可能的最大读数误差，是取了读数平均值的缘故。所用丝杆是二级精度的，试验在仪器的最大跟踪速度30mm/s时进行。

表5　　高精度水位仪全行程精度试验（配乙式传感器、跟踪速度30mm/s）

游标深度尺读数/cm	水位仪读数/cm（一个步进脉冲进五个数，故尾数不是0，就是5不会有其他数）						深度尺读数反映的水面位移值/cm	水位仪读数反映的水面位移值/cm	绝对误差/mm	相对误差/%
	1	2	3	4	5	平均				
4.000	00.060	00.065	00.060	00.065	00.060	00.062	0	0		
9.000	05.060	05.065	05.060	05.065	05.060	05.062	5.000	5.000	0	0
14.000	10.065	10.065	10.065	10.065	10.065	10.065	10.000	10.003	0.03	0.03
19.000	15.065	15.065	15.065	15.065	15.065	15.065	15.000	15.003	0.03	0.02
24.000	20.065	20.065	20.065	20.065	20.065	20.065	20.000	20.003	0.03	0.015
29.000	25.065	25.065	25.065	25.065	25.065	25.065	25.000	25.003	0.03	0.012
34.000	30.065	30.065	30.065	30.065	30.065	30.065	30.000	30.003	0.03	0.01

5.5 高低温试验

将仪器放在密闭的恒温箱中保持温度在40℃以上，让仪器带乙式传感器（因电流大）开机工作连续5h，仪器工作稳定不变，由于恒温箱是密不通风的，故仪器在箱中的工作条件比在通常40℃室温下工作要苛刻得多。低温试验则是将仪器放进0℃冷冻箱中，搁置一段时间，使仪器各部分均达0℃，然后开机，仪器工作正常。

5.6 长线及抗干扰试验

以100m无屏蔽线（易受干扰）串接100m屏蔽线，作为传感器与仪器间的信号传输线，仪器照常工作，用手摸传输线裸露部分以直接引入干扰仍不致引起误动作和错数。另外，在试验过程中，在旁边反复以电钻造成电火花干扰，仪器仍能正常工作丝毫不受影响。

5.7 电源波动试验

电源电压变动±10%以上仪器读数不变。

5.8 动态精度问题

我们无法找到更高精度的动态水位仪来比较测定仪器的动态精度，但可作下列分析：

一般伺服电机带动的跟踪系统，速度是变化的，水不动它不动，水面变化快，它就跟踪得快，惯性也大，因此在静水中和动水中工作情况很不相同，静、动态精度也就不同。但本仪器的工作方式完全不同，步进电机除开机时外，也没设加速电路，故不论水是静态的还是动态的，也不论水动速度的快慢，步进电机始终以所选择好的同一速度工作。且同样是在触及水面时显示水面读数。因此只要跟踪得上，能向下接触水面，测得的总是当时水表面的准确位置，而不论水是静的、动的都是一样。从这一意义来说，仪器的静态精度和动态精度是一样的，更何况上面所列静态精度数据，都是有意调节在最大跟踪速度下测